高职高专"十一五"规划教材

★ 农林牧渔系列

农产品贮藏加工技术

NONGCHANPIN

ZHUCANG JIAGONG JISHU

张怀珠　张艳红　主编

化学工业出版社

·北京·

本书是高职高专"十一五"规划教材★农林牧渔系列之一。本书主要阐述农产品品质基础知识、贮藏原理与技术、加工原理及单元操作，同时，对农产品加工副产物的综合开发利用技术作了进一步的说明。通过具体案例系统介绍了贮藏、加工及开发等实用技术，努力做到理论和实践相结合。本书共分11章：农产品的品质；农产品贮藏的基础知识；粮油贮藏技术；果蔬采收及商品化处理；果蔬的贮藏方式与管理；常见果蔬贮藏技术；农产品加工基础知识；粮油加工技术；果蔬加工技术；畜禽产品贮藏加工技术；农产品加工副产物的综合利用。本书每章后设有复习思考题及相关实验实训，便于学生学习。

本书不仅可作为高职高专农学专业、食品专业等相关专业的教学用书，也可作为成人教育和行业培训的教材及农产品贮藏及加工行业从业人员的参考用书。

图书在版编目（CIP）数据

农产品贮藏加工技术/张怀珠，张艳红主编．—北京：化学工业出版社，2009.9（2023.2重印）

高职高专"十一五"规划教材★农林牧渔系列

ISBN 978-7-122-06106-5

Ⅰ．农…　Ⅱ．①张…②张…　Ⅲ．①农产品-贮藏-高等学校：技术学院-教材②农产品-加工-高等学校：技术学院-教材　Ⅳ．S37

中国版本图书馆 CIP 数据核字（2009）第 127705 号

责任编辑：李植峰　郭庆睿　梁静丽　　　　　装帧设计：史利平
责任校对：蒋　宇

出版发行：化学工业出版社（北京市东城区青年湖南街13号　邮政编码100011）
印　　装：涿州市般润文化传播有限公司
787mm×1092mm　1/16　印张16½　字数458千字　2023年2月北京第1版第14次印刷

购书咨询：010-64518888　　　　　　　售后服务：010-64518899
网　　址：http://www.cip.com.cn
凡购买本书，如有缺损质量问题，本社销售中心负责调换。

定　　价：39.80元

"高职高专'十一五'规划教材★农林牧渔系列"
建设委员会成员名单

主 任 委 员 介晓磊

副主任委员 温景文 陈明达 林洪金 江世宏 荆 宇 张晓根
窦铁生 何华西 田应华 吴 健 马继权 张震云

委 员（按姓名汉语拼音排列）

边静玮	陈桂银	陈宏智	陈明达	陈 涛	邓灶福	窦铁生	甘勇辉	高 婕	耿明杰
宫麟丰	谷风柱	郭桂义	郭永胜	郭振升	郭正富	何华西	胡繁英	胡克伟	胡孔峰
胡天正	黄绿荷	江世宏	姜文联	姜小文	蒋艾青	介晓磊	金伊洙	荆 宇	李 纯
李光武	李彦军	梁学勇	梁运霞	林伯全	林洪金	刘俊栋	刘 莉	刘 蕊	刘淑春
刘万平	刘晓娜	刘新社	刘奕清	刘 政	卢 颖	马继权	倪海星	欧阳素贞	潘开宇
潘自舒	彭 宏	彭小燕	邱运亮	任 平	商世能	史延平	苏允平	陶正平	田应华
王存兴	王 宏	王秋梅	王水琦	王晓典	王秀娟	王燕丽	温景文	吴昌标	吴 健
吴郁魂	吴云辉	武模戈	肖卫苹	肖文左	解相林	谢利娟	谢拥军	徐苏凌	徐作仁
许开录	闫慎飞	颜世发	燕智文	杨玉珍	尹秀玲	于文越	张德炎	张海松	张晓根
张玉廷	张震云	张志轩	赵晨霞	赵 华	赵先明	赵勇军	郑继昌	朱学文	

"高职高专'十一五'规划教材★农林牧渔系列"
编审委员会成员名单

主 任 委 员 蒋锦标

副主任委员 杨宝进 张慎举 黄 瑞 杨廷桂 胡虹文 张守润
宋连喜 薛瑞辰 王德芝 王学民 张桂臣

委 员（按姓名汉语拼音排列）

艾国良	白彩霞	白迎春	白永莉	白远国	柏玉平	毕玉霞	边传周	卜春华	曹 晶
曹宗波	陈传印	陈杭芳	陈金雄	陈 璟	陈盛彬	陈现臣	程 舟	褚秀玲	崔爱萍
丁玉玲	董义超	董曾施	段鹏慧	范洲衡	方希修	付美云	高 凯	高 梅	高志花
弓建国	顾成柏	顾洪娟	关小变	韩建强	韩 强	何海健	何英俊	胡凤新	胡虹文
胡 辉	胡石柳	黄 瑞	黄修奇	吉 梅	纪守学	纪 瑛	蒋锦标	鞠志新	李碧全
李 刚	李继连	李 军	李雷斌	李林春	梁本国	梁称福	梁俊荣	林 纬	林仲桂
刘革利	刘广文	刘丽云	刘贤忠	刘晓欣	刘振华	刘振湘	刘宗亮	柳遵新	龙冰雁
罗 玲	潘 琦	潘一展	邱深本	任国栋	阮国荣	申庆全	石冬梅	史兴山	史雅静
宋连喜	孙克威	孙雄华	孙志浩	唐建勋	唐晓玲	陶令霞	田 伟	田伟政	田文儒
汪玉琳	王爱华	王朝霞	王大来	王道国	王德芝	王 健	王立军	王孟宇	王双山
王铁岗	王文焕	王新军	王 星	王学民	王艳立	王云惠	王中华	吴俊琢	吴琼峰
吴占福	吴中军	肖尚修	熊运海	徐公义	徐占云	许美解	薛瑞辰	羊建平	杨宝进
杨平科	杨廷桂	杨卫韵	杨学敏	杨 志	杨治国	姚志刚	易 诚	易新军	于承鹤
于显威	袁亚芳	曾饶琼	曾元根	战忠玲	张春华	张桂臣	张怀珠	张 玲	张庆霞
张慎举	张守润	张响英	张 欣	张新明	张艳红	张祖荣	赵希彦	赵秀娟	郑翠芝
周显忠	朱雅安	卓开荣							

"高职高专'十一五'规划教材★农林牧渔系列"建设单位

（按汉语拼音排列）

安阳工学院
保定职业技术学院
北京城市学院
北京林业大学
北京农业职业学院
本钢工学院
滨州职业学院
长治学院
长治职业技术学院
常德职业技术学院
成都农业科技职业学院
成都市农林科学院园艺研究所
重庆三峡职业学院
重庆水利电力职业技术学院
重庆文理学院
德州职业技术学院
福建农业职业技术学院
抚顺师范高等专科学校
甘肃农业职业技术学院
广东科贸职业学院
广东农工商职业技术学院
广西百色市水产畜牧兽医局
广西大学
广西职业技术学院
广州城市职业学院
海南大学应用科技学院
海南师范大学
海南职业技术学院
杭州万向职业技术学院
河北北方学院
河北工程大学
河北交通职业技术学院
河北科技师范学院
河北省现代农业高等职业技术学院
河南科技大学林业职业学院
河南农业大学
河南农业职业学院

河西学院
黑龙江农业工程职业学院
黑龙江农业经济职业学院
黑龙江农业职业技术学院
黑龙江生物科技职业学院
黑龙江畜牧兽医职业学院
呼和浩特职业学院
湖北生物科技职业学院
湖南怀化职业技术学院
湖南环境生物职业技术学院
湖南生物机电职业技术学院
吉林农业科技学院
集宁师范高等专科学校
济宁市高新技术开发区农业局
济宁市教育局
济宁职业技术学院
嘉兴职业技术学院
江苏联合职业技术学院
江苏农林职业技术学院
江苏畜牧兽医职业技术学院
金华职业技术学院
晋中职业技术学院
荆楚理工学院
荆州职业技术学院
景德镇高等专科学校
丽水学院
丽水职业技术学院
辽东学院
辽宁科技学院
辽宁农业职业技术学院
辽宁医学院高等职业技术学院
辽宁职业学院
聊城大学
聊城职业技术学院
眉山职业技术学院
南充职业技术学院
盘锦职业技术学院
濮阳职业技术学院
青岛农业大学

青海畜牧兽医职业技术学院
曲靖职业技术学院
日照职业技术学院
三门峡职业技术学院
山东科技职业学院
山东理工职业学院
山东省贸易职工大学
山东省农业管理干部学院
山西林业职业技术学院
商洛学院
商丘师范学院
商丘职业技术学院
深圳职业技术学院
沈阳农业大学
沈阳农业大学高等职业技术学院
苏州农业职业技术学院
温州科技职业学院
乌兰察布职业学院
厦门海洋职业技术学院
仙桃职业技术学院
咸宁学院
咸宁职业技术学院
信阳农业高等专科学校
延安职业技术学院
杨凌职业技术学院
宜宾职业技术学院
永州职业技术学院
玉溪农业职业技术学院
岳阳职业技术学院
云南农业职业技术学院
云南热带作物职业学院
云南省曲靖农业学校
云南省思茅农业学校
张家口教育学院
漳州职业技术学院
郑州牧业工程高等专科学校
郑州师范高等专科学校
中国农业大学

《农产品贮藏加工技术》编写人员名单

主　编　张怀珠（甘肃农业职业技术学院）

　　　　　张艳红（黑龙江农业经济职业学院）

副　主　编　王彩霞（安阳工学院）

　　　　　周兴本（沈阳农业大学高等职业技术学院）

参编人员（按姓名汉语拼音排列）

　　　　　冯九海（河西学院）

　　　　　黄蓓蓓（三门峡职业技术学院）

　　　　　刘树攀（甘肃农业职业技术学院）

　　　　　申秀梅（黑龙江农业经济职业学院）

　　　　　宋宏光（黑龙江农业经济职业学院）

　　　　　孙　静（甘肃农业职业技术学院）

　　　　　王彩霞（安阳工学院）

　　　　　张怀珠（甘肃农业职业技术学院）

　　　　　张静慧（宜宾职业技术学院）

　　　　　张艳红（黑龙江农业经济职业学院）

　　　　　周兴本（沈阳农业大学高等职业技术学院）

序

  当今，我国高等职业教育作为高等教育的一个类型，已经进入到以加强内涵建设，全面提高人才培养质量为主旋律的发展新阶段。各高职高专院校针对区域经济社会的发展与行业进步，积极开展新一轮的教育教学改革。以服务为宗旨，以就业为导向，在人才培养质量工程建设的各个侧面加大投入，不断改革、创新和实践。尤其是在课程体系与教学内容改革上，许多学校都非常关注利用校内、校外两种资源，积极推动校企合作与工学结合，如邀请行业企业参与制定培养方案，按职业要求设置课程体系；校企合作共同开发课程；根据工作过程设计课程内容和改革教学方式；教学过程突出实践性，加大生产性实训比例等，这些工作主动适应了新形势下高素质技能型人才培养的需要，是落实科学发展观，努力办人民满意的高等职业教育的主要举措。教材建设是课程建设的重要内容，也是教学改革的重要物化成果。教育部《关于全面提高高等职业教育教学质量的若干意见》（教高［2006］16号）指出"课程建设与改革是提高教学质量的核心，也是教学改革的重点和难点"，明确要求要"加强教材建设，重点建设好3000种左右国家规划教材，与行业企业共同开发紧密结合生产实际的实训教材，并确保优质教材进课堂。"目前，在农林牧渔类高职院校中，教材建设还存在一些问题，如行业变革较大与课程内容老化的矛盾、能力本位教育与学科型教材供应的矛盾、教学改革加快推进与教材建设严重滞后的矛盾、教材需求多样化与教材供应形式单一的矛盾等。随着经济发展、科技进步和行业对人才培养要求的不断提高，组织编写一批真正遵循职业教育规律和行业生产经营规律、适应职业岗位群的职业能力要求和高素质技能型人才培养的要求、具有创新性和普适性的教材将具有十分重要的意义。

  化学工业出版社为中央级综合科技出版社，是国家规划教材的重要出版基地，为我国高等教育的发展做出了积极贡献，曾被新闻出版总署领导评价为"导向正确、管理规范、特色鲜明、效益良好的模范出版社"，2008年荣获首届中国出版政府奖——先进出版单位奖。近年来，化学工业出版社密切关注我国农林牧渔类职业教育的改革和发展，积极开拓教材的出版工作，2007年底，在原"教育部高等学校高职高专农林牧渔类专业教学指导委员会"有关专家的指导下，化学工业出版社邀请了全国100余所开设农林牧渔类专业的高职高专院校的骨干教师，共同研讨高等职业教育新阶段教学改革中相关专业教材的建设工作，并邀请相关行业企业作为教材建设单位参与建设，共同开发教材。为做好系列教材的组织建设与指导服务工作，化学工业出版社聘请有关专家组建了"高职高专农林牧渔类'十一五'规划教材建设委员会"和"高职高专农林牧渔类'十一五'规划教材编审委员会"，拟在"十一五"期间组织相关院校的一线教师和相关企业的技术人员，在深入调研、整体规划的基础上，编写出版一套适应农林牧渔类相关专业教育的基础课、专业课及相关外延课程教材——"高职高专'十一五'规划教材★农林牧渔系列"。该套教材将涉及种植、园林园艺、畜牧、兽医、水产、宠物等专业，于2008～2009年陆续出版。

  该套教材的建设贯彻了以职业岗位能力培养为中心，以素质教育、创新教育为基础的教育理念，理论知识"必需"、"够用"和"管用"，以常规技术为基础，关键技术为重点，先进技术为导向。此套教材汇集众多农林牧渔类高职高专院校教师的教学经验和教改成果，又得到了相关行业企业专家的指导和积极参与，相信它的出版不仅能较好地满足高职高专农林牧渔类专业的教学需求，而且对促进高职高专专业建设、课程建设与改革、提高教学质量也将起到积极的推动作用。希望有关教师和行业企业技术人员，积极关注并参与教材建设。毕竟，为高职高专农林牧渔类专业教育教学服务，共同开发、建设出一套优质教材是我们共同的责任和义务。

介晓磊

2008 年 10 月

前言

    本教材是根据教育部《关于全面提高高等职业教育教学质量的若干意见》（教高【2006】16 号文件）和《关于加强高职高专教育教材建设的若干意见》（教高司【2000】19 号文件），结合高职高专农业类专业、食品专业培养目标，紧紧围绕培养技能型人才要求编写的。

    本教材紧密结合我国农产品行业生产实际情况，力求反映国内外农产品贮藏保鲜及加工领域发展的前沿动态，本着科学性、针对性、实用性、实践性的原则，突出理论与实践相结合。在编写的过程中，重点考虑知识系统性和实用性的统一，力求实现基础理论知识够用、实践技能过硬的培养目标，以适应高等职业教育教学的特点。在行文上，文字简练规范，语言通俗易懂，图文并茂，便于学生理解和掌握。本教材每章都明确了学习目标，每章后设有小结和复习思考题，方便学生学习。教材安排了 28 个实验实训项目以方便各高等职业院校根据本校的实践教学条件选用。

    本教材由张怀珠和张艳红主编。全书共分为 11 章，其中张怀珠编写绪论，第九章第九节、第十节、第十章及相关实验实训；宋宏光编写第一章及相关实验实训；黄蓓蓓编写第二章及相关实验实训；张艳红编写第三章及相关实验实训；周兴本编写第四章、第六章及相关实验实训；刘树攀编写第五章及相关实验实训；冯九海编写第七章及相关实验实训；王彩霞编写第八章及相关实验实训；张静慧编写第九章第一节～第四节及相关实验实训；孙静编第九章第五节～第八节相关实验实训；申秀梅编写第十一章及相关实验实训。全书由张怀珠统稿与整理。

    由于编者水平有限，加之时间仓促，收集和组织材料有限，疏漏之处在所难免。敬请同行专家和广大读者批评指正。

编者
2009 年 5 月

绪　　论

本书所讲的农产品主要指种植业、养殖业等生产的产品，如粮食、油料、水果、蔬菜、肉、乳、蛋及各种副产品等。

农产品贮藏加工是食品工业的重要组成部分。农产品贮藏加工主要是根据农产品的品质特点，运用科学、合理的方法，进行有效的贮藏以及采用不同的工艺方法制成各种成品与半成品的过程。如粮油贮藏加工、果蔬贮藏加工、肉及肉制品加工、乳及乳制品加工、蛋及蛋制品加工及各类副产品加工等。

一、农产品贮藏加工概述

1. 农产品分类

农产品是指种植业、养殖业、牧业、林业、水产业生产的各种植物、动物的初级产品及初级加工品。

（1）按生产方式分类

① 农产品。在土地上对农作物进行栽培、收获得到的食物原料，包括谷类、豆类、薯类、蔬菜类、水果类等。

② 畜产品。即人工饲养、养殖、放养各种动物所得到的食品原料，包括畜禽肉类、乳类、蛋类和蜂蜜类产品等。

③ 水产品。即在江、河、湖、海中捕捞的产品和人工在水中养殖得到的产品，包括鱼、蟹、贝、藻类等。

④ 林产食品。即取自林木的产品。

⑤ 其他食品原料。即水、调味料、香辛料、油脂、嗜好饮料、食品添加剂等。

（2）按生产程度分类

① 初加工农产品。初加工农产品包括谷物、油脂、畜禽及产品、林产品、渔产品、海产品、蔬菜和瓜果等产品。这类农产品加工程度浅、层次少，产品和原料相比，理化性质、营养成分变化小。

② 深加工农产品。深加工农产品是指必须经过某些加工环节才能食用、使用或储存的加工品，如消毒奶、分割肉、冷冻肉、食用油、饲料等。这类农产品加工程度深、层次多，经过若干道加工工序，原料的理化特性发生较大变化，营养成分分割很细，并按需要进行重新搭配。

2. 其他相关概念

① 名优农产品。名优农产品是指由生产者自愿申请，经有关地方部门初审，经权威机构根据相关规定程序认定，生产规模大、经济效益显著、质量好、市场占有率高，已成为当地农村经济主导产业，有品牌，有明确标识的农产品。产品种类包括粮油、蔬菜、瓜果、畜禽及其产品、食用菌、种子等。

② 免税农产品。免税农产品是指直接从事植物的种植、收割和动物的饲养、捕捞的单位和个人的自产农产品。

③ 转基因农产品。转基因农产品是指利用基因转移技术，即利用分子生物学的手段将某些生物的基因转移到另一些生物的基因上，进而培育出人们所需要的农产品。

3. 农产品贮藏及农产品加工

农产品贮藏和加工的根本目的是降低农产品的产后损失，增加农产品经济价值，提高农产品的市场竞争力。良好的贮藏条件能有效地预防农产品的腐败变质、保持农产品的营养品质，这是因为各类农产品在贮藏过程中会由于微生物、虫害及自身的生化变化等引起腐败变质。比如，稻米产后如果贮存不当，自身的生化变化会迅速导致其品质劣变，使得发芽率降低、蛋白质降解和脂肪氧化，劣变后的稻米还会失去新米的清香，产生不良的"陈米臭"，并且蛋白质降解产生的游离脂肪酸、蛋白质与淀粉相互作用可形成环状结构，加强了淀粉分子间的氢键结合，影响大米蒸煮时的膨润和软化。而农产品产后加工是提升其经济价值和市场竞争力的有效手段，如美国和日本农产品产后与采收时的产值之比分别达到 3.7∶1 和 2∶1，这是由美国马铃薯和玉米深加工技术、日本稻谷加工技术和装备所决定的。

二、农产品贮藏加工的意义

我国农产品加工业的快速发展，在促进农业的持续发展、保证城乡市场供应、促进社会全面进步、促进国民经济健康快速发展、增加社会财富总量等方面起到了战略性的积极作用。农产品加工业不但是农业生产的继续、发展和深化，也是消费品工业的主要行业之一，与人民生活息息相关，它的发展直接影响着农牧业生产、经济发展、民族振兴和人民的合理膳食结构，对保障城镇居民在肉、果、菜、蛋、奶等的供应需要上起到了物质保证作用，这也是农业、营养和食物有机的统一，是农业宏观战略的重要组成部分。农产品经过科学的贮藏加工，可延长供应时间，调整产品的淡旺季，调节地区余缺，实现周年供应。同时，农产品贮藏加工还可为人们提供各种丰富多彩的食品，以满足人们对食品结构调整的需要，提高营养水平。

① 农产品加工是农产品商品化的重要步骤，也是使农产品增值的重要手段。目前我国农业与食品工业的产值比为 1∶0.3，而发达国家两者之比高者已经达到 1∶4，例如美国为 1∶1.8，日本为 1∶2.4，英国为 1∶3，法国、荷兰为 1∶4。

② 优质高效的农产品加工可促进饮食、旅游、外贸等相关行业的兴旺、发达。目前，丰富多彩的名、特、优产品，各种旅游食品、保健食品、方便食品等已成为人们日常生活中不可缺少的一部分，使人们享受到生活的便利。此外，我国的农产品加工业还可为外贸提供出口货源，参与国际市场的竞争。

③ 发展农产品加工业，有利于农产品的综合利用，使许多过去被废弃的根、茎、叶、果、籽、壳等得到有效的利用，甚至得以开发新的产品资源，从而提高了农业资源的利用率。

④ 积极发展农产品贮藏加工业，有利于解决农村剩余劳动力的就业问题。大力发展包括粮食、植物油、水果、蔬菜、饮料、酒类、副食品、淀粉、肉禽蛋类、糖果糕点等农产品的加工业，对于合理调整农村产业结构、振兴农村经济具有十分重要的意义。

总之，发展农产品加工业是世界大趋势，越是发达国家发展得越快。发展农产品加工业，延长了农业的产业链条，引导农民按照加工业要求安排农业生产，实现在生产、流通、加工等各环节的增值，使农民得到产业链条各个环节的平均利润，增加了农业的整体效益，解决了农业增产不增收的问题，提高了农产品的市场竞争力。

三、农产品贮藏加工技术的现状与发展趋势

农产品贮藏加工历史悠久，《周礼》中就有果蔬贮藏的记载，《诗经》中有"凿冰冲冲，纳于凌阳"的诗句，汉朝有以葡萄酿酒的记录，后魏《齐民要术》中记有葡萄、梨等鲜果的室内贮藏方法。建国后，我国的农产品贮藏加工业有了很大的发展，特别是改革开放以来，其生产规模和技术水平更是有了极大的提高，尤其是不断发展的乡镇企业，在开发、利用、发展各地名、特、优产品加工方面，做出了显著的成绩。

1. 农产品贮藏加工技术现状

随着世界食品工业向"高科技、新技术、多领域、多梯度、全利用、高效益和可持续"的方

向发展，发达国家在世界范围内将其技术领先的优势快速转化为市场垄断优势，以专利为先导、以知识产权保护为手段，不断提高产业技术门槛，并不断以食品安全问题作为国际贸易竞争的技术壁垒，大幅度扩大竞争优势，这就对我国食品工业在参与国际市场竞争和实现可持续发展方面提出了十分严峻的挑战。

长期以来，国内农产品加工产业发展相对滞后，加工转化能力薄弱，加工技术水平低，档次低、质量差，整体水平以初加工为主，农产品加工企业规模小、资源的综合利用率低，农产品标准不健全，质量控制体系不完善。面对这一状况，为了应对国际竞争，提升农产品竞争力，"十一五"期间，国家紧紧围绕国民经济与社会协调发展的主线，根据国际食品产业发展的基本态势，从宏观和微观两个层面，全面、客观地分析了我国食品工业发展的基本状况，本着"突出重点与全面发展结合"、"近期安排与长远部署结合"和"整体布局与分类实施结合"的原则，立足"国家战略必争、产业发展必需、技术竞争必备、社会需求巨大"的选择依据，切实抓住与我国国民经济和食品产业发展密切关联的重大产业发展问题。例如：在"863计划"、"支撑计划"及国家"十一五"科技计划中重点安排了"食品加工"、"食品安全"、"功能食品"、"果蔬贮藏保鲜"、"农产品现代物流"和"奶业专项"等有关推进我国食品工业科技发展的多项科技项目。首先立足于我国食品工业体系中的食品制造工业、食品加工工业、软饮料工业、食品装备制造、食品添加剂与食品包装材料开发、食品营养评价与质量安全控制等领域，从粮油食品、果蔬食品、畜禽食品和水产食品加工等主要食品加工产业链系统设计入手，结合食品加工关键装备与产品质量安全控制技术开发，抓住严重制约我国食品工业发展的重点、难点问题，聚集优势资源，以关键技术与重大产品产业化开发研究为突破口，以产业技术创新能力建设为重要手段，注重自主研发能力和自主创新能力的提高，强化产业技术的集成创新和产业化示范作用。

目前，一些现代食品加工新技术已逐步应用到我国食品工业中，例如速冻技术、冷冻干燥技术、膜分离技术、挤压膨化技术、超微粉碎技术、微胶囊技术、微波技术以及电子技术等得到快速发展，整体技术和装备制造水平明显提高；生物工程、超高温瞬时杀菌、冷冻速冻、超临界萃取等一批高新技术在加工企业中得到推广应用，大幅度地提升了食品企业的技术水平和竞争实力。同时，农产品加工产业作为解决"农村发展、农业增效、农民增收"的重要途径，对中国农业未来发展的综合性影响和引领性作用日益突出，依靠科技进步和技术创新，有效支撑农产品加工产业的快速发展和产业技术水平的全面提高，已成为新时期我国科技工作具有战略性和全局性的重要任务。

2. 农产品贮藏加工存在的问题

就农产品加工业而言，在国内无论是粮食、油料、水果、蔬菜，还是畜禽、水产等，农产品加工科技投入不足，加工技术含量低，装备普遍落后，增值的比重低，农产品加工基本处于低级、粗放、零散的状态，并且产前、产中、产后脱节，没有形成完整的产业化体系，造成农产品大量的损耗和资源的浪费。

长期以来，我国在食品加工方面科技投入普遍不足，用于全社会科技投入的研究和发展经费仅占国内生产总值的1%以下，并且科技人员严重缺乏，企业素质有待提高。

农产品贮藏、保鲜与加工是一个严密的工程体系，产前、产中、产后各个环节必须紧密地结合。食品工业是永恒的工业，农业是食品工业的基础，食品工业的发展在某些方面直接制约着农业发展，把食品工业作为农业的继续和延伸，甚至认为农产品过剩才需加工，这种观点和做法是极其片面的。在科学技术发展的今天，不能简单地把食品工业看作是农业的后续，食品工业应该是农业的导向工业，农业产业化的发展在很大程度上依赖于食品工业技术的发展。膳食结构的优化，国民营养与健康的改善，都有待农产品加工业的发展。

3. 农产品贮藏加工技术的发展趋势

随着食品化学、生物技术及其他相关学科的发展，农产品的加工将以加强高新技术在食品加工各环节的应用，原料精深加工、资源综合利用，农产品加工品更安全、绿色、休闲，加工设备高效、新型、节能、环保，加工原料专用化，加工过程的质量管理更严格等几方面为重点发展方向。

在未来的食品工业发展中，果品、蔬菜贮藏保鲜与加工技术、设备的研究开发重点包括以下几个方面。

① 适合不同加工、利用目的的专用优质品种的选育。

② 果品、蔬菜主要品种的耐贮性研究。

③ 果品、蔬菜及其加工产品质量标准的系列化、国际化。

④ 果品、蔬菜最适保鲜、保质包装材料的研究与开发。

⑤ 果蔬速冻、脱水制品，以果蔬为加工原料的新产品、新技术、新工艺、新设备的研究与开发；以及消化吸收从国外引进的气调果品、蔬菜贮藏库和果品生产线，提高产品质量。

粮油加工技术、设备的研究开发重点包括以下几点。

① 稻谷加工新技术、新装备的研究和开发。

② 小麦碾皮制粉加工新技术、新装备的研究和专用面粉的开发。

③ 提高玉米粉利用价值的综合利用工程化、产业化研究。

④ 植物油脂加工新技术、新装备及优质新能源的研究和开发。

⑤ 粮食贮藏干燥新技术、新装备的研究和开发。

其中干燥技术设备沿着以有效利用能源、提高产品质量及产量、减少环境影响、操作安全、易于控制、一机多用等方向发展。干燥技术设备的发展将着重于：设计灵活、多作用的干燥器；采用组合式传热方式（对流、传导与介电或热辐射的组合）；在特殊情况下，使用容积式加热（微波或高频场）；采用间断传热方式，大量使用间接加热（传导）方式；运用更新型或更有效的供热方法（如脉动燃烧、感应加热等）；运用新型气固接触技术（如二维喷动床、旋转喷动床等）；使用模糊逻辑、神经网络、专家系统等实现过程的控制；水分在线测量传感器与控制系统等。

四、学习农产品贮藏加工的方法

农产品贮藏加工是一门涉及多门学科的综合性应用学科，因此，要学好农产品贮藏加工这门课，首先应切实掌握相关学科的理论基础知识。

农产品贮藏加工技术还是一门实践性很强的实用技术课程。学习中，需注意在掌握必要的应用基础知识的同时，理论联系实际，仔细观察本地主要农产品贮藏加工的过程和方法，加强操作训练，在实践中培养自己分析和解决问题的能力。

从事适度规模的农产品贮藏加工业时，应注意针对农村农产品原料分散、季节性强、易损耗的特点，根据原料、技术、市场情况，因地制宜地统筹安排生产，尽可能就近加工，以减少原料和产品在贮运过程中的损耗。同时，还应随时掌握原料数量、质量及加工行业的情况，了解产品种类、质量、价格、规格及运输的需求，再结合自身技术、设备等条件，合理安排，扬长避短，发挥优势。

第一章　农产品的品质

【学习目标】

农产品的品质是学习农产品贮藏加工技术的基础，通过本章学习，熟悉农产品品质的构成要素及农产品质量标准，掌握农产品主要化学组分在贮藏加工过程中变化的一般规律。

农产品的贮藏加工过程与农产品的各项品质密切相关，要做好农产品的贮藏加工，首先应了解主要农产品的品质特征、质量标准，熟悉主要化学组分在贮藏加工过程中的变化特点。

第一节　农产品的品质特征及质量标准

一、品质特征

农产品作为商品流通时，决定其价值的最重要因素就是质量，农产品质量也可以用农产品品质来理解。所谓品质就是指："在完成其使用目的或特定用途时的有用性"。农产品在被选择时，除要求有用性（最佳使用品质）最好之外，其价格也是影响选择的重要因素。在研究农产品加工时，农产品的品质主要指使用品质。农产品品质的构成如下所示。

$$农产品品质\begin{cases}基本特性\begin{cases}内在品质：性状、成分、营养性\\卫生品质：有害物的混入、霉变、质变、农药残留等\end{cases}\\商品特性\begin{cases}感官品质：人的感官所能体验到农产品的外观、质构和风味\\加工特性：贮藏性、加工处理的难易程度、对加工工艺的影响等\end{cases}\end{cases}$$

1. 内在品质

农产品的内在品质主要包括农产品的组分、营养性质等内在质量指标。

（1）农产品的组分　农产品的主要组分是碳水化合物、蛋白质、脂肪以及它们的衍生物。此外，农产品中还存在各种有机物、矿物质等微量元素，如维生素、酶、有机酸、氧化剂、色素和风味成分等。水也是农产品中一个非常重要的组分，这些组分的有机组合决定着不同农产品的质构、营养价值和贮藏性质。例如，全乳和新鲜苹果的水分含量大致相同，然而一个是液体而另一个是固体，这是因为各种组分的排列方式不同。

（2）营养性质　农产品除能提供给人和其他动物能量外，还具有营养方面的作用。从农产品中获得的碳水化合物能帮助人体有效地利用脂肪，纤维素和半纤维素对于维持肠道的健康状况也是必需的，肠道的微生物菌落较多地受食物中碳水化合物性质的影响，当淀粉和乳糖被相对较慢溶解时，在肠道中保留的时间较长，此时，它们可作为微生物生长的营养成分，而这些微生物能合成 B 族维生素。

蛋白质可以提供人体自身不能合成的必需氨基酸，不同蛋白质的营养价值取决于它们不同的氨基酸组成。一种完全蛋白质若含有各种必需氨基酸，并且数量和比例能在以此种蛋白质为唯一的蛋白质来源时维持生命和支持生长，则这种蛋白质被称为是具有高生物价的蛋白质。许多动物蛋白质，如存在于肉、鱼、乳和蛋中的蛋白质一般具有高生物价，植物蛋白质由于氨基酸的限制，生物价不如动物蛋白质的高。例如，大多数品种的小麦、大米和玉米缺乏赖氨酸，玉米还缺乏色氨酸，豆类蛋白质的质量稍高，但是含有有限数量的蛋氨酸等。

脂肪除提供热量外，还提供了不饱和脂肪酸，如亚油酸、亚麻酸和花生四烯酸等。动物实验表明：大鼠和婴儿缺乏亚油酸会妨碍正常生长和导致皮肤疾病。谷物和种子油、坚果脂肪和家禽脂肪是亚油酸的主要来源。当饮食脂肪中含有高比例的亚油酸和其他不饱和脂肪酸时，能显著降低血胆固醇。

维生素 A、维生素 D、维生素 E 和维生素 K 是脂溶性维生素，在农产品中它们与脂肪结合在一起。磷脂是脂肪酸的有机酯，含有磷酸和一个含氮碱基，它们部分地溶解于脂肪中，卵磷脂、脑磷脂和其他磷脂除了存在于蛋黄中外，还存在于脑、神经、肝、肾、心脏、血和其他组织中。由于磷脂对水具有强亲和性，因此，它们能促使脂肪进出细胞，并且在脂肪的肠内吸收和脂肪的肝脏运输中起着作用。

矿物质也是农产品中的一类重要营养物质。食物中的钙、磷、铁与健康的关系最为密切，人们通常以这三种元素的含量来衡量食品的矿物质营养价值。大多数水果、蔬菜、豆类、乳制品等含钙、钾、钠、镁元素较多，它们进入人体后，与呼吸释放的 HCO_3^- 离子结合，可中和血液 pH，使血浆 pH 增大，因此果蔬等食品在营养学中被称为"生理碱性食品"。肉类、蛋、五谷类等食品中硫、磷、氯等元素含量较高，经人体消化吸收后，其最终氧化产物为 CO_2，CO_2 进入血液会使 pH 降低，所以肉类、蛋等食品在营养学中被称为"生理酸性食品"。过多食用酸性食品，会使人体血液的酸性增强，易造成体内酸碱平衡失调，甚至引起酸中毒，因此为了保持人体血液、体液的酸碱平衡，在鱼、肉等动物食品消费量不断增加的同时，更要增加果蔬的食用量。

2. 卫生品质

无论是生鲜农产品还是加工后的食品，其卫生状态都关系到消费者的身体健康，甚至关系到生命安全。农产品的卫生品质主要包括生物性指标和化学物质指标两大类。

（1）生物性指标　生物性指标包括细菌、真菌、霉菌、酶和寄生物以及它们的毒素。能使食品腐败的微生物到处可以发现，如在土壤中、水中和空气中，在牛皮上和家禽的羽毛上，在牲畜体内的肠道中和其他腔道内。在健康的生命组织内一般没有微生物，如一头健康牛的牛乳在分泌时是无菌的，但当牛乳通过体腔的奶头通道时即受污染。牛乳还会被牛皮上的污垢、空气、脏的器皿进一步污染，当牛被屠宰而且保护性外皮破裂时，牛肉即受污染。水果、蔬菜、谷类和坚果在皮或壳破裂时即受污染。

酶也能使食品腐败，植物和动物有它们自己的酶，其活力在收获和屠宰后仍然残存。经过多年贮藏后的谷类和种子仍然具有呼吸、发芽和生长等机能。酶的活力不仅遍及许多农产品生产和加工的整个有效期，而且这种活力往往在收获和屠宰之后更趋强化，这是因为在功能正常的植物和畜禽体内，酶促反应受到控制和平衡，当畜禽被杀死或植物从田间收获时，平衡就会被打破，失控的酶促反应就会在植物和动物体内发生，从而引起质变。

昆虫对谷物、水果和蔬菜的破坏力很强。当甜瓜被小虫钻了一个小洞后，它们破坏了甜瓜且向细菌、霉菌敞开了大门，导致整个甜瓜的腐败，虫卵会留在加工后的食品如面粉中。猪肉、鱼体也会隐藏寄生虫。

（2）化学物质指标　农产品中有危害的化学物质分为天然存在、间接加入和直接加入三种，常见化学危害物的种类见表1-1。有毒化学物质在食品中达到了一定的水平可引起急性食物中毒，较小剂量的化学药品可带来慢性或长期的危险。

大多数农产品在生长过程中可能会受到天然和人类活动产生的毒性物质污染，例如重金属铅和汞就是毒性物质，在食品中含量低时不会立即对身体造成危害，但长期食用，它们就能构成严重的危害。来自于人类活动的 PCB（聚氯联苯）、二噁英、三聚氰胺是另一些例证。农产品还被有意或无意加入的有毒物质污染，为动物治病或使它们生长更快而使用的痕量药物在某些情况下仍会残留在食品中，存在于牛奶中的微量生长素就是其中一例。

3. 感官品质

人们选择食品时会考虑各种因素，并运用视觉、触觉、嗅觉、味觉甚至听觉等感觉器官来选

表 1-1　化学危害物的种类

Ⅰ 天然存在的化学物质	Ⅱ 间接加入的化学物质	Ⅲ 直接加入的化学物质
霉菌毒素（如黄曲霉毒素） 肉毒素、鱼类毒素 蘑菇毒素 贝类毒素（如麻痹性贝类毒素、腹泻性贝类毒素、健忘性贝类毒素、神经性中毒贝类毒素、砒咯烷生物碱类） 植物凝血素（如花生皮中凝血素）	农业化学药剂（如杀虫剂、杀真菌药剂、化肥、农药、抗生素和生长激素） 有毒元素和化合物（铅、锌、砷、汞和氧化物） 工厂化学药剂（如清洗剂、消毒剂、洗涤化合物、涂料）	防腐剂（亚硝酸盐和亚硫酸处理剂） 风味增强剂（谷氨酸钠盐、肌苷酸和鸟苷酸） 营养添加剂（烟酸） 颜色添加剂

择食品，人的感官能体验到的食品质量包括外观、质构和风味三大类。

（1）外观要素　外观要素包括大小、形状、完整性、损伤类型、色泽和稠度等。

① 大小和形状。大小和形状是农产品等级标准的重要因素之一，果蔬可以根据其所能通过的孔径来按照大小进行分级，图 1-1 是目前仍被应用于现场分级和实验室操作的简单分级装置。

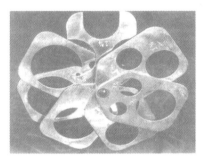

图 1-1　圆形果蔬大小分级装置

图 1-2　根据物体流经斜面的速度测定其黏度的 Bostwick 黏度计

② 色泽。色泽是成熟或败坏的标志，决定农产品色泽的色素主要有叶绿素、胡萝卜素、花青素等。叶绿素存在于叶绿体内，与胡萝卜素共存，叶绿素的形成要有光及必要的矿物质元素，并受某些激素的影响。花青素类是指使果蔬或花表现出红、蓝、紫等颜色的水溶性色素，在 pH 低时呈红色，中性时为淡紫色，碱性时呈蓝色，与金属离子结合也能呈现各种颜色。因此果蔬可呈现各种复杂的色彩。

③ 稠度。稠度被作为一个与质构有关的质量属性。淀粉糖浆可以是稀的，也可以是黏稠的；蜂蜜、番茄酱、苹果酱同样可稀可稠。这些食品的稠度常用黏度来表示，高黏度的产品稠度大，低黏度的产品稠度小。最简单的稠度测定方法是测定食物流过已知直径小孔所需的时间，或者是利用 Bostwick 黏度计（图 1-2）测定较为黏稠的食品从斜面上流下所需要的时间。

（2）质构要素　质构要素包括手感和口感所体验到的坚硬度、柔软度、多汁度、咀嚼性等，可以通过精密的机械测量装置（图 1-3）进行检测。食品质构的范围极其广泛，若偏离期望的质构就是质量缺陷，如人们希望饼干或土豆条又酥又脆，牛排咬起来要松软易断。但食品的质构并不是一成不变的，如果蔬损失更多的水分时会变得干燥、坚韧、富有咀嚼性，这对于制备杏干、梅干和葡萄干都是非常理想的，但面包和蛋糕在老化过程中损失水分则造成质量缺陷。

（3）风味要素　风味要素包括舌头所能尝到的甜味、咸味、酸味和苦味等，也包括鼻子所能闻到的气味。风味和气味通常都是非常主观的，虽然可以用色谱和质谱将风味组分定性和定量，但在整个过程中提取、捕集、浓缩等必须伴随感官检查，才能保证检测过程中风味组分无损失。另外，农产品新鲜度的检查、肉类是否因蛋白质分解而产生氨味或腐败味、油脂是否因氧化而产生哈喇味、新鲜果蔬是否具有应有的清香味等，都有赖于风味的评价。

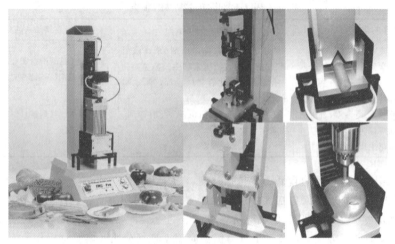

图 1-3 TMS-PRO 质构仪

4. 加工特性

（1）贮藏性 屠宰、收获或食品加工后，有一段时间其质量是最高的。对许多食品来说，这个质量高峰在田间 1～2 天内就消逝，或在收获后几个小时内消逝，新鲜的玉米和豌豆就是明显的例子。但这并不是说某些干酪、香肠、葡萄酒和其他发酵食品陈化到一定程度后其品质没有提高，对于绝大多数食品来说，质量是随时间而下降的。

（2）加工性 加工过程中必须了解原料营养成分的变化规律与微生物生长繁殖条件，从而制定减少或避免营养成分损耗、微生物危害的工艺路线与技术措施。适当的贮藏、加工可以在相当程度上延长食品的货架寿命，但不能无限延长。

二、质量标准

在市场经济条件下，按照商品的销售对象，农产品大致可分为两大类：一类为直接消费品，即食品；一类为工业用品，也称产业用品或工业原料。农业要向产业化、现代化迈进，作为原料的农产品就必须符合规格化、标准化和商品化的要求，要有衡量和保证品质的措施。

1. 我国农产品质量标准

我国将农产品大致分为普通农产品、绿色食品、有机食品和无公害农产品，如图 1-4 所示。

(a) A 级绿色食品　　(b) AA 级绿色食品　　(c) 有机食品　　(d) 无公害农产品

图 1-4 我国农产品等级标志

（1）普通农产品的质量标准 包括技术要求、感官指标、理化指标等项目。技术要求一般是对农产品加工方法、工艺、操作条件、卫生条件等方面的规定。感官指标是指以人的口、鼻、目、手等感官鉴定的质量指标。理化指标包括农产品的化学成分、化学性质、物理性质等质量指标。许多农产品还规定了微生物学指标及无毒害性指标。在制定和推行农产品标准的过程中，应当把国家制定的食品卫生标准作为重点，为确保农产品安全服务。

（2）绿色食品的标准 绿色食品是遵循可持续发展原则、按照特定生产方式生产、经专门机构认定、许可使用绿色食品标志的无污染的农产品。绿色食品标准主要包括绿色食品产地的环境标准，即《绿色食品产地环境质量标准》，《绿色食品生产技术标准》，《绿色食品产品标准》，《绿色食品包装标准》，《绿色食品储藏运输标准》等。以上标准对绿色食品产前、产中、产后全程质量的控制技术和指标作了明确规定，既保证了绿色食品安全、优质、营养的品质，又保护了产地环境，并使资源得到合理利用，实现了绿色食品的可持续生产，从而构成了一个完整的、科学的标准体系。

中国的绿色食品分为 A 级和 AA 级两种。其中 A 级绿色食品生产中允许限量使用化学合成生产资料，AA 级绿色食品则较为严格地要求在生产过程中不使用化学合成的肥料、农药、兽药、饲料添加剂、食品添加剂和其他有害于环境和健康的物质。按照农业部发布的行业标准，AA 级绿色食品等同于有机食品。

（3）有机食品的标准　有机食品是根据有机农业原则和有机农产品生产方式及标准生产、加工出来的，并通过有机食品认证机构认证的农产品。它的原则是在农业能量的封闭循环状态下生产，全部过程都利用农业资源，而不是利用农业以外的能源（化肥、农药、生产调节剂和添加剂等）影响和改变农业的能量循环。有机农业生产方式是利用动物、植物、微生物和土壤四种生产因素的有效循环，不打破生物循环链的生产方式，是纯天然、无污染、安全营养的食品，也可称为"生态食品"。

有机食品执行的是国际有机农业运动联盟（IFOAM）的"有机农业和产品加工基本标准"。有机食品在中国尚未形成消费群体，产品主要用于出口，虽然中国也发布了一些有机食品的行业标准，但中国有机食品执行的标准主要是出口国要求的标准。

（4）无公害农产品的标准　中国 2002 年 4 月 29 日颁布实施的《无公害农产品管理办法》中，对"无公害农产品"的定义是：产地环境、生产过程和产品质量均符合国家有关标准和规范的要求，经认证合格获得认证证书并允许使用无公害农产品标志的未经加工或者初加工的农产品。《无公害农产品管理办法》中指出，无公害农产品产地应当符合下列条件：产地环境符合无公害农产品产地环境的标准要求；区域范围明确；具备一定的生产规模。无公害农产品的生产管理条件则必须达到：生产过程符合无公害农产品生产技术的标准要求；有相应的专业技术和管理人员；有完善的质量控制措施，并有完整的生产和销售记录档案。

2. 我国的农产品标准与国际标准比较

中国的农产品标准与发达国家的标准相比，存在着一定的差距。中国目前大多还只是对某类农产品做出农药残留限量的统一标准，没有具体到某种农产品。中国是水果蔬菜资源极为丰富的国家，我国常用的蔬菜有 12 大类 89 种，但是，目前仅就新鲜蔬菜商品质量标准来说，尚不足 20 种，仍有不少蔬菜种类需要制定统一的标准。果品生产目前主要建立在家庭联产承包的小农经济基础上，果农对标准十分生疏，70％以上的大宗果品没有利用标准来提高质量。中国现在制定的农产品质量标准多侧重于农产品内在品质的标准，而忽视了农产品的外观标准、包装运输标准。现在依据的农药残留国家标准，有些仍然是在 20 世纪 80 年代初制定的，与国际标准的制定和更新速度相比，还存在较大差距。

第二节　农产品主要组分在贮藏加工过程中的变化

农产品在屠宰、收获或深加工后，体内原有的酶会继续起作用，而对于微生物来讲，营养丰富的农产品又是其良好的培养基。所以，农产品在贮藏加工过程中都会经历不同程度的变质。

一、水分

按照水分在农产品中的存在形式，可分为两大类。一类是自由水，这部分水存在于农产品的细胞中，可溶性物质就溶解在这类水中。自由水容易蒸发，贮存和加工期间所失去的水分就是这类水分，在冻结过程中结冰的水分也是这类水分。另一类水是结合水，它常与农产品中蛋白质、多糖类、胶体大分子以氢键的形式相互结合，这类水分不仅不蒸发，而且人工排除也比较困难，只有在较高的温度（105℃）和较低的冷冻温度下方可分离。

粮食中的水分受贮存环境的湿度和温度影响显著，空气湿度大时，粮食容易吸湿回潮；空气温度高时，低温粮食受热使水分发生转移，引起粮堆内水分的再分配。如果粮堆中的某一区域有很高的水分含量，那么微生物就会在那里生长，在微生物生长的过程中，既要产生水分又要产生热量，如此进行下去会增大结露或霉变的机会。通常认为主要粮食安全贮藏的最高水分含量是：玉米 13％，小麦 14％，大麦 13％，燕麦 13％，高粱 13％，稻谷 12％～13％。

新鲜果蔬的含水量大多为 75％～95％，采后由于水分的蒸发，果蔬会大量失水，果蔬中的酶活动会趋向于水解方向，从而为果蔬的呼吸作用及腐败微生物的繁殖提供了基质，以致造成果蔬耐贮性降低；失水还会使果蔬变得疲软、萎蔫，食用品质下降。

畜肉的水分保持能力与肉质关系密切，它不仅影响肉的色香味、营养成分、多汁性、嫩度等食用品质，而且有着重要的经济价值。利用肌肉保水性能，在其加工过程中可以添加水分，从而可以提高出品率。肉在加热时保水能力明显降低，肉汁渗出，这是由于蛋白质受热变性，使肌纤维紧缩，空间变小，结合水被挤出。

二、碳水化合物

农产品中最重要的碳水化合物是糖、粗纤维、果胶物质等。各种碳水化合物在农产品中所起的作用不同，如纤维素是结构组分，植物中的淀粉和动物的肝糖是能量贮备的场所，核糖是核酸的必要组分等。

1. 单糖、双糖和寡糖

糖是一些多羟基的醛类或酮类，其分子通式可写成 $C_x(H_2O)_y$。农产品组织中的糖类有还原糖和非还原糖两类，常见的还原糖有葡萄糖、果糖和麦芽糖，蔗糖（甘蔗茎、甜菜的块根等）、淀粉（马铃薯、番薯的块茎等）是非还原糖。

农产品在贮藏过程中，淀粉和蔗糖等非还原性糖在各自酶的催化作用下都能水解成还原性糖（葡萄糖和果糖）。在贮藏早期小麦中的淀粉酶活性增加，在特定条件下可观察到粮食贮藏过程中干重的增加，这个增加可用水分在淀粉水解过程中被耗掉的事实来解释。因此，淀粉水解产物的干重较原淀粉的干重大。

果蔬在贮藏过程中，糖分会因生理活动的消耗而逐渐减少。贮藏越久，果蔬口味越淡。有些含酸量较高的果实，经贮藏后，口味变甜，其原因之一是含酸量降低的速率比含糖量降低得更快，引起糖酸比值增大，实际含糖量并未提高。

小麦的无氧贮藏和有氧贮藏研究结果表明，即使霉菌的生长受阻，在氮气环境中还原糖和非还原糖发生很大变化，非还原糖的减少几乎完全与还原糖的增加相等同。

在良好条件下，除蔗糖含量稍有下降外，其他各种糖的浓度基本上无变化。在不良贮藏环境条件的影响下，如高温、高水分条件下，蔗糖和棉籽糖含量下降，麦芽糖作为淀粉和其他葡聚糖的酶促降解产物而含量上升。

有研究显示：把水分为 9％的面粉在密闭容器中（温度为 24℃ 和 32℃ 条件下每隔 6h 交替一次）贮藏，在 357 天后麦芽糖值无变化。但是，如果把面粉贮藏在棉布袋中（相对湿度为 58％），在 210 天内，麦芽糖就被麦芽糖酶分解为葡萄糖，从而使麦芽糖值大幅度下降。

2. 淀粉

淀粉在农产品贮藏加工过程中由于受酶的作用，先转化成糊精和麦芽糖，最终分解形成葡萄糖。未熟果实中含有大量的淀粉，例如香蕉的绿果中淀粉含量占 20％～25％，当果实完熟后，淀粉几乎完全水解，而含糖量从 1％～2％迅速增至 15％～20％。淀粉含量及其采后变化还直接关系到果蔬自身的品质与贮存性能的强弱，富含淀粉的果蔬，淀粉含量越高，耐贮性越强，而对于地下根茎菜，淀粉含量越高，品质与加工性能也越好。青豌豆、菜豆、甜玉米等以幼嫩的豆荚或籽粒供鲜食的蔬菜，淀粉含量的增加意味着品质的下降。加工用马铃薯则不希望淀粉过多转化，否则转化糖多会引起马铃薯制品的色变。

当淀粉颗粒在水中的悬浮液被加热时，颗粒吸水而膨胀和糊化，这会导致悬浮液的黏度增加并最终形成一种糊状物，后者在冷却时形成凝胶。在冷冻或陈化中，淀粉糊或淀粉凝胶能回复或减退至不溶解状态，从而导致食品质构的变化，如米饭的黏性随贮藏时间的延长而下降，亲水性增加，米汤或淀粉糊的固形物减少，碘蓝值明显下降，而糊化温度增高。这些变化都是陈化的结果，不适宜的贮藏条件会使之加快与增深，显著地影响淀粉的加工与食用品质。质变的机理普遍认为是由于淀粉分子与脂肪酸之间相互作用而改变了淀粉的性质，特别是黏度；另一种可能性是淀粉（特别是直链淀粉）间的分子聚合，从而降低了糊化与分散的性能。由于陈化而产生的淀粉质变，在煮米饭时加少许油脂可以得到改善，也可用高温高压处理或减压膨化改变由于陈化给淀粉粒造成的不良后果。

3. 粗纤维

粗纤维大量存在于植物界，其作用主要是作为植物组织的支持结构。粗纤维多含在种皮、果皮中，如小麦的粗纤维多含在麸皮中、稻谷的粗纤维多含在米糠中。因为粗纤维的存在影响食用品质和加工性能，所以在加工中应尽量降低成品中的粗纤维含量。

果蔬皮层中的纤维素能与木素、栓质、角质、果胶等结合成复合纤维素，这对果蔬的品质与贮运有重要意义。果蔬成熟衰老时产生的木素和角质使组织坚硬粗糙，影响品质，如芹菜、菜豆等老化时纤维素增加，品质变劣。纤维素不溶于水，只有在特定酶的作用下才被分解，许多霉菌含有分解纤维素的酶，受霉菌感染而腐烂的果蔬，往往变得软烂，就是因为纤维素和半纤维素被分解的缘故。

香蕉果实初采时含纤维素 2%～3%，成熟时略有减少，蔬菜中纤维素含量为 0.2%～2.8%，根菜类为 0.2%～1.2%，西瓜和甜瓜为 0.2%～0.5%。

4. 果胶物质

果胶物质以原果胶、果胶和果胶酸三种形式存在于果蔬中。未成熟的果蔬，果胶物质主要以原果胶存在，并与粗纤维结合，使果实显得坚实脆硬。随着果蔬成熟，在原果胶酶作用下，原果胶逐渐水解而与纤维素分离，转变成果胶渗入细胞液中，使组织松散，硬度下降。当果实进一步成熟衰老时，果胶继续被果胶酸酶作用，分解成果胶酸和甲醇。果胶酸没有黏性，使细胞失去黏着力，果蔬也随之发绵变软，贮藏能力逐渐降低。

果胶还具有如下性质：果胶能溶于水，尤其是热水；当加入糖和酸时，果胶溶液形成凝胶，这是制作果冻的基础。其他植物胶包括阿拉伯胶、刺槐豆胶、黄原胶、琼脂胶、卡拉胶和海藻胶等天然存在的果胶和其他食品胶被加入食品中可作为增稠剂和稳定剂。

三、蛋白质

蛋白质是由各种氨基酸连结而成的长链，不同氨基酸的结合、链中氨基酸排列顺序的差别和链立体结构的差别，使蛋白质可以是直线的、盘绕的或折叠的。这些差别也是造成鸡肉、牛肉、猪肉和豆腐味道和质构差别的主要原因。

1. 蛋白质在贮藏过程中的变化

大米经贮藏后，蛋白质中巯基（—SH）含量下降，二硫键（—S—S—）含量上升，巯基含量与黏度/硬度比值呈正相关。大米蛋白质在贮藏过程中交联程度增加，大米谷蛋白由于二硫键的交联作用在淀粉粒周围形成了致密的网状结构，限制了淀粉粒的膨润，影响了陈米的食用品质，巯基氧化成二硫键必然导致蛋白质分子结构的变化。

小麦中所含蛋白质主要分为麦白蛋白、球蛋白、麦胶蛋白、麦谷蛋白四种，前两者易溶于水而流失，后两者不溶于水，这两种蛋白与其他动、植物蛋白不同，最大特点是能互相黏聚在一起成为面筋，因此也称面筋蛋白。其中麦谷蛋白和麦胶蛋白占小麦中蛋白质含量的80％左右，当面粉加水和成面团时，麦胶蛋白和麦谷蛋白按一定规律相结合，构成像海绵一样的网络结构，组成面筋的骨架，其他成分如脂肪、糖类、淀粉和水都包藏在面筋骨架的网络之中，这就使得面筋具有弹性和可塑性。

新收获的小麦醇溶蛋白（麦胶蛋白）含量最高，由于小麦的后熟作用，麦谷蛋白含量逐步增加。同时新收获小麦的蛋白质中巯基（—SH）含量比贮藏4个月后的巯基含量高得多，但二硫键（—S—S—）比贮藏后要低得多。关于小麦蛋白在贮藏过程中的变化研究较少，特别是小麦蛋白组分的变化，这种组分上的变化与小麦粉烘焙品质之间有一定的关系。贮藏初期烘焙品质有所改善，而贮藏后期烘焙品质变差。小麦贮藏过程中盐溶蛋白（麦球蛋白）、醇溶蛋白部分解聚，低分子量麦谷蛋白亚基进一步交联，与小麦面团流变学特性密切相关的高分子麦谷蛋白亚基含量增加，其相对应的面粉吸水率呈下降趋势。

贮藏10个月的大豆（夏季最高粮温32℃），盐溶性蛋白（球蛋白）减少，用此类大豆制做出的豆腐的品质也很差。

鸡蛋随着贮藏时间的增加，靠近蛋黄处的黏稠蛋白不断分解，从而导致黏稠蛋白与稀蛋白的比例下降。最终所有的蛋白都稀得像水一样，根本看不到稠蛋白，随着时间的延长，同样也会出现蛋黄的扁平和新鲜度的丧失。

2. 蛋白质在加工过程中的变化

蛋白质结构复杂，加工时容易发生一些变化。如加热蛋清会使蛋白质凝结；采用酸或碱溶液溶解动物的蹄可以制备胶质；往豆浆中加入卤水，蛋白质会凝结成豆腐；肉被加热时，蛋白质会收缩等。

蛋白质能分裂成不同大小和性质的中间物，可以采用酸、碱和酶来完成这类反应，一些食品的制作也是利用了蛋白质这个性质，如大酱、干酪、风干肠等发酵食品是将蛋白质分解至一个期望的程度。

四、色素物质

农产品的颜色主要来自于天然植物色素和动物色素。例如，叶绿素使青豆呈绿色，胡萝卜素使胡萝卜和玉米呈橙色，番茄红素使番茄和西瓜呈红色，花色苷使葡萄和蓝莓呈紫色，氧合肌红蛋白使肉呈红色。

天然色素对化学和物理变化是很敏感的，许多植物和动物色素有组织地存在于组织细胞和色素体中，在对农产品进行深加工时，如果这些细胞破裂，色素从细胞中渗出并与空气接触，会发生复杂的颜色变化，如苹果切面变暗、茶叶所含的单宁变成褐色等。

色素物质在贮运过程中随着环境条件的改变也发生一些变化，从而影响果蔬外观品质。蔬菜在贮藏中叶绿素逐渐分解，而促进类胡萝卜素、类黄铜色素和花青素的显现，引起蔬菜外观变黄。叶绿素不耐光、不耐热，光照与高温均能促进贮藏中蔬菜体内叶绿素的分解。光和氧能引起类胡萝卜素的分解，使果蔬褪色，在贮运过程中，应采取避光和隔氧措施。花青素是一类非常不稳定的糖苷型水溶性色素，一般在果实成熟时才合成，存在于表皮的细胞液中。

五、脂质

脂质包括脂肪和类脂（如磷脂、固醇等）。脂肪主要是为植物和动物提供能源的物质，脂肪在粮油籽粒中分布，豆类及油料的脂肪大都分布在子叶中，而谷类的脂肪主要分布在胚及糊粉层中。所以，利用谷类粮食的加工副产品，可榨制各种油品，如麦胚油、玉米胚油、米糠油等。磷脂主要存在粮油籽粒的胚部，有卵磷脂和脑磷脂两种。磷脂不仅是油脂本身的抗氧化剂，而且是食品工业中常用的乳化剂，也是制取各种营养品和药剂的主要原料。

脂肪由甘油和脂肪酸缩合而成，一般由1分子甘油与3分子脂肪酸结合。组成脂肪的脂肪酸分为饱和脂肪酸和不饱和脂肪酸两类，一般动物脂肪中含饱和脂肪酸多，常温下呈固态，所以常称固体脂肪为脂。植物脂肪中含不饱和脂肪酸多，常温下为液态，故称液体脂肪为油或油脂，即通常所称的植物油。

脂质变化主要有两方面，一是被氧化产生过氧化物和由不饱和脂肪酸被氧化后产生的羰基化合物，主要为醛、酮类物质。这种变化在成品粮中较明显，如大米的陈米臭与玉米粉的哈喇味等，原粮由于所含天然抗氧化剂的保护作用，在正常条件下氧化变质的现象不明显。另一种变化是受脂肪酶作用水解产生甘油和脂肪酸，游离脂肪酸的含量增加，这表明了脂肪发生了劣变，也表明粮食品质发生了劣变。对粮食来说，由于游离脂肪酸含量较少，一般用中和100g粮食样品中游离脂肪酸所需的KOH的质量（mg）作为脂肪酸度来表示脂肪酸的数值，测定某些粮食脂肪酸度可以从一个侧面来评价一些粮食质量的优劣。

在食品工艺中脂肪还具有如下性质。

① 脂肪被加热时，逐渐软化没有一个明显的熔点，进一步加热时，首先冒烟，然后闪烁和燃烧，此现象在工业油炸操作中分别叫做发烟点、闪点和燃点。

② 脂肪与水和空气形成乳状液，此时脂肪球悬浮在大量水中，如乳；或者水滴悬浮在大量脂肪中，如奶油；搅打奶油时，空气能被截获在脂肪中形成乳浊液。

③ 脂肪具有起酥能力，能在蛋白质和淀粉结构间形成交织，使它们易于撕开和不能伸展。脂肪按此方式使肉嫩化和使焙烤食品酥脆。

六、维生素和矿物质

维生素常被分为脂溶性维生素和水溶性维生素两大类，脂溶性维生素是维生素 A、维生素 D、维生素 E，水溶性维生素包括维生素 C 和一些 B 族维生素。

果蔬中的维生素 C 易氧化，尤其与铁等金属离子接触会加剧氧化作用，在光照和碱性条件下也易遭破坏，低温、低氧可有效防止果蔬贮藏中维生素 C 的损耗。在加工过程中，切分、漂烫、蒸煮和烘烤是造成维生素 C 损耗的重要原因。另外，维生素 C 还常用作抗氧化剂，防止产品的褐变。

维生素 A 天然存在于动物食品（肉、乳、蛋等）中，植物不含维生素 A，但含有它的前体——β-胡萝卜素，β-胡萝卜素本身不具备维生素 A 生理活性，但在人和动物的肠壁以及肝脏中能转化为具有生物活性的维生素 A，因此胡萝卜素又称之为维生素 A 原。

由于粮食的贮藏条件及水分含量不同，各种维生素的变化也不尽相同。正常贮藏条件下，安全水分以内的粮食维生素 B_1 的降低比高水分粮食要小得多。

粮食籽粒中含有多种水溶性维生素（如维生素 B_1、维生素 B_2 等）和脂溶性维生素（如维生素 E）。维生素 E 大量存在于禾谷类籽粒的胚中，是一种主要的抗氧化剂，对防止油品氧化有明显作用，因此对保持籽粒活力是有益的。

B 族维生素种类多，其功能各异而存在的部位相同，禾谷类和大豆中维生素 B 的含量均很丰富，在禾谷类中的存在部位主要是麸皮、胚和糊粉层。因此，碾米及制粉精度愈高，维生素 B 的损失也就愈为严重。

矿物质对果蔬的品质有重要的影响，必需元素的缺乏会导致果蔬品质变劣，甚至影响其采后贮藏效果。在苹果中，钙和钾具有提高果实硬度、降低果实贮期的软化程度和失重率以及维持良好肉质和风味的作用。在不同果蔬品种中，果实的钙、钾含量高时，硬脆度高，果肉致密，贮期软化进度慢，肉质好，耐贮藏；果实中锰、铜含量低时，韧性较强；锌含量对果实风味、肉质和耐贮性的影响较小，但优质品种含锌量相对较低。

七、酶

酶是生物体内产生的具有生物催化活性的一类特殊蛋白质，如唾液中的淀粉酶能促进口腔中淀粉的分解，胃液中的蛋白酶促进蛋白质的分解，肝中的脂肪酶促进脂肪的分解。大多数农产品含有大量的活性酶，在采收后或动物在屠宰后酶会继续促进特定的化学反应。

在果蔬的生长中，酶控制着与成熟有关的反应。如苹果、香蕉、芒果、番茄等在成熟中变软，是由于果胶酯酶和多聚半乳糖酸酶活性增强的结果。

采收后，除非采用加热、化学试剂或其他手段将酶破坏，否则酶将继续成熟，直至腐败。大米陈化时流变学特性的变化与 α-淀粉酶的活性有关，随着大米陈化时间的延长，α-淀粉酶活性降低。高水分粮食在贮藏过程中 α-淀粉酶活性较高，它是高水分粮食品质劣变的重要因素之一。小麦在发芽后 α-淀粉酶活性显著增加，导致面包烘焙品质下降。β-淀粉酶能使淀粉分解为麦芽糖，它对谷物食用品质的影响主要表现在馒头和面包制作效果及新鲜甘薯蒸煮后的特有香味上。

由于酶参与食品中的大量生物化学反应，因此决定着食品风味、颜色、质构和营养方面的变化。果实成熟时硬度降低，与半乳糖酸酶和果胶酯酶的活性增加成正相关。梨在成熟过程中，果胶酯酶活性开始增加。苹果中果胶酯酶活性与耐贮性有关。在未成熟的果实中，纤维素酶的活性很高，随着果实增大，其活性逐渐降低；而当果实从绿色转变到红色的成熟阶段时，纤维素酶活性增加两倍。在果蔬贮运过程中，随着时间的延长，所含芳香物质由于挥发和酶的分解而降低，进而香气降低。散发的芳香物质积累过多，具有催熟作用，甚至会引起某些生理病害，故果蔬应在低温下贮藏，减少芳香物质的损失，及时通风换气，脱除果蔬贮藏中释放的香气，延缓果蔬衰老。

在设计农产品贮藏加工工艺时，不仅要考虑破坏微生物而且要灭活酶，从而提高农产品的贮存稳定性。小麦发芽时蛋白酶的活力迅速增加，在发芽的第 7 天增加 9 倍以上。麸皮和胚乳淀粉细胞中蛋白酶的活力都是很低的，蛋白酶对小麦面筋有弱化作用。发芽、虫蚀或霉变小麦制成的面粉，因含有较高活性的蛋白酶，使面筋蛋白质溶化，所以只能形成少量的面筋或不能形成面筋，因而极大地损坏了面粉的加工工艺和食用品质。

可以将酶从生物物质中提取、纯化，制成食品酶制剂，并应用在食品加工中。利用制得的各种酶制剂可以制备玉米糖浆、嫩化肉、澄清葡萄酒、凝结乳蛋白和产生许多其他期望的变化。

复习思考题

1. 农产品品质有哪些构成要素？它们各自有何特性？

2. 我国将农产品大致分为普通农产品、绿色农产品、有机农产品和无公害农产品，不同农产品的生产标准有何不同？

3. 农产品中的主要组分（如碳水化合物、蛋白质和脂肪等）在贮藏加工中是如何变化的？

【实验实训】 小麦、玉米中水分含量的测定

一、目的与要求

通过实验实训，掌握采用常压干燥法测定水分含量的方法，熟练并掌握分析天平使用方法，明确造成测定误差的主要原因。

二、原理

食品中的水分一般是指在 100℃ 左右直接干燥的情况下，所失去物质的总量。直接干燥法适用于在 95～105℃ 下，不含或含其他挥发性物质甚微的食品。

三、仪器

扁形铝制或玻璃制的扁形称量瓶（内径 60～70mm、高 35mm）、电热恒温干燥箱、分析天

平等。

四、方法与步骤

1. 取洁净铝制或玻璃制的扁形称量瓶，置于 95～105℃ 干燥箱中，瓶盖斜支于瓶边，加热 0.5～1.0h 后取出盖好，置干燥器内冷却 0.5h，称量，并重复干燥至恒重（M_3）。

2. 称取 2.00～10.00g 切碎或磨细的样品，放入此称量瓶中，样品厚度约为 5mm，加盖称量（M_1）后，置 95～105℃ 干燥箱中，瓶盖斜支于瓶边，干燥 2～4h 后，盖好取出，放入干燥器内冷却 0.5h 后称量。然后再放入 95～105℃ 干燥箱中干燥 1h 左右，取出，放干燥器内冷却 0.5h 后再称量。至前后两次质量差不超过 2mg，即为恒重（M_2）。

五、结果计算

水分含量按下式计算：

$$X = \frac{M_1 - M_2}{M_1 - M_3} \times 100\%$$

式中，X 为样品中水分的含量；M_1 为称量瓶和样品的质量，g；M_2 为称量瓶和样品干燥后的质量，g；M_3 为称量瓶的质量，g。

六、思考题

1. 按照实验报告的标准格式完成实验报告。

2. 实验中出现了哪些问题？你是如何解决的？

第二章　农产品贮藏的基础知识

【学习目标】

通过学习，了解农产品采收后呼吸作用、蒸腾生理、休眠生理等一些生理生化特性；掌握呼吸作用、蒸腾作用、果实成熟衰老生理、休眠生理、粮食陈化与农产品贮藏的关系，并能运用相关理论实现农产品的良好贮藏；明确引起果蔬病害的病原菌及其特点，并且能够进行相关病害防治。

果蔬、粮食等农产品在田间生长发育到一定阶段，达到鲜食、贮藏、加工等要求后，就需要进行采收。农产品采收后，虽然器官失去了来自土壤或母体的水分和养分供应，但其仍是一个有生命的有机体，在产品处理、运输、贮藏过程中，继续进行着各种生理活动，成为一个利用自身已有贮藏物质进行生命活动的独立个体。产品在贮藏过程中进行一系列复杂的生理生化变化，其中最主要的有呼吸作用、蒸腾生理、成熟衰老生理、休眠生理等，这些生理活动影响着产品的耐贮性和抗病性，必须进行有效的调控，以最大限度地延长产品的成熟和衰老。农产品贮藏的任务在于延缓衰老等进程，保持产品的鲜活品质。贮藏技术是通过控制环境条件，对产品采后的生命活动进行调节，一方面使其保持生命活力以抵抗微生物侵染和繁殖，提高其抗病性，达到防止腐烂败坏的目的；另一方面使产品自身品质的劣变也得以推迟，达到保鲜的目的。因此，只有掌握了产品采后的各种生命活动规律，才能更好地对其进行调节和控制，便于采取措施增强产品的耐藏性和抗病性，延缓衰老。

第一节　呼　吸　作　用

呼吸作用是农产品采后最主要的生理活动，也是生命存在的重要标志。农产品在贮藏和运输中，尽可能保持低而正常的呼吸代谢，是其贮藏和运输的基本原则与要求。研究农产品成熟期间的呼吸作用及其调控，对控制农产品采后的品质变化、生理失调、贮藏寿命、病原菌侵染、商品化处理等多方面具有重要意义。

一、呼吸作用的基本概念

呼吸作用是指植物生活细胞的呼吸底物，在一系列酶的参与下，经过许多中间反应将体内复杂的有机物逐步分解为简单物质，同时释放出能量的过程。

1. 呼吸类型

根据呼吸过程中是否有氧气的参与，可将呼吸分为有氧呼吸和无氧呼吸两种类型。

（1）有氧呼吸　有氧呼吸是指在有氧气参与的条件下，通过氧化酶的催化作用，使农产品的呼吸底物被彻底氧化分解，生成二氧化碳和水，同时释放大量能量的过程。呼吸作用中被氧化的有机物称为呼吸底物，碳水化合物、有机酸、蛋白质、脂肪都可以作为呼吸底物。通常所说的呼吸作用，主要是指有氧呼吸。如以葡萄糖作为呼吸底物为例，有氧呼吸的总反应为：

$$C_6H_{12}O_6 + 6O_2 \longrightarrow 6CO_2 + 6H_2O + 2.82 \times 10^6 J$$

（2）无氧呼吸　一般指在无氧条件下，生活细胞使有机物分解成不彻底的氧化产物，同时释放少量能量的过程。高等植物无氧呼吸生成乙醇的反应如下：

$$C_6H_{12}O_6 \longrightarrow 2C_2H_5OH + 2CO_2 + 1.00 \times 10^5 J$$

除乙醇外，无氧呼吸也可产生乙醛、乳酸等物质，并释放少量的能量。

无氧呼吸中除少部分呼吸底物的碳被氧化成 CO_2 外，大部分底物仍以有机物的形式存在，故释放的能量远比有氧呼吸少。为了获得同等数量的能量，需要消耗大量的呼吸底物来补偿，而且无氧呼吸的最终产物乙醇和乙醛对细胞有毒害作用，因此，无氧呼吸对植物是不利的。但果蔬的有些内层组织气体交换比较困难，长期处在缺氧的条件下，故进行部分无氧呼吸，这是果蔬对环境的适应表现，只是这种无氧呼吸在整个呼吸中所占的比重不大。在果蔬贮藏中，不论由何种原因引起的无氧呼吸的加强都被看成是正常代谢的被干扰和破坏，对贮藏都是有害的。

2. 呼吸强度和呼吸商

(1) 呼吸强度 呼吸强度也叫呼吸速率，农产品的贮藏寿命与呼吸强度成反比，呼吸强度大，呼吸作用旺盛，农产品贮藏寿命就短；反之，呼吸强度小的贮藏寿命就长。呼吸强度只能反应呼吸作用的量，而不能反映呼吸作用的性质。例如，在 $20 \sim 21$℃下，马铃薯的呼吸强度（以产 CO_2 计）是 $8 \sim 16 mg/(kg \cdot h)$，而菠菜的呼吸强度（以产 CO_2 计）是 $172 \sim 287 mg/(kg \cdot h)$，约是马铃薯的 20 倍，因此，菠菜不耐贮藏，更易腐烂变质。测定农产品呼吸强度常用的方法有气流法、红外线气体分析仪、气相色谱法等。

(2) 呼吸商 呼吸中释放的 CO_2 与吸入的 O_2 容积比（CO_2/O_2）称为呼吸系数或呼吸商（RQ）。在一定程度上可根据呼吸商来估计呼吸的性质与呼吸底物的种类。例如己糖为呼吸基质时，RQ 值为 1：

$$C_6H_{12}O_6 + 6O_2 \longrightarrow 6CO_2 + 6H_2O + 2.82 \times 10^6 J$$

有机酸是氧化程度比糖高的物质，作为呼吸底物时，吸收的 O_2 少于释放出的 CO_2，RQ>1。如苹果酸氧化时，反应式为：$C_4H_6O_5 + 3O_2 \longrightarrow 4CO_2 + 3H_2O$，RQ 为 1.33。

脂肪是高度还原性的物质，分子内的 O/C 值比糖小，所以作为呼吸基质时，RQ<1。如硬脂酸氧化时，反应式为：$C_{18}H_{36}O_2 + 26O_2 \longrightarrow 18CO_2 + 18H_2O$，RQ 为 0.69。

因此，根据呼吸商的大小可大致了解呼吸底物或基质的种类。但上述只是有氧呼吸时的情况，如进行部分无氧呼吸，由于只释放 CO_2 而不吸收 O_2，整个呼吸过程的 RQ 值就要增大。假设有氧呼吸和无氧呼吸同时消耗 1 分子己糖，则 $RQ = (6+2)CO_2/(6+0)O_2 = 1.33$，大于单纯的有氧呼吸。无氧呼吸所占比重越大，RQ 值也越大。因此根据 RQ 值的大小还可大致了解无氧呼吸的程度。

然而，呼吸是一个很复杂的综合过程，它可以同时有几种氧化程度不同的底物参与反应，并且可以同时进行着几种不同的氧化代谢方式。因此测定所得到的呼吸商，只能综合地反映出呼吸的总趋向，并不能准确指出呼吸底物的种类或无氧呼吸的程度，因受到一些理化因素的影响，会使测定的呼吸强度发生偏差。此外，O_2 和 CO_2 还可能有呼吸以外的来源，或者呼吸产生的 CO_2 又被固定在细胞内或合成另外的物质。

3. 呼吸消耗与呼吸热

呼吸消耗即在呼吸过程中所消耗底物的量，对果蔬产品而言所消耗的底物主要为糖，呼吸消耗是果蔬在贮藏中发生失重（自然损耗）和变味的重要原因之一。呼吸热则特指在呼吸中不能用于维持生命活动及合成新物质，而以热能形式释放到环境中的能量。呼吸热的释放会使环境温度升高，所以，在果蔬贮运过程中应尽可能降低产品的呼吸强度，从而减少呼吸热的释放。其计算如下。

根据呼吸反应方程式，消耗 1mol 己糖产生 6mol（264g）CO_2 并放出 $2.87 \times 10^6 J$ 能量计算，则每释放 1mg CO_2，应同时释放 10.9J 的热能。假设这些热能全部转变为呼吸热，则可以通过测定果蔬的呼吸强度（以 CO_2 计）计算呼吸热。

$$呼吸热[J/(kg \cdot h)] = 呼吸强度[mg/(kg \cdot h)] \times 10.9J/mg$$

例如甘蓝在 5℃时的呼吸强度为 $24.8 mg/(kg \cdot h)$，则每吨甘蓝每天产生的呼吸热为：

$$24.8 \times 10.9 \times 1000 \times 24 = 6487680(J) \approx 6.49 \times 10^6(J)$$

二、呼吸跃变

根据果蔬采后呼吸强度的变化曲线，呼吸作用可以分为呼吸跃变型和非呼吸跃变型两种。

有一类果蔬在发育、成熟、衰老的过程中，其呼吸强度的变化模式是在果蔬发育定型之前呼吸强度不断下降，此后在成熟开始时呼吸强度急剧上升，达到高峰后便转为下降，直到衰老死亡。呼吸强度急剧上升的过程称为呼吸跃变，这类果蔬（如香蕉、番茄、苹果等）称为跃变型果蔬。另一类果蔬（如柑橘、草莓、荔枝等）在成熟过程中没有呼吸跃变现象，呼吸强度只表现为缓慢的下降，这类果蔬称为非跃变型果蔬。果蔬的呼吸跃变和乙烯释放的高峰都出现在果蔬的完熟期间，表明呼吸跃变与果蔬完熟的关系非常密切。当果蔬进入呼吸跃变期，则耐贮性急剧下降。人为采取各种方法延缓呼吸跃变的到来，是有效地延长果蔬贮藏寿命的重要措施。

呼吸跃变型果蔬产品在采后成熟衰老的进程中，果蔬进入完熟期或衰老期时，其呼吸强度骤然升高，随后趋于下降，呈明显的峰形变化，这个峰即为呼吸高峰。呼吸高峰过后，组织很快进入衰老。

1. 跃变型果蔬和非跃变型果蔬

根据果蔬呼吸变化模式，可将果蔬分为跃变型和非跃变型两大类型（表2-1），一些叶菜类的呼吸模式可以认为是非跃变型。

表 2-1　跃变型果蔬和非跃变型果蔬

跃 变 型 果 蔬					非 跃 变 型 果 蔬				
苹果	李	番茄	番木瓜	南美番荔枝	葡萄	黑莓	茄子	柑	杨桃
梨	油桃	甜瓜	鳄梨	费约果	石榴	树莓	豌豆	橘	橄榄
榅桲	猕猴桃	香蕉	越橘	番石榴	枣	西瓜	西葫芦	葡萄柚	海枣
桃	无花果	大蕉	面包果	水菠萝果	樱桃	黄瓜	黄秋葵	柠檬	罗望子
杏	柿	芒果	榴莲		草莓	辣椒	橙	来檬	

跃变型果蔬的呼吸强度随着完熟而上升。不同果蔬在跃变期呼吸强度的变化幅度明显不同。

2. 跃变型果蔬和非跃变型果蔬的区别

（1）两类果蔬中内源乙烯的产生量不同　所有果蔬在发育期间都产生微量乙烯，在完熟期内，跃变型果蔬所产生乙烯的量比非跃变型果蔬多得多，而且跃变型果实在跃变前后的内源乙烯量的变化幅度很大。非跃变型果蔬的内源乙烯一直维持在很低的水平，没有产生上升的现象。

（2）对外源乙烯刺激的反应不同　对跃变型果蔬来说，外源乙烯只有在跃变前期处理才有作用，可引起呼吸上升和内源乙烯的自身催化，这种反应是不可逆的，即使停止处理也不能使呼吸回复到处理前的状态。而对非跃变型果蔬来说，任何时候处理都可以对外源乙烯发生反应，但将外源乙烯除去，呼吸又恢复到未处理时的水平。

（3）对外源乙烯浓度的反应不同　提高外源乙烯的浓度，可使跃变型果蔬呼吸跃变出现的时间提前，但不改变呼吸高峰的强度，乙烯浓度的改变与呼吸跃变的提前时间大致呈对数关系。对非跃变型果蔬，提高外源乙烯的浓度，可提高呼吸的强度，但不能提早呼吸高峰出现的时间，如图2-1所示。

三、呼吸作用与贮藏的关系

呼吸作用是采后农产品的一个最基本的生理过程，它与农产品的成熟、品质变化以及贮藏寿命有密切关系，呼吸作用并不单纯是消极的作用，还有它有利的方面。

1. 呼吸作用的积极作用

由于果实、蔬菜等农产品在采后仍是生命活体，具有抵抗不良环境和致病微生物的特性，才

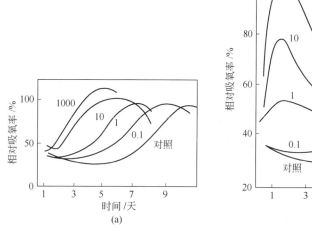

图 2-1　不同浓度外源乙烯对跃变型果实（a）和非跃变型果实（b）的影响

使其损耗减少，品质得以保持，贮藏期延长。产品的这些特性称为耐藏性和抗病性，耐藏性和抗病性是活的农产品具有的特性。呼吸作用是采后农产品生命存在的基础，也成为其耐藏性和抗病性存在的前提。通过呼吸作用还可防止对组织有害中间产物的积累，将其氧化或水解为最终产物，进行自身平衡保护，防止代谢失调造成的生理障碍，这在逆境条件下表现得更为明显。

呼吸与耐藏性和抗病性的关系还表现在当植物受到微生物侵染、机械伤害或遇到不适环境时，能通过激活氧化系统，主动加强呼吸，抑制微生物所分泌的酶引起的水解作用，防止积累有毒的代谢中间产物，加强合成新细胞的成分，加速伤口愈合而起到自卫作用，这就是呼吸保卫反应。

2. 呼吸作用的消极作用

呼吸作用虽然对产品的耐藏性和抗病性有一定的有益作用，但同时也是造成品质下降的主要原因。呼吸作用旺盛会不断消耗农产品的贮藏物质，加快产品的生命活动，促进其衰老，对采后产品的贮藏是不利的，是贮藏中发生失重和变味的重要原因。具体表现在使组织老化，风味下降，失水萎蔫，导致品质劣变，甚至失去食用价值。同时，呼吸作用会产生呼吸热，使产品的温度增高，又会促进呼吸强度增大，体内有机物消耗加快，贮藏时间缩短，造成耐藏性和抗病性下降，同时释放的大量呼吸热使产品温度较高，容易造成腐烂，对产品的保鲜不利。

因此，在农产品贮藏过程中，首先应该保持产品有正常的呼吸代谢活动，不发生生理障碍，使其能够正常发挥耐藏性、抗病性的作用；在此基础上，采取一切可能的措施降低呼吸强度，维持缓慢的代谢，延长产品寿命，从而延缓耐藏性和抗病性的衰变，延长贮藏期。

四、影响呼吸强度的因素

影响农产品采后呼吸作用的因素可分为内在因素和外在因素。当确定了某一种类农产品为贮藏对象时，环境因素则成为影响其呼吸强度的主要因素。由于农产品的呼吸强度大，消耗营养物质快，贮藏寿命短，因此，在不妨碍农产品正常生理活动的前提下，必须尽量降低呼吸强度。

1. 内在因素

（1）种类和品种　农产品种类繁多，食用部分各不相同，包括根、茎、叶、花、果实和变态器官等，这些器官在组织结构和生理方面有很大差异，采后的呼吸作用相差也很大，主要是由遗传特性决定的。蔬菜中耐藏性依次为根菜类、茎菜类＞果菜类＞叶菜类，其呼吸强度依次为根菜类＜茎菜类＜果菜类＜叶菜类。在果品中浆果呼吸强度最大，如草莓最不耐贮藏，其次是桃、李、杏等核果，苹果、梨等仁果类和葡萄呼吸强度较小。不同种类果蔬的呼吸强度见表2-2。同一类产品的不同品种间、同一器官的不同部位，其呼吸强度的大小也不同，如蕉柑的果皮和果肉的呼吸强度差异较大。

表 2-2 一些常见农产品的呼吸强度（5℃）

类 型	呼吸强度（产 CO_2）/[mg/(kg·h)]	产 品
非常低	<5	坚果、干果
低	5～10	苹果、柑橘、猕猴桃、柿子、菠萝、甜菜、芹菜、白兰瓜、西瓜、番木瓜、酸果蔓、洋葱、甘薯
中等	10～20	杏、香蕉、蓝莓、白菜、罗马甜瓜、樱桃、块根、芹菜、黄瓜、无花果、醋栗、芒果、油桃、桃、梨、李、西葫芦、芦笋头、番茄、橄榄、胡萝卜、萝卜
高	20～40	鳄梨、黑莓、菜花、莴笋叶、利马豆、韭菜、红莓
非常高	40～60	朝鲜蓟、豆芽、花茎甘蓝、抱子甘蓝、菜豆、青葱、食荚菜豆、甘蓝
极高	>60	芦笋、蘑菇、菠菜、甜玉米、豌豆、欧芹

（2）发育阶段和成熟度 一般而言，在农产品生长发育过程中，组织、器官的生理活动很旺盛，呼吸代谢也很强，不同发育阶段和成熟度的果蔬的呼吸强度差异很大。在果实发育成熟过程中，幼果期呼吸旺盛，各种代谢活动均十分活跃，呼吸强度较高，很难贮藏保鲜。随着果实的生长发育，呼吸强度逐渐下降。成熟的果实，表皮保护组织如蜡质、角质加厚并变得完整，新陈代谢缓慢，一些果实在成熟时细胞壁中胶层溶解，组织充水，细胞间隙被堵塞而体积减小，这些都会阻碍气体交换，使得呼吸减弱，耐藏性加强。

2. 外在因素

（1）温度 在 0～35℃生理温度范围内，温度对呼吸强度的关系可用呼吸的温度系数 Q_{10} 来表示。温度系数是指在生理温度范围内，环境温度升高 10℃时，呼吸强度与原来温度下呼吸强度的比值，用 Q_{10} 来表示。Q_{10} 能反映呼吸速率随温度而变化的程度，如 $Q_{10}=2～2.5$ 时，表示呼吸速率增加了 1～1.5 倍，该值越高，说明该产品呼吸受温度影响越大。不同种类、品种的农产品，其 Q_{10} 的差异较大，同一产品，在不同的温度范围内 Q_{10} 也不同，通常是较低的温度范围内的 Q_{10} 值大于较高温度范围内的，如表 2-3。因此贮藏中严格控制温度，并维持适宜而稳定的低温，是搞好贮藏的前提。

表 2-3 几种果蔬 Q_{10} 与不同温度范围的关系

蔬 菜	$Q_{10}(10～24℃)$	$Q_{10}(0.5～10℃)$	水 果	$Q_{10}(10～24℃)$	$Q_{10}(0.5～10℃)$
菜豆	2.5	5.1	柠檬（青果）	2.3	13.4
菠菜	2.6	3.2	柠檬（成熟）	1.6	2.8
胡萝卜	1.9	3.3	橘子（青果）	3.4	19.8
豌豆	2.0	3.9	橘子（成熟）	1.7	1.5
辣椒	3.2	2.8	桃（加尔曼）	2.1	—
番茄	2.3	2.0	桃（阿尔巴特）	2.25	—
黄瓜	1.9	4.2	苹果	2.6	—
马铃薯	2.2	2.1			

（2）湿度 与温度相比，相对湿度对呼吸强度的影响较小，一般农产品采收后，经轻微干燥后比湿润条件下更有利于降低呼吸强度，例如，洋葱在 40%～50% 的低湿条件下，不但呼吸受到抑制，发芽也被推迟；茄子在 95% 的高湿条件下比在 70% 的常湿条件下呼吸旺盛。但对有些产品如甘薯、芋头等而言，低湿度反而会促进呼吸。

（3）气体成分 空气成分也是影响呼吸作用的重要环境因素，在不干扰组织正常呼吸代谢的前提下，适当降低贮藏环境的 O_2 浓度并提高 CO_2 浓度，可抑制果蔬的呼吸作用和延缓呼吸跃变的出现，并抑制乙烯的生物合成，从而延迟果蔬的成熟和衰老过程，延长农产品的贮藏寿命，更好地维持果蔬品质。

在一定范围内，降低 O_2 浓度可抑制呼吸作用，但 O_2 浓度过低，降到 20% 以下时，植物的呼吸强度便开始下降，当浓度低于 10% 时，有氧呼吸迅速下降，无氧呼吸被促进，过多消耗体内养分，大量积累乙醇、乙醛等有害物质，造成缺氧伤害，甚至产生酒精中毒和异味，将缩短贮藏寿命。一般把无氧呼吸停止进行所对应的 O_2 含量最低点（5% 左右）称为无氧呼吸消失点。不同种类果蔬的氧的临界浓度有所不同，20℃ 时，菠菜、苹果、香蕉的氧临界浓度为 1%；豌豆、胡萝卜为 4%，氧气浓度低于氧临界浓度就会出现无氧呼吸。

（4）机械损伤和病虫害　农产品在采收、分级、包装、运输和贮藏过程中，常常会受到挤压、震动、碰撞、摩擦等机械损伤。任何损伤，即使是轻微的挤伤和压伤，都会引起呼吸强度和乙烯产量的明显提高。组织因受伤引起呼吸强度不正常的增加，称为"伤呼吸"。病虫害与机械损伤的影响相似，农产品受到病虫害侵害时，呼吸作用明显加强，缩短了贮藏时间。

（5）植物调节物质与化学物质　植物调节物质有两大类：一类是生长激素，如赤霉素、生长素、细胞分裂素等对呼吸有抑制作用，同时可延缓果蔬的衰老；另一类激素，如乙烯、脱落酸等，有促进呼吸、加速成熟的作用。在贮藏过程中控制乙烯的生成，及时排除以降低乙烯含量，是减缓成熟、降低呼吸强度的有效方法。在采收前后和贮藏期间进行各种化学药剂处理，如青鲜素（MH）、矮壮素（CCC）、6-苄基嘌呤（6-BA）、赤霉素（GA）、2,4-D、重氮化合物等，对呼吸强度都有不同程度的抑制作用，其中一些也可作为农产品保鲜剂的重要成分。

（6）其他　对果蔬采取涂膜、包装、避光等措施，均可不同程度地抑制产品的呼吸作用。

综上所述，影响呼吸强度的因素是多方面的、复杂的，这些因素相互联系、相互制约。在贮藏过程中，要综合考虑各种条件的影响，抓住关键因素，以便采取灵活的保鲜措施，尽可能地延长贮藏寿命。

第二节　蒸腾作用

水分是生命活动必不可少的重要物质，采收后的果蔬等产品失去了母体和土壤所供给的水分和营养，水分会从产品表面丧失，使产品失水，造成失鲜，对贮藏不利。果蔬中水分挥发到空气中，称为蒸腾作用。在贮藏过程中，若贮藏环境不适宜，湿度低，缺少包装，贮藏器官就会成为一个蒸发体，会使产品体内的水分散失，细胞膨压降低，表观失去新鲜状态，并产生一系列的不良反应。当贮藏环境湿度过高或果蔬大堆散放时，有时可见表层的产品潮润或有水珠凝结现象，容易造成果蔬的腐烂，影响果蔬的安全贮藏。

一、蒸腾作用及其对农产品的影响

1. 失重和失鲜

采后果蔬由于蒸腾作用引起的最主要表现是失重和失鲜。失重即所谓的"自然损耗"，包括水分和干物质两方面的损失，其中主要是蒸腾失水，这是贮运中数量方面的损失。失水影响果蔬的口感、脆度、硬度、颜色和风味。据试验，苹果普通贮藏的自然损耗在 5%～8%，冷藏时每周失水达 0.5% 左右。

在蒸腾失水引起失重的同时，果蔬的新鲜度下降，光泽消失，甚至会失去商品价值，即质量方面的损失——失鲜，如苹果失鲜时，果肉变沙，失去脆度；萝卜失水而老化糠心等。

2. 破坏正常的代谢过程

水分是果蔬最重要的物质之一，在代谢过程中对于维持细胞结构的稳定、生理代谢的正常等具有特殊的生理作用。蒸腾失水会引起果蔬代谢失调，当果蔬出现萎蔫时，水解酶活性提高，块根块茎类蔬菜中的大分子物质加速向小分子转化，呼吸底物的增加会进一步刺激呼吸作用，如甘薯风干甜化就是由于脱水引起淀粉水解成糖的结果。当细胞失水达到一定程度时，细胞液浓度增高，有些离子（如 NH_4^+ 和 H^+）的浓度过高会引起细胞中毒，甚至破坏原生质的胶体结构。有研究发现，组织过度缺水会引起脱落酸含量增加，并且刺激乙烯合成，加速器官的衰老和脱落。因此，在果蔬采后贮藏和运输期间，要尽量控制失水，以保持产品品质，延长贮运寿命。

3. 降低耐藏性和抗病性

由于失水萎蔫破坏了果蔬正常的代谢过程，水解作用加强，细胞膨压下降而造成机械结构特性改变，这必然影响到果蔬的耐藏性和抗病性。有资料表明，组织脱水萎蔫程度越大，抗病性下降得越厉害，腐烂率就越高。

二、影响果蔬蒸腾的因素

果蔬蒸腾的快慢主要受果蔬自身特性（内部因素）和贮藏环境（外部因素）两个方面的影响。

1. 果蔬自身因素

（1）比表面积 比表面积是指果蔬单位质量或体积所占表面积的比例（cm^2/g 或 cm^2/cm^3）。从物理学的角度看，当同一种果蔬的比表面积值高时，其蒸发失水较多。因此在其他条件相同时，叶片的比表面积比果实的比表面积大，其失水也快；小个果实、块根或块茎较大的果蔬的表面积比大，因此失水也较快，在贮运过程中也更容易萎蔫。

（2）表皮组织的结构与特点

① 表皮单位面积上自然孔口的数量。水分蒸腾的主要途径为气孔、皮孔等自然孔口，因此，表皮单位面积上自然孔口的数量越多，水分就越容易蒸腾。核果类的水分蒸腾强度比仁果类高，除与其表面积比较大外，还与表皮单位面积上自然孔口数量较多有关。

② 表皮覆盖层的完整度。产品表面角质层和蜡质层的完整程度越高，水分通过这些覆盖层及其裂纹蒸腾的可能性就越小。例如，表皮覆盖层扁平、无结构的梨比重叠、规则排列的苹果蒸腾强度要高。机械损伤、虫伤、病伤等会破坏产品表皮覆盖层的完整度，因而，受伤部位的水分蒸腾会明显增高。

③ 表皮覆盖层的厚度。幼嫩产品因表皮覆盖层较薄，部分水分便可通过幼嫩角质层而蒸发，一旦产品成熟，表面角质层和蜡质层充分发展达到一定厚度，水分则很难通过覆盖层蒸发。

（3）细胞持水力 对有些产品来说，水分蒸腾的强度并不完全以其水分含量大小为依据，如洋葱86.3％的含水量比马铃薯的73％要高，但在同样条件下，洋葱的水分蒸腾反而低于马铃薯，这是因为洋葱细胞原生质中的亲水胶体及可溶性固形物含量较多，其细胞持水力高。

2. 贮藏环境因素

（1）空气湿度 空气湿度是影响产品表面水分蒸散的直接因素。常见的表示空气湿度的指标包括：绝对湿度、相对湿度、饱和湿度、饱和差。绝对湿度是指单位体积空气中所含水蒸气的量（g/m^3）。相对湿度（RH）是指空气中实际所含的水蒸气量（绝对湿度）与当时温度下空气所含饱和水蒸气量（即饱和湿度，是指在一定温度下，单位体积空气中所能最多容纳的水蒸气的量）之比，反映空气中水分达到饱和的程度，生产实践中常以测定相对湿度来了解空气的干湿程度。

$$RH = \frac{A（绝对湿度）}{E（饱和湿度）} \times 100\%$$

饱和差是空气达到饱和尚需要的水蒸气的量，即绝对湿度与饱和湿度的差值，直接影响产品水分的蒸散。若空气中水蒸气超过饱和湿度，就会凝结成水珠，温度越高，容纳的水蒸气越多，饱和湿度越大。

采后新鲜果蔬产品组织中充满水，其蒸汽压一般是接近饱和的，相对湿度在99％以上，当贮藏在一个相对湿度低于99％的环境中，水蒸气便会从组织内向贮藏环境中移动，即水蒸气与其他气体一样从高密度处向低密度处移动。因此，在一定温度下，绝对湿度或相对湿度大时，达到饱和的程度高、饱和差小，蒸散就慢；贮藏环境越干燥，即相对湿度越低，水蒸气的流动速度越快，组织的失水也越快，果蔬中的水分就越易蒸发，果蔬就越易萎蔫（表2-4），由此可见，农产品的蒸腾失水率与贮藏环境中的湿度呈反比。

表 2-4　猕猴桃果实在0℃贮藏环境中相对湿度与失重的关系

贮藏条件	环境相对湿度/%	失重1%所需的时间
大帐气调	98～100	3～6 个月
Air-wash 冷藏	95	6 周
普通冷藏	70	1 周

（2）温度　温度直接影响到空气中的水汽含量及水汽压。温度越高，空气饱和所需的水汽量便越大，水汽压也越高。此外，温度还影响到水分子的运动速度，高温下组织中水分外逸的概率增大。同时，较高温度下细胞液的胶体黏性降低，细胞持水力下降，水分在组织中也容易移动。当果蔬温度与环境温度一致，并且该温度是果蔬的最适贮温时，水分蒸腾就趋于缓慢，此时环境中的相对湿度是影响蒸腾速率的主要因素。

（3）空气流动速度　空气流动速度快，可将潮湿的空气带走，降低空气的绝对湿度。在一定的时间内，空气流速越快，果蔬水分损失越大。

（4）气压　气压也是影响果蔬水分蒸散的一个重要因素。在一般贮藏条件下，气压正常时对产品影响不大。当采用真空冷却、真空干燥、减压预冷等减压技术时，水分沸点降低，蒸散很快，要注意采取相应的加湿措施，以防止失水萎蔫。

（5）光照　光照可以调节气体的开闭，同时还可带来一定的温度效应，从而对水分蒸腾也会造成间接的影响。

（6）包装　包装对水分蒸发的影响十分明显。由于包装物的障碍作用，可以通过改变小环境空气流速及提高空气湿度达到减少水分蒸发的目的。包装的果蔬的蒸发失水量比未包装的要小，果蔬的包纸、装塑料袋、涂蜡、保鲜剂等都有防止或降低水分蒸发的作用。

三、控制蒸腾失水的措施

① 严格控制果蔬采收的成熟度，使保护层发育完全。

② 增大贮藏环境的空气湿度。贮藏中可采用地面洒水、放湿锯末、库内挂湿帘等简单措施，或用自动加湿器向库内喷雾或水蒸气的方法，以增加贮藏环境的相对湿度，抑制水分蒸散。

③ 增加外部小环境的湿度。可利用包装等物理障碍作用减少水分蒸散，最普遍而简单有效的方法是用塑料薄膜或其他防水材料包装产品，也可将果蔬放入袋子、箱子等容器中，在小环境中产品可依靠自身蒸散出的水分来提高绝对湿度，起到减轻蒸散的作用。用塑料薄膜或塑料袋包装后的产品需要低温贮藏时，在包装前一定要先预冷，使产品的温度接近库温，然后在低温下包装。不同包装材料保水能力不同，聚乙烯薄膜单果包装是应用非常广泛的一种方法，用包果纸和瓦楞纸箱包装也比不包装堆放失水少得多，且一般不会造成结露。

④ 采用低温贮藏。一方面，低温抑制呼吸等代谢作用，对减轻失水起一定作用；另一方面，低温下饱和湿度小，产品自身蒸散的水分能明显增加空气相对湿度。但低温贮藏时，应避免温度较大幅度的波动，因为温度上升，蒸散加快，环境绝对湿度增加，在此低温下本来空气的相对湿度较高，蒸散的水分很容易使其达到饱和，当温度下降，空气湿度达到过饱和时，就容易引起产品表面结露，引起腐烂。

⑤ 采用涂被剂。采用涂被剂可增加商品价值，同时减少水分蒸散。给果蔬打蜡或涂膜在一定程度上可阻隔水分从表皮向大气中蒸散。在国外也是常用的采后处理方法，在国内由于受到处理设备的限制，还未普遍使用。

第三节 成熟衰老生理

果蔬等产品在个体发育过程中，经历生长、发育、完熟、衰老等几个阶段，它们是相辅相成、紧密联系的连续过程。

一、成熟与衰老机制

果实从坐果开始到衰老结束，是果实生命的全过程，这些过程被许多植物激素所控制，特别是乙烯的出现是果实进入成熟的征兆。由于适当浓度乙烯的作用，果实呼吸作用随之提高，某些酶的活性增强，从而促成果实发生成熟、完熟、衰老等一系列生理生化的变化，果实也同时表现不同成熟阶段的特征。

1. 乙烯对果蔬成熟和衰老的影响

据报道，几乎所有的植物组织都能产生乙烯，而乙烯反过来又促进植物的生长发育、成熟衰老。有研究表明，即使是在 1mg/L 的浓度下，乙烯也具有催熟效应，所以有人将它称为"成熟激素"。

（1）乙烯的生理作用 乙烯除了能提高果蔬产品的呼吸强度，促进果蔬产品成熟外，还有许多其他生理作用。例如：25℃下 0.5～5.0μl/L 的乙烯处理会使黄瓜退绿变黄，膜透性增加，瓜皮呈现水浸状斑点，0.1μl/L 的乙烯可使莴苣叶褐变。乙烯还会促进植物器官的脱落，如 0.1～1.0μl/L 的乙烯可以引起大白菜和甘蓝脱帮。

（2）影响乙烯生成和作用的因素

① 果蔬的种类和成熟度。非跃变型果实乙烯生成量极少，不足以诱导自身的完熟，应在充分成熟时采收。跃变型果实在刚进入成熟阶段乙烯生成量也很少，进入完熟阶段后乙烯合成量才急剧增加，出现乙烯释放高峰，长期贮藏的果实应在跃变前采收。

② 温度。过高过低的温度对乙烯的生成均有影响，在正常生理温度下，随着温度上升乙烯合成速度加快。对大多数果蔬来说，20～25℃时乙烯合成速度最快，0℃左右乙烯生成受到很大抑制，所以低温贮藏是抑制乙烯合成非常有效的方式。在贮藏上，前期对某些果蔬用高温处理，能显著地抑制乙烯生成，因高温破坏或抑制了合成乙烯的酶。

③ 气体成分。低 O_2 能抑制乙烯的合成，因乙烯合成是一个需 O_2 过程。高 CO_2 对乙烯合成具有抑制作用。如采后鳄梨在空气中 8 天之后就达到呼吸高峰，不降低 O_2，只把 CO_2 提高到 5%，达到呼吸最高点需 23 天，最大呼吸量为原来的 40%。

④ 伤害。很多果蔬受伤后，乙烯加速生成，称为"伤乙烯"。伤乙烯与正常乙烯是同一途径产生的。在受伤时，也有部分乙烯是由膜破坏的产物经直接氧化生成的。

⑤ 化学药物。某些药物处理可抑制内源乙烯的生成。如二硝基苯酚（DNP）能抑制乙烯的合成过程，某些解偶联剂、还原剂、螯合剂、自由基清除剂等对乙烯生成表现出抑制作用。

此外，脱落酸、生长素、赤霉素和细胞分裂素对乙烯的生物合成也有一定的影响，紫外线可破坏乙烯并消除其影响。

2. 其他植物激素的影响

果蔬生长发育和成熟并非取决于某一种激素，而是几种激素共同作用的结果。果蔬在生长发育、成熟衰老过程中，生长素（IAA）、赤霉素（GA）、细胞分裂素（CK）、脱落酸（ABA）、乙烯 5 大植物激素的含量有规律地变化，调节着果蔬生长发育的各个阶段。

生长素（IAA）、赤霉素（GA）、细胞分裂素（CK）促进果蔬生长发育，抑制成熟衰老；脱落酸（ABA）、乙烯促进成熟衰老。跃变型果实的成熟主要受乙烯的调控，而 ABA 则是非跃变型果实成熟促进剂。

二、成熟与衰老的调控

1. 合理控制好农产品的采收

（1）控制适当的成熟度或采收期　要根据贮藏运输期的长短来确定适当的采收期和成熟度。若果实在本地上市，一般应在成熟度较高时采收。若用于外销或要进行较长时间贮藏运输的果实，必须适时采收。

（2）防止机械损伤　机械损伤出现的"伤乙烯"启动了内源乙烯的自动催化，其结果是不仅促使本身提前成熟，还丧失了贮运能力，因此应避免机械损伤。

（3）避免不同种类果蔬的混放　应尽可能避免把不同种类或同一种类不同成熟度的果蔬混放在一起。否则，乙烯释放较多的果蔬所释放出的乙烯可相当于外源乙烯，促进乙烯释放量较少果实的成熟，缩短贮藏保鲜的时间。

2. 创造适宜的贮藏环境

（1）温度的调节与控制　在果蔬贮藏中，要尽量保持库温的稳定，温度波动会使产品新陈代谢速度加快，失水加重，不利于贮藏。同时温度要不致使果蔬发生冷害或冻害。一般来说，果蔬适温范围比较窄，常限于 $\pm 1°C$。

（2）湿度的调节与控制　果蔬贮藏要求适宜的相对湿度。不同果蔬要求不同，多数果蔬贮藏的适宜相对湿度为 $90\% \sim 95\%$，少数产品如洋葱、大蒜适宜的相对湿度为 $65\% \sim 75\%$。

（3）气体成分的调节　在适宜的温度、湿度基础上结合气体成分的调节，可以更有效地抑制呼吸，延缓后熟衰老。

① 气调的作用。降低呼吸强度，减少乙烯的生成，抑制叶绿素的降解，减少维生素 C 的损失，抑制不溶性果胶的降解，减少果蔬失水，抑制微生物活动，减少腐烂。

② 温度与氧气、二氧化碳和乙烯之间的相互关系。氧气、二氧化碳、乙烯这 3 种气体的作用离不开温度这一基本因素，温度除了影响生物化学反应的进行外，温度的变化还影响氧气和二氧化碳在组织中的溶解度和扩散速度，所以适宜的气体组合受制于温度。不同果蔬对低 O_2、高 CO_2 的环境的忍耐程度不同，对适宜气调贮藏的果蔬产品，控制 O_2 $2\% \sim 5\%$、CO_2 $3\% \sim 4\%$ 比较适宜。

3. 化学药剂的处理

（1）抑制成熟和衰老的化学药物　生长素、细胞分裂素、赤霉素等对呼吸有抑制作用，同时可延缓果蔬的衰老。除以上物质外，还有油脂类、脱氢醋酸钠、亚胺环己酮（放线菌酮）、脱氧剂和乙烯吸收剂等均可抑制果蔬后熟。

（2）促进成熟和衰老的化学药物　乙烯、乙烯利、脱落酸（ABA）、乙炔和乙醇等及民间燃烧干草、树枝叶产生的烟对香蕉、柿子等果实也有催熟脱涩作用，其原因是烟中所含有的活性成分乙烯和乙炔对瓜果有催熟作用。

（3）乙烯吸收剂和抑制剂的应用　最常用的是高锰酸钾，它是强氧化剂，可以有效地使乙烯氧化而失去催熟作用，但其表面积小，吸附能力弱，导致其去除乙烯的速度缓慢，因此一般很少单独使用，而是将饱和高锰酸钾溶液吸附在某种载体上来脱除乙烯。常用的载体有蛭石、硅藻土、硅胶、珍珠岩等表面积较大的多孔物质。1-MCP（1-甲基环丙烯）是近年来研究较多的乙烯受体抑制剂，它对果蔬的采后贮藏及保持商品价值有显著的影响。

4. 物理技术的应用

物理技术也是控制成熟与衰老的辅助措施之一，果蔬经过涂膜、辐射或电磁等处理，能够延缓其成熟与衰老。

5. 钙与果实成熟衰老的关系

钙能维持细胞壁和细胞膜的结构与功能；抑制呼吸作用，保持果实硬度，延缓后熟衰老；抑制某些酶的活性，抑制 CO_2 和 C_2H_4 的生成；维持正常代谢的进行，防止或减轻冷害、苹果苦痘病和大白菜的干烧心病等多种生理病害。

6. 生物技术

随着分子生物学技术的不断发展，也为乙烯合成的控制提供了新的途径，采用基因工程手段控制乙烯生成已取得了显著的效果，如导入反义 ACC 合成酶基因、导入反义 ACC 氧化酶基因等。

第四节　休 眠 生 理

一、休眠与贮藏

一些块茎、鳞茎、球茎、根类蔬菜、木本植物的种子、坚果类果实（如板栗）等产品器官在生长过程中积累了大量的营养物质，发育成熟后，随即转入休眠状态，新陈代谢明显降低，水分蒸腾减少，呼吸作用减缓，一切生命活动都进入相对静止的状态。植物在生长发育过程中遇到不良条件时，有的器官会暂时停止生长的现象称作休眠。

休眠中的植物物质消耗少，能忍受外界不良环境条件，保持其生活力；一旦外界环境条件对其生长有利时，可重新恢复生长和繁殖能力。因此，休眠被认为是一个积极的过程，是植物在长期进化过程中形成的一种适应逆境生存条件的特性，以使植物渡过严寒、酷暑、干旱等不良条件而保存其生命力和繁殖力。这一特性对贮藏保鲜十分有利，它起到保存产品质量、延长贮藏寿命的作用。因此对农产品贮藏来说，休眠是一种有利的生理现象。

1. 休眠的种类

根据其生理生化特点，休眠可分为生理休眠和强迫休眠两种。

（1）生理休眠　即由植物内在因素引起的休眠。即使给予适宜的条件，植物仍要休眠一段时间，暂不发芽，这种休眠称为生理休眠。如洋葱、大蒜、马铃薯等在休眠期内，即使有适宜的生长条件，也不能脱离休眠状态。

（2）强迫休眠　由不适应环境条件而造成的暂停生长的现象叫强迫休眠。如结球白菜和萝卜的产品器官形成以后，冬天来临，外界环境不适宜其生长而进入休眠。

2. 休眠的特点

（1）休眠前期（休眠诱导期）　植物采收后，生命活动还很旺盛，为了适应新的环境，植物往往加厚自己的表皮和角质层，或形成膜质鳞片，或形成木栓组织，以增强对自身的保护，体内的小分子物质向大分子转化，为休眠作准备。若环境条件适宜可迫使其不进入休眠，在这一期间，如给予一定的处理，可以抑制进入下一阶段的生理休眠而开始萌发或缩短生理休眠时期。

（2）生理休眠期（真休眠或深休眠期）　这一阶段植物真正处于相对静止的状态，一切代谢活动已降至最低程度，产品外层保护组织完全形成，细胞结构出现了深刻的变化，即使提供适宜的条件也不能发芽生长。

（3）休眠后期（强迫休眠）　此时期产品由休眠向生长过渡，体内大分子物质向小分子转化，可利用的营养物质增加，若外界条件适宜生长，可终止休眠；若外界条件不适宜生长，则可延长休眠。

二、休眠的调控

农产品的休眠对贮藏有利，但植物器官休眠期一过就会发芽，进入生长期，表现为幼茎的伸长与木质化、蔬菜的抽薹和开花、果肉变糠等现象，严重影响贮藏品质。如马铃薯的休眠期一过，不仅薯块表面皱缩，而且产生生物碱（龙葵素），食用时对人体有害；洋葱、大蒜和生姜发芽后肉质会变空、变干，失去食用价值。因此，贮藏中需要根据果蔬休眠不同阶段的特点，采取相关的技术措施，创造有利于休眠的环境条件，尽可能延长休眠期。休眠作为一种复杂的生理变化，必须根据产品的具体情况进行分析，掌握不同农产品休眠的本质和规律，才能人为地对这一特性进行恰当地控制和利用。

1. 适时收获

马铃薯过早采收易打破其休眠，所以作为贮藏用的马铃薯应晚收；而洋葱晚收，易缩短休眠期，提早发芽，所以要适时采收。

2. 化学药剂处理

某些药物具有明显的抑芽效果。目前主要使用的药物有青鲜素（MH）、脱落酸（ABA）、萘乙酸甲酯（MENA）等。青鲜素（MH）对块茎、鳞茎类以及大白菜、萝卜、甜菜的块根有一定的抑芽作用。采收前两周用 0.25% 的 MH 喷洒在植株叶片上，可抑制其在贮藏期内萌芽，使洋葱、大蒜贮藏 8 个月不发芽，0.1% MH 对板栗的发芽也有抑制效果。植物组织内脱落酸水平低，可解除休眠。萘乙酸甲酯（MENA）可用来防止马铃薯发芽，薯块经其处理后 10℃ 下一年不发芽，在 15～21℃ 下也可以贮藏几个月，同时可以抑制萎蔫。抑芽剂氯苯胺灵（CIPC）也对防止马铃薯发芽有效。需注意的是，MENA 和 CIPC 这两种药物都不可在种薯上应用，使用时应与种薯分开。

3. 控制贮藏条件

适当低温、低氧、低湿和提高 CO_2 浓度等环境条件均能延长休眠。

4. 辐射处理

采用辐射处理马铃薯、洋葱、大蒜、姜及薯类等作物，可以在一定程度上抑制其发芽，减少贮藏期间由于其根或茎发芽而造成的腐烂损失。辐射一般在休眠中期进行，辐照的剂量因产品种类而异。但应注意，作为种子用的产品不能用辐照处理来抑制其发芽。

第五节　粮食的陈化

一、粮食陈化的概念与表现

1. 陈化的概念

粮食在贮藏期间，由于酶的活性降低，呼吸渐弱，原生质胶体松弛，物理化学性状改变，生活力减弱，导致其种用品质和食用品质变劣，这种由新到陈、由旺盛到衰老的现象，称为粮食陈化。

2. 粮食陈化的表现

经过后熟的新粮，有很高的发芽率，随着贮藏时间的加长，发芽能力渐渐丧失，最后失去了种用价值。从品质上看，新鲜粮食外表光亮，陈化后的粮食外表变得灰暗。玉米陈化后，脐部变成褐色；大豆陈化后，脐部呈现褐色圈，称为"红眼"。从口味上看，新鲜粮食有其特有的香味；粮食陈化后，香味丧失，甚至有一种令人不快的"陈味"，口味变差，严重时甚至不宜食用。不但原粮会陈化，加工后的米、面等更易陈化。大米陈化后米饭黏性、油性都变差，并有一种"陈米味"；面粉陈化后发酵能力变差，发紧、发黏。

粮食陈化是粮食自身发生生理生化变化的一种自然现象。大体可认为除小麦以外，大多数粮食贮藏 1 年，即有不同程度的陈化表现。成品粮比原粮更容易陈化，米的陈化以糯米最快，在长期贮藏中，小麦陈化速度比较缓慢。

二、粮食在陈化过程中的变化

陈化是粮食本身的性质，是不可避免的，粮食在贮藏过程中会发生物理、生理、化学方面等的变化。

1. 物理性状变化

粮食陈化时，表现为粮粒组织硬化，柔韧性变弱，粮粒质地变脆，稻米起筋、脱糠；淀粉细胞变硬，细胞膜增强，糊化、吸水力降低，持水力下降，粮粒破碎，黏性较差，有"陈味"。用面粉制作面包时，因其发酵力减弱，导致面包品质下降。

2. 生理变化

粮食陈化的生理变化主要表现为酶活性和代谢水平的变化。粮食贮藏期间，在各种酶的作用下发生生理变化，当粮食中酶的活性减弱或丧失，其生理作用也随之减弱、停止。其中 α-淀粉酶无论在有胚或无胚的粮食中均存在，其对粮食品质的影响很大。陈米煮饭不如新米好吃，主要原因就是陈米中的 α-淀粉酶失去活性，淀粉液化值降低。据测定，稻谷贮藏 3 年后，过氧化氢酶活性降至原来的 1/5，淀粉酶活性丧失，而大米在贮藏期间过氧化氢酶活性完全丧失，呼吸亦趋于停止。

3. 化学变化

粮食化学成分的变化一般以脂肪变化最快，淀粉次之，蛋白质最慢。

（1）脂肪的变化　粮食中脂肪含量虽然较少，但对粮食陈化的影响却很显著。粮食在贮藏期间，脂肪易水解生成游离脂肪酸，特别是当环境条件适宜时，贮藏霉菌开始繁殖，大量分泌脂肪酶，加速了脂肪水解，使粮食中游离脂肪酸增多，粮食陈化加深。

（2）淀粉的变化　贮藏初期，新鲜粮食中淀粉酶活性强，淀粉很快水解为麦芽糖和糊精，因而加工或食用时，黏度较强，食用品质好。如果继续贮藏，糊精与麦芽糖继续水解，还原糖增加，糊精相对减少，导致黏度下降，粮食开始陈化。如果水分大，温度在 $25\sim30℃$ 的适宜条件下，还原糖将继续氧化，生成 CO_2 和 H_2O，或酵解产生乙醇和乳酸，使粮食带酸味，品质变劣，陈化加深，最终失去食用价值。

（3）蛋白质的变化　在粮食陈化过程中，蛋白质的变化表现为水解和变性。蛋白质水解后，游离氨基酸含量增加，酸度增高；蛋白质变性后，空间结构松散，肽键展开，非极性基团外露，亲水性基团内藏，蛋白质由溶胶变为凝胶，溶解度降低，粮食即开始陈化。

三、影响粮食陈化的因素及防止措施

1. 影响粮食陈化的因素

（1）内在因素　影响粮食陈化的内在因素是由种子的遗传性和本身质量所决定的。在正常贮藏条件下，小麦、绿豆贮藏的时间长，而稻谷、玉米等贮藏的时间短，这是由粮食本身的遗传性决定的。种子本身的质量也决定了陈化速度，籽粒饱满，则粮食的陈化速度较慢。另外，有些粮食在田间生长的条件也会影响到其贮藏性能。

（2）外在因素

① 粮堆的温度和湿度。温度和湿度都是影响粮食陈化的主要因素。温度高，一方面会促使粮食呼吸，加速内部物质分解；另一方面，温度达到一定程度后又会使蛋白质凝固变性。粮食含水量增加，呼吸加快，陈化速度加快。因此，要想减缓粮食的陈化速度，首先要将粮食的温度、湿度控制在一定范围内。

② 粮堆中的气体成分。当粮食水分在安全条件下时，粮堆中 O_2 浓度的下降，CO_2 浓度的提高，可减缓粮食内部营养物质的分解，降低陈化速度。

③ 粮堆中的微生物和病虫害。粮堆中的微生物主要是霉菌，不仅能分解粮食中的有机物质，而且有时还会产生毒性物质，如黄曲霉毒素 B_1，粮堆中微生物的大量繁殖会导致粮食发热，也是加速粮食陈化的重要因素。病虫危害不仅会减少粮食的数量，增加虫蚀率，降低发芽率，而且还容易导致粮食的发热、霉变、变色、变味，降低粮食质量。

④ 粮堆中的杂质。粮堆中的杂质直接关系到粮食贮藏的稳定性，如草籽，体积小，胚占比例大，呼吸强度大，产生湿热多；叶子、灰尘、粉屑等往往携带大量的微生物、螨、害虫等随粮食入库进仓；粉状细小的杂质往往又容易堵塞粮堆内的孔隙，影响粮堆的散热、散湿，是粮堆局

部结露、霉变、发热、生虫的重要因素。

⑤ 化学杀虫剂。一些化学杀虫剂能与粮食发生化学反应，形成药害，加速粮食的分解劣变。如溴甲烷中的溴可以与粮食中不饱和脂肪酸中的双键发生加成反应，氯化物能与粮食发生反应，降低发芽率。因此，要尽量减少化学药剂使用的剂量和次数。

2. 陈化的防止措施

影响粮食陈化的因素是多方面的，陈化的趋势是不可逆转的，但可以采取相应的措施来减缓粮食陈化的速度。

（1）把好粮食入库关　粮食入库时要利用一切可利用的手段，及时清杂、降温、降湿，做到入库粮食干、饱、净。

（2）改造仓库设施　普通仓库可以通过吊顶、贴层设置仓顶、墙体隔热、防潮设施，新建仓库要建造顶部双层防潮隔热装置，地面铺设防潮防渗层，并具有合理通风功能；仓库门窗应有密闭和隔热性能，并设置防鼠板、防虫线，防止虫、鼠、雀的危害。

（3）加强日常管理　严格进行粮情检查，发现问题，及时处理。

（4）以防为主，综合防治　建立健全粮食病虫害的空仓清毒、实仓熏蒸、拌药防虫的预防、除治制度，把预防工作作为日常工作的首要任务。

（5）降低粮堆的温、湿度　降低粮食温度、湿度后，可以使用少量的防虫磷或磷化铝，并及时密闭达到低温、低氧、低药量，将粮情控制在安全状态。

第六节　农产品贮藏的病害及其预防

果蔬、粮食等农产品在贮藏期的损失多由病害造成，并且不只局限于贮藏期和运输期间，而是包括了收获、分级、包装、运输、贮藏、进入市场销售等许多环节所发生的病害。农产品贮藏病害也称贮运病害，一般是指在贮运过程中发病、传播、蔓延的病害，包括田间已被侵染，在贮运期间发病或继续危害的病害。根据发病的原因可分为二大类：一类是非生物因素造成的生理病害（即非传染性病害），另一类为寄生物侵染引起的侵染性病害。

一、生理性病害及其预防

生理性病害是指果蔬在采前或采后，由于不适宜的环境条件或理化因素造成的生理障碍。生理性病害的病因很多，主要有收获前因素，如果实生长发育阶段营养失调，栽培管理措施不当，收获时成熟度不当，气候异常，药害等；收获后因素如贮运期间的温湿度失调，气体组分控制不当等。生理性病害有低温伤害、气体伤害等，现将其致病原因及防治措施分述如下。

（一）低温伤害

果蔬贮藏在不适宜的低温下产生的生理病变叫低温伤害。果蔬的种类和品种不同，对低温的适应能力亦有所不同，如果温度过低，超过果蔬的适应能力，果蔬就会发生冷害和冻害两种低温伤害。

1. 冷害

冷害是指由冰点以上的低温引起的果蔬细胞膜变性的生理病害，是指 0℃以上不适宜的低温对果蔬产品造成的伤害，是由于贮藏的温度低于产品最适贮温的下限所致。冷害伤害温度一般出现在 0～13℃。冷害可发生在田间或采后的任何阶段，不同种类的果蔬产品对冷害的敏感性不一样。一般说来，原产于热带的水果蔬菜对冷害（如香蕉、菠萝等）比较敏感，亚热带地区的水果蔬菜次之，温带果蔬较轻。

（1）症状和温度　果蔬遭受冷害后，常表现为果皮或果肉、种子等发生褐色病变，表皮出现水浸状凹陷、烫伤状，不能正常后熟。伴随冷害的发生，果蔬的呼吸作用、化学组成及其他代谢都发生异常变化，降低了产品的抗病能力，导致病菌侵入，加重果蔬的腐烂。发生冷害的果蔬产品的外观和内部症状也因其种类不同而异，并随着组织的类型而变化，如黄瓜、番瓜、白兰瓜、辣椒产品表面出现水浸状的斑点；苹果、桃、梨、菠萝、马铃薯等内部组织发生褐变或崩溃；香蕉、番茄等产品不能正常后熟。不同果蔬发生冷害的温度也不一样，见表2-5。

表2-5　常见果蔬的冷害临界温度及冷害症状

品　　种	冷害临界温度/℃	冷　害　症　状
苹果类	2.2～3.3	内部褐变，褐心，表面烫伤
桃	0～2	果皮出现水浸状，果心褐变，果肉味淡
香蕉	11.7～13.3	果皮出现水浸暗绿色斑块，表皮内出现褐色条纹，中心胎座变硬，成熟延迟
芒果	10～12.8	果皮色黯淡，出现褐斑，后熟异常，味淡，缺乏甜味
荔枝	0～1	果皮黯淡，色泽变褐，果肉出现水浸状
龙眼	2	内果皮出现水浸状或烫伤斑点，外果皮色变暗
柠檬	10～11.7	表皮下陷，细胞层发生干疤，心皮壁褐变
凤梨	6.1	皮色黯淡，褐变，冠芽萎蔫，果肉水浸状
红毛丹	7.2	外果皮和软刺褐变
蜜瓜	7.2～10	凹陷，表皮腐烂
南瓜类	10	瓜肉软化，腐烂
黄瓜	4.4～6.1	表皮水浸状，变褐
木瓜	7.2	凹陷，不能正常成熟
白薯	12.8	凹陷，腐烂，内部褪色
马铃薯	0	产生不愉快的甜味，煮时色变暗
番茄	7.2～10	成熟时颜色不正常，水浸状斑点，变软，腐烂
茄子	7.2	表面烫伤，凹陷，腐烂
蚕豆	7.2	凹陷，赤褐色斑点

(2) 冷害机理　目前普遍被接受的冷害机理是膜相变理论，其机理主要是由于果蔬处于临界低温时，氧化磷酸化作用明显降低，引起以ATP为代表的高能量短缺，细胞组织因能量短缺分解，细胞膜透性增加，结构系统瓦解，功能被破坏，在角质层下面积累了一些有毒的能穿过渗透性膜的挥发性代谢产物，导致果蔬表面产生干疤、异味和增加对病害腐烂的易感性。一般冷害只影响外观，不影响食用品质。

(3) 冷害的影响因素

① 产品的内在因素。不同种类和品种的产品冷敏感性差异很大。如黄瓜在1℃下就发生冷害，而桃则在2周后才发生。此外，产品成熟度越低，对冷害越敏感，例如红熟番茄在0℃下可贮藏42天，而绿熟番茄在7.2℃就可能产生冷害。

② 外部环境因素。

a. 贮藏温度和时间。一般来说，在临界温度以下，贮藏温度越低，冷害发生越快，温度越高，耐受低温而不发生冷害的时间越长。

b. 湿度。贮于高湿环境中，特别是RH接近100%时，会显著抑制果实冷害时表皮和皮下细胞崩溃，冷害症状减轻。低湿加速症状的出现，如出现水浸状斑点或发生凹陷。由于脱水温度低，会加速冷害发生。

c. 气体成分。对大多数产品来说，适当提高CO_2和降低O_2浓度可在某种程度上抑制冷害，一般认为O_2浓度为7%时最安全，CO_2浓度过高也会诱导冷害发生。

d. 化学药物。有些药物会影响产品对冷害的抗性，如Ca^{2+}含量越低，产品对冷害越敏感。

(4) 冷害的控制　主要使贮藏温度高于冷害临界温度，具体措施有以下6种。

① 采用变温贮藏。升温可以减轻冷害的原因，可能是升温减轻了代谢紊乱的程度，使组织中积累的有毒物质在加强代谢活性中被消耗，或是在低温中衰竭了的代谢产物在升温时得到恢复。变温贮藏有分步降温、逐渐升温、间歇升温等。贮藏前一般在30℃左右或以上的高温条件

下处理几小时至几天，有助于抑制冷害。

② 低温锻炼。在贮藏初期，对果蔬采取逐步降温的办法，使之适应低温环境，可避免冷害。

③ 提高果蔬成熟度。提高果蔬成熟度可降低对冷害的敏感性。

④ 提高果蔬微环境的相对湿度。对产品表面涂蜡，水分不易蒸腾；对产品进行塑料薄膜包装可提高果蔬微环境的相对湿度，从而减轻冷害。

⑤ 调节气调贮藏气体的组成。适当提高 CO_2 浓度，降低 O_2 浓度有利于减轻冷害。据报道，保持 7％的氧能防止冷害。

⑥ 化学物质处理。化学物质处理果蔬产品可减轻冷害，如 $CaCl_2$ 处理可减轻苹果、梨、鳄梨、番茄的冷害，乙氧基喹、苯甲酸能减轻黄瓜、甜椒的冷害。

2. 冻害

（1）症状　冻害是果蔬处于冰点以下，因组织冻结而引起的一种生理病害。对果蔬的伤害主要是原生质脱水和冰晶对细胞的机械损伤。果蔬组织受到冻害后，引起细胞组织内有机酸和某些矿质离子浓度增加，导致细胞原生质变性，出现汁液外流、萎蔫、变色和死亡，失去新鲜状态。且果蔬受冻害造成的失水变性为不可逆的，大部分果蔬产品在解冻后也不能恢复原状，从而失去商品和食用价值。

（2）影响因素　果蔬是否容易发生冻害，与其冰点有直接关系。冰点指果蔬组织中水分冻结的温度，一般为 $-1.5 \sim -0.7℃$。由于细胞液中一些可溶性物质（主要是糖类）的存在，果蔬的冰点一般比水的冰点（0℃）要低，其可溶性物质含量越高，冰点越低。不同果蔬种类和品种之间差别也很大，如莴苣在 $-0.2℃$ 下就产生冻害，可溶性物质含量较高的大蒜和黑紫色甜樱桃发生冻害的温度分别在 $-4℃$、$-3℃$ 以下。根据果蔬产品对冻害的敏感性可将它们分为 3 类（表 2-6），因此，在果蔬的贮藏过程中，只有对不同种类和品种的果蔬保持适宜而恒定的低温，才能达到保鲜目的。

表 2-6　几种主要果蔬对冻害的敏感程度

敏 感 性	常见果蔬种类
敏感	杏、鳄梨、香蕉、浆果、桃、李、柠檬、蚕豆、黄瓜、茄子、莴苣、甜椒、土豆、红薯、夏南瓜、番茄
中等敏感	苹果、梨、葡萄、花椰菜、嫩甘蓝、胡萝卜、芹菜、洋葱、豌豆、菠菜、萝卜、冬南瓜
最敏感	枣、椰子、甜菜、大白菜、甘蓝、大头菜

（3）冻害的控制　首先要掌握产品贮藏的最适温度，将产品在适温下贮藏，严格控制环境温度，避免产品长时间处于冰点温度以下。产品受冻后应注意以下两点。

① 解冻过程应缓慢进行，一般认为在 4.5～5℃ 下解冻较为适宜。

② 冻结期间避免搬动，以防止遭受机械损伤。

（二）气体伤害

1. 低氧伤害

氧气可加速果蔬的呼吸和衰老，降低贮藏环境中的 O_2 浓度，可抑制呼吸并推迟果蔬内部有机物质消耗，延长其保鲜寿命，但 O_2 浓度过低，当贮藏环境浓度低于 1％～2％时，又会导致许多产品呼吸失常和产生无氧呼吸，无氧呼吸的中间产物如乙醛、乙醇等有毒物质在细胞组织内逐渐积累可造成中毒，引起代谢失调，发生低氧伤害。发生低氧伤害的果蔬表皮坏死的组织因失水而局部塌陷，组织褐变、软化，不能正常成熟，产生酒味和异味。O_2 的临界浓度（O_2 最低浓度）随果蔬品种不同而有所差异，一般 O_2 浓度在 1％～5％时，大部分果蔬会发生低氧伤害，造成酒精中毒等。

2. 高二氧化碳伤害

CO_2 和 O_2 之间有拮抗作用，提高环境中 CO_2 浓度，呼吸作用也会受到抑制。多数果蔬适宜的 CO_2 浓度为 3％～5％，浓度过高，一般超过 10％时，会使一些代谢受阻，引起代谢失调，造成伤害。发生高二氧化碳伤害的果蔬表皮或内部组织或两者都发生褐变，出现褐斑、凹斑或组织脱水萎软，甚至出现空腔。果蔬产品对高浓度 CO_2 的忍耐力因种类、品种和成熟度的不同而异，各种产品对 CO_2 敏感性差异很大。

3. 乙烯毒害

乙烯被用作果实（番茄、香蕉等）的催熟剂，若外源乙烯使用不当或贮藏库环境控制不善，会使产品过早衰变，也会出现中毒。乙烯毒害表现为果色变暗，失去光泽，出现斑块，并软化腐败。

4. 氨伤害

在机械制冷贮藏保鲜中，采用 NH_3 作为制冷剂的冷库，NH_3 泄露后与果蔬接触，会引起产品的变色和中毒。氨伤害的表现为果品变色、水肿、出现凹陷斑等，如 NH_3 泄露时，苹果和葡萄红色减退、蒜薹出现不规则的浅褐色凹陷斑等。

5. SO_2 毒害

SO_2 常用于贮藏库消毒，若处理不当，浓度过高，或消毒后通风不彻底，容易引起果蔬中毒。环境干燥时，SO_2 可通过产品的气孔进入细胞，干扰细胞质与叶绿素的生理作用；如环境潮湿，则形成亚硫酸，进一步氧化为硫酸，使果实灼伤，产生褐斑。如葡萄用 SO_2 防腐处理浓度偏高时，可使果粒漂白，严重时呈水渍状。

在贮藏中，果蔬产品一旦受到低 O_2、高 CO_2、乙烯、NH_3 或 SO_2 等气体的伤害，就很难恢复。因此，预防措施主要是在贮藏期间要严格控制气体组分，经常取样分析，发现问题及时调整气体成分或通风换气。如在贮藏库内放干熟石灰吸收多余的 CO_2，定期检测制冷系统的气密性，防止以 NH_3 为制冷剂的贮藏库中产品受到 NH_3 伤害，进行硫黄熏蒸库体消毒后，要通风排气，预防 SO_2 伤害等。

（三）其他生理性病害

除低温伤害、气体伤害外，果蔬贮藏过程中还有一些非传染性的生理病害，如营养失调、高温热伤等。

1. 营养失调

营养失调会使果蔬在贮藏期间生理失去平衡而致病，矿质元素的过量或缺乏会发生一系列的生理病害。国内外研究较多的是钙、氮钙比值、硼引起的生理病害。缺钙往往使细胞膜结构削弱，抗衰老能力变弱。钙含量低、氮钙比值大会使苹果发生苦痘病、水心病，鸭梨发生黑心病，柑橘发生浮皮病，芹菜发生褐心病，胡萝卜发生裂根，番茄和辣椒发生脐腐等。氮素过量会使组织疏松、口味变淡，苹果在贮藏中诱发虎皮病等。缺硼往往使糖运转受阻，叶片中糖累积而茎中糖减少，分生组织变质退化，薄壁细胞变色、变大，细胞壁崩溃，维管束组织发育不全，果实发育受阻；硼素过多亦有害，如可使苹果加速成熟，增加腐烂。

2. 高温热伤

果蔬都有各自能忍受的最高温度，超过最高温度，产品会出现热伤。热伤使细胞器变形，细胞壁失去弹性，细胞迅速死亡，严重时会发现蛋白质凝固。表现为产生凹陷或不凹陷的不规则形褐斑，内部全部或局部变褐、软化、淌水，也会被许多微生物侵入危害，发生严重腐烂，尤其是一些多汁的水果对强烈的阳光特别敏感，极易发生日灼斑影响贮运。

3. 水分关系失常

新鲜果蔬一般含水量高，细胞都有较强的持水力，可阻止水分渗透出细胞壁，但当水分的分布及变化关系失常，产品在田间就出现病害，并在贮运期间继续发展。如雨水或灌溉过多会造成马铃薯的空心病，使块茎含水量激增，以致淀粉转化为糖，逐步形成空心。

二、侵染性病害及其预防

由病原微生物侵染而引起的病害称为侵染性病害，是导致采后果蔬腐烂与品质下降的主要原因之一。果蔬采后侵染性病害的病原物主要为真菌和细菌，极个别的为线虫和病毒。果蔬贮运期间的传染性病害几乎全由真菌引起，真菌还可以产生毒素，有的真菌毒素甚至可以使人畜中毒、致癌。

（一）病原菌侵染特点

病原菌的侵染过程按侵染时间顺序可以分为采前侵染（田间感染）、采收时侵染和采后侵染等。从侵染方式上则分为伤口侵染、自然孔口或穿越寄主（果蔬）表皮直接侵染等。了解病原菌侵染的时间和方法对制定防病措施是极为重要的。

1. 采前侵染

采前侵染分为直接侵入、自然孔口侵入和伤口侵入三种方式。

（1）直接侵入　直接侵入是指病原菌直接穿透果蔬器官的保护组织（角质层、蜡层、表皮、表皮细胞）或细胞壁的侵入方式。许多真菌、线虫等都有这种能力，如炭疽菌和灰霉病菌等。其典型过程是孢子萌发产生芽管，通过附着器和黏液把芽管固定在可侵染的寄主表面，然后再从附着器上的侵入丝穿透被害体的角质层，此后在菌丝加粗后在细胞间蔓延或再穿透细胞壁而在细胞内蔓延。

（2）自然孔口侵入　自然孔口侵入是指病原菌从果蔬的气孔、皮孔、水孔、芽眼、柱头、蜜腺等孔口侵入的方式，其中以气孔和皮孔最重要。真菌和细菌中相当一部分都能从自然孔口侵入，只是侵入部位不同，如葡萄霜霉病和蔬菜锈病病菌的孢子从气孔侵入，马铃薯软腐病菌从皮孔侵入，十字花科蔬菜黑腐病菌从水孔侵入，苹果花腐病菌从柱头侵入，菠菜小果褐腐病细菌从蜜腺管侵入等。

（3）伤口侵入　伤口侵入是指病原菌从果蔬表面的各种创伤伤口（包括收获时造成的伤口，采后处理、加工包装以至贮运装卸过程中的擦伤、碰伤、压伤、刺伤等机械伤，脱蒂、裂果、虫口等）侵入的方式，这是果蔬贮藏病害的重要侵入方式。青绿霉病、酸腐病、黑腐病真菌及许多细菌性软腐病细菌就是从伤口侵入的。

2. 采收时侵染和采后侵染

果蔬产品采后侵染的大部分病害是从表皮的机械损伤和生理损伤组织侵入。在采收、分级、包装、运输过程中，机械损伤是不可避免的，机械采收较手工采收会造成更大的损伤。从植株上采收，割切果柄带来的损伤是采后病害的重要侵染点，如香蕉的褐腐病，菠萝花梗腐烂，芒果、番木瓜、油梨、甜椒、甜瓜和洋梨的茎端腐。过度挤压苹果和马铃薯表皮组织，皮孔和损伤部位潜伏的病原会恢复生长。冷、热、缺氧、药害及其他不良的环境因素所引起的生理损伤，使新鲜果蔬产品失去抗性，病原容易侵入，如一些原产亚热带的果蔬贮藏在低于 10℃ 以下发生冷害，即使没有显现冷害症状，采后病害也会骤然增加。冷害后的葡萄柚易发生茎腐病，甜椒、甜瓜、番茄易出现黑斑病和软腐病。

（二）影响发病的因素

果蔬贮藏病害的发生是果蔬与病原菌在一定的环境条件下相互作用，最后以果蔬不能抵抗病原菌侵袭而发生病害的过程。病害的发生不能由果蔬体单独进行，而是受病原菌、寄主（果蔬）的抗性和环境条件三个因素的影响和制约。

1. 病原菌

病菌是引起果蔬病害的病源，许多贮藏病害都源于田间的侵染。因此，可通过加强田间的栽培管理，清除病枝病叶，减少侵染源，同时，配合采后药剂处理来达到控制病害发生的目的。

2. 寄主（果蔬）的抗性

果蔬的抗性又称抗病性，是指果蔬抵御病原侵染的能力。影响果蔬抗性的因素主要有成熟度、伤口和生理病害等。一般来说，未成熟的果蔬有较强的抗病性，但随着果蔬成熟度增加，感病性增强。伤口是病菌入侵果实的主要门户，有伤的果实极易感病。果蔬产生生理病害（冷害、冻害、低 O_2 浓度或高 CO_2 浓度伤害）后对病害的抵抗力降低，也易感病，发生腐烂。寄主的

pH 值也会影响到病原菌的繁殖，蔬菜类的 pH 值接近中性（6.7～7），如大白菜、甘蓝、马铃薯、甜椒、黄瓜、茄子、菜豆等容易发生细菌性软腐病；水果类的 pH 通常低于 4.5～5，真菌病害侵染较多。番茄果实组织偏酸性，一般 pH 为 4.3～4.5，真菌病害较多，细菌病害也比较敏感。

3. 环境条件

（1）温度　病菌孢子的萌发力和致病力与温度的关系极为密切。各种真菌孢子都具有最高、最适及最低的萌发温度。离开最适温度愈远，孢子萌发所需时间愈长，超出最高和最低温度范围，孢子便不能萌发。在病菌与寄主的对抗中，温度对病害的发生起着重要的调控作用，一方面温度影响病菌的生长、繁殖和致病力；另一方面也影响寄主的生理代谢和抗病性，从而制约病害的发生与发展。一般而言，较高的温度加速果蔬衰老，降低果蔬对病害的抵抗力，有利于病菌孢子的萌发和侵染，从而加重发病；较低的温度能延缓果蔬衰老，保持果蔬抗病性，抑制病菌孢子的萌发与侵染。因此，选择贮藏温度一般以不引起果蔬产生冷害的最低温度为宜，这样能最大限度地抑制病害发生。

（2）湿度　大多数真菌孢子的萌发要求比较潮湿的环境，细菌的繁殖以及细菌和孢子的游动，都需要在水滴里进行，因此空气湿度对病原侵入的影响很大。在果蔬生长期间，温度条件不是潜伏侵染的限制因素，主要影响因素是空气相对湿度、雨水。寄主的水分状况也影响到病害的发展，许多果蔬产品含水量高或组织饱满时对病原菌的侵入更为敏感，采前大量灌水会明显降低果蔬对病原菌的抗性，稍微脱水可以减少腐烂。

（3）气体成分　提高贮藏环境中 CO_2 浓度对菌丝生长有较强的抑制作用，但当 CO_2 浓度超过 10％时，大部分果蔬会发生生理损伤，腐烂速度加快。各种微生物对 CO_2 的敏感性也表现出很大的差异，对于少数真菌生长和孢子萌发来说，CO_2 浓度甚至是一个促进因子，如高 CO_2 可刺激白地霉的生长，许多细菌、酵母菌的生长还可用 CO_2 作碳源。通常高 CO_2 对真菌性腐烂的抑制优于对细菌性腐烂的抑制，但单纯依靠提高 CO_2 浓度、降低 O_2 浓度来抑制病原菌或防腐是有困难的。调节气体成分的主要作用在于有效地延缓果蔬的成熟与衰老，保持寄主的抗性。乙烯作为成熟激素与感病性有正相关关系，高乙烯会促进果蔬的成熟与衰老，使抗病能力下降，并诱发病原菌在果蔬组织内生长。

（三）防治措施

侵染性病害的防治是在充分掌握病害发生、发展规律的基础上，抓住关键时期，以预防为主，综合防治，多种措施合理配合，以达到防病治病的目的。

1. 农业防治

农业防治是指在果品蔬菜生产中，采用农业措施，创造有利于果蔬生长发育的环境，增强产品本身的抗病能力，同时创造不利于病原菌活动、繁殖和侵染的环境条件，减轻病害发生程度的防治方法。该法是最经济、最基本的植物病害防治方法，也不涉及残毒问题。常用的措施有无病育苗、保持田园卫生、合理修剪、合理施肥与排灌、果实套袋、适时采收、利用与选育抗病品种等。

2. 物理防治

物理防治是指采用控制贮藏环境中温度、湿度和空气成分，或热力处理、辐射处理等方法来防治果蔬贮运病害。

（1）低温贮运　果蔬贮、运、销过程中的损失表现在病原菌危害引起的腐烂损失、蒸发引起的重量损失、生理活动自我消耗引起养分及风味变化造成商品的品质损失三个方面。温度是以上三大损失的主要影响因素，采后适宜的低温贮运不但可以抑制病菌的生长、繁殖、扩展和传播，还可以通过保持果蔬新鲜状态而延缓衰老，因而具有较强的抗病力。同时必须注意，果蔬种类、品种不同，对低温的敏感性也不同，如果用不适当的低温贮运，果蔬将遭受冷害而降低对微生物的抗病力，这样低温不但起不到积极作用，而且有可能造成更严重的损失。

（2）气调处理　果蔬贮藏期间，采用高 CO_2 短时间处理或采用低 O_2 或高 CO_2 的贮藏环境条件对许多采后病害都有明显的抑制作用，特别是用高 CO_2 处理，如用 $30\%CO_2$ 处理柿子 24h，可以控制黑斑病的发生。

（3）辐射防腐处理　γ 射线可穿透果蔬组织，消灭深层侵染的病原菌，因此，通常利用放射性同位素产生的 γ 射线，对贮藏前的果蔬进行照射，可以达到防腐保鲜的目的。常见抑菌剂量为 $150\sim200krad$。

（4）紫外线防治　低剂量 254nm 的短波紫外线与激素或化学抑制剂，可诱导植物组织产生抗性，减少对黑斑病、灰霉病、软腐病、镰刀菌的敏感性。

3. 化学防治

化学防治是指使用杀菌剂杀死或抑制病原菌，对未发病产品进行保护或对已发病产品进行治疗；或利用植物生长调节剂和其他化学物质，提高果蔬抗病能力，防止或减轻病害造成损失的方法。

化学防治所采用的杀菌剂通常分为保护性杀菌剂和内吸性杀菌剂两类，保护性杀菌剂的作用主要在于预防与保护，杀死或抑制果蔬表面的病原真菌和细菌，减少其数量，如次氯酸和次氯酸盐等。内吸性杀菌剂由果蔬吸入体内，抑制或杀死已侵入果蔬体内的病原真菌和细菌，起预防和治疗的双重作用，如噻菌灵（特克多）、多菌灵、抗菌灵（托布律）、疫霉灵等。化学防治通常处理的方法有熏蒸和药液洗果，洗果既可杀菌除去果蔬表面的污物，又有预冷作用。果蔬的种类及发生病害的种类不同，所使用的化学药剂也不相同。

化学防治是果蔬采后病害防治的有效方法，物理防治只能抑制病菌的活动和病害的扩展，而化学防治对病菌有毒杀作用，因此防治效果更为显著。

4. 生物防治

生物防治是指利用有益生物及其代谢产物防治植物病害的方法。利用果蔬的天然抗性和微生物生态平衡原理进行果蔬采后病害的生物防治，是非常有前途的方法之一。

5. 综合防治

综合防治是指将采前、采后、物理、化学多种防治方法相结合，运用一系列保护性和杀灭性防治措施，并贯彻"以防为主、防治结合"的原则。

根据以上原则，可以运用的综合防治方式有采前采后相结合、化学方法与物理方法相结合、杀灭与保护相结合三种。

复习思考题

1. 果蔬的呼吸作用对采后生理和贮藏保鲜有什么意义？
2. 蒸腾作用对农产品贮藏有何影响？
3. 乙烯对采后果蔬的生理效应有哪些？
4. 控制果蔬成熟衰老的途径有哪些？
5. 什么是休眠？在果蔬贮藏过程中如何利用休眠特性？
6. 粮食陈化有何表现？影响粮食陈化变质的因素有哪些？
7. 果蔬贮藏期间如何预防低温伤害？
8. 果蔬贮藏期间的气体伤害有哪些？如何预防？
9. 什么是果蔬侵染性病害？如何预防果蔬采后的侵染性病害？

【实验实训一】　果蔬呼吸强度的测定

一、目的与要求

通过实验实训，理解呼吸强度对果蔬的生理意义，掌握果蔬呼吸强度测定的基本方法与原理。

二、原理

呼吸作用是果蔬采收后进行的重要生理活动，是影响贮运效果的重要因素，其强弱可以用呼吸强度来衡量。测定呼吸强度的方法很多，如碱吸收法、气相色谱法、红外线 CO_2 分析法等，测定时可以根据具体情况灵活采用。

碱吸收法测定呼吸强度的原理是采用一定量碱液吸收果蔬在一定时间内呼吸所释放出来的 CO_2，然后再用酸滴定剩余的碱，根据相关数据即可计算出呼吸所释放出的 CO_2 量，求出其呼吸强度。其单位为 $mg/(kg \cdot h)$。具体反应式如下：

$$2NaOH + CO_2 \longrightarrow Na_2CO_3 + H_2O$$
$$Na_2CO_3 + BaCl_2 \longrightarrow BaCO_3 \downarrow + 2NaCl$$
$$2NaOH + H_2C_2O_4 \longrightarrow Na_2C_2O_4 + 2H_2O$$

三、材料、仪器及试剂

1. 材料　苹果、梨、柑橘、香蕉、番茄、黄瓜等果蔬。

2. 仪器　真空干燥器（直径≥25cm）、大气采样器、吸收管、滴定管架、铁夹、25ml 滴定管、150ml 三角瓶、500ml 烧杯、直径 8cm 培养皿、小漏斗、10ml 移液管、100ml 容量瓶、台秤等。

3. 试剂　钠石灰、20％NaOH、0.4mol/L NaOH、0.1mol/L 草酸、饱和 $BaCl_2$ 溶液、酚酞指示剂、正丁醇、凡士林等。

四、方法与步骤

（一）气流法

1. 操作流程

气流法的特点是使果蔬在气流畅通的环境中进行呼吸，比较接近自然状态，因此，可以在恒定的条件下进行较长时间的多次连续测定。测定时使不含 CO_2 的气流通过果蔬呼吸室，将果蔬呼吸时释放的 CO_2 带入吸收管，并被管中定量的碱液所吸收，经一定时间的吸收后，取出碱液，用酸滴定，由碱量差值计算出 CO_2 量。气流法呼吸室装置见图 2-2。

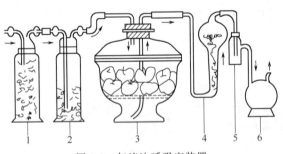

图 2-2　气流法呼吸室装置
1—钠石灰；2—20％ NaOH；3—呼吸室；
4—吸收瓶；5—缓冲瓶；6—气泵

2. 操作步骤

（1）安装　按图 2-2 连接好大气采样器，暂不接吸收管，并在干燥器的底和盖的边缘上抹少许凡士林，使干燥器密封，同时检查使不漏气，开动大气采样器中的空气泵，如果在装有 20％NaOH 溶液的净化瓶中有连续不断的气泡产生说明整个系统气密性良好，否则应检查各接口是否漏气。

（2）空白滴定　取一支吸收管，装入 0.4mol/L 的 NaOH 10ml，加 1 滴正丁醇，稍加摇动后，再将其中碱液毫无损失地移入三角瓶中，用煮沸过的蒸馏水冲洗 5 次，加少量饱和 $BaCl_2$ 溶液和酚酞指示剂 2 滴，然后用 0.1mol/L 草酸（$H_2C_2O_4$）滴定至粉红色消失即为终点。记下滴定量，重复 1 次，取其平均值，即为空白滴定量（V_1）。如果两次滴定相差超过 0.1ml，必须重新滴定一次。同时取一支吸收管装好同量碱液和 1 滴正丁醇，放在大气采样器的管架上备用。

（3）测定　称取果蔬材料 1kg，放入呼吸室，先将呼吸室与安全瓶连接，拨动开关，将空气流量调在 0.4L/min，将定时钟旋钮按反时针方向转到 30min 处，先使呼吸室抽空平衡 30min，然后连接吸收管开始正式测定。

当呼吸室抽空 30min 后，立即接上吸收管［步骤（2）中已准备好，管内事先已用移液管移取 0.4mol/L 的 NaOH10ml］。把定时钟重新按反时针方向转到 30min 处，调整流量保持 0.4L/min。待样品测定半小时后，取下吸收管，将碱液移入三角瓶中，加饱和 BaCl₂ 5ml 和酚酞指示剂 2 滴，用 0.1mol/L 草酸（$H_2C_2O_4$）滴定，操作同空白滴定，记下滴定量（V_2）。

（二）静置法测定

1. 操作流程

放入定量碱液 → 放入定量样品 → 取出碱液 → 滴定 → 求出样品的呼吸强度

静置法是最简便的一种测定果蔬呼吸强度的方法，不需特殊设备。测定时将样品置于干燥器中，干燥器底部放入定量碱液，果蔬呼吸释放出的 CO_2 自然下沉而被碱液吸收，静置一定时间后取出碱液，用酸滴定，求出样品的呼吸强度。

2. 操作步骤

（1）放入定量碱液　用移液管吸取 0.4mol/L 的 NaOH 10ml 放入培养皿中，将培养皿放进呼吸室（干燥器）底部，在干燥器中放置隔板，具体见图 2-3。

（2）放入定量样品　称取 1kg 左右的果蔬（若为绿叶菜可称取 0.5kg），放置在隔板上，封盖。果蔬呼吸释放出的 CO_2 自然下沉而被碱液吸收。

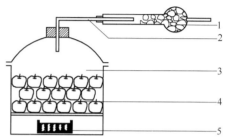

图 2-3　静置法呼吸室装置
1—钠石灰；2—二氧化碳吸收管；3—呼吸室；
4—果实；5—氢氧化钠

（3）取出碱液滴定　密封静置 1h 后，取出培养皿，把碱液移入三角瓶中（用蒸馏水冲）洗 4～5 次），加饱和 BaCl₂ 5ml 和酚酞指示剂 2 滴。用 0.1mol/L 草酸（$H_2C_2O_4$）滴定至粉红色消失，记录草酸。并用同样的方法做空白测定（干燥器中不放果蔬样品）。

五、结果记录与分析

1. 将测定数据填入下表。

样品重 /kg	测定时间 /h	气流量 /(L/min)	0.4mol/L NaOH 用量 /ml	0.1mol/L $H_2C_2O_4$ 用量 /ml		滴定差(V_1-V_2) /ml	呼吸强度 /[mg/(kg·h)]	测定温度 /℃
				空白(V_1)	测定(V_2)			

2. 列出计算式并计算结果

$$呼吸强度[mg/(kg·h)] = \frac{(V_1-V_2)c \times 44}{m \cdot t}$$

式中　V_1——空白滴定时所用草酸的体积，ml；

　　　V_2——样品滴定时所用草酸的体积，ml；

　　　c——$H_2C_2O_4$ 的浓度，mol/L；

　　　m——样品质量，kg；

　　　t——测定时间，h；

　　　44——CO_2 的分子质量，mg/mmol。

六、思考

1. 根据所给公式计算所测定果蔬的呼吸强度。

2. 在操作过程中出现了什么问题，如何解决？

【实验实训二】 果蔬贮藏中主要生理病害、侵染性病害的观察

一、目的与要求

通过实验实训，观察并识别几种果蔬的主要贮藏病害；观察果蔬在贮藏中的发病现象，并能分析其病害产生的原因，讨论防治途径；确定对该产品进行病害防治的措施，并对防治效果进行合理预期。

二、原理

果蔬在收获、分级、包装、装卸、堆码、贮运和销售过程中，由于诸多内外因素的影响，常常发生多种侵染性病害和生理性病害，不仅造成数量损失，而且使果蔬商品质量下降，商品价值降低，因而造成严重的经济损失。观察病害现象，分析病害产生的原因，对于果蔬采后病害防治具有很重要的意义。

三、材料及用具

1. 材料　病害标本及挂图。
2. 用具　放大镜、刀片、挑针、滴瓶、载玻片、盖玻片、培养皿和显微镜等。

四、方法与步骤

1. 收集

收集几种主要果品蔬菜贮藏生理性病害和侵染性病害的样品。

(1) 生理性病害　苹果的虎皮病、苦痘病、水心病，梨的黑心病，柑橘水肿病、枯水病，香蕉冷害，马铃薯黑心病，蒜薹 CO_2 中毒，黄瓜、番茄冻害等症状标本和挂图。

(2) 侵染性病害　苹果炭疽病、心腐病，梨黑星病，葡萄灰霉病，柑橘青绿病，马铃薯干腐病，番茄细菌性软腐病等标本、挂图及病原菌玻片标本。

2. 观察记录

记录内容包括果蔬的外观、病症的部位、形状、大小、色泽、有无菌丝或孢子等，辨别哪些是生理性病害，哪些是侵染性病害。

3. 品评

品评正常果实和病果的味道、气味和质地。

4. 分析

分析造成病害的原因，提出防治措施。

五、结果记录

将观察结果记入下表。

果蔬主要贮藏病害的观察记录表

编　号	果蔬名称	病害名称	主要症状	病　因	预防措施

六、思考

1. 每 2～3 人一组进行实训，并将实训过程和结果进行总结，写出实训报告，要求有操作要点。
2. 根据当地果蔬主要贮藏病害情况，提出有效的防治措施。

第三章　粮油贮藏技术

【学习目标】

通过本章学习，了解水稻、稻米、小麦、面粉、玉米、大豆、马铃薯、甘薯、花生等的贮藏特性，掌握它们的贮藏技术要点，学会1～2种常见粮油的贮藏方法。

粮油贮藏的任务就是采用合理的贮藏设备和先进科学的贮藏技术，人为地控制贮藏条件，将粮油质量的变化降低到最低程度，最有效地保持粮油产品的质量。粮油种类繁多，形态、生理各具特点，因此对于贮藏条件的要求也不一致。本章就水稻和稻米、小麦和面粉、玉米、大豆、马铃薯和甘薯、花生等的贮藏特性及贮藏方法作以介绍。

第一节　水稻和大米的贮藏

一、水稻的贮藏

1. 贮藏特性

水稻贮藏一般都是种子贮藏。水稻种子称为颖果，子实由内外稃包裹着，稃壳外表面被有茸毛。水稻稃壳具有保护性，其内外稃坚硬且勾合紧密，对气候的变化及虫霉的危害起到保护作用。内外稃裂开的水稻种子容易遭受虫害。水稻种子因内外稃的保护而吸湿缓慢，水分相对比较稳定，但是当稃壳遭受机械损伤、虫蚀或气温高于种温且外界相对湿度又较高时，吸湿性则显著增加。

由于水稻种子形态的特征，形成的种子堆一般较疏松，孔隙度与禾谷类的其他作物种子相比较大，约在50％～65％。因此，贮藏期间种子堆的通气性较其他种子好。在贮藏期间进行通风换气或熏蒸消毒，较易取得良好效果。

稻谷耐热性不强，在干燥和贮藏过程中耐高温的特性比小麦差。如用人工机械干燥或利用日光曝晒，都须勤加翻动，以防局部受温偏高，影响生活力。另外，如对温度控制失当等，均能增加爆腰率，引起变色，损害发芽率，不但降低种用价值，同时也降低工艺和食用品质。稻谷高温入库，处理不及时，种子堆的不同部位会发生显著温差，造成水分分层和表面结顶现象，甚至导致发热霉变。

2. 水稻贮藏技术要点

稻种有稃壳保护，比较耐贮藏，只要做好适时收获，及时干燥，控制种温和水分，注意防虫等工作，一般可达到安全贮藏的目的。

（1）适时收获，掌握干燥方法　稻种收获时间很重要，过早收获的种子成熟度差，瘦瘪粒多且不耐贮藏。过迟收获的种子，在田间日晒夜露，呼吸作用消耗物质多，有时种子会在穗上发芽，这样的种子同样不耐贮藏。所以，必须适时收获。一般早晨收获的稻种，种子水分可达28％～30％，午后收获的稻种在25％左右。种子脱粒后，应立即进行曝晒，只要在能使平均种温达到40℃以上的烈日下曝晒2～3天即可达到安全水分标准。曝晒时如阳光强烈，要多加翻动，以防受热不匀，发生爆腰现象，水泥晒场尤应注意这一问题。机械烘干温度不能过高，防止灼伤种子。

经过高温曝晒或加温干燥的种子，应待冷却后才能入库。否则，种子堆内部温度过高会发生"干热"现象，时间一长则引起种子内部物质变性，热种子遇到冷地面还可能引起结露。

（2）严格控制稻谷入库的水分和温度　水稻种子的安全水分标准应根据类型、保管季节与当地气候特点而定。一般情况粳稻可高些，籼稻可较低；晚稻可高些，早中稻可较低；气温低可高些，气温高可较低。试验证明，种子水分降低到 6% 左右，温度在 0℃ 左右，可以长期贮藏而不影响发芽率。水分在 12% 以下的稻种，可保存 3 年，发芽率仍在 80% 以上。水分为 13% 的稻种可安全度过高温夏季。水分超过 14% 的稻种，到第 2 年 6 月份发芽率会有所下降，到 9 月份则降至 40% 以下。水分在 15% 以上，贮藏到翌年 8 月份以后，种子发芽率几乎全部丧失。温度在 28℃，水分为 15.6%～16.5% 的稻种，贮藏 1 个月便生霉。因此，种子水分应根据不同的贮藏温度而加以控制。

（3）治虫防霉

① 治虫。中国产稻地区的特点是高温多湿，仓虫容易滋生。水稻主要的害虫有玉米象、米象、谷蠹、麦蛾、谷盗等。仓虫大量繁殖，除引起贮藏稻谷的发热外，还能剥蚀稻谷的皮层和胚部，使稻谷完全失去利用价值，同时降低酶的活性，并使蛋白质及其他有机营养物质遭受严重损耗。仓内害虫可用药剂熏杀，目前常用的杀虫药剂有磷化铝，还可用防虫磷防护。

② 防霉。危害贮藏种子的主要是真菌中的曲霉和青霉。温度降至 18℃ 时，大多数霉菌的活动才会受到抑制；相对湿度低于 65%，种子水分低于 13.5% 时，霉菌也会受到抑制。虽然采用密闭贮藏法对抑制好气性霉菌有一定效果，但对能在缺氧条件下生长活动的霉菌如白曲霉、毛霉之类则无效。

（4）预防结露和发芽　为了防止吸湿回潮，充分干燥的稻谷可采取散装密闭贮藏法。大多数水稻种子的休眠期比较短促（也有超过 1～2 个月的），这说明一般稻谷在田间成熟收获时，不仅种胚已经发育完成，而且已达到生理成熟阶段。由于稻谷具有这一生理特点，在贮藏期间如果仓库防潮设施不够严密，有渗水、漏雨情况，或入库后发生严重的水分转移与结露现象，就可能引起发芽或霉烂。稻谷回潮之所以容易发芽，主要是由于它的萌发最低需水量远较其他作物种子为低，一般仅需 23%～25%。

3. 杂交水稻越夏贮藏

（1）贮藏特性

① 杂交水稻保护性能比常规稻差。杂交水稻生理代谢强，呼吸强度比常规稻大，贮藏稳定性差，不利于贮藏。常规种子颖壳闭合良好，种子开颖数极少；杂交水稻种子因其具有遗传特性，米粒组织疏松，颖壳闭合差，使种子保护性能降低，易受外界因素影响，不利于贮藏。

② 耐热性差。杂交水稻种子耐热性低于常规水稻种子，干燥或曝晒温度控制失当，均能增加爆腰率，引起种子变色，降低发芽率。同时，持续高温则使种子所含脂肪酸急剧增高，降低耐藏性，加速种子活力的丧失。

春制和早夏制收获的种子收获期在高温季节，贮藏初期处于较高温度条件下，易发生"出汗"现象。秋季种子收获期气温已降，种子难以充分干燥，到翌年 2～3 月份种子堆顶层易发生结露发霉现象。

（2）杂交水稻越夏贮藏技术

① 降低水分，清选种子。首先准确测定种子水分，以确定其是否可直接进仓密闭贮藏，或先作翻晒处理。种子水分在 12.5% 以下，可以不作翻晒处理，采用密闭贮藏，对种子生活力影响不大。但必须对进库种子进行清选，除去种子中秕粒、虫粒、虫子、杂质，减少病虫害，提高种子贮藏稳定性，提供通风换气的能力，为降温降湿打下基础。采取常规管理，根据贮藏种子变化，在 4 月中旬到下旬进行磷化铝低剂量熏蒸。

② 搞好密闭贮藏。选择密闭性能好的仓库，种子含水量在 12.5% 以下时，可采用密闭贮藏，使种子呼吸作用降到最低水平。但对高水分种子，不能马上采用密闭贮藏，更不能操之过急地熏蒸。因为含水量较高的种子，呼吸作用旺盛，这时熏蒸将会使种子吸进较多的毒气，导致种子发芽率急剧下降，因此，应及时选择晴好天气进行翻晒。如无机会翻晒，在种子进入仓库时应加强

通风，安装除湿机吸湿，迅速降低种子含水量，随着含水量的降低而逐步转入密闭贮藏。种子含水量在12.5%以下，可以常年密闭贮藏；含水量在12.5%～13%的种子，在贮藏前期应短时间通风，降低种堆内部温度与湿度后，立即密闭贮藏。

③ 注意控制温湿度。外界温湿度可直接影响种堆，长期处于高温高湿季节，往往造成仓内温湿度上升。如果水分较低，温度变幅稍大，对种子贮藏影响不大。但水分过高，则必须在适当低温下贮藏。种子含水量未超过12.5%，种温未超过20～25℃，相对湿度在55%以内，能长期安全贮藏。湿度影响种子含水量，高湿度能使种堆水分升高。

④ 加强管理。种子贮藏期间应增加库内检查次数，加强种情检查，掌握变化情况，及时发现问题，尽早采取措施进行处理。同时注意仓内外的清洁卫生，消除虫、鼠、雀危害。

二、大米的贮藏

1. 贮藏特性

稻谷去壳得到糙米，糙米再碾去果皮与胚成为大米。大米由于没有谷壳保护，胚乳直接暴露于空间，易受外界因素的影响。因此，大米的贮藏稳定性差，远比稻谷难贮藏。

（1）容易吸湿返潮，引起发热　大米由于亲水胶体（淀粉、蛋白质）直接与空气接触，容易吸湿，在温湿度相同的条件下，大米的平衡水分均比稻谷高。同时，大米中的糠粉不仅吸湿性强，而且附带大量微生物，容易引起发热、生霉、变质、变味。

（2）容易爆腰　大米不规则的龟裂称为爆腰。爆腰的原因是由于米粒在急速干燥的情况下，米粒外层干燥快，内部水分向外转移慢，内外层干燥速率不一，体积收缩程度不同，外层收缩大，内层收缩小。另外，米粒在急速吸湿的情况下，也会造成爆腰。爆腰的大米因碎米多，在蒸煮时黏稠成糊状体，影响食用品质。

（3）容易陈化　随着贮藏时间的延长，大米逐渐陈化。陈化到一定程度，就会出现陈米气味，同时食味劣变，除失去大米原有的香味外，还表现在大米的光泽变暗，米饭黏度降低，硬度增加。

（4）容易发灰　大米在贮藏期间，如外界环境湿度大或者大米原来水分高，便会出现发灰现象，即米粒失去原有光泽，米粒表面呈现灰粉状碎屑和白道沟纹，这是大米开始变质的先兆。

（5）容易感染虫害　危害大米的主要害虫有米象、玉米象、赤拟谷盗、米扁虫等。

2. 贮藏方法

（1）常规贮藏　主要采用干燥、自然低温、密闭的方法，将加工出机的大米冷却到仓温后，堆垛保管。高水分大米可以码垛通风后进行短期保管，或通风摊凉降低水分含量后再密闭贮藏。

（2）低温贮藏　低温贮藏是大米保鲜的有效途径。利用自然低温，将低水分稻谷在冬季加工，待米温冷却后入库贮藏，采用相应的防潮隔热措施，使大米长期处于低温状态，相对延长粮温回升时间，是大米安全度夏的一种有效方法。利用机械制冷使大米在夏季处于冷藏状态，也能使大米安全度夏，但由于制冷设备和厂房建设投资较大，尚未全面推广。

（3）气调贮藏　对于包装或散装的大米，用塑料薄膜密封，利用粮堆内大米和微生物的呼吸作用，自然降氧，或者充入CO_2或N_2贮藏，具有良好的杀虫、抑菌作用。

（4）化学贮藏　在密闭的大米堆垛内，用0.07mm的聚乙烯薄膜制成小袋装入15～20g磷化铝片，挂在密封好的包堆边或埋入包装粮上层，让磷化氢缓慢释放，可以杀虫、抑菌和预防大米发热霉变。

第二节　小麦和面粉的贮藏

一、小麦的贮藏

1. 贮藏特性

小麦的贮藏一般都是指小麦种子贮藏。小麦种子称为颖果，稃壳在脱粒时分离脱落，果实外部没有保护物。小麦果种皮较薄，组织疏松，通透性好，在干燥条件下容易释放水分；在空气湿度较大时也容易吸收水分。麦种的孔隙度一般在35%～45%，通气性较稻谷差，适宜于干燥密闭贮藏，保温性也较好，不易受外温的影响。但是，当种子堆内部发生吸湿回潮和发热时，却不易排除。麦种吸湿的速度，因品种而不同。从总体上讲，小麦种子具有较强的吸湿能力，在相同条件下，小麦种子的平衡水分较其他麦类为高，吸湿性较稻谷为强。麦粒在曝晒时降水快，干燥效果好；反之，在相对湿度较高的条件下，容易吸湿提高水分。所以，干燥的麦种一旦吸湿不仅会增加水分，还会提高种温。

小麦种子具有较强的耐热性，特别是未通过休眠的种子，耐热性更强。据试验，小麦在水分17%以上，种温不超过46℃的条件下进行干燥和热进仓，不会降低发芽率。根据小麦种子的这一特性，实践中常采用高温密闭杀虫法防治害虫。但是，小麦陈种子以及通过后熟的种子耐高温能力下降，不宜采用高温处理，否则会影响发芽率。

小麦种子有较长的后熟期，有的需要经过1～3个月的时间。通过后熟作用的小麦种子可以改善麦粉品质。但是麦种在后熟过程中，由于物质的合成作用不断释放水分，这些水分聚集在种子表面上便会引起"出汗"，严重时甚至发生结顶现象。

小麦种皮颜色不同，耐藏性也存在差异，一般红皮小麦的耐藏性强于白皮小麦。

危害小麦种子的主要害虫有玉米象、米象、谷蠹、印度谷螟和麦蛾等，其中以玉米象和麦蛾危害最多。被害的麦粒往往形成空洞或被蛀蚀一空，完全失去使用价值。

2. 贮藏方法

（1）严格控制入库种子水分　小麦种子贮藏期限的长短，取决于种子的水分、温度及贮藏设备的防湿性能。据各地试验表明，种子水分不超过12%，如能防止吸湿回潮，种子可以进行较长时间贮藏而不生虫，不长霉，不降低发芽率；如果水分为13%，种温到30℃，则发芽率会有所下降；水分在14%～14.5%，种温升高到21～23℃，如果管理不善，发霉可能性很大；水分为16%，即使种温在20℃，仍有很多发霉。因此，小麦种子贮藏时的水分应控制在12%以下，种温不超过25℃。

（2）密闭压盖防虫贮藏　此法适用于数量较大的全仓散装种子，对于防治麦蛾有较好的效果。具体做法：先将种子堆表面耙平，再用麻袋2～3层，或篾垫2层或干燥砻糠灰10～17cm覆盖其上，可起到防湿、防虫作用，尤其是砻糠灰有干燥作用，防虫效果更好。覆盖麻袋或篾垫要求做到"平整、严密、压实"，即指覆盖物要盖得平坦而整齐，每个覆盖物之间衔接处要严密不能有脱节或凸起，待覆盖完毕再在覆盖物上压一些有分量的东西，使覆盖物与种子之间没有间隙，以阻碍害虫活动及交尾繁殖。

压盖时间与贮藏效果有密切关系，一般在入库以后和开春之前效果最好。但是种子入库以后采用压盖，要多加检查，以防后熟期"出汗"发生结顶。到秋冬季交替时，应揭去覆盖物降温，但要防止表层种子发生结露。

（3）热进仓贮藏　热进仓贮藏是利用麦种耐热特性而采用的一种贮藏方法，对于杀虫和促进种子后熟作用有很好的效果。具有方法简便，节省能源，不受药物污染等优点，而且不受种子数量的限制。具体做法：选择晴朗天气，将小麦种子进行曝晒降水至12%以下，使种温达到46℃以上且不超过52℃，此时趁热迅速将种子入库堆放，并须覆盖麻袋2～3层密闭保温，将种温保持在44～46℃，经7～10天之后掀掉覆盖物，进行通风散温直至达到与仓温相同为止，然后密闭贮藏即可。为提高贮藏效果，必须注意以下事项。

① 严格控制水分和温度。麦种热进仓贮藏成败的关键在于水分和温度，水分高于12%会严重影响发芽率，一般可掌握在10.5%～11.5%。温度低于42℃杀虫无效，温度越高杀虫效力越大。一般掌握在种温46℃密闭7天较为适宜，44℃则应延长至10天。

② 入库后严防结露。经热处理的麦种温度较高，库内地坪温度较低，二者温差较大，种子

入库后容易引起结露或水分分层现象。上表层麦种温度易受仓温影响而下降，与堆内高温发生温差使水分分层。有时这两部分种子反而会生虫和生霉。所以，麦种入库前须打开门窗使地坪增温，以缩小温差。

二、面粉的贮藏

1. 贮藏特性

（1）吸湿性强，贮藏稳定性差　面粉的水分比小麦高，夏季加工的面粉水分比冬季加工的高，贮藏时的实际水分在 13%～14%。因面粉属微粒结构，其表面积大，吸湿速度比小麦快，故在高湿条件下，面粉易于返潮。面粉发热生霉，主要是由面粉水分含量高，或面粉吸湿返潮导致面粉微粒的呼吸作用及微生物的呼吸作用增强而引起的。

（2）易成团结块　面粉堆垛贮藏一段时间，下层因受中、上层压力的影响而被压成团。受压结成团块的面粉，并无菌丝粘连，出仓时经搓揉弄松后，即可恢复正常，对品质无大影响。但如果伴有发热霉变而结块时，则不易恢复松散，品质也显著降低。

（3）"熟化"与变白　面粉出机入库后，大约贮藏 10～30 天，品质有所改善，筋力增强，发酵性好，制成面包体积大而松，面条粗细均匀，食味松软可口，这种面粉改善的作用，称为面粉的熟化。另外，面粉经贮藏一定时间，其颜色由初出机时稍带淡黄色而逐渐褪色变白，这是由于面粉中脂溶性色素氧化的结果，面粉的营养性能没有改善，相反还有所降低。

（4）发酸变苦　脂肪酸的变化是面粉品质劣变的主要指标。即使正常水分含量的面粉，由于脂肪的水解，脂肪酸有规律的增加，酸价增高；水分含量较高的面粉，由于微生物的不良影响，使水溶性有机酸积累，加上脂肪分解而使酸价增加更快。发过芽或发过热的小麦制成的面粉，其酸败过程比正常面粉更快。

2. 贮藏方法

（1）干燥散热　新加工的热机面粉一般温度很高，湿度很大，所以加工后预备贮藏的面粉不能立即装袋，应放置在阴凉通风处作降温、降水处理，有条件的可在室内通风散热，使其温度降至 25℃ 以下，水分降至 15% 以下，再进行贮藏。

（2）密闭防潮　面粉易吸湿，故防潮工作十分重要。面粉入库后宜采用塑料薄膜密封，这样既可防止面粉吸湿返潮，又可防止虫、霉感染，且能保鲜、防尘。对于需要度过梅雨季节的面粉，更需及早密闭防潮。存放大批量面粉，应存放在上不漏下不潮、干燥通风的仓房；少量面粉存放，应在干燥降温后放至阴凉干燥的容器内密封起来。

（3）严防生虫　面粉营养物质外露，最易感染害虫，其主要的害虫是螨虫，其次是玉米象。螨虫形体微小，人眼几乎不能看到，无论用什么方法都无法将其从面粉中分离出来，生螨后面粉即变为废弃物。面粉生虫后可用细罗将其分离出来，但应严把关口预防生虫，方法是把干燥降水后的面粉立即密封起来，大批量的可用塑料布盖严，并用绳子扎紧；少量的可用塑料布缝制成大小合适的袋子，套在每个面袋上扎紧口。还可在面粉的密闭前施入低药量，即每立方米面粉施入磷化铝片一片（3g），先将药片用纸包好，放入面袋缝隙里，再密封起来。食用前把药剂残留取出埋入地下，面袋放气 2～3 天即可。

（4）合理堆放　对于新加工的面粉，可先堆小垛，在降温散湿后改成大垛实堆。在倒垛操作时，只可调换上下位置，而原来在外层的面粉仍应放在外层，以免把外层水分大的面粉放入堆心，引起发热霉变。另外，由于面粉不耐贮藏，要结合销售情况，及时轮换出仓。

（5）翻倒防结块　存放时间较长的面粉，易出现压实结块现象，处理不及时就会发热霉变。因此在高温期间应勤检查，及时翻堆倒垛。把压实结块的面粉疏松处理，再使其变换位置，下面的倒到上面，或者调换左右位置。倒垛以后还应密封，如果药剂已经失去效力，完全变成灰白色粉末，没了药味，还应再用原来的方法施入同样药量的磷化铝。

第三节 玉米的贮藏

一、贮藏特性

穗贮与粒贮并用是玉米贮藏的一个突出特点，一般新收获的玉米多采用穗贮以利通风降水，而隔年贮藏或具有较好干燥设施的单位常采取脱粒贮藏。

玉米在禾谷类作物中，属大胚种子，种胚的体积几乎占整个子粒的 1/3 左右，重量占全粒的 10%～12%，从它的营养成分来看，其中脂肪占全粒的 77%～89%，并含有大量的可溶性糖。由于胚中含有较多的亲水基，比胚乳更容易吸湿，在种子含水量较高的情况下，胚的水分含量比胚乳要高，而干燥种子的胚，水分却低于胚乳，因此吸水性较强，呼吸量比其他谷类种子大得多，在贮藏期间稳定性差，容易引起种子堆发热，导致发热霉变。玉米种子脂肪绝大部分集中在种胚中，而且种胚吸湿性较强，因此，玉米种胚非常容易酸败，导致种子生活力降低。特别是在高温、高湿条件下种胚的酸败比其他部位更明显。

玉米种胚易遭虫霉为害，其原因是胚部水分含量高，可溶性物质多，营养丰富。为害玉米的害虫主要是玉米象、谷盗、粉斑螟和谷蠹，霉菌多半是青霉和曲霉。当玉米水分适宜于霉菌生长繁殖时，胚部易长出许多菌丝体和不同颜色的孢子（俗称"点翠"），因此，整粒的玉米霉变，常常是从胚部开始的。实践证明，经过一段时间贮藏后的玉米种子，其带菌量比其他禾谷类种子高得多。穗轴上的玉米种子由于开花授粉时间的不同，顶部籽粒成熟度差，加上含水量高，在脱粒加工过程中易受损伤，一般损伤率在 15% 左右。损伤子粒呼吸作用较旺盛，易遭虫霉为害，经历一定时间会波及全部种子。所以，入库前应将这些破碎粒及不成熟粒清除，以提高玉米贮藏的稳定性。

在我国北方，玉米属于大田作物，一般收获较迟，而且种子较大，果穗被苞叶紧紧包裹在里面，在植株上水分不易蒸发，因此收获时种子水分较高，一般多在 20%～40%。由于种子水分高，入冬前来不及充分干燥，极易发生低温冻害，这种现象在下列情况下更易发生：一是低温年份、种子成熟期推迟，含水量偏高；二是种子收获季节阴雨连绵、空气潮湿；三选是选择一些产量高，生育期偏长玉米品种种植，造成下霜前没有达到成熟要求。

玉米穗轴在乳熟及蜡熟早、中期柔软多汁。蜡熟和未及完熟时，穗轴的表面细胞木质化，变得坚硬，轴心（髓部）组织却非常松软，通透性较好，具有较强的吸湿性。着生在穗轴上玉米种子其水分的大小在一定程度上决定于穗轴，潮湿的穗轴水分含量大于子粒，干燥的穗轴水分则比籽粒少。果穗在贮藏期间，种子和穗轴水分变化与空气的相对湿度有密切关系，都是随着相对湿度的升降而增减。将玉米穗轴和玉米粒，放在不同的相对湿度条件下，其平衡水分有明显的变化。据研究，当相对湿度高于 80% 时，穗轴含水量大于籽粒，籽粒通过发芽口从穗轴中吸取水分；而相对湿度低于 80% 时，穗轴水分低于籽粒，穗轴从籽粒中吸取水分，使种子变得干燥。

生产上常用的玉米变种有硬粒种、马齿种和甜玉米，其耐藏性依次降低。

二、玉米种子贮藏技术

玉米贮藏有果穗贮藏法和粒藏法两种，可根据各地气候条件、仓房条件和种子品质进行选择。

1. 果穗贮藏

此法优点如下。

① 新收获的玉米果穗，穗轴内的营养物质因穗藏可以继续运送到籽粒内，使种子达到充分成熟，且可在穗轴上继续进行后熟。

② 穗藏孔隙度大，达 51% 左右，便于空气流通，堆内湿气较易散发。高水分玉米有时干燥

不及时，经过一个冬季自然通风，可将水分降至安全标准以内，至第二年春即可脱粒，再行密闭贮藏。

③ 籽粒在穗轴上着粒紧密，外有坚韧果皮，能起一定的保护作用，除果穗两端的少量籽粒可能感染霉菌和被虫蛀蚀外，一般能起防虫、防霉作用，中间部分种子生活力不受影响，所以生产上常采用这部分籽粒作播种材料。

果穗贮藏同样要注意控制水分，以防发热和受冻害。果穗水分高于 20%，在温度 −5℃ 的条件下便易受冻害而失去发芽率。水分高于 17%，在 −5℃ 时也会轻度受冻害，在 −10℃ 以下便会失去发芽率。水分大于 16% 时，果穗易受霉菌危害，在 14% 以下方能抑制霉菌生长。所以，过冬的果穗水分应控制在 14% 以下为宜。

干燥果穗的方法可采用日光曝晒和机械烘干。曝晒法一般比较安全，烘干法对温度应作适当控制，种温在 40℃ 以下，连续烘干 72~96h，一般对发芽率无影响，高于 50℃ 对种子有害。

果穗贮藏法有挂藏和玉米仓堆藏两种。挂藏是将果穗苞叶编成辫，用绳逐个联结起来，围绕在树干上挂成圆锥体形状，并在圆锥体顶端披草防雨。堆藏则是在露天地上用高粱秆编成圆形通风仓，将剥掉苞叶的玉米穗堆在里面越冬，次年再脱粒入仓，此法在我国北方采用较多。

2. 籽粒贮藏

采用籽粒贮藏可以提高仓容量，便于管理。对于采用籽粒贮藏的玉米种子，当果穗收获后不要急于脱粒，应以果穗贮藏一段时间为好，这样对种子完成后熟作用，提高品质以及增强贮藏稳定性都非常有利。玉米脱粒后胚部外露，是造成贮藏稳定性差的主要原因。因此，籽粒贮藏必须控制入库水分，并减少损伤粒和降低贮藏温度。玉米种子水分必须控制在 13% 以下才能安全过夏，而且种子贮藏不耐高温，在北方玉米贮藏水分含量则可在 14% 以下，种温不高于 25℃。如果仓房密闭性能较好，可以减少外界温湿度的影响，能使种子在较长时间内保持干燥。在冬季入库的种子，则能保持较长时间低温，据试验，利用冬季低温，种温在 0℃ 时将种子入库，面上覆盖一层干沙，到 6 月底种温仍能保持在 10℃ 左右，种子不生霉、不生虫，并且无异常现象。

经验表明：散装贮藏的堆高随种子水分而定，种子水分在 13% 以下，堆高 3~3.5m，可密闭贮藏。种子水分在 14%~16%，堆高 2~3m，需间隙通风。种子水分在 16% 以上，堆高 1~1.5m，需通风，贮藏期不超过 6 个月，或采用低温贮藏，但要注意防止冻害。

三、北方玉米越冬贮藏技术

北方玉米贮藏的突出问题是种子成熟后期气温较低，收获时种子水分较高，又难晒干，易受低温冻害，因此如何安全越冬是北方玉米贮藏管理的重点。

1. 站秆扒皮，收前降水

站秆扒皮晾晒，可以加速果穗和籽粒水分散失，促进脱水脱粒，提高籽粒质量，是促进成熟的一项有效措施。扒皮晾晒的适宜时期是玉米蜡熟中期，待籽粒形成"硬盖"以后进行。过早进行影响穗内的营养转化，对产量影响较大；过晚，脱水时间短，起不到短期内降低含水量和提高品质的作用。方法是将苞叶轻轻扒开，使果穗籽粒全部露出，但注意不要将穗柄折断，特别是玉米螟危害较重、穗柄较脆的品种更要注意。该法尤其适用于生育期偏长、活秆成熟和籽粒脱水较慢的品种。

试验表明：收前 20 天扒皮可比对照多降低含水量 9.7%，收前 15 天扒皮多降低含水量 8.6%，收前 9 天扒皮则多降低含水量 6.5%。

2. 玉米果穗通风贮藏

玉米穗贮时由于孔隙度较大，便于通风干燥，可利用秋冬季节继续降低种子水分，同时穗轴对种胚有一定的保护作用，可以减轻霉菌和仓虫的感染。

玉米果穗通风贮藏有多种方式，根据种子量的大小不同可灵活选用。少量种子可采用立桩搭挂、木架吊挂、棚内吊挂等方式进行。种子量较大时可选择地势高燥、通风良好的地方与秋季主风向垂直搭砌玉米穗仓，具体方法是在地面用砖、木等垫高 30～50cm 做好仓底，铺上秫秸，上面砌玉米穗仓，仓的厚度 70～100cm，高度和长度依种子量而定，也可砌成多排仓，但各排之间要留有一定距离，以免相互挡风。有条件的单位也可建造永久性玉米仓，四周用方木作固定柱，在地面上 30～50cm 处架好仓底，四周用木板条或金属做成通风仓壁，顶盖用人字架做遮雨（雪）棚，既通风又防雀、防雨。

在贮藏管理中，必须注意以下 2 点。

（1）严格控制水分　贮藏效果的好坏很大程度取决于种子的含水量。低温是种子贮藏的有利条件，但在北方寒冷天气到来之前，种子只有充分晒干，才能防止冻害。如果玉米种子含水量过高，种子内部各种酶类进行新陈代谢，呼吸能力加强，在严寒条件下，种子就会发生冻害。另外北方玉米种子冬贮时间较长，因此在贮藏期间要定期检查种子含水量，如发现水分超过安全贮藏标准，应及时通风透气，调节温湿度，以免种子受冻害或霉变。

（2）采用合理的贮藏　方法及选择适宜的贮藏环境　对不符合建仓标准和条件差的仓库要进行维修，种子仓库要做到库内外干净清洁，仓库不漏雨雪。室外贮藏不可露天存放在雨雪淋浸的地方，还要认真做好防虫、防鼠工作。不论采取什么方法贮藏，都应把种子袋垫离地面 30cm 以上，堆垛之间要留一定空隙，还应注意，在室外贮存的种子，遇冷后不应再转入室内贮藏；同样在室内贮存的种子，不可突然转到室外贮藏，否则，温度的骤然变化会使种子发生结露。

四、南方玉米越夏贮藏技术

南方玉米越夏贮藏技术的要点主要有以下 3 点。

1. 低温

低温的要求是 7、8、9 月份高温多湿的季节采取合理通风的办法，使仓温不高于 25℃，种温不高于 22℃。种子是热不良导体，种温不会随外界温度变化而迅速改变。在 6 月底以前温度上升的时候不轻易开仓，以免热空气进入仓内，提高仓温。发现种子含水量超过越夏种子贮藏安全标准（小于 12%），也只能通过春前低温季节的低湿度空气进行通风和仓内除湿等措施来降低种子含水量，以防高温季节晒种种温提高。7、8、9 这三个月，虽系高温季节，但也有晴、雨、阴、早、中、晚的气温差异，此期的通风主要是以降温为目的，多在阴天或晴天的傍晚，以排风扇、电动鼓风机等机械进行强力通风，迅速降低仓温。种温是影响种子呼吸强度的重要因素，仓贮期控制好种温是重要的一环。

2. 干燥

干燥是指严格控制越夏种子水分。整个贮藏期要保证种子水分的变化在安全水分范围内，既要考虑到种子本身入仓水分的标准，又要考虑到影响水分变化的各个因素。在控制种子贮藏水分工作中，要着重做到种子净度达到国家标准；水分不超过安全水分标准；无受害的及受污染的种子，同时，密切注意种子入仓后第 1 个月内水分的变化。种子入库季节正值高温高湿，同时也是种子生理成熟的重要时期，入库种子常会因后熟作用发生"出汗"而提高种子含水量，也会因种温、仓温（特别是地坪）的温度差异出现"结露"而使局部种子含水量急剧增加。

贮存半年后，玉米的贮藏性能基本稳定，开春后用快速水分检测仪速测种子堆上、中、下层种子的含水量，凡含水量超过要求，剔出不宜进行越夏，应在当年及时售出。

3. "密闭"

"密闭"是指在种子贮藏性能稳定之后，特别是水分达到越夏要求后，用塑料薄膜密闭种子和仓房门窗。仓门的密闭，绝不是一年四季常闭仓库。具体要严格掌握以下两点：一是种子入库 1 月内除投药杀虫需密闭外，其余时间应尽量抓住机会开门通风，以降温降湿；二是在 10 月中、下旬气温处于下降季节，应寻找机会尽快开门通风使种温下降。总之，密闭的目的是为了减轻仓外温度、湿度对仓温、种温、种子水分的影响，使种堆处于低温低湿状态。

第四节　甘薯和马铃薯的贮藏

一、甘薯的贮藏

1. 贮藏特性

甘薯又名地瓜、红薯、红苕等，是块根作物，组织幼嫩，皮薄易破损，易受冷害和感染病害而发生腐烂。甘薯在贮藏期间仍有旺盛的呼吸，呼吸强度比谷类种子大十几倍到几十倍。甘薯在 O_2 充足时进行有氧呼吸，吸入 O_2 较多，放出的 CO_2 和热量也多。当 O_2 不足时，甘薯进行无氧呼吸，产生酒精、CO_2 和少量热量。酒精对薯块有毒害作用，易引起烂窖。甘薯与其他粮食不同，块根内含有大量水分，保存甘薯的环境要求有较高的湿度，最适的相对湿度为 $85\% \sim 90\%$，湿度过低易使薯块干缩糠心，湿度过高则易使薯堆表面结露引起病害。甘薯贮藏对温度的要求也很严格，温度高于 18℃ 易生芽，低于 10℃ 易引起腐烂。一般认为，病害是引起甘薯严重损失的主要原因，最严重、最普遍的病害是甘薯黑斑病和软腐病，因此，保管甘薯要做好防病、防腐工作。

2. 贮藏方法

(1) 适时收获，确保收获质量　甘薯收获时间对块根产量与贮藏安全影响很大，如过早收获，生长期不足，产量和出粉率都低；过迟收获，不能增加产量，易受低温冷害，导致出粉率和耐贮性下降。故适时收获对提高产量、品质和防止腐烂损失有重要的意义。甘薯收获时要做到"三轻"、"五防"，即轻刨、轻运、轻入窖和防霜冻、防雨淋、防过夜、防碰伤、防病害。

甘薯含水量高达 70% 以上，皮薄、重量大，而贮藏期的病害又大部分是由薯皮碰伤所引起的，所以收获甘薯时防碰伤就成了保证甘薯贮藏的先决条件。因此，要轻刨，不要碰伤薯皮。运输时车上先垫草或用筐装车，有条件者最好装入筐中直接入窖，减少装卸碰伤。

收获甘薯时应在霜冻前，以避免薯块受冻。要防雨淋，雨天不能收获甘薯，收后的甘薯也不能受雨淋。要做到当天收，当天运，当天入窖，不能在地里过夜。因甘薯遇 7℃ 以下气温就会受轻微冷害，而这种轻微的冷害又难以发觉，只有入窖后 1 个月才开始腐烂，所以收获甘薯时不能让甘薯在地里过夜。入窖时要剔除破伤及病害薯块，否则就难以保证安全贮藏。

(2) 贮藏管理　地窖保管法是保管甘薯最常使用的方法，根据各地气候特点的不同，贮存甘薯的地窖多种多样，如井窖、棚窖、埋藏窖等，但管理措施大致一样。甘薯入窖之前，应对窖内进行消毒，方法是用石灰浆涂抹窖壁，或用福尔马林 0.5kg 加水 25kg 喷洒，如是旧窖，应先将窖内四壁的旧土铲除一层。经过剔除破伤、疡疤、虫蚀的好薯块，小心装窖，轻拿轻放，合理堆放。窖内不要装得太满，一般只装二分之一，最好是分层堆放，每层薯块厚度约 30cm，堆一层，撒一层干沙土，每层沙土留开几个碗口大小的空隙，各层的空隙互相错开，以利调节各层薯块的水分和温度。甘薯也要用多菌灵、托布津等药液进行浸洗。一般用 5% 甲基托布津 $500 \sim 1000$ 倍液，或 25% 多菌灵 $500 \sim 1000$ 倍液浸洗 10min，晾干后即可入窖。

当甘薯入窖后，应在薯堆上覆盖一层稻草，防治甘薯黑斑病可用抗菌剂"401"处理，按"401" 0.1kg 加水 2.5kg，喷 625kg 甘薯的比例，将药剂喷洒在稻草上，封窖 4 天，取出稻草敞窖通风，再按常规方法保管。甘薯和入窖后的管理要根据气候、季节的变化情况，适时掌握好窖口的启闭，尽量调节窖内温、湿度在最适范围内，一般要求把好"三关"。入窖防汗关，入窖初期 30 天左右为发汗期，鲜薯呼吸旺盛，放出大量的水分和热量，这段时间内，一般白天要打开窖门通风，晚上关闭，使窖温稳定在 $12 \sim 15$℃；"进九"防冻关，冬季"进九"后，要视天气情况，适时封闭窖门，必要时还要在窖门口加覆盖物保温，保证窖内温度最低不低于 10℃；春后防热关，春暖后气温回升，应根据天气变化情况，适时通风或密闭，使窖内温度最高不超过 18℃。

二、马铃薯的贮藏

1. 采收要求

马铃薯采收质量对其贮藏有重要意义。在马铃薯植株枯黄时，地下块茎进入休眠期，此时是收获的最佳时间。收获应选在霜冻到来以前，并同时要求在晴天和土壤干爽时进行。收获时先将植株割掉，深翻出土后，须在田间稍行晾晒，但不要在烈日下曝晒。收获后，在田间要将病虫伤害及机械伤害的块茎剔除，进行分级。在贮前先将块茎置于10～20℃条件下晾晒10～14天（若温度较低，时间要长一些），使愈合伤口形成木栓层。具体方法是把块茎堆在通风的室内，堆中要扦插秫秸把，或用竹片制成的通风管，以便通风降温。堆高不得高于0.5m，宽不超过2m。同时要注意防雨、防日晒，要有草苫遮光。为达到通风的目的，还可在薯块堆下面设通风沟。要定期检查、倒动，降低薯堆中的温、湿度，并检出腐烂的薯块。

2. 贮藏特性

马铃薯块茎收获以后具有明显的生理休眠期，休眠期一般为2～4个月。一般早熟品种休眠期长，薯块大小、成熟度不同休眠期也有差异，如果薯块大小相同，则成熟度低的休眠期长。另外，栽培地区也影响休眠期长短。贮藏过程中，温度也是影响休眠期的重要因素，特别是贮藏初期的低温对延长休眠期十分有利。马铃薯在2℃以下会发生冷害，但专供加工薯片或油炸薯条的晚熟马铃薯，应贮藏于10～13℃条件下。贮藏马铃薯适宜的相对湿度为80％～85％，晚熟种应为90％，如果湿度过高，会缩短休眠期、增加腐烂；湿度过低会因失水而增加损耗。贮藏马铃薯应避免阳光照射，光能促使薯块萌芽，同时还会使薯块内的茄碱苷（龙葵素）含量增加。正常薯块茄碱苷含量不超过0.02％，对人畜无害，若在阳光下或萌芽时，茄碱苷含量会急剧增加，误食对人畜均有毒害作用。

3. 贮藏方法

（1）沟藏　如辽宁某些地区多采用沟藏法。7月收获马铃薯，预贮在空房内或荫棚下，直至10月下旬沟藏。贮藏沟深1～1.2m，宽1～1.5m，长度不限。薯块堆至距地面0.2m，上面覆土保温，以后随气温下降，分期覆土，覆土总厚度为0.8m左右。薯块不可堆放太高，否则沟底及中部温度会偏高，很容易腐烂。

（2）窖藏　山西和西北地区土质黏重，多采用井窖窖藏法。每窖室可贮藏3000kg。在有土丘或山坡的地方，可采用窑窖贮藏，以水平方向向土崖挖成窑洞，洞高2.5m、宽1.5m、长6m。窖顶呈拱圆形，底部也有倾斜度，与井窖相同，每窖可贮藏3500kg。井窖和窑窖利用窖口通风并调节温、湿度，气温低时，窖口覆盖草帘防寒。

（3）棚窖贮藏　东北地区多采用棚窖贮藏红薯。棚窖与大白菜窖相似，深2m、宽2～2.5m、长8m，窖顶为秫秸盖土，共厚0.3m。天冷时再覆盖0.6m秫秆保温。窖顶一角开设一个0.5m×0.6m的出入口，也可做放风用。每窖可贮藏3000～3500kg。为控制和调节窖内的温度，保持块茎良好品质，入窖后可分3个阶段进行管理。

① 贮藏前期。从入窖到12月初，块茎正处在预备休眠状态，呼吸旺盛，放热多，窖温较高。这一阶段的管理应以降温散热为主，窖口和通气孔经常打开，尽量通风散热，随着外部温度的降低，窖口和通气孔也应变成白天打气，夜间小开或关闭。如窖温过高时，也可倒堆散热。

② 贮藏中期。12月中旬到第二年2月末正值冬季，外部温度很低，块茎已进入高度休眠状态，呼吸微弱，散热量很少，易受冻害。这一阶段的管理工作主要是防寒保温，对窖温要经常检查，要密封窖口，必要时可在薯堆上盖草吸湿防冻。

③ 贮藏末期。3～4月份外部气温转高，块茎已经通过休眠，窖温升高易造成块茎发芽，这一阶段管理工作的重点是控制窖内低温，使外部高的温度不影响窖温，以免块茎发芽。窖顶覆盖也应加厚，紧闭窖门和气孔，白天避免开窖。若窖温过高时，可在夜间打开窖口通风降温，也可

倒堆散热。

（4）通风库贮藏　一般散堆在库内，堆高1.3～2m，2～3m垂直放一个通风筒。通风筒用木片或竹片制成栅栏状，横断面积0.3m×0.3m，下端要接触地面，上端伸出薯堆，以便于通风。装筐贮藏效果也很好。贮藏期间要检查1～2次。

不论采用哪种贮藏方法，薯堆周围都要留有一定的空隙，以利通风散热。

（5）化学贮藏　南方夏秋季收获的马铃薯，由于缺乏适宜的贮藏条件，在休眠期过后，就会萌芽。为抑制萌芽，在休眠中期，可采用 α-萘乙酸甲酯处理马铃薯，每10t薯块用药0.4～0.5kg，加入15～30kg细土制成粉剂，撒在薯堆中；还可用青鲜素（MH）抑制萌芽，用药浓度为3％～5％，应在适宜收获前3～4周喷洒，如遇雨，应再重喷。

第五节　大豆和大豆油的贮藏

一、大豆的贮藏

1. 贮藏特性

大豆除含有较高的油分外（约17％～22％），还含有非常丰富的蛋白质（约35％～40％）。因此，其贮藏特性不仅与禾谷类作物种子大有差别，而与其他一般豆类相比也有所不同。

（1）吸湿性强　大豆子叶中含有大量蛋白质，同时由于大豆种皮较薄，种孔（发芽口）较大，所以对大气中水分的吸附作用很强。在20℃条件下，相对湿度为90％时，大豆的平衡水分达20.9％（谷物种子在20％以下）；相对湿度在70％时，大豆的平衡水分仅11.6％（谷物种子均在13％以上）。因此，大豆贮藏在潮湿的条件下，极易吸湿膨胀。大豆吸湿膨胀后，其体积可增加2～3倍，对贮藏容器能产生极大压力，所以大豆晒干以后，必须在相对湿度70％以下的条件下贮藏，否则容易超过安全水分标准。

（2）易丧失生活力　大豆水分虽保持在9％～10％的水平，如果种温达到25℃时，仍很容易丧失生活力。大豆生活力的影响因素除水分和温度外，与种皮色泽也有很大的关系。黑色大豆保持发芽力的期限较长，黄色大豆最容易丧失生活力。种皮色泽越深，其生活力越能保持长久，这一现象也出现在其他豆类中，其原因是深色种皮大豆组织致密，代谢作用微弱。贮藏期间的通风条件会影响大豆的呼吸作用，也会间接影响生活力，呼吸强度增高，放出水分和热量又进一步促进呼吸作用，很快就会导致贮藏条件恶化而影响大豆的生活力。

（3）破损粒易生霉变质　大豆颗粒呈椭圆形或接近圆形，种皮光滑，散落性较大。此外大豆种子皮薄、粒大，干燥不易损伤破碎。同时种皮含有较多纤维素，对虫霉有一定抵抗力。但大豆在田间易受虫害和早霜的影响，有时虫蚀高达50％左右。这些虫蚀粒、冻伤粒以及机械破损粒的呼吸强度要比完整粒大得多。受损伤的暴露面容易吸湿，往往成为发生虫霉的先导，引起大量大豆的生霉变质。

（4）热导性差　大豆含油分较多，而油脂的热导率很小，所以大豆在高温下干燥或曝晒的情况下，不易及时降温以至影响生活力和食用品质。利用这一特点，可增强大豆的稳定性，即大豆进仓时，必须干燥而低温，仓库严密，防热性能要好。据试验，大豆贮藏在木板仓壁和铁皮仓顶的仓库中，堆高4m，于1月份入库，种温为-11℃，到7月份出仓时，仓温30℃，而上层种温为21℃、中层为10℃、下层为7℃。如果仓壁加厚，仓顶选用防热性良好的材料，则贮藏稳定性将会大大提高。

（5）蛋白质易变性　大豆含有大量蛋白质，在高温高湿条件下，很容易老化变性，以至影响种子的工艺品质及食用品质，这和油脂容易酸败的情况相同，主要是由于贮藏条件控制不当所引起。值得注意的是大豆种子一般含脂肪17％～22％，且大豆种子中的脂肪多由不饱和脂肪酸构成，所以很容易酸败变质。

(6) 大豆易走油、赤变 经过高温季节贮藏的大豆，往往出现两片子叶靠脐部位色，泽变红，之后子叶红色加深并扩大，严重的发生浸油，同时高温高湿还使大豆发芽力降低。大豆走油赤变后，出油率减少，豆油色泽加深，做豆腐有酸败味，做豆浆颜色发红。大豆发生走油和红变现象的原因一般认为是在高温高湿的条件下，蛋白质凝固变性，破坏了脂肪与蛋白质共存的乳化状态，脂肪渗出呈游离状态，即发生浸油现象，同时脂肪中的色素逐渐沉积以至引起子叶变红。从外观看，大豆的浸油红变也表现出一定的发展过程。首先是种皮光泽减退，种皮与子叶呈斑点状粘连，略带透明，习惯上称为"搭皮"，再进一步发展到脱皮，稍加压碾，种皮即破碎脱落，而子叶内面出现红色斑点，逐步扩大，呈明显的蜡状透明，带赤褐色。在整个变红过程中，种皮色泽也不断加深，由原来的淡黄色发展成为深黄、红黄以至红褐色。

2. 贮藏方法

(1) 清仓消毒 入库前应将仓库内的其他种子、杂物等全部清除，并剔除虫窝，修补墙面、门窗，清理后用烟熏剂熏仓消毒，消毒后须通风24h。

(2) 充分干燥 充分干燥是大多数农作物种子安全贮藏的关键，对大豆来说，更为重要。一般要求长期安全贮藏的大豆水分必须在12%以下，如超过13%，就有霉变的危险。大豆干燥以带荚为宜，首先要注意适时收获，通常应等到豆叶枯黄脱落，以摇动豆荚时互相碰撞发出响声时收割为宜。收割后摊在晒场上铺晒2～3天，荚壳干透有部分爆裂，再行脱粒，这样可防止种皮发生裂纹和皱缩现象。大豆入库后，如水分过高仍须进一步曝晒。据试验，大豆经阳光曝晒对出油率并无影响，但阳光过分强烈，易使子叶变成深黄脱皮甚至发生横断等现象。曝晒过程中温度以不超过44～46℃为宜，而在较低温度下晾晒，更为安全稳妥；晒干以后，应先摊开冷却，再分批入库。

(3) 低温密闭 大豆由于热导性不良，在高温情况下又易引起红变，所以应该采取低温密闭的贮藏方法。一般可趁寒冬季节，将大豆转仓或出仓冷冻，使种温充分下降后，再进仓密闭贮藏，最好在表面加一层压盖物。加覆盖的和未加覆盖的相对比，种子堆表层的水分要低，种温也低，并且前者保持原有的正常色泽和优良品质。有条件的地方将种子存入低温库、准低温库、地下库等效果更佳，但地下库一定要做好防潮去湿工作。贮藏大豆对低温的敏感程度较差，因此很少发生低温冻害。

(4) 及时倒仓，过风散湿 大豆收获正值秋末冬初，气温逐步下降，大豆入库后，还需进行后熟作用，放出大量的湿热，如不及时散发，就会引起发热霉变。为了达到长期安全贮藏的要求，大豆入库3～4周左右，应及时进行倒仓过风散湿，并结合过筛除杂，以防止出汗发热、霉变、红变等异常情况的发生。根据经验，大豆在贮藏过程中，进行适当通风很有必要。贮藏在缸坛中的大豆，由于长期密闭，其发芽率比仓库内贮藏的差。适当通风不仅可以保持大豆的发芽率，还能起到散湿作用，使大豆水分下降，因大豆在较低的相对湿度下，其平衡水分较一般种子为低。

(5) 定期检查 入库初期要将温度检查列为重点，使库房温度保持在20℃以下，温度过高时应立即通风降温。大豆入库后每20天检查一次含水量，种子含水量超出安全水分含量，应及时翻晒。大豆晒后不能趁热贮藏，必须晾凉后才能收藏，以降低大豆本身的温度，防止发热回潮。

二、大豆油的贮藏

大豆油在贮藏中，容易受油脂本身所含水分、杂质及空气、光线、温度等因素的影响而酸败变质。因此，贮藏大豆油必须尽量降低其中的水分和杂质含量，并将其贮藏在密封的容器中，放置在避光、低温的场所。通常的做法是，油品入库或装桶前，必须将装具洗净擦干，同时认真检验油品水、杂含量和酸价高低，符合安全贮藏要求方可装桶入库。大豆油中水分、杂质含量均不得超过0.2%，酸价不得超过4mg/g（以KOH计）。装好后，应在桶盖下垫以橡皮圈或麻丝，将桶盖拧紧，防止雨水和空气侵入。同时每个桶上要及时注明油品名称、等级、皮重、净重及装桶日期等，以便分类贮存和推陈出新。桶装油品以堆放于仓内为宜，如需露天堆放，桶底要垫以木块，使之斜立，桶口平列，防止桶底生锈和雨水从桶口浸入；高温季节要搭棚遮荫，以防受热酸败；严冬季节在气温低的地区，无论露天或库内贮藏，都要用稻草、谷壳等围垫油桶，加强保温，防止油品凝固。

第六节　油菜籽的贮藏

一、贮藏特性

1. 吸湿性强

油菜种子种皮脆薄，组织疏松，且子粒细小，暴露的表面大。油菜收获正近梅雨季节，很容易吸湿回潮，但是遇到干燥气候也容易释放水分。据经验，在夏季相对湿度在50％以下，油菜种子水分可降低到7％～8％以下；相对湿度在85％以上时，其水分很快回升到10％以上，所以常年平均相对湿度较高的地区和潮湿季节，要特别注意防止种子吸湿。

2. 通气性差，易发热生霉

油菜种子近似圆形，密度较大。由于种皮松脆，子叶较嫩，种子不坚实，在脱粒和干燥过程中容易破碎，或者收获时混有泥沙等因素，使种子堆的密度增大，不易向外散发热量。而油菜种子的代谢作用又很旺盛，放出的热量较多，如果感染霉菌，分解脂肪释放的热量比淀粉类种子高1倍以上，所以油菜种子比较容易发热，尤其在高水分情况下，只要经过1～2天时间就会引起严重的发热酸败现象，而且发热时间持续很久。试验表明，入库油菜种子水分在10％～11％时，到了高温季节（7月中旬左右），就有发热象征，种温超过仓温3～5℃，并有浓厚霉变味，到8月下旬仓温上升到42℃，如不进行处理，可持续发热直到秋凉11月份而出现霉变。7月份开始时发热的部位仅限于中上层某一局部范围内，8月中旬发展到全部上层及中层，9月下旬发展到下层，造成全堆发热。引起油菜种子发热生霉的因素除水分与温度外，杂质含量也有一定关系，杂质过多，油菜种子堆通气不良，妨碍散热散湿，容易引起不良后果。经发热的种子不仅失去发芽率，同时含油量也大大降低。

3. 含油分多，易酸败

油菜种子的脂肪含量较高，一般在36％～42％。贮藏过程中，脂肪中的不饱和脂肪酸会自动氧化成醛、酮等物质，发生酸败，尤其在高温、高湿的情况下，这一变化过程进行得更快，结果使种子发芽率随着贮藏期的延长而逐渐下降。油脂的酸败主要有两方面原因：一是不饱和脂肪酸与空气中的氧气作用，生成过氧化物，它极不稳定，很快继续分解成为醛、酸等；另一是原因是在微生物作用下，油脂分解成甘油及脂肪酸，脂肪酸进而被氧化生成酮酸，酮酸经脱羧作用放出二氧化碳生成酮等。实践中油脂品质常以酸价表示，即中和1g脂肪中全部游离脂肪酸所耗去的氢氧化钾的质量（mg），耗去氢氧化钾量越多，酸价越高，表明油脂品质越差。油菜种子在贮藏期间的主要害虫是螨类，它能引起种子堆发热，是油菜种子的危险害虫，油菜种子水分较高时，螨类繁殖迅速，只有保持种子干燥才能预防螨类为害。

二、油菜种子的贮藏技术

1. 适时收获，及时干燥

油菜种子收获以花薹上角果有70％～80％呈现黄色时为宜。太早嫩籽多，水分高，不易脱粒，较难贮藏；太迟则角果容易爆裂，籽粒散落，造成损失。脱粒后要及时干燥，晒干后须经摊晾冷却才可进仓，以防种子堆内部温度过高，发生干热现象（即油菜种子因闷热而导致脂肪分解，酸度增加，出油率降低）。

2. 清除泥沙杂质

油菜种子入库前，应进行一次风选，以清除尘芥杂质及病菌类，增强贮藏期间的稳定性。此外对水分及发芽率进行一次检验，以掌握油菜种子在入库前的情况。

3. 严格控制入库水分

油菜种子入库的安全水分标准应视当地气候特点和贮藏条件而定，就大多数地区一般贮藏条件而言，油菜种子水分控制在9％～10％以内，可保证安全，但如果当地特别高温多湿以及仓贮条件较差，最好能将水分控制在8％～9％以内。据四川省经验，水分超过10％，经高温季节，种子堆就会发生不正常现象，开始结块；水分在12％以上就会形成团饼，出现霉变现象。

4. 低温贮藏

贮藏期间除水分须加控制外，种温也必须按季节严加控制，在夏季一般不宜超过28～30℃，春、秋季不宜超过13～15℃，冬季不宜超过6～8℃。种温与仓温相差如超过3～5℃就应采取措施，进行通风降温。

5. 合理堆放

油菜种子散装的高度应随水分多少而增减，水分在7％～9％时，堆高可达1.5～2.0m；水分在9％～10％时，堆高只能为1～1.5m；水分在10％～12％时，堆高只能在1m左右；水分超过12％时，应进行晾晒后再进仓。散装的种子可将表面耙成波浪形或锅底形，使油菜种子与空气接触面加大，有利于堆内湿热的散发。

6. 加强管理检查

油菜种子进仓时即使水分低，杂质少，仓库条件合乎要求，在贮藏期间仍须遵守一定的严格检查制度，一般在4～10月份，对水分含量为9％～12％的油菜种子，应每天检查2次，水分含量在9％以下应每天检查1次。11月份至翌年3月份，对水分含量为9％～12％的油菜种子应每天检查1次，水分含量在9％以下的，可隔天检查1次。

第七节　花生的贮藏

一、贮藏特性

1. 原始水分高，易发热生霉

花生的荚果刚收获时水分含量很高，可达40％～50％。由于颗粒较大，荚壳较厚，而且子叶中含有丰富蛋白质，所以水分不易散发，容易吸湿返潮，很容易发热生霉。霉变首先从未成熟粒、破损粒、冻伤粒开始，逐渐扩大影响至完好种子。花生的安全水分要求达到9％～10％以下，有时曝晒4～5天，还不能符合标准。花生荚果到一定干燥程度，质地变为松脆，容易开裂，不耐压，而且吸湿性较强，在贮藏过程中，很容易遭受外界高温、潮湿、光线或氧气等影响。如果对水分和温度这两个主要因素控制不当，往往造成发热霉变，走油，酸败，含油率降低以及生活力丧失等一系列品质变化。据生产实践经验，花生荚果含水量为11.4％，同时温度升高到17℃，即滋生霉菌引起变质，特别是一经黄曲霉菌为害，就会产生黄曲霉毒素，对人畜有致癌作用，不论种用或食用，都失去价值。此外花生荚果从土中收起，带有泥沙杂质，一经淘洗，荚壳容易破裂，更难晒干，在贮藏期间还会引起螨类和微生物的繁殖和为害。

2. 干燥缓慢，易受冻害，失去生活力

花生种子生长于地下，收获时含水量可高达40％～50％，花生收获期正值凉爽的秋季，如天气情况太差，未能及时收获，易造成子房柄霉烂，荚果脱落，遗留在土中，或由于子房柄入土不深，所结荚果靠近土面，这都可能遭到早霜侵袭，使种子冻伤。同时由于花生种子较大，其中又含有较多的蛋白质，水分不易散失，在严寒来临之际，种子水分不能及时降至发生冻害的临界水分以下时，也会受到低温冻害。根据观察，花生的植株在−5℃时即会受冻枯死，到−3℃，荚果即受到冻害。受冻害的花生种子，色泽发暗发软，有酸败气味。花生收获后未能及时干燥，也能造成冻害。在纬度较高的地方，花生贮藏最突出的问题是早期受冻害和次年度过夏季，一般花生产区，花生种子的发芽率仅 50%～70%，值得加以重视。

3. 种皮薄，怕晒，对高温敏感

花生种子的种皮薄而脆，如日晒温度较高，种皮容易脆裂，色泽变暗，而且在曝晒过程中，由于多次翻动会导致种皮破裂，破瓣粒增加，贮藏时易诱发虫霉，呼吸强度也会升高，降低贮藏稳定性和种子品质。若未充分晒干而且天气连续阴雨，种皮就会失去光泽，子粒发软。花生种子含油量约为 40%～50%，在高温、高湿、机械损伤、氧气、日光及微生物的综合影响之下，很容易发生酸败。花生种子除含有丰富的油外，还含有较多的蛋白质，为微生物的繁殖和发育提供有利条件。这些都是花生容易丧失生活力的重要因素。

4. 脂肪酸升高，易发生浸油现象

花生在贮藏期间的稳定程度可以脂肪酸的变化情况作为衡量标准。据实践经验，花生仁（种子）进仓初期，尚处在后熟过程中，仍进行着物质的合成作用，脂肪酸稍有下降趋势，以后随着贮藏期延长其含量逐渐升高，升高速度主要取决于水分和温度：当水分为 8%，温度在 20℃以下时，变化基本稳定；温度增加到 25℃，脂肪酸会显著的增加，如气温下降，则又趋向稳定。凡受机械损伤，受冻害及被虫蚀的子粒，脂肪酸的增多更为明显。当脂肪酸含量达到一定水平，同时当温度超出一定限度时，花生仁就会发生浸油现象，种皮色泽变暗，呈深褐色，子叶由乳白色转变为透明的蜡质状，食味不正常，严重的还带有腥臭味。实验表明，花生浸油的临界水分与温度与是否带壳贮藏有密切关系。花生仁水分在 8%，温度升到 25℃时即开始浸油。而花生荚果要当水分达 10%，温度升到 30℃时才开始浸油。当然，水分和温度越高，则浸油越快越严重。此外，通风条件和堆放部位也有一定影响，通风条件下，贮藏浸油出现的温度约低 2～4℃，在同一围囤内的花生，一般都是从囤的外围开始浸油，当温度达到 25℃时，外部的花生浸油而内部花生正常。

二、花生的贮藏技术

1. 适时收获，抓紧干燥

花生种子收获过早，子粒不饱满，产量低，发芽率也低，而收获太迟，不但容易霉烂变质，而且早熟花生会在田间发芽，晚熟花生还可能受冻害。因此花生种子应在成熟适度的前提下，及时收获，以免受冻害丧失生活力。一般晚熟品种应在寒露至霜降之间收获完毕。据生产实践经验，刚收获的荚果一经霜冻就不能发芽。正常情况下，当植株上部叶片变黄，中、下部叶片由绿转黄，大部分荚果的果壳硬化、脉纹清晰、海绵组织收缩破裂、种仁饱满、种皮呈现本品种特有光泽时，即可收获。为避免收获时遭受霜冻，晚熟品种收获时要与早霜错开至少 3 天以上，收获后要及时干燥。

花生掘起后，应采取全株晾晒，这样不仅干燥快、干燥安全，而且有利于植株中的养分继续向种子转移。在田间晾晒时，可将荚果朝上，植株向下顺垄堆放。也可运到晒场上，堆成南北小长垛，蔓在内，荚果在两侧朝外，晾晒过程中应避免雨淋。倘收获时遇到阴雨天气，须将花生荚果上的湿土除去，放在木架上，堆成圆锥形垛，荚果朝里，并留孔隙通风。晾晒 7 天左右即可将荚果摘下。

2. 荚果贮藏

花生荚果贮藏过夏，须将水分含量控制在 9%～10% 以下。干燥的荚果在冬季通风降温后，趁低温密闭贮藏。高水分的荚果可用小囤贮存过冬，经过通风干燥后，第二年春暖前再入仓密闭保管。如水分超过 15%，在冬季低温条件下，易遭受冻害，必须设法降低水分，才能保藏。

种用花生一般以荚果贮藏为妥。最好在晒干以后，先摊开通风降温，待气温降至 10℃以下，再入仓贮藏，以防止早期入仓发热。花生入仓初期，尚未完成后熟，呼吸强度大，须注意通风降温，否则可能造成闷仓闷垛的异常情况，严重影响发芽率。在次年播种前，不宜脱壳过早，否则会影响发芽率，一般应在播种前 10 天方脱壳。

留种花生荚果最好用袋装法贮藏，剔除破损及嫩粒，水分含量在 9%～10% 以内，堆垛温度不宜超过 25℃。如进行短期保藏，可采用散装贮藏，堆内设置通气筒，堆高不超过 2m（不论脱壳与否，均不耐压）。

从安全贮藏角度看，荚果贮藏具有许多优越性，种子有荚壳保护，不易被虫霉为害；荚果组织疏松，一经晒干，不易吸潮，受不良气候条件影响较小，生活力可以保持较久；对检查和播种前的选种工作较为方便，特别是鉴定种子的品种纯度和真实性等。其唯一缺点就是体积较大，比用种仁贮藏需多占仓容两倍以上。

3. 种仁贮藏

作为食用或工业用的花生，一般都以种仁（花生米）贮藏。须待荚果干燥后再行脱壳。脱壳后的种仁如水分含量在 10% 以下，可贮藏过冬；如水分含量在 9% 以下能贮藏到次年春末；如果要度过次夏必须降至 8% 以下，同时种温控制在 25℃ 以下。在贮藏期间如检查出水分或温度超过临界标准太大，则须及时采取适当措施，以防止其恶化。

花生仁吸湿性强，度过高温高湿的梅雨季节和夏季，很容易吸湿生霉。经充分干燥的花生仁，通过寒冷的冬季，来春气温上升，湿度增高，就应进行密闭贮藏。密闭方法为先压盖一层席子，上面再盖压一层麻袋片。席子的作用除隔热防潮外，还可防止工作人员在上面走动时踩伤花生仁，麻袋片能吸收空气中水汽，回潮时取出晒晾，再重新盖上，这称为"麻袋片搬水法"。如能保持水分在 8% 以下，种温不超过 20℃ 则很少发生脂肪变质或种粒发软等现象。

复习思考题

1. 稻米和面粉的贮藏特性及贮藏技术要点有哪些？
2. 简述北方玉米与南方玉米贮藏方法的区别。
3. 简述马铃薯贮藏的技术要点。
4. 花生种子贮藏特性及贮藏方法有哪些？
5. 简述大豆贮藏特性及贮藏方法。

【实验实训一】 粮油作物种子散落性的测定

一、目的与要求

通过实验实训，掌握种子静止角和自流角的测定，加深对种子散落性概念的理解，并掌握正确的仪器使用方法。

二、材料与用具

1. 材料 各种农作物种子，如水稻、小麦、大豆、油菜等。
2. 用具 长方形玻璃缸、玻璃缸盖、量角器、自流角测量仪、玻璃板、天平（感量为 0.001g）等。

三、方法与步骤

1. 静止角的测定
① 将种子倒入长方形玻璃缸中，以其高度的 1/3 为宜。
② 把玻璃缸内的种子平整后，用玻璃盖盖上，然后慢慢地将它向一侧倾倒（即反转 90°），使缸内种子形成一个斜面，斜面与水平面形成的角度，即为静止角。
③ 用量角器测量这个角度并作记录。
④ 以相同方法重复 3 次，取平均值。
2. 自流角的测定

① 称取种子 10g，置于自流角测量仪玻璃板的一端。

② 将玻璃板有种子的一端慢慢提起，使种子滚落，当种子开始滚落时即记下玻璃板与水平面所成之角度，为始角。

③ 再记下种子绝大部分滚落时所成之角度，为终角。

④ 始角与终角范围内的角度即为自流角。

⑤ 以相同方法重复 3 次，取平均值。

3. 种子对仓壁侧压力的计算

根据测得的有关数据，计算种子对仓壁的侧压力，计算公式为：

$$P = \frac{1}{2}mh^2\mathrm{tg}^2\left(45° - \frac{\alpha}{2}\right)$$

式中，P 为侧压力，$\mathrm{kg/m}$；m 为种子容重，$\mathrm{kg/m^3}$；h 为种子堆高度，m；tg 为正切函数；α 为静止角。

四、实训作业

根据测定的静止解和自流角，计算种子对仓壁的侧压力。

【实验实训二】 油脂酸价的测定

一、目的与要求

酸价指中和 1g 油脂中的游离脂肪酸所需氢氧化钾的质量（mg）。通过实验实训，理解油脂酸价测定的意义，熟悉 GB 5530—85 法测定油脂酸价的原理，掌握测定方法。

二、仪器、用具和试剂

1. 仪器与用具　滴定管、锥形瓶（250ml）、试剂瓶、容量瓶、移液管、天平（感量 0.001g）、称量瓶等。

2. 试剂　0.1mol/L 氢氧化钾（或氢氧化钠）标准溶液、中性乙醚-乙醇（2∶1）混合溶剂（临用前用 0.1mol/L 碱液滴定至中性）、指示剂（1%酚酞乙醇溶液）。

三、方法与步骤

称取均匀试样 3～5g 注入锥形瓶中，加入混合溶剂 50ml，摇动使试样溶解，再加三滴酚酞指示剂，用 0.1mol/L 碱液滴定至出现微红色在 30s 内不消失，记下消耗的碱液体积（ml）。

四、结果计算

油脂酸价按下式计算：

$$酸价(以\ \mathrm{KOH}\ 计,\mathrm{mg/g}) = \frac{V \times c \times 56.1}{m} \times 100$$

式中，V 为滴定消耗的氢氧化钾溶液体积，ml；c 为氢氧化钾溶液摩尔浓度，$\mathrm{mol/L}$；56.1 为氢氧化钾的摩尔质量，$\mathrm{g/mol}$；m 为试样质量，g。

两次试验结果允许差不超过 0.2mg KOH/g，求其平均数，即为测定结果，测定结果取小数点后一位。

五、注意事项

1. 测定深色油的酸价，可减少试样用量，或适当增加混合溶剂的用量，以酚酞为指示剂，终点变色明显。

2. 测定蓖麻油的酸价时，只用中性乙醇不用混合溶剂。

第四章 果蔬采收及商品化处理

【学习目标】

通过学习，明确果蔬的采收及采后处理是其贮藏、运输、销售、加工过程中的一个重要环节；掌握果蔬采后商品化处理的主要流程及要点；了解常见的果蔬运输工具并明确我国果蔬运输的方向。

果蔬的采收及采后商品化处理直接影响到采后产品的贮运损耗、品质保存和贮藏寿命。由于果蔬产品生产季节性强，采收期相对集中，往往由于采收或采后处理不当造成大量损失，甚至造成丰产不丰收的情况。如不给予足够的重视，即使有较好的贮藏设备、先进的管理技术，也难以发挥应有的作用。由于果蔬种类、品种繁多，商品性状各异，质量良莠不齐，收获后的果蔬产品要成为商品参与流通或进行贮藏保鲜，只有经过分级、包装、贮运和销售之前的一些商品化处理，才能使贮运效果进一步提高，商品质量更符合市场流通的需要。

第一节 果蔬的采收

采收是果蔬生产的最后环节，同时也是采后工作的开始，对果蔬的品质、贮藏寿命和用途有较大影响。

一、采收成熟度的确定

果蔬的采收应根据产品种类、用途等确定适宜的采收成熟度，鉴别成熟度的方法有以下6种。

1. 果蔬表面色泽

在成熟过程中，果蔬表面色泽会发生明显的变化，显示出品种特有的颜色。果蔬产区大多是根据表面颜色的变化来决定采收期，此法直接、简单，也很容易掌握，如柑橘成熟后呈现红色或橙黄色，苹果呈现红色或黄色等。虽然表面色泽能反映果蔬产品的成熟度，但由于表面色泽受到阳光照射的影响，可能产生差异，所以判断果蔬成熟度，不能全凭表面色泽。

2. 硬度和饱满程度

果实的硬度是指果肉抗压力的强弱，抗压力越强，果实硬度越大。随着果实成熟度的提高，果实的硬度随之减小。不同种类、不同用途的果蔬可以以硬度为采收指标，如红星苹果采收时，一般硬度为 $7.7kgf/cm^2$（$1kgf/cm^2=98.0665kPa$）左右，富士、国光苹果采收时，一般硬度为 $9.1kgf/cm^2$ 左右。用硬度作为采收指标，简单易行，但由于不同年份同一成熟度果肉硬度可能会发生变化，因此准确度不高。此外，取样时果实所处的生理状态、不同仪器和不同操作者得出的硬度也可能不一样。

饱满程度一般用来表示蔬菜发育的状况。有些蔬菜的饱满程度大，表示发育良好、充分成熟或达到采收的质量标准，如结球甘蓝、花椰菜应在叶球或花球充实、坚硬时采收，耐贮性好。但有一些蔬菜的饱满程度高则表示品质下降，如莴笋等，应该在叶变得坚硬前采收，茄子、黄瓜、菜豆、豌豆等都应该在果实幼嫩时采收。

3. 果蔬生长状态

果蔬成熟后，本身都会表现出该产品固有的生长状态，根据经验可以作为判别成熟度的指标。如香蕉未成熟时果实的横切面呈多角形，充分成熟后，果实饱满、浑圆，横切面呈圆形。以鳞茎、块茎为产品的蔬菜，如大蒜、洋葱、马铃薯、山药等，应在地上部开始枯黄时采收。

4. 生长期

不同品种的果蔬由开花到成熟有一定的生长期，各地可以根据当地的气候条件和多年的经验得出适合当地采收的平均生长期。如山东济南的金帅苹果生长期为 145 天左右、红星苹果 147 天、国光苹果 160 天。北京露地春栽番茄，约 4 月 20 日左右定植，6 月下旬采收；大白菜立秋前播种，立冬前采收。

5. 果梗脱落的难易程度

有些种类的果实，如仁果类和核果类，成熟时果柄与果枝间常产生离层，稍一振动果实就会脱落，因此可根据果梗与果枝脱离的难易程度来判断果实的成熟度。但有些果实如柑橘，萼片与果实之间离层的形成比成熟期迟，对于这些种类，不宜将果实脱落难易作为成熟度的判别标志。

6. 主要化学物质的含量与变化

果蔬中某些化学物质，如糖、酸、可溶性固形物和淀粉及糖酸比的变化与成熟度有关，根据它们的含量和变化情况可以作为衡量产品品质和成熟度的标志。如豌豆、菜豆等糖多、淀粉少，则质地柔嫩，风味良好；如果纤维增多，组织粗硬，则品质下降。而马铃薯、芋头等淀粉含量高时，营养丰富，耐贮藏。可溶性固形物含量高标志着含糖量高、成熟度高。总含糖量与总酸含量的比值称为"糖酸比"，可溶性固形物与总酸的比值称为"固酸比"，它们可以用来判别果实的成熟度。如四川甜橙在采收时固酸比为 10：1 左右，美国将糖酸比为 8：1 作为甜橙采收成熟度的底线标准，苹果的糖酸比为 30：1 时采收最佳。

二、采收方法

果蔬采收除掌握适当的成熟度外，还要注意采收方法。果蔬采收的方法有人工采收和机械采收两大类。

1. 人工采收

人工采收是果蔬采收的主要方法，作为鲜销和长期贮藏的果蔬最好采用人工采收。人工采收灵活性强，机械损伤少，可以针对不同的产品、不同的形状、不同的成熟度及时进行采收和处理。

仁果类和核果类果实的果梗与短果枝间能产生离层，可以直接用手采摘，采收时用手掌将果实向上一托即可自然脱落（注意防止折断果梗）。果柄与果枝结合较牢固的种类（如葡萄），可用采果剪剪取，常用"一果两剪"的方法。板栗、核桃等干果，可用木杆由内向外顺枝打落，然后拾捡。采收时应按先下后上、先外后内的顺序采收，以免碰落其他果实，减少人为的机械损伤。

地下根茎菜类的采收需用锹或锄挖，有时也用犁翻，但要深挖，否则会伤及根茎，萝卜、马铃薯、芋头、大蒜、洋葱的采收都是挖刨，有些蔬菜用刀割，如石刁柏、甘蓝、大白菜、芹菜等。采收芹菜时要注意叶柄应当连在基部，南瓜、西瓜和甜瓜采收通常在清早进行，采收时可保留一段茎以保护果实。

采收时应注意，避免损伤，采收人员采收时应剪平指甲，轻拿轻放，装果容器要有柔软的内衬物，以免损伤产品；应选择晴天早上露水干后进行，避免雨天或正午采收。

2. 机械采收

机械采收效率高，节省劳动力，可以降低采收成本，适于成熟时果梗与果枝间形成离层的果实，一般使用强风或强力振动机械，迫使果实从离层脱落，在树下铺垫柔软的帆布垫或用传送带承接果实并将果实送至分级包装机内。由于多数果蔬的成熟期不一致，机械采收又不能进行选择性采收，所以大多数新鲜果蔬的采收，目前还不能完全采用机械。

第二节　果蔬采后的商品化处理

果蔬采后商品化处理是为保持和改进产品质量并使其从农产品转化为商品所采取的一系列措施的总称。采后处理过程主要包括整理、挑选、分级、预冷、包装等环节，可以根据产品的不同种类，选用不同措施。果蔬的商品化处理使产品清洁、整齐、美观，有利于销售和食用，从而提高产品的商品价值和信誉。

一、整理与挑选

整理与挑选是采后商品化处理的第一步，其目的是剔除有机械伤、病虫危害、外观畸形等不符合商品要求的产品，以便改进产品的外观，有利于销售和食用。果蔬从田间收获后，往往带有残枝、败叶、病虫等，必须进行适当的整理，除去败叶病果，以防引起采后的大量腐烂。挑选是在整理的基础上，进一步剔除受病虫侵染和受机械损伤的产品，减少产品的带菌量和产品受病菌侵染的机会。挑选一般采用人工方法进行，注意轻拿轻放，尽量剔除受伤产品，同时尽量防止对产品造成新的机械伤害。

二、分级

1. 分级的目的和意义

分级是提高商品质量，使果蔬商品化、标准化的重要手段，一般根据果蔬的大小、重量、色泽、形状、成熟度、新鲜度和病虫害、机械伤等商品性状，按照一定的标准进行严格挑选、分级。通过分级，使果蔬等级分明，规格一致，便于包装、贮藏、运输和销售。分级后的果蔬在外观品质上基本一致，从而可以做到优级优价，按级决定其适当用途，充分发挥产品的经济价值，减少浪费。

2. 分级标准

果蔬分级在国外有国际标准、国家标准、协会标准和企业标准四种。我国果蔬标准分为四级：国家标准、行业标准、地方标准和企业标准。国家标准是国家标准化主管机构批准发布，在全国范围内统一使用的标准。行业标准即专业标准、部标准，是在没有国家标准的情况下由主管机构或专业标准化组织批准发布，并在某个行业范围内统一使用的标准。地方标准是在没有国家标准和行业标准的情况下，由地方制定、批准发布，并在本行政区内统一使用的标准。以出口鲜苹果等级为例，其标准见表4-1。

水果分级标准因种类、品种而异。目前常用的方法是在果形、新鲜度、颜色、品质、病虫害和机械伤等方面已符合要求的基础上，再按大小进行分级，即根据果实横径的最大部分直径，分为若干等级。如苹果、梨等按横径大小，每差5mm为一个等级，一般分为4～6等级。

蔬菜由于食用部分不同，成熟标准不一致，所以很难有一个固定统一的分级标准，只能按照对各种蔬菜品质的要求制定个别的标准。通常根据坚实度、清洁度、大小、重量、颜色、形状、鲜嫩度以及病虫感染和机械伤等进行分级，一般分为特级、一级和二级三个等级。

3. 分级方法

分级方法有人工分级和机械分级两种，人工分级主要是通过目测或借助分级板，按产品的颜色、大小将产品分为若干级，其优点是能够最大限度地减少机械伤害，但工作效率低，级别标准不严格。机械分级的最大优点是工作效率高，适用于不易受伤的果蔬产品。我国在苹果、柑橘等水果上逐步采用了机械分级机，主要的分级机械有果径大小分级机和果实重量分级机，前者是按果实横径的大小进行分级的，有滚筒式、传动带式和链条传送带式三种；后者是根据果实重量进行分级的，有摆杆秤式和弹簧式两种。

表 4-1 出口鲜苹果等级规格

等 级	规 格	限 度
AAA（特级）	1. 有本品种果形特征，果柄完整 2. 具有本品种成熟时应有的色泽 3. 大型果实横径不低于 65mm，中型果实横径不低于 60mm 4. 果实成熟，但不过熟 5. 红色品种微碰伤总面积不超过 1.0cm²，其中最大面积不超过 0.5cm²。黄、绿品种轻微伤总面积不超过 0.5cm²，不得有其他缺陷和损伤	总不合格果不超过 5％
AA（一级）	1. 有本品种果形特征，果柄完整 2. 具有本品种成熟时应有的色泽 3. 大型果实横径不低于 65mm，中型果实横径不低于 60mm 4. 果实成熟，但不过熟 5. 缺陷与损伤。微碰伤总面积不超过 1.0cm²，其中最大面积不超过 0.5cm²。轻微枝叶摩伤，其面积不超过 1.0cm²。金冠品种的锈斑面积不超过 3cm²。水锈和蝇点面积不超 1.0cm²。未破皮雹伤 2 处，总面积不超过 0.5cm²。红色品种桃红色的日灼伤面积不超过 1.5cm²，黄绿品种白色灼伤面积不超过 1.0cm²。不得有破皮伤、虫伤、病害、萎缩、冻伤和瘤子	总不合格果不超过 10％
A（二级）	1. 有本品种果形特征，带果柄，无畸形 2. 具有本品种成熟时应有的色泽 3. 大型果实横径不低于 65mm，中型果实横径不低于 60mm 4. 果实成熟，但不过熟 5. 缺陷与损伤总面积、摩伤、水锈和蝇点、日灼面积标准同 AA 级。轻微药害面积不超过 1/10，轻微雹伤总面积不超过 1.0cm²。干枯虫伤 3 处，每处面积不超过 0.03cm²。小疵点不超过 5 个。不得有刺伤、破皮伤、病害、萎缩、冻伤、食心虫伤，已愈合的其他面积不大于 0.03cm²	总不合格果不超过 10％

注：1. 本表适用于元帅系、富士、国光和金冠苹果。

2. 本表摘自 GB 10651—89。

三、预冷

1. 预冷的作用

果蔬预冷是指将收获后的产品尽快冷却到适于贮运的低温。果蔬采收后带有大量的田间热，同时呼吸作用也会释放出大量的呼吸热，对保持品质十分不利。预冷的目的是在运输或贮藏前使产品尽快降温，以便更好地保持水果蔬菜的生鲜品质，提高耐贮性。预冷可以降低产品的生理活性，减少营养损失和水分损失，延长贮藏寿命，改善贮后品质，减少贮藏病害。

2. 预冷的方法

（1）自然降温冷却 自然降温预冷是最简便易行的预冷方法，它是将采后的果蔬放在阴凉通风的地方，使其自然散热。这种方法冷却时间长、降温效果差，受环境条件影响大，但是在没有更好的预冷条件时，自然降温冷仍然是一种应用较普遍的方法。

（2）水冷却 水冷却是将果蔬浸在冷水中或者用冷水冲淋，以达到降温的目的。冷却水有低温水（一般为 0～3℃）和自来水两种，前者冷却效果好，后者生产费用低。这种方法降温速度快、产品失水少，在冷却水中加入一些防腐药剂，还可以减少病原微生物的交叉感染。

（3）强制通风冷却 强制通风冷却是在包装箱堆或垛的两个侧面造成空气压力差而进行的冷却的方法，当压差不同的空气经过货堆或集装箱时，将产品散发的热量带走。大部分果蔬适合采用强制通风冷却，在草莓、葡萄、红熟番茄上使用效果显著。强制通风冷却所用的时间比一般冷库预冷要快 4～10 倍，但比水冷却和真空冷却所需的时间至少长 2 倍。

（4）冷库空气冷却 冷库空气冷却是将产品放在冷库中降温的一种冷却方法。苹果、梨、柑橘等都可以在短期或长期贮藏的冷库内进行预冷。当制冷量足够大、空气循环良好时，冷却效果最好。如果冷却效果不佳，可以使用有强力风扇的预冷间。冷库冷却降温速度慢，但操作简单，成本低。

（5）真空冷却　真空冷却是将果蔬放在真空室内，迅速抽出空气至一定真空度，使产品体内的水分在真空负压下蒸发而冷却降温。在真空冷却中，温度每降低 5.6℃ 失水量为 1%，由于被冷却产品的各部分几乎是等量失水，故一般情况下产品不会出现萎蔫现象。真空冷却的效果主要取决于果蔬的表面积比、组织失水的难易程度以及真空室抽真空的速度，因此，不同种类的果蔬真空冷却效果差异较大。生菜、菠菜、莴苣等叶菜最适合于用真空冷却，一些表面积比小的产品，如多种水果、根茎类蔬菜、番茄等果菜因散热慢而不宜采用真空冷却。

四、包装

1. 包装的作用

包装是果蔬标准化、商品化，保证安全运输和贮藏的重要措施。合理的包装能使果蔬在贮运中保持良好的状态，减少因互相摩擦、碰撞、挤压而造成的机械损伤，减少病害蔓延和水分蒸发。同时包装也是商品的一部分，是贸易的辅助手段，便于流通过程中的标准化、机械化操作。

2. 包装的容器

包装的容器应清洁、无污染、无异味、无有害化学物质、内壁光滑、重量轻、成本低、便于取材、易于回收，同时还应具有保护性、通透性和防潮性等特点。果蔬的包装容器主要有木箱、纸箱、塑料箱、筐类、网袋等，另外还有一些防止机械伤的衬垫物及抗压托盘。

3. 包装方法

果蔬经过挑选分级后即可进行包装，包装方法可根据果蔬的特点而定，一般有定位包装、散装和捆扎后包装。各种包装方法都要求果蔬在包装容器内有一定的排列形式，既可防止其在容器内滚动和相互碰撞，又能使产品通风换气，并能够充分利用容器的空间。如苹果、梨用纸箱包装时，果实的排列方式有直线式和对角线式两种；用筐包装时，常采用同心圆式排列。马铃薯、洋葱、大蒜等蔬菜常常采用散装的方式等。

果蔬销售小包装可在批发或零售环节进行，根据产品特点，选择透明薄膜袋或带孔塑料袋包装，也可放在塑料托盘或泡沫托盘上，再用透明薄膜包裹。销售包装上应标明重量、品名、价格和日期。销售小包装应具有保鲜、美观、便于携带等特点。

五、其他处理

1. 清洗

清洗可以除去果蔬表面的污物和农药残留，同时可以杀菌防腐。清洗方法可分为人工清洗和机械喷淋清洗。清洗液的种类很多，如 1%～2% 的碳酸氢钠或 1.5% 碳酸钠溶液，可除去表面污物及油脂；1.5% 肥皂水溶液加 1% 磷酸三钠，溶液温度调至 38～43℃，可迅速除去果面污物；用 2%～3% 的氯化钙清洗苹果可减少采后损失。此外，还可用配制好的水果清洁剂洗果，也能获得较好的效果。清洁剂和保鲜剂配合使用，还可进一步降低果实在贮运过程中的损失。

2. 愈伤

愈伤是指采后给果蔬提供高温、高湿和良好通风的条件，使其轻微伤口愈合的过程。不同产品愈伤时的条件要求也有差异，如马铃薯愈伤的最适宜条件为：温度 21～27℃、相对湿度 90%～95%，洋葱、大蒜等愈伤时要求较低的湿度。大多数果蔬产品愈伤的适宜条件为温度 25～30℃，相对湿度 90%～95%。

3. 催熟

催熟是指销售前用人工方法促使果实成熟的技术。果蔬采收时，往往成熟度不够或不整齐，常需采取催熟措施。催熟多用于香蕉、苹果、梨、番茄等果实上，用来催熟的果蔬必须达到生理成熟。催熟时一般要求较高的温度（21～25℃）、湿度（85%～90%）和充足氧气，催熟环境应该有良好的气密性，还要有适宜的催熟剂。乙烯是应用最普遍的果蔬催熟剂，但由于乙烯是一种气体，使用不便，生产上常采用乙烯利（2-氯乙基磷酸）进行催熟，乙烯利是一种液体，在pH＞4.1时，它即可释放出乙烯。乙醇、熏香等也能促使果蔬成熟。

香蕉催熟一般在20℃、相对湿度80％～85％的条件下，向装有香蕉的催熟室中加入100mg/m³的乙烯，处理1～2天，果皮稍黄即可取出；也可将香蕉直接放入密闭环境，通过自身释放乙烯达到催熟的目的，此法温度应保持在22～25℃，相对湿度应为90％左右。绿熟番茄常用的催熟方法是用4000mg/L的乙烯利溶液浸果，稍晾干后装于箱中，用塑料薄膜帐密闭，在室温20～28℃时，经过6～8天即可成熟。

4. 脱涩

柿果类涩味产生的主要原因是单宁物质与口舌上的蛋白质结合，使蛋白质凝固，导致味觉下降。脱涩的原理是将涩果进行无氧呼吸产生一些中间产物，如乙醛、丙酮等，它们可与单宁物质结合，使可溶性单宁变为不溶性单宁，涩味即可脱除。

常见的脱涩方法有温水脱涩、石灰水脱涩、酒精脱涩、脱氧剂脱涩、冰冻脱涩、乙烯及乙烯利脱涩等，这几种方法脱涩效果良好，可根据实际情况合理选择适当的方法。

5. 涂蜡

涂蜡就是在果蔬表面人工涂一层薄蜡。涂蜡可抑制果蔬呼吸，减少水分散失，抑制病原微生物的侵入，改善果蔬外观，提高商品价值。商业使用的大多数蜡液都是以石蜡、巴西棕榈蜡作为基础原料，石蜡可以很好地控制失水，巴西棕榈蜡能使果实产生诱人的光泽。近年来，含有聚乙烯、合成树脂物质、防腐剂、保鲜剂、乳化剂和湿润剂的蜡液材料逐渐得到应用，取得了良好的效果。常用的涂蜡方法有浸涂法、刷涂法和喷涂法；根据涂蜡方式不同可分为人工涂蜡和机械涂蜡两种。涂蜡一定要厚薄均匀、适当，过厚会影响呼吸，导致呼吸代谢失调，引起生理病害；过薄又起不到应有的作用。一般情况下只是对短期贮运或上市之前的果蔬进行涂蜡处理。

第三节　果蔬商品化运输

运输是动态贮藏，运输过程中产品的振动程度、环境中的温度、湿度和空气成分都对运输效果产生重要影响。因此，只有具备良好的运输设施和技术，才能达到理想的运输效果，保证应有的社会效益和经济效益。

一、果蔬运输的要求

1. 快装快运

果蔬采后仍然是一个活的有机体，新陈代谢旺盛，不断消耗体内营养物质，导致品质下降。所以运输中的各个环节一定要快，使蔬迅速到达目的地，最大限度地保持果蔬的新鲜品质。

2. 轻装轻卸

大多数的果蔬含水量为80％～90％，属于鲜嫩易腐性产品。如果装卸粗放，产品极易受伤，导致腐烂，这是目前运输中存在的普遍问题，也是引起果蔬采后损失的一个主要原因。因此，装卸过程一定要做到轻装轻卸。

3. 防热防冻

果蔬对温度有严格的要求，温度过高，会加快产品衰老，使品质下降；温度过低，使产品容易遭受冷害或冻害。所以运输中应注意防热防冻。

二、果蔬运输对环境条件的要求

良好的运输效果除了要求果蔬本身具有较好的耐贮运性外，同时也要求有良好的运输环境条件，这些环境条件包括运输振动、温度、湿度、气体成分、包装、堆码与装卸等方面。

1. 振动

由于受运输路线、运输工具、货品堆码的影响，运输振动是一种经常出现的现象。剧烈的振动会对果蔬表面造成机械损伤，导致产品的快速成熟和微生物侵染，造成腐烂，从而影响果蔬的贮藏性能，造成经济损失，所以在运输过程中，应尽量避免振动或减轻振动。

振动通常以振动强度来表示，振动强度受运输方式、运输工具、行驶速度、货物所处的不同位置的影响，一般海路运输的振动强度＜铁路运输＜公路运输。

2. 温度

温度是果蔬运输过程中的一个重要因素，随着温度的升高，产品机体的呼吸速率、水分消耗都会大大加快，从而影响果蔬的新鲜度和品质；温度过低，会给果蔬产品造成冷害，影响其耐贮性。根据运输过程中温度的不同，果蔬的运输分为常温运输和低温运输。常温运输中产品温度易受外界气温的影响，应注意做好防热防冻；低温运输受环境影响较小，可以使果蔬在适宜的温度下运输。

3. 湿度

运输环境中的湿度过低，会加速果蔬水分蒸腾导致产品萎蔫；湿度过高，易造成微生物的侵染和生理病害。在运输过程中保持适宜稳定的湿度能有效地延长果蔬的贮藏寿命。为了防止水分过分蒸腾，可以采用隔水纸箱或在纸箱中用聚乙烯薄膜铺垫或通过定期喷水的方法提高运输环境中的湿度。

4. 气体成分

从运输情况看，果蔬在常温运输中，环境气体成分变化不大。在低温运输中，由于车厢体的密闭或使用了具有耐水性的塑料薄膜贴附的纸箱，箱内会有 CO_2 的积累，但从总体来说，CO_2 积累到对果蔬造成伤害的浓度的可能性也不大。

5. 包装

包装材料要根据果蔬种类和运输条件而定，常用的材料有纸箱、塑料箱、木箱、竹筐等，抗挤压的蔬菜也有采用麻布包、蒲包、化纤包等包装。近年来纸箱、塑料箱包装发展较快，国外果蔬产品的运输包装也主要以纸箱、塑料箱为主。

6. 堆码与装卸

果蔬的装运方法与货物运输质量的高低有非常重要的关系，常见的装车法有"品"字形装车法、"井"字形装车法、"一、二、三，三、二、一"装车法等。无论采用哪种方法都必须注意尽量利用运输工具的容积，并利于内部空气的流通。

三、果蔬的运输方式及工具

1. 公路运输

公路运输是目前最重要、最常用的短途运输方式，虽然成本高、运量小、耗能大，但其灵活性强、速度快、适应地区广。主要工具有各种大小货车、汽车、拖拉机等，随着高速公路的发展，高速冷藏集装箱运输将成为今后公路运输的主流。

2. 水路运输

利用各种轮船进行水路运输具有运输量大、行驶平稳、成本低等优点，尤其是海运是最便宜的运输方式，但其受自然条件限制较大、运输的连续性差、速度慢。发展冷藏船运输果蔬是我国水路运输的发展方向。

3. 铁路运输

铁路运输具有运输量大、速度快、运输振动小、运费较低（运费高于水运，低于陆运）、连续性强等优点，适合于长途运输，其缺点是机动性能差。

4. 空运

空运的最大特点是速度快，但装载量很小，运价昂贵，适于运输特供高档果蔬，如草莓、鲜猴头、高档切花等。

5. 集装箱运输

集装箱是便于机械化装卸的一种运输货物的容器，具有足够强度，可以反复使用。集装箱适用于多种运输工具，具有安全、迅速、简便、节省人力、便于机械化装卸的特点。集装箱种类很多，用于果蔬运输的集装箱主要有冷藏集装箱及冷藏气调集装箱两种。后者是在前者的基础上加设气密层和调气装置制成的，二者都能使果蔬在运输途中保持良好的品质和商品价值。用冷藏集装箱和冷藏气调集装箱运输的果蔬可直接进入冷库贮藏。国外使用集装箱运输果蔬已相当普遍，中国多在对外远洋出口运输上使用。

四、果蔬运输的注意事项

① 果蔬质量要符合运输标准，无败坏，成熟度和包装应符合规定，并且新鲜、完整、清洁，没有损伤和萎蔫。

② 果蔬运输应尽量组织快装快运，现卸现提，保证产品的质量。

③ 装运时堆码要注意安全稳当，防止运输中移动或倾倒，堆码不能过高，堆间应留有适当的空间，以利于通风。

④ 装运应避免撞击、挤压、跌落等现象，尽量做到运行快速平稳。

⑤ 装运应简便快速，尽量缩短采收与交运的时间。

⑥ 用敞篷车、船运输，果蔬堆上应覆盖防水布或芦席，以免日晒雨淋。

⑦ 运输时要注意通风，如果用棚车、敞车通风运载，可将棚车门窗打开，或将敞车侧板调起捆牢，并用棚栏将货物挡住。保温车船要有通风设备。

⑧ 不同种类的果蔬最好不要混装，因各种果蔬产生的挥发性物质相互干扰，影响运输安全，尤其是不能与产生乙烯量大的果蔬一起装运。

⑨ 控制果蔬的运输和装载温度。一般运输距离短，可以无冷却设备，但长距离运输最好使用保温车船。在夏季或南方运输时要降温，在冬季尤其是北方运输时要保温。用保温车船运输果蔬，装载前应进行预冷。

⑩ 保持果蔬适宜的相对湿度和新鲜度，防止果蔬萎蔫。

五、果蔬的冷链流通

为了更好地维持果蔬在商品流通中的低温条件，冷链流通在发达国家已被普遍使用。果实、蔬菜等从在产地收获、运输、贮藏、上货架到食用前，均为低温流通形式，这种保藏方式称为冷链流通系统，实践证明，冷链流通已取得了良好效果。蔬菜冷链流通过程如下所示。

产地 → 产地冷藏库 → 冷藏库(运送中) → 消费地冷藏库 → 出售市场(冷藏柜) → 家庭(冰箱)

由于果蔬种类繁多，需要的适宜低温也不相同，因而在冷链流通系统中所要求的温度也不一样。冷链流通系统是一个动态化过程，在环境变化的衔接过程中要始终保持稳定的低温是不容易的，实践中往往会发生温度的变化或某个低温环节中断而导致温度频繁波动，这对保持果蔬的正常生理和优良品质极为不利。因此，冷链流通各环节的某一温度变化过程持续时间越短保鲜效果越好。

随着我国商品经济和冷藏技术的发展，果蔬的国际贸易将更趋活跃，具有中国特色的果蔬采后冷链流通系统必将得到迅速发展。

复习思考题

1. 确定果蔬采收成熟度的方法是什么？

2. 叙述果蔬采后商品化处理的主要方法及流程。

3. 果蔬催熟和脱涩的常用方法有哪些？

4. 果蔬运输的基本要求是什么？

【实验实训一】 果蔬采后的商品化处理

一、目的与要求

果蔬采后进行商品化处理，是改善果蔬的感官品质、提高其耐藏性和商品价值的重要途径。通过实验实训，掌握果蔬采收后商品化处理的主要方法。

二、材料、用具及试剂

1. 材料 柑橘、苹果、葡萄等。

2. 用具 天平、分级板、包装纸、包装箱、恒温鼓风干燥箱、清洗盆、小型喷雾器、刷子。

3. 试剂 1%稀盐酸、洗洁精、吗啉脂肪酸盐果蜡（CFW果蜡）或0.5%～1.0%高碳脂肪酸蔗糖酯、亚硫酸钠、硅胶粉剂等。

三、方法与步骤

1. 分级

将柑橘、苹果进行严格挑选，将病虫害、机械伤果剔除，然后根据果实大小分级。苹果分级从直径65～85mm，每相差5mm为一个等级；柑橘分级从直径50～85mm，每相差5mm为一个等级。葡萄将其果穗中的烂、小、绿粒摘除，根据果穗紧实度、成熟度、有无病虫害和机械伤、能否表现出本品种固有的颜色和风味等，将其分为三级。

2. 清洗

用1%的稀盐酸和洗洁精分别对柑橘和苹果进行清洗，除去果面污物，然后用清水将其冲洗干净，放入恒温干燥箱烘干（温度40～50℃）。

3. 涂蜡

用0.5%～1.0%的高碳脂肪酸蔗糖酯或吗啉脂肪酸盐果蜡进行涂蜡处理，可将蜡液装入喷雾器喷涂果面，或用刷子刷涂果面，也可直接将果实浸入蜡液中30s，然后晾干。

4. 包装

涂膜处理后的柑橘和苹果分别进行单果包纸，再装箱；经过挑选分级的葡萄，装入有垫物的纸箱中，同时按果重的0.2%称取亚硫酸钠，0.6%称取硅胶粉剂，然后混合，分成若干个纸包，放入葡萄箱的不同部位，放入冷库贮藏。

四、实训作业

1. 按照实验报告的标准格式完成实验报告。

2. 果蔬涂蜡有何作用？

3. 实训中出现了哪些问题？你是如何解决的？

【实验实训二】 果蔬催熟实验

一、目的与要求

果蔬催熟是指采取一些人工措施，并配合适宜的温湿度，增强果蔬的呼吸作用，促进其成熟的过程。通过实验实训，掌握1～2种果蔬常用催熟方法，并观察催熟效果。

二、材料、用具及试剂

1. 材料　香蕉（未催熟）、番茄（由绿转白）等。
2. 用具　聚乙烯薄膜袋（0.05mm）、干燥器、恒温箱、温度计等。
3. 试剂　酒精、温水、乙烯利等。

三、方法与步骤

1. 香蕉催熟

（1）乙烯利催熟　将乙烯利配成 1000～1500mg/kg 的水溶液，取香蕉 3～5kg，将香蕉浸于溶液中，取出自行晾干，置于果箱中密封，于 20～25℃条件下，3～4 天观察脱涩及色泽变化。

（2）对照　用同样成熟度的香蕉 3～5kg，不加处理置于同样温度条件下，观察脱涩及色泽变化。

2. 番茄催熟

（1）酒精催熟　用酒精喷洒转白期的番茄果面，放于果箱中密封，于 20～24℃环境中，观察其色泽变化。

（2）乙烯利催熟　将番茄喷上 600～800mg/kg 的乙烯利水溶液，用塑料薄膜密封，于 20～24℃环境下，观察其色泽变化。

（3）对照　用同样成熟度的番茄，不加处理置于同样的温度条件下，观察其色泽变化。

四、实训作业

1. 按照实验报告的标准格式完成实验报告。
2. 果蔬催熟效果与温度有何关系？
3. 实验中出现了哪些问题？你是如何解决的？

第五章　果蔬的贮藏方式与管理

【学习目标】

通过学习本章，了解各种果蔬贮藏方式的特点及设施；重点掌握机械冷库、气调贮藏的原理及管理技术要点；熟悉常用的制冷剂、冷库的冷却方式以及冷库的使用和管理要点；了解冷库类型、建筑组成和构造特点等冷库建筑设计的一般知识。

果蔬属于易腐性食品，目前主要采用常温贮藏、低温贮藏、气调贮藏及新技术等贮藏方法，根据不同果蔬采后的生理特性和其他具体条件，可以选择不同的贮藏方式和设施，以创造适宜的环境条件，最大限度地延缓果蔬的生命活动，延长其寿命。本章主要介绍各种贮藏方法的原理及管理技术要点。

第一节　常温贮藏

一、简易贮藏

简易贮藏是利用自然调温维持贮藏的温度，使果蔬达到自发保藏的目的，其特点是贮藏场所设备结构简单，可因地制宜进行建造。简易贮藏包括堆藏、沟藏、窖藏等基本形式，以及由此衍生的冻藏和假植贮藏。

1. 堆藏

将果蔬直接堆码在田间地表或浅坑（地下 20～25cm 以内）中，或者堆放在院落、室内或荫棚下的贮藏方法。堆藏的场所要求地势高、平坦且排水良好。应根据气温变化，在果蔬表面用土壤、秸秆等覆盖，以防受热、受冻和过度水分蒸发。一般堆的高度为 1～2m，宽 1.5～2m，以防中心温度过高引起腐烂。适宜堆藏的果蔬有大白菜、甘蓝、板栗等，但不适宜叶菜类。

2. 沟藏

沟藏是利用土壤的保温、保湿来维持果蔬适宜的温湿度，效果优于堆藏。

（1）沟藏的特点　构造简单，不需任何特殊材料；沟藏时土壤温度变化比较缓慢，温度低而稳定；沟藏具有较高而稳定的相对湿度；沟藏时在果蔬表面覆盖一定厚度的土壤、秸秆后，可积累一定量的二氧化碳，有利于降低果蔬的呼吸作用，抑制微生物活动，增强耐贮性。

（2）贮藏沟的结构　沟藏应选择地势平坦，土质较黏重坚实，交通方便，排水良好，地下水位较低的高燥处。沟的方向在寒冷地区以南北长为宜，减少寒风袭击；暖和地区以东西长为宜，增大迎风面，有利于初、后期降温。沟的长度一般小于 50m，沟的深度一般以 0.7～1m 为宜，寒冷地区应在冻土层以下，避免果蔬冻害，又能保持低温；暖和地区宜浅，以免果蔬发热腐烂。沟的宽度约为 1.0～1.5m，过宽容量增多，但散热面积相对减小，果蔬降温较慢，贮藏初期和后期温度不易控制；过窄沟内温度受外界气温影响较大而造成温度不均匀。沟的长宽和深浅要根据地形条件、气候条件以及果蔬种类和贮藏量而定。

（3）沟藏的方法　沟藏方法主要有以下 4 种。一是果蔬沟内堆积法，即在沟底铺一层干草或细砂，预先要消毒处理，将果蔬散堆于沟内，再用土（沙）覆盖。二是层积法，即每放一层果蔬，撒一层沙，层积到一定高度后，再用土（沙）覆盖。三是混沙埋藏法，将果蔬与沙混合后，堆放于沟内，再进行覆盖。四是将果蔬装筐后入沟埋藏。沟藏适宜苹果、山楂、板栗、萝卜、洋葱、根菜等果蔬。

（4）管理　采收后的果蔬通过预贮来除去田间热，降低呼吸热。方法是沿沟长每隔 3～5m 埋设直径约 15cm、高出地面 10cm 的稻草秸秆，起初期降温的作用，再沿沟底挖一条深宽各 10cm 的通风浅沟，两头沟壁直通地面，以便通风换气。在沟内预先埋入测温筒，贮藏一定时间后观察实际温度，以便采取措施。随气温的降低逐渐加厚覆盖层，以果蔬不受冻不受热为原则，开春后应出沟，防止腐烂。

3. 窖藏

（1）窖藏的特点　窖藏与沟藏相类似，窖内温度常年稳定在 1～3℃，适宜多种蔬菜和含水量少的水果。窖藏利用简单的通风设备来调节和控制窖内的温湿度，果蔬可以随时入窖出窖，管理人员可以自由进出和及时检查贮藏情况。

（2）窖的形式与结构

① 棚窖。棚窖是一种临时性贮藏场所，适宜较耐贮藏的果蔬。棚窖结构如图 5-1 所示。

窖址应选择在地势高燥，地下水位低，空气流畅的地方，窖的方向以东西向为宜。棚窖根据入土深浅有地下式、半地下式和地上式三种类型。较温暖的地区或地下水位较高处，多采用半地下式或地上式，一般入土 1.0～1.5m，地上筑墙 1.0～1.5m，为加强窖内通风换气，可在墙两侧靠近地面处，每隔 2～3m 设一通风孔，并在顶部设置天窗，天冷时将气孔堵住。地下式棚窖的窖身入土 2.5～3m，窖顶露出地面，由于其有较好的保温性，在寒冷地区被广泛采用。

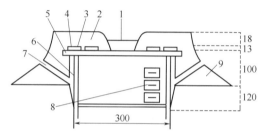

图 5-1　棚窖结构示意图（单位：cm）

1—天窗；2—覆土；3—秫秸；
4—檩木；5—横梁；6—支柱；
7—气孔；8—果箱（筐）；9—土墙

大型棚窖常在一侧或两端开设窖门，以便果蔬出入，兼起通风作用，并应加强贮藏初期的降温，天冷时应堵死。

② 井窖。井窖是一种封闭式、深入地下的土窖，适宜在地下水位低、土质黏重坚实的西北黄土高原地区建造。建造时，先由地面垂直向下挖一直径约为 1m 的井筒，深度 3～4m 后，再向周围挖若干个高约 1.5m、长 3～4m、宽 1～2m 的窖洞，井口用土、石板或水泥板封盖，四周设排水沟，以防积水。井窖纵剖面如图 5-2 所示。

a. 空窖的管理。在果蔬入窖前，要彻底进行消毒杀菌，杀菌的方法可用硫黄熏蒸（1.0×10^{-2} kg/m³），也可用甲醛溶液喷洒。消毒时将窖密封，两天后可打开，通风换气后使用。贮藏时所用的篓、筐、箱和垫木等在使用前也要用 0.05%～0.5% 的漂白粉溶液浸泡 0.5h，然后刷洗干净，晾干后使用。

b. 入窖。果蔬入窖时要防止碰撞、挤压。堆码时注意果蔬与窖壁、果蔬与果蔬、果蔬与窖顶之间留有一定的空隙，以便翻动果蔬和空气的流动。

c. 窖藏期间管理。入窖初期，由于气温、土温较高，同时果蔬产生的呼吸热也较高，窖内温度很快升高，这时要充分利用昼夜温差，夜间全部打开通气孔，引入冷空气，达到迅速降温的目的，通风换气时间以早晨 3～6h 效果最好。贮藏中期，正值严冬季节，外界气温很低，管理目标主要是防冻，一方面要适当通风，保证窖内合适的温湿度和气体成分，另一方面又要选择在中午短时间进行通风，防止过冷空气进入，导致果蔬出现冻害。贮藏后期，窖内温度回升，应选择在温度较低的早晚进行通风换气，同时

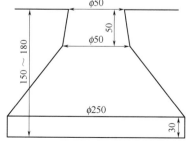

图 5-2　井窖纵剖面
示意图（单位：cm）

仔细挑选果蔬，发现腐烂果蔬及时除去，以防交叉感染。果蔬全部出窖后，应立即将窖内打扫干净，同时封闭窖门和通风孔，以便重新使用时保持较低的温度。在管理过程中，要注意防止因密闭时间过长，导致窖内乙醇、二氧化碳、乙烯等物质过多，给贮藏带来不利，需适时通风换气，减少有害物质的积累。另外，工作人员下窖之前，应充分通风，换入新鲜空气，防止二氧化碳引起人员伤害。

4. 冻藏和假植贮藏

冻藏和假植贮藏是沟藏和窖藏的特殊利用形式。

（1）冻藏　冻藏是利用自然低温使蔬菜入沟后能迅速冻结，并在贮藏期间始终保持轻微冻结状态的一种贮藏方式。一般入冬上冻时将收获的蔬菜放在背阴处的浅沟内，稍加覆盖。由于贮藏温度在0℃以下，可以有效地抑制蔬菜的新陈代谢和微生物的活动，但蔬菜仍保持生机，食用前经过缓慢解冻，仍能恢复新鲜状态，并保持其品质。与普通沟藏相比，冻藏沟较浅，覆盖层薄，一般多用窄沟并设置阴障，避免直射阳光，主要是为了加快蔬菜入沟后的冻结速度，并防止忽冻忽化造成腐烂损失。

冻藏主要应用于耐寒性较强的菠菜、油菜、芫荽等绿叶菜，并且在整个贮藏期间保持轻微冻结状态。

（2）假植贮藏　假植贮藏是把蔬菜密集假植在沟内或窖内，使蔬菜处在极其微弱的生长状态，实质上假植贮藏是一种抑制生长贮藏法。适用于易脱水萎蔫的青菜、油菜、花椰菜、莴苣等绿叶菜和幼嫩蔬菜。

假植贮藏可使蔬菜继续吸收一些水分，补充蒸腾的损失，有的还能进行微弱的光合作用，使外叶中的养分向食用部分转移，保持正常的生理状态，延长贮期。贮藏过程中要求蔬菜连根收获，单株或成簇假植，只假植一层，不能堆积，株间应保留适当的通风空隙，覆盖物一般不接触蔬菜，与菜面保持一定距离，有的在窖顶能透入一些散射光，土壤干燥处可滴水补充土壤水分和降低温度。

二、土窖洞贮藏

窖洞贮藏是充分利用地形特点，在厚土层中挖洞建窖进行贮藏的一种方式。由于深厚土层的热导性能较差，因此窖内温度较稳定，再加以自然通风效果较好。

1. 特点及结构

土窖洞也称窖窑，是西北地区普遍用于苹果、梨等果蔬的贮藏方式。窖址应选择在地势高燥，土质紧密的山坡地或平地。窖的结构要便于通风降温和封闭保温，并牢固安全。

土窖洞有大平窖型、主副窖型、地下式砖窖等，但各种类型土窖洞的主体结构基本上都由窖门、窖身、通气孔三个部分构成。窖口向北（阴坡），不受阳光直接照射，温度变化幅度小，冷空气容易进入窖门，降温快，窖门宽1～1.4m，高3.2左右，深4～6m。缓坡向下，深入地下。窖身长30～50m，高3～3.2m，宽2.6～3.2m，顶部呈圆拱形。通风孔修建在土窖洞底后壁上，其内径的大小、高低与窖身长短有关系，通风孔在贮藏初期起散热作用。

2. 管理

科学管理窖洞是果蔬贮藏成败的关键，入窖初期应充分利用外界冷空气降温，方法是打开窖门和通气孔，引入冷空气，将窖内热空气从通气孔排出，当外界温度上升至与窖温相同时，则关闭通气孔和窖门。天气冷时要严封门窗和通气孔，尽量维持窖内的低温。窖内相对湿度一般较高，无需调节，如湿度过低可采用地面喷水来增湿。

旧窖窑在装果蔬前要进行打扫和消毒，以减少病菌传播的机会，一般用硫黄熏蒸或1％的福尔马林溶液均匀喷布，也可在地面撒一层石灰消毒，密闭两天，再通风使用。

果蔬一般包纸装筐或装箱后在窖内堆垛。筐装最好立垛，筐沿压筐沿；箱装最好采用横直交错的花垛，箱间留出3～5cm宽的缝隙。堆高离窖顶1m左右，下面用枕木或石条垫起，离地

5～10cm，以利通风。靠两侧堆垛，中间留出 50cm 的走道。

三、通风库贮藏

1. 通风库的特点

通风库是棚窖、窑窖的进一步发展，有较为完善的隔热、隔湿设施和通风设备，造价虽较高，但贮藏量大，操作比较方便，可以长期使用，是目前最主要的果蔬贮藏场所。

通风贮藏库主要利用昼夜温差和库顶与库底温度的差异，通过关启通风窗，调节库内温度、湿度，从而保持较低而稳定的库温。因此受气温影响较大，尤其是在贮藏初期和后期，库温较高，难以控制，效果差。为了弥补这一不足，可利用电风扇、鼓风机或机械制冷等辅助设施加速降低库温，以进一步提高贮藏效果，延长贮藏期。

通风贮藏库的基本要求是绝热和通风。绝热就是使贮藏库的库顶、墙壁等建筑材料的热导性降低到最低限度，使库温不受外界气温的影响；良好的通风可有效地调节温度与湿度，以满足贮藏果蔬的要求。

2. 通风贮藏库的种类

通风贮藏库按处在地表面的深浅分为地上式、半地下式、地下式三种类型。

(1) 地上式通风贮藏库　一般在地下水位高的低洼地区和大气温度较高的地区采用。全部库身建筑在地面之上，墙壁、库顶、门窗等完全依靠良好的绝缘建筑材料进行隔热，以保持库内的适宜温度。进气口在库底，排气口在库顶，这样有利于通风降温，但库温受环境气温的影响较大。

(2) 半地下式通风贮藏库　华北地区普遍采用此类型。一半库身建在地面以下，利用土壤作为隔热材料，另一半在地面以上，库温既受气温影响，又受土温影响，在大气温度－20℃条件下，库温仍不低于1℃。

(3) 地下式通风贮藏库　宜建在地下水位较低的严寒地区，库身全部建筑在地面以下，仅库顶露出地面，有利于防寒保温，又节省建筑材料。地下库贮藏可利用通风设备导入库外的自然冷空气，当库外温度上升时，地下库因周围的深厚土层蓄积了大量的冷气，可继续保持较低而稳定的库温。

3. 通风贮藏库的设计要求

(1) 库址选择　通风库宜建筑在地势高燥、地下水位低、通风良好、无空气污染、交通方便的地方。为防止库内积水和春天地面返潮，最高的地下水位应距库底 1 米以上。

(2) 库形设计　库的平面通常为长方形，库顶大多为拱形或平形。一般宽度为 9～12m，高为 3.5～4.5m（地面到天花板距离），长度为 30～50m，库容量视贮藏量而定。

(3) 通风库的方向　根据当地最低气温和风向而定。在北方地区以南北长为宜，这样可以减小冬季寒风的直接侵袭面，避免库温过低造成果蔬受冻，其他季节可减少阳光直射面积，有利于做好保温工作。在南方地区则以东西长为宜，这样可以减少阳光东晒和西晒的照射面，同时有利于冬季北风进入库内以降低库温。

(4) 库的通风要求　库内温度调节一方面利用空气对流，另一方面依靠通风系统调节，其次是靠隔热结构加以维持。

(5) 隔热设置　隔热效果取决于材料的热导系数、库顶及墙体的厚度、暴露面的大小和严密程度。通风贮藏库的四周墙壁和屋顶，都应有良好的隔热性能，以隔绝库外过高或过低温度的影响，保持库内温度稳定。良好的隔热材料要求具有热导性能差、不易吸水霉烂、不易燃烧、无臭味和取材容易等特点。材料的隔热性能一般用热阻值（或热导系数）来表示，热导系数是用来说明材料传导热量能力大小的物理指标，指在稳定传热条件下，1m 厚的材料，两侧表面的温差为1℃，在 1h 内，通过 1m² 面积传递的热量，单位为 kJ/(m·h·℃)。热阻是热导系数的倒数，热导系数愈小，热阻值愈大，其隔热性能愈强，反之则弱。常见隔热材料的热导系数和热阻见表 5-1。

表 5-1　部分材料的隔热性能

材料名称	热导系数	热阻	材料名称	热导系数	热阻
静止空气	0.025	40.00	木料	0.180	5.60
软木板	0.050	20.00	砖	0.670	1.50
油毛毡	0.050	20.00	玻璃	0.670	1.50
芦苇	0.050	20.00	干土	0.250	4.00
秸秆	0.050	16.70	湿土	3.000	0.33
刨花	0.050	20.00	干沙	0.750	1.30
锯末	0.090	11.10	湿沙	7.500	0.13
炉渣	0.180	5.60			

注：热导系数（K）的单位为 kJ/（m·h·℃）；热阻值 $R=1/K$。

从表 5-1 可以看出：静止空气、软木板、油毛毡、芦苇等材料，绝热性能良好；锯末、炉渣、木料、干土等次之；砖、湿土等绝热性能最差。所以采用不同的建筑材料，要达到同样的绝热能力，就需要在厚度上进行调整。一般情况下，墙壁和天花板的隔热能力以相当于 7.6cm 厚的软木板的隔热功效即可。

4. 通风贮藏库的建筑

（1）库墙的建筑　库墙厚度应根据热阻系数计算，以双层砖墙中加用绝热填充材料的结构较为理想。在华北地区尽量采用 1/2 或 2/3 半地下式通风贮藏库，地下部分利用土壤保温，可节省大量建筑材料。

（2）库顶的结构　屋顶采用人字形结构，内部设天花板，板上铺一定厚度的隔热材料，如干锯末、糠壳等，并铺油毡或塑料薄膜作防潮用。隔热材料上构成静止空气层，架顶最上层铺木板一层、木板上铺瓦。

（3）库门结构　国内多采用分列式通风贮藏库，库门在通道内，有良好的气温缓冲地带，开关库门对库温影响较小。单库式通风贮藏库建筑中，库门宜设在库的南面和东西面，应作两道门，间隔 2~3m，中隔宽约 1m 的夹道，作为空气缓冲间。库门一般多采用双层木板结构，木板之间填充锯末或谷糠等材料，在门的四周钉毛毡等物，以便密闭保温。

（4）通风设备　根据热空气上升、冷空气下降形成对流的原理，利用通风设备导入低温新鲜空气，排出果蔬放出的二氧化碳、热、水气及乙烯等芳香气体，使库内保持适宜的低温。

5. 通风贮藏库的管理

（1）贮藏准备　果蔬贮藏前后，应进行清扫、通风、设备检修和消毒工作。

（2）入库　筐装和箱装的果蔬因受包装容器的保护，可以减少底层果实承受的压力，容器周围空隙有利于通风。此外，容器还可层层堆叠，增加贮藏容量。地面应铺垫枕木或隔板，注意平稳，要留间隙和通道，以利通风和操作管理。

（3）温湿度管理　在库内放置湿度计，根据库内、外温度的变化，灵活掌握通风换气的时间和通风量，以调节库内的温湿度条件。春秋季节，利用大气温度最低的夜间进行通风；寒冷季节，通风贮藏以保温为主，只在大气温度较高时，进行短时间的换气排湿。为了加速库内空气对流，可在库内设电风扇、抽气机，有冰源的地区还可在进气口放置冰块，能更加有效地降低库内温度。库内相对湿度一般为 80%~90%，当通风量大时，湿度下降，可在地面喷水、悬挂湿麻袋、放置潮湿锯末等来提高库内湿度；湿度过大时，库内放置消石灰来吸收水分。

（4）常规检查　主要是定时测温、测湿、测呼吸强度及固形物含量，并做好记录，随时调整。

第二节　低温贮藏

低温贮藏就是利用机械制冷的方式降低贮藏温度，在低温下来控制微生物和酶的活性，从而延长果蔬贮藏期。

一、机械冷库贮藏

机械冷库贮藏是在利用建筑物良好的绝缘隔热设施，通过人工机械制冷系统的作用，使库内满足果蔬贮藏温度、湿度和气体成分的要求，达到周年贮藏的目的。机械冷藏库分为高温库（0℃左右）和低温库（低于-18℃）两类，用于贮藏果蔬的冷库为0℃左右的高温库。

1. 机械冷库的制冷原理

（1）制冷原理 利用低沸点的液态制冷剂汽化时吸收贮藏环境中的热量，从而使库温下降。

（2）制冷剂 是指在膨胀蒸发时吸收热量产生制冷效应的物质。制冷剂沸点必须要低，通常在0℃以下，大部分在-15℃或者更低；汽化潜热要大，临界温度要高，凝固温度要低，蒸汽比容要小，制冷能力要大；对人体无毒害，化学性质稳定，与金属不起腐蚀作用；无燃烧及爆炸的危险，不与润滑剂起化学反应；在高压冷凝系统内压力低，黏度较低和价格便宜等。常用的制冷剂及性质见表5-2。

表 5-2 常用制冷剂及性质

名　称	沸点/℃	临界温度/℃	0℃时汽化热/(J/kg)
氨(NH_3)	-35.5	132.4	1.26×10^3
二氧化碳(CO_2)	-78.2	31.1	2.30×10^2
二氧化硫(SO_2)	-10.0	157.2	3.82×10^2
氯化甲烷(CH_3Cl)	-23.7	143.1	4.13×10^2
氟利昂-12(CF_2Cl_2)	-30.0	111.5	1.55×10^2

注：以上制冷剂中，氨及氟利昂-12制冷效果最好。

（3）制冷系统 压缩式制冷循环系统由蒸发器、压缩机、冷凝液化器和膨胀阀（调节阀）四大部件组成。压缩式制冷循环系统的工作原理：从蒸发器蒸发出来的低温低压蒸气（状态1）被吸入压缩机内，压缩成高压高温的过热蒸气（状态2），然后进入冷凝器；由于高压高温过热制冷剂的蒸气温度高于环境介质的温度，压缩机产生压力使制冷剂能在常温下冷凝成液体状态，因而排至冷凝器时，经冷却、冷凝成高压常温的制冷剂液（状态3）；高压常温的制冷剂液通过膨胀阀时，因节流而降压，在压力降低的同时，制冷剂液因沸腾蒸发吸热使其本身的温度也相应下降，从而变成了低压低温的制冷剂液（状态4）；把这种低压低温的制冷剂液引入蒸发器吸热蒸发，即可使库内空气及果蔬的温度下降而达到制冷的目的。从蒸发器出来的低压低温制冷剂气体重新进入压缩机，从而完成一个制冷循环，然后重复上述过程。

① 压缩机。压缩机是制冷系统的重要组件，起着压缩和输送制冷剂的作用，即把蒸发器内产生的低压低温气体吸回，再次压缩成为高压高温气体并送入冷凝器。

② 冷凝器。冷凝器用来对压缩机压入的高温高压气体进行冷却和冷凝，在一定的压力和温度下成为常温高压液体。冷凝器属于制冷系统中的热交换设备，是制冷剂向外放热的热交换器。来自压缩机的制冷剂蒸汽进入冷凝器后，将热量传递给周围介质水或空气，自身则受冷却、凝结为液体。在氨制冷和氟利昂制冷系统中，冷凝器绝大多数靠冷水或冷风吸去热量，促使制冷剂凝结液化，再流入到贮氨器中保存。

③ 蒸发器。蒸发器是制冷系统中吸收热量的设备。在蒸发器中制冷剂液体通过膨胀阀后，低压制冷剂从库房吸收热量在较低的温度下沸腾，并将液体蒸发为气体，使库温降低，达到制冷目的。

④ 膨胀阀。膨胀阀用来调节进入蒸发器的制冷剂流量，同时起到降压的作用。

（4）库房内蒸发器的安装方式

① 直接冷却法。将蒸发器膨胀管直接安装在库房内的天花板下面、产品堆置的上方或在靠

墙壁同时有利于空气流通的地方。此法好处是降温快，缺点是蒸发器不断结霜，影响蒸发器的冷却效果，此外，如果制冷剂在蒸发管或阀门处泄漏，在库内积累直接危害果蔬。

② 鼓风冷却法。是将膨胀管装在一个柜中，上部装鼓风机，借助鼓风机的作用将冷却空气从几个方向通过风管吹散到库房内，冷藏库内的空气由鼓风机吸入，降温后吹出。库内空气对流循环能加速降温，且库内温湿度较为均匀一致。但是空气冷却器须能调节空气湿度，否则这种冷却方式会加快果蔬的水分蒸发。

③ 盐水冷却方法。将蒸发管盘旋装置于冷却池中，再将冷却后的盐水输入蒸发管循环吸收冷却池内热量，从而达到冷却的目的。盐水冷却的优点是没有直接接触果蔬，避免了有毒及有臭味的制冷剂在库内泄露而损害果蔬和伤害入库人员，缺点是由于有中间介质——盐水的存在，加重了压缩机的负荷，并增加了盐水泵的电力消耗。

2. 机械冷库的建造

(1) 常见的冷藏库　主要有生产性冷库、分配性冷库、零售性冷库几种。冷库是贮藏保鲜果蔬的场所，需保持稳定的低温环境，其温度一般高于 0℃。

(2) 库址的选择　冷库应建设在没有阳光照射和频繁热风的阴凉处，同时交通要方便。冷库通常由制冷系统、控制装置、隔热库房、附属性建筑物等组成。库房的大小依贮藏果蔬的种类、贮藏量和冷库的性质而定，一般高 4m 左右即可。冷库墙壁、天花板、地坪等内侧面上敷设有一定厚度的隔热保温材料，形成连续密合的绝热层，以减少库外的热量向库内传导。

隔热材料一种是加工成板块等固定形状的钢性材料，能够保持其原来的形状，持久耐用，如软木板、聚苯乙烯泡沫塑料板等。

(3) 冷库的防潮系统　为了防止水蒸气的扩散和空气的渗透，冷库必须具有良好的密封性和防潮隔汽性能，且防潮层在隔热层外侧，一般涂抹一层水泥面或其他保护材料，隔热层材料中透水汽的有玻璃棉和石棉，透水的有聚苯乙烯、聚氨酯和泡沫玻璃等。冷库的地基易受地温的影响，土壤中的水分易被冻结，因土壤冻结后体积膨胀，会引起地面破裂及整个建筑结构变形，严重的会使冷库不能使用。为此，低温冷库地坪除要有有效的隔热层外，隔热层下还必须进行处理，以防止土壤冻结。

3. 机械冷库的使用和管理

(1) 温度　一般果蔬贮藏的适宜温度在 0℃ 左右。冷库温度的管理主要是预先快速降温和维持冷库内均匀稳定的温度。首先在果蔬入贮前三天冷却降温，使果蔬与冷库内的温差减小；其次是温度调节，根据不同品种，对温度的不同要求控制库温，保持库内温度分布均匀；最后，还要注意库内空气的对流状况，消除不利于流通的因素。

(2) 相对湿度　大多数新鲜果蔬适宜贮藏的相对湿度应控制在 80%～90%，可防果蔬失水和水分蒸腾，若外界环境的相对湿度过低，果蔬就会失水干缩，应增加环境的相对湿度。冷藏库内的湿度过低是由冷却管系统结霜、鼓风机速度过大等原因造成，故应定期升温除霜，减少结霜。同时应尽量降低进出风的温差。必要时可通过淋湿、喷雾或直接洒水来调节湿度，也可安装自动湿度调节器。若外界环境的相对湿度过高，对微生物的生长繁殖有利，通常由于有较高温度的果蔬频繁进出库房，使暖空气在较低温度下形成结露而引起，除常用吸湿物质如石灰、木炭等调节外，还应注意冷库的进库货量和开门的次数。

(3) 通风换气　果蔬贮藏初期，约 10～15 天通风换气一次，当温度稳定后，每个月一次。果蔬贮藏时由于呼吸代谢积累二氧化碳、乙烯、乙醇等气体，其浓度过高时会导致生理代谢失调，所以需要通风。若库内二氧化碳积累过多，可装置空气净化器，也可用 7% 的烧碱吸收。通风方法是在早晨或夜间敞开库门，开动鼓风设备，放进一定量的新鲜空气。冷藏果实出库时，应使果温逐渐上升到室温，否则果面结露，容易造成腐烂。同时，若果实骤然遇到高温，色泽易发暗，果肉易变软，影响贮藏效果。

(4) 库房及用具的清洁卫生和防虫防鼠　常用方法有硫黄熏蒸（$10g/m^3$、$12～24h$）、福尔马林熏蒸（36％甲醛 12～15ml/m³、12～24h）、过氧乙酸熏蒸（26％过氧乙酸 5～10ml/m³、8～24h）、0.2％过氧乙酸、0.3％～0.4％有效氯漂白粉、0.5％高锰酸钾溶液喷洒。

（5）产品的入贮及堆放　堆放的总体要求首先是"三离一隙"，"三离"指的是离墙、离地面、离天花板，"一隙"是指垛与垛之间及垛内要留有一定的空隙。其次注意果蔬的堆桩大小适度，同一品种堆一起，严格执行果蔬采后的分级、挑选、涂被等处理，果蔬的进出库量每天应控制在 10％左右。

（6）贮藏果蔬的检查　对于不耐贮的新鲜果蔬产品每间隔 3～5 天检查一次，耐贮性好的可 15 天甚至更长时间检查一次。为了达到控温的目的，各个堆上放置温度表以观察记载库内的温度，发现问题及时处理。

（7）耗冷量计算　耗冷量就是冷库中冷凝系统的热负荷量，冷藏库耗冷量计算是设计和维护冷库的必要，也是为配置制冷装置提供必要的依据。设备具备足够的制冷负荷才能使果蔬冷却到规定的温度范围。

耗冷量 Q 包括四部分，$Q=Q_1+Q_2+Q_3+Q_4$。

① Q_1：由于库房内外温差和库墙、库顶受太阳辐射热作用而通过围护结构传入的热量，简称传入热或漏热。

② Q_2：果蔬在贮藏过程中呼吸作用放出的热量，简称呼吸热。

③ Q_3：由于通风或开库门，外界新鲜空气进入库内而带入的热量，简称换气热。

④ Q_4：由于冷库内工作人员操作、库内照明和各种动力设备运行而产生的热量，简称经营操作热。

耗冷量计算涉及当地炎热季节最具代表性的室外计算干球温度、相对湿度等数据，可查《各主要城市部分气象资料》。

二、微型冷库贮藏

微型冷藏库是指库容积在 90～120m³ 以内，贮藏量一般在 10～40t 的小型机械冷库。微型冷库的特点是实用性、可靠性强、造价低廉、自动化程度高、易于操作管理、性能可靠。

1. 微型冷库的种类

（1）微型高温保鲜冷库　保鲜库就是在一般房屋的基础上，增加一定厚度的保温层，设置一套制冷系统，将门做保温处理，库内冷风机为悬挂式，可增加贮藏库容，制冷机组设于库外且间歇性工作，故耗电小，深受用户欢迎。

（2）微型气调保鲜冷库　就是通过气体调节方法，将空气中的氧气浓度降到 3％～5％，同时在高温冷库的基础上，配置一套气调系统，通过降氧和控温使果蔬处于休眠状态，达到保鲜的效果。主要特点是延长果蔬的贮存期和货架期；保持鲜度脆性；可抑制果蔬病虫害的发生，使果蔬的重量损失及病虫害侵害减至最小。

2. 微型冷库制冷设备的配置

用户在建造微型冷库时，设备选型和性能必须匹配合理，须满足果蔬所要求的制冷量和贮藏工艺要求。长江以南地区贮藏的果蔬需要通过夏季时（如蒜薹），每立方米库容积所需制冷量（标准工况制冷量）应≥70W（250kJ/h），最好采用水冷机组。长江以北地区贮藏的果蔬不需要通过夏季时（如葡萄），单位库容积所需制冷量（标准工况制冷量）应≥58W（210kJ/h），可采用风冷机组。

3. 微型冷库的运行管理

微型冷库的运行管理主要是调节控制库内温度、相对湿度并适时进行通风换气。

（1）温度的调控　果蔬入库时的温度与库温之差越小越好；制冷压缩机的制冷量应与冷库的贮藏量相匹配；果蔬冷库在设计上应使每天的入库量占总容积的 15％左右；密封的容器、包装纸或塑料袋包装的果蔬，要注意留有通风散热的空隙。

（2）相对湿度的控制　制冷系统设计时要求有较大的蒸发面积，使蒸发器表面的温度和库温的差值较小，以减少结霜。当湿度不足时，通过地面洒水和喷水的方法弥补湿度的不足，另外也可用塑料大帐、小包装或单果包装等增加果蔬微环境中的相对湿度。

（3）库内果蔬的堆码　微型库内空间有限，果蔬堆码时必须确保牢固、安全、整齐、通风，便于出入和检查。堆码的主风道方向应和库内冷风机的出风方向相一致；要求果蔬离墙距离20cm，距送风道底面距离50cm，距冷风机周围距离1.5m；垛间距离0.2～0.4m；根据库内情况留有一定宽度的主通道，通常为0.8～1.0m；如果采用货架，货架间距离0.7m左右；地面垫木高度0.12～0.15m。

（4）通风换气　果蔬呼吸作用放出的二氧化碳及其他多种有害气体，在库内积累的浓度过高时，会引起果蔬的生理代谢失调，以致产品败坏变质，同时对进库操作人员的安全性也会造成威胁。因此应进行通风换气。在通风换气时，要开启制冷机，以减免库内温度的升高。

（5）产品出库前的逐步升温　从0℃的冷库中取出的果蔬与周围的高温空气接触，会在其表面凝结水珠，既影响外观，又容易受微生物侵染而发生腐烂。因此，经冷藏的果蔬，在出库销售前最好预先进行适当的升温处理，再送批发或零售点。

4. 微型节能冷库的应用前景

微型库多数由果农和果蔬经营流通者建造和管理使用。对果农来讲，容易实现自种自贮，不仅有利于保证精细采收、及时贮藏，将机械损伤减少到最低程度，而且采收后能及时入库预冷和分级进行保鲜处理，并可根据市场需求及时决策出库。

第三节　气调贮藏

通过调节气体成分，降低贮藏环境中的氧气含量，来抑制果蔬的呼吸作用，从而起到保鲜的目的。

一、气调贮藏的原理

气调贮藏就是把果蔬放在一个相对密闭的贮藏环境中，调节贮藏环境中的氧气、二氧化碳和氮气等气体成分的比例，并将其稳定在一定的浓度范围内，根据不同果蔬的要求调控适宜的温度、湿度以及低氧和高二氧化碳气体环境，并排除乙烯等有害气体，抑制果蔬的呼吸作用和微生物的活动，达到延迟后熟、衰老，保证果蔬新鲜的一种方法。

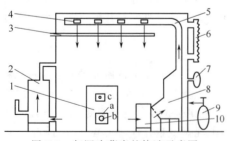

图 5-3　气调冷藏库的构造示意图

a—气密筒；b—气孔；c—观察窗

1—气密门；2—CO$_2$吸收装置；
3—加热装置；4—冷气出口；
5—冷风管；6—呼吸袋；
7—气体分析装置；8—冷风机；
9—N$_2$发生器；10—空气净化器

二、气调贮藏的方法

1. 气调冷藏库贮藏（CA）

气调冷藏库由库体结构、气调、制冷和加湿系统构成。

（1）气调冷藏库的设计与结构组成　气调冷藏库的建筑结构分为砌筑式、彩镀夹心板装配式和夹套式。墙、顶要求有很高的气密性、隔热、抗温变应力和能承受一定的压力。气调冷藏库与冷库的最大区别是改变了库内的气体成分，在贮藏期间保持一个低 O$_2$、高 CO$_2$ 的环境，这就要求库体内部结构安全可靠，尽量避免贮藏期间入库作业。气调冷藏库的构造如图 5-3 所示。

（2）气调冷藏库的建筑特点　气调冷藏库墙壁四周、库门及所有进出管线连接处必须具有良好的气密性，以减少库内外的气体交换；气调冷藏库内果蔬应尽量高堆满装，留出一定的通风和检查通道；要求围护结构具有保温隔热、防潮的特点，减少与外界的冷热交换，维持库房内外温度稳定；保持库房处于静止状态，压力不要升得太高，保证围护结构的安全；气调冷藏库一般应建成单层建筑，这是因为果蔬在库内运输、堆码和贮藏时，地面要承受很大的荷载；还应做到快进整出。

（3）气调冷藏库制冷设备及温度传感器的配置

① 制冷系统。气调冷藏库的制冷设备同机械冷库相同，均采用活塞式单级压缩制冷系统，以氨或氟利昂-12 作制冷剂。

② 温度传感器的配置。气调冷藏库内在不同位置处放置温度传感器探头以测量库温和果蔬的实际温度。

（4）气调冷藏库的主要气调设备及辅助设备　气调设备主要包括制氮设备、二氧化碳、乙烯脱除设备和加湿设备。

① 制氮机。制氮机主要有吸附分离式的碳分子筛制氮机、膜分离式的中空纤维膜制氮机、燃烧式制氮机和裂解氨制氮机。

② 二氧化碳脱除机。是将浓度较高的二氧化碳气体抽到吸附装置中，经活性炭吸附后，气体中二氧化碳浓度降低后送回库房，达到脱除二氧化碳的目的。小量贮藏时用消石灰吸收，也可用水和氢氧化钠溶液脱除二氧化碳。

③ 乙烯脱除机。通常使用活性炭、高锰酸钾溶液或高锰酸钾制成的黏土颗粒和高温催化分解方式脱除乙烯。

④ 加湿装置。水混合加湿、超声波加湿和离心雾化加湿是常见的三种加湿方式，在 0℃以上使用时，加湿效果均比较好。

2. 塑料薄膜袋（帐）气调贮藏

塑料薄膜封闭贮藏（简称 MA 贮藏）的重要特点是具有一定透气性，果蔬的呼吸作用，会使塑料袋（帐）内维持一定的 O_2 和 CO_2 比例，加上人为的调节措施，会形成有利于延长果蔬贮藏寿命的气体成分。主要有塑料大帐气调和塑料袋气调两种方法。

（1）塑料大帐气调贮藏　用 0.1～0.25mm 厚的聚乙烯或聚氯乙烯塑料膜压制成一定体积的长方形帐子，扣在果蔬垛上密封起来，然后调制帐内氧气、二氧化碳气体的浓度，使果蔬得以保鲜的方法。大帐上开设充气口、抽气口和取气口，一般均为方形或圆形，能开能封，便于换气和测气，封口后不漏气。一般每一帐可贮果蔬 1000～2500kg。帐内的调气方式有 3 种。一是人工快速降氧法，先抽出帐内空气，再充入氮气，反复数次，使帐内氧气降至适宜的贮藏浓度。二是配气充入，把预先人工配制好的适宜成分的气体，输入已抽出空气的密封帐中，以代替其中的全部空气，整个贮藏期间定期地排出内部气体和充入人工配制的气体。三是自然降氧，封闭后依靠果蔬自身的呼吸作用，使氧气逐渐下降并积累二氧化碳，当氧气浓度过低、二氧化碳过高时，利用上、下气口进行调节。一般要求帐内氧气含量降低到 2%～4%，二氧化碳低于 3%。

（2）塑料袋贮藏法　用厚 0.04～0.08mm 的聚乙烯膜制成塑料袋，将经预冷、挑选的果蔬放入袋中，待果蔬温度降至 0℃时扎口，塑料袋直接堆放在冷藏库或通风贮藏库内架上，也可以将袋放入筐（箱）内，再堆码成垛进行贮藏。一般每袋容积在 10kg 左右，若容积太大易出现缺氧和二氧化碳中毒，若容积太小又起不到气调的作用。

3. 硅窗气调贮藏

硅窗是一种有机硅高分子聚合物，由有取代基的硅氧烷单体聚合而成，各单体以硅氧键相连，形成柔软易曲的长链，长链之间以弱的电性松散地交联在一起，这种结构的透气性能具有高选择性，对氧气、二氧化碳和氮气的渗透比为 1:6:0.5。硅窗气调的关键是选用硅窗膜，确定硅窗面积和适合的贮藏量及贮藏的温度。硅窗袋贮藏法是将硅橡胶薄膜镶嵌在塑料薄膜袋上，利用硅橡胶具有的特殊透气性能，使袋内的高浓度二氧化碳通过硅橡胶窗向外渗透，外部的氧向内渗透，从而起到自动调节的作用。

三、气调贮藏的管理

气调贮藏的管理主要是指贮藏期间调节控制好库内的温度、相对湿度、气体成分和乙烯含量，并做好果蔬的质量监测工作。

1. 温度管理

果蔬在入库前应先预冷，以散去田间热，使库温稳定保持在 0℃左右，为贮藏做好准备。气调贮藏需要适宜的低温，尽量减少温度的波动和降低不同库位的温差。

2. 相对湿度管理

果蔬贮藏时，当库内贮藏温度较高、相对湿度较低和气体循环加大时，果蔬与环境之间就产生水蒸气压力差，新鲜果蔬的水分会流失，导致果蔬失水萎蔫甚至干缩。气调库中果蔬贮藏的相对湿度以保持在 85%～95% 为好，既可防止失水又不利于微生物的生长。

3. 气体成分管理

气体成分管理的重点是控制贮藏环境中 O_2 和 CO_2 含量。当果蔬入库结束、库温基本稳定之后，即应迅速降低 O_2 浓度至 5%，再利用果蔬自身的呼吸作用继续降低库内 O_2 浓度，同时提高 CO_2 浓度，达到适宜的 O_2、CO_2 比例，这一过程需 10 天左右的时间，而后即靠 CO_2 脱除器和补 O_2 的办法，使内 O_2 和 CO_2 浓度稳定在适宜范围之内，直到贮藏结束。

4. 预冷

预冷是将刚采收的果蔬产品在运输和贮藏之前迅速除去田间热和降低品温，最大限度地保持果蔬的品质，减少腐烂损失。预冷可分为自然降温、水冷却、真空降温等多种方式。

5. 入库品种、数量和质量

不同种类、品种的果蔬不能混放在同一间贮藏室内。果蔬入库时要求分批入库，每次入库量不应超过库容总量的 20%，库温上升应不超过 3℃。

6. 堆码和气体循环

果蔬的堆码方式非常重要，果蔬与墙壁、果蔬与地坪间须留出 20～30cm 的空气通道，果蔬与库顶的距离应在 5cm 以上（视库容大小和结构而定），垛与垛之间要留 20～30cm 间距，堆垛的行向应与空气流通方向一致。堆码时应尽可能地将库内装满，减少库内气体的自由空间，缩短气调时间，使果蔬在尽可能短的时间内进入气调贮藏状态。若堆码无序或不当，就会形成气流的死角，使该处温度上升。

7. 封库前应做的工作

封库前应注意做好以下工作：给水封安全阀注水；校正好遥测温度、湿度以及气体成分分析的仪器；检查照明设备；给所有进出库房的水管通道（如冲霜、加湿、溢流排水等）进行水封注水，对所有设备进行全面检查和试验。

8. 库房管理

（1）库体安全　气调库是一种对气密性有特殊要求的建筑物，虽然在气调库中考虑了如安全阀、贮气袋等安全装置，但若不加强管理，就可能造成围护结构的破坏。因此在气调库的运行过程中，安全阀内应始终保持一定水柱的液面。

（2）气密性　气调库必须具备良好的气密性，气密性达不到一定指标，就无法形成气调环境。每年鲜果入库之前，都要对气密性进行全面检测，发现泄漏及时修补。

（3）安全管理　包括设备安全管理、水电防火安全管理、库体安全管理和人身安全管理等诸多方面。气调库工作人员必须参加有关安全规则学习，切实掌握呼吸装置的使用和保管、氧气呼吸器的消毒和保管等安全操作技术。

（4）气调库的主要安全措施　气调库的安全措施包括一下几个方面：气调库的门上书写危险标志；气调门要便于背后绑扎着呼吸装置的人员通过；至少要准备两套经过检验的呼吸装置；需

要进入气调库检查贮藏质量或维修设备时，至少要有两人；加强防火安全管理。

（5）气调库运行操作　果蔬气调库管理工作的要求要比普通冷库严格得多。一方面要合理有效地利用空间，另一方面在果蔬出库时要快进整出，最好一次出完或在短期内分批出完。

第四节　果蔬贮藏新技术

国内外果蔬产品贮藏保鲜新技术主要有保鲜剂贮藏、减压贮藏、辐射保鲜、电子保鲜、生物技术保鲜、遗传工程保鲜等。

一、保鲜剂贮藏

1. 乙烯脱除剂

能抑制呼吸作用，防止后熟老化。乙烯脱除剂包括物理吸附剂、氧化分解剂、触媒型脱除剂。

2. 防腐保鲜剂

利用化学或天然抗菌剂防止霉菌和其他污染菌滋生繁殖，防病、防腐、保鲜。

3. 涂被保鲜剂

能抑制呼吸作用，减少水分散发，防止微生物入侵。涂被保鲜剂包括蜡膜涂被剂、虫胶涂被剂、油质膜涂被剂及其他涂被剂。

4. 气体发生剂

（1）二氧化硫发生剂　此法适用于贮藏葡萄、芦笋、花椰菜等容易发生灰霉菌病的果蔬，使用量一般为 $0.5\% \sim 1\%$。

（2）卤族气体发生剂　将碘化钾 10g、活性白土 10g、乳糖 80g 放在一起充分混合，用透气性纤维质材料如纸、布等包装使用。使用量通常按每千克果实使用无机卤化物 $10 \sim 1000mg$。

（3）乙醇蒸气发生剂　将 30g 无水硅胶放在 40ml 无水乙醇中浸渍，令其充分吸附。吸附后除掉余液，装入耐湿且具有透气性的容器中，与 10kg 绿色香蕉一起装入聚乙烯薄膜袋内，密封后置于温度 20℃左右的环境中保存，经 $3 \sim 6$ 天即可成熟。这种催熟方法最适合在从南方向北方的长途运输中使用，到达目的地后就可出售。

5. 气体调节剂

（1）二氧化碳发生剂　碳酸氢钠 73g、苹果酸 88g、活性炭 5g 放在一起混合均匀（量多按此比例配制），即为能够释放出二氧化碳气体的果蔬保鲜剂。为了便于使用和充分发挥保鲜效果，应将保鲜剂分装成 $5 \sim 10g$ 左右的小袋。使用时将其与保鲜的果蔬一起封入聚乙烯袋、瓦楞纸果品箱等容器中即可。

（2）脱氧剂　果蔬贮藏保鲜中，使用脱氧剂必须与相应的透气、透湿性的包装材料如低密度聚乙烯薄膜袋、聚丙烯薄膜袋等配合使用，才能取得较好的效果。将铁粉 60g，硫酸亚铁 10g，氯化钠 7g，大豆粉 23g 混合均匀（量大按此比例配制），装入透气性小袋内，与待保鲜果蔬一起装入塑料等容器中密封即可。一般 1g 保鲜剂可以脱除 $1.0 \times 10^3 ml$ 密闭空间的氧气。

（3）二氧化碳脱除剂　低浓度的二氧化碳气体能抑制果蔬的呼吸强度，但必须根据不同的果蔬对二氧化碳的适应能力，相应地调整气体组成成分。将 500g 氢氧化钠溶解在 500ml 水中，配制成饱和溶液，然后将活性炭投入到氢氧化钠水溶液中，搅动令其充分吸附，过滤后控干即可使用。使用时将此保鲜剂装入透气性的薄膜袋中。

6. 生理活性调节剂

如用 0.1g 苄基腺嘌呤溶解于 $5 \times 10^3 ml$ 水中，配制成 0.002% 的溶液，用浸渍法处理叶菜类，能够抑制呼吸和代谢，有效地保持品质。这种保鲜剂适用于芹菜、莴苣、甘蓝、青花菜、大白菜等叶菜类和菜豆角、青椒、黄瓜等，使用浓度通常为 0.0005% ～ 0.002%。

7. 湿度调节剂

果蔬贮藏过程中，为保持一定的湿度，通常采取在塑料薄膜包装内使用水分蒸发抑制剂和防结露剂的方法来调节，以达到延长贮藏期的目的。将聚丙烯酸钠包装在透气性小袋内，与果蔬一起封入塑料薄膜袋内，当袋内湿度降低时，它能放出已捕集的水分以调节湿度，使用量一般为果蔬重量的 0.06%～2%。此保鲜剂适且于葡萄、桃、李、苹果、梨、柑橘等水果和蘑菇、菜花、菠菜、蒜薹、青椒、番茄等蔬菜。

8. 其他常用的保鲜包装材料

保鲜包装材料是在普通包装材料的基础上加入保鲜剂或经特殊加工处理，赋予了保鲜机能的包装材料。目前有保鲜包装纸、保鲜箱或将触媒型乙烯脱除剂充填到造纸原料中或者浸涂在造好的纸上，使其具有保鲜性能。保鲜袋有硅橡胶窗气调袋、防结露薄膜袋、微孔薄膜袋和混入抗菌剂、乙烯脱除剂、脱氧剂、脱臭剂等制成的塑料薄膜袋。

二、减压贮藏

减压贮藏是在冷藏的基础上，将果蔬置于密闭室内，用真空泵从密闭室抽出部分空气，使内部气压降到一定程度，并在贮藏期间保持恒定的低压。减压库示意如图 5-4 所示。

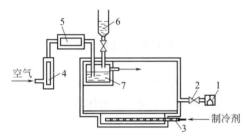

图 5-4　减压库示意
1—真空泵；2—气阀；3—冷却排管；
4—空气流量调节器；5—真空调节器；
6—贮水池；7—水容器

减压贮藏的原理是在真空条件下，空气的各种气体组分分压都相应地迅速下降，当气压降至正常的 1/10 时，空气中的 O_2、CO_2、乙烯等的分压也都降至原来的 1/10。空气各组分的相对比例并未改变，但它们的绝对含量则降为原来的 1/10，O_2 的含量只相当于正常气压下 2.1% 了。果蔬组织内呼吸作用减弱，养分消耗减少，有利于保持原有的品质。

我国在减压贮藏研究领域虽然起步较晚，但进展较快，某些技术更是取得了突破性的进展。但是，减压贮藏技术毕竟是一项新兴技术，不少方面尚须在现有较好基础上组织有关教学、科研、生产等部门的力量共同展开深入的研究。

三、辐射贮藏

随着果蔬贮藏技术和一些处理方法的不断改进和创新，目前国内外对辐射处理、电磁场处理以及原子能在食品保藏上的应用等方面开辟了新的领域和研究途径。

1. 电磁处理

（1）高频磁场处理　将果蔬放在或使之通过电磁线圈的磁场，控制磁场强度和果蔬移动速度，使果蔬受到一定剂量的磁力线切割作用。

（2）高压电场处理　一个电极悬空，一个电极接地（或做成金属板极放在地面），两者间便形成不均匀电场，将果蔬置于电场内，接受间歇的或连续的电场处理。

2. 辐射处理

辐射贮藏技术，主要是利用钴 60（^{60}Co）或铯 137（^{137}Cs）产生的 γ 射线，或由能量在 10MeV 以下的电子加速器产生的电子流。从食品保藏角度来讲，辐射处理就是利用电离辐射起到杀虫、杀菌、防霉、调节生理生化等作用，同时干扰果蔬基础代谢、延缓成熟与衰老。

四、其他贮藏新技术

1. 电子保鲜

电子保鲜是日本科学家在研究电场对水的影响时发现的，将水置于高压电场后，霉菌的生长得到抑制，将此高压电场法用于果蔬等食品也收到同样的效果。如将苹果在 15kV 的电场中处理 5～10min，可使常温下的保鲜期延长许多倍。

2. 强磁场保鲜

强磁场保鲜是一种能耗少，又不需要复杂装置的保鲜法。磁场强度越高，处理时间越长，灭菌效果越好。这种方法用于果蔬贮藏保鲜也有效果。

3. 生物技术

生物技术在果蔬贮藏保鲜上的应用是近年新发展起来的具有发展前途的贮藏保鲜方法，其中生物防治和利用遗传改良在果蔬贮藏保鲜中的应用比较突出。果蔬保鲜上比较成功的例子有：将病原菌的非致病株喷洒到果蔬上，可降低病害发生所引起的果蔬腐烂。将绳状青霉菌喷到菠萝上，其腐烂率大为降低。美国科学家从酵母和细菌中分离出一种能防止果蔬腐烂的菌株，可防止苹果的腐烂。

4. 遗传工程

遗传工程保鲜是通过对基因的操作，控制果蔬后熟，利用 DNA 的重组和操作技术来修饰遗传信息，达到推迟果蔬成熟衰老，延长保鲜期的目的。据报道，日本科学家已找到产生乙烯的基因，如果关闭这种基因，就可减慢乙烯产生的速度，果实的成熟会放慢，这样果蔬在室温下存放期即可延长。

总之，果蔬贮运保鲜将是今后果蔬发展的一个重要环节，随着食品科学的发展和人们饮食观念的转变，一些更新更好的综合保鲜方法将不断涌现并成为主流。

复习思考题

1. 果蔬贮藏的方式有哪些？各有什么特点？
2. 机械冷库和气调冷藏库贮藏管理的技术要点各有哪些？
3. 说明贮藏库常用的消毒剂名称及其使用方法。
4. 冷库常用的隔热材料和防潮材料有哪些？
5. 气调贮藏的原理是什么？

【实验实训一】 果蔬贮藏环境中 O_2 和 CO_2 的测定

一、目的与要求

采后的果蔬仍是一个有生命的活体，在贮藏中不断地进行着呼吸作用，如果 O_2 浓度过低或 CO_2 浓度过高，或者二者比例失调，会危及果蔬正常的生命活动，特别在调节气体贮藏时，要随时测定 O_2 和 CO_2 的含量。通过实验实训，掌握奥氏气体分析仪测定贮藏环境中 O_2 和 CO_2 含量的方法。

二、原理

用奥氏气体分析仪来测定 O_2 和 CO_2 含量的方法是以 NaOH 溶液吸收 CO_2，以焦性没食子酸碱性溶液吸收 O_2，利用吸收后的气体体积变化从而计算出 O_2 和 CO_2 的含量。利用此方法可测定各种果蔬的呼吸系数。

三、实训仪器和药剂

奥氏气体分析仪、30％NaOH 溶液或 KOH 溶液、30％焦性没食子酸和 30％NaOH 的混合液。

奥氏气体分析仪是由一个带有多个磨口活塞的梳形管、一个有刻度的量气筒和几个吸气球管相连接而成，并固定在木架上，如图 5-5 所示。

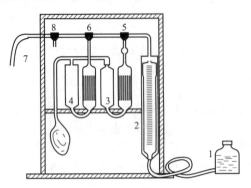

图 5-5 奥氏气体分析仪示意图
1—调节液瓶；2—量气筒；3,4—吸气球管；
5,6,8—磨口活塞；7—吸气管

（1）梳形管 梳形管是带有几个磨口活塞的梳形连通管，其右端与量气筒 2 连接，左端为取气孔，套上胶管即与欲测气样相连。磨口活塞 5、6 各连接一个吸气球管，它控制着气样进吸气球管。活塞 8 起调节进气或排气关闭的作用，梳形管在仪器中起着连接枢纽的作用。

（2）吸气球管 吸气球管 3、4 分甲乙两部分，两者底部由一小的 U 形玻璃连通，甲、乙管管内装有许多小玻璃管，以增大吸收剂与气样的接触面，甲、乙管管顶端与梳形管上的磨口活塞相连。吸气球管内装有吸收剂，为吸收测定气样用。

（3）量气筒 量气筒 2 为一有刻度的圆管，底口通过胶管与调节液瓶 1 相连，用来测量气样体积。刻度管固定在一圆形套筒内，套筒上下应密封并装满水，以保证量气筒的温度稳定。

（4）调节液瓶 调节液瓶是一个下口玻璃瓶，开口处用胶管与量气筒底部相连，瓶内装蒸馏水，由于它的提高与降低，造成瓶中的水位变动而形成不同的水压，使气样被吸入或排出或被压进吸气球管使气样与吸收剂反应。

（5）磨口三通活塞 磨口三通活塞带有丁字形通孔，转动活塞 5、6 改变丁字形通孔的位置呈"⊥"状，"⊦"状，"⊣"状，起着取气、排气或关闭的作用。活塞 5、6 的通气孔一般呈"⊥"状，它切断气体与吸气球管的接触。改变活塞 5、6 通孔呈"⊦"状，使气体先后进出吸气球管洗涤 O_2 和 CO_2 气体。

四、方法与步骤

1. 清洗与调整

将仪器所有玻璃部分洗净，磨口活塞涂凡士林，并按图 5-5 装配好。

2. 在各吸气球管中注入吸收剂

管 3 注入 30% 的 NaOH（或 KOH）溶液（以 KOH 为好，因 NaOH 与 CO_2 作用生成的沉淀较多时会堵塞通道）作吸收 CO_2 用。管 4 装入浓度 30% 的焦性没食子酸和等量的 30%NaOH 或 KOH 的混合液，作吸收 O_2 用，吸收剂要求达到球管口。在液瓶 1 和保温套筒中装入蒸馏水。最后将吸气孔接上待测气样。将所有的磨口活塞 5、6、8 关闭，使吸气球管与梳形管不通。转动 8 呈"⊦"状并高举 1，排出 2 中空气。以后转 8 呈"⊣"状，打开活塞 5 降下 1，此时 3 中的吸收剂上升，升到管口顶部时立即关闭 5，使液面停止在刻度线上，然后打开活塞 6 同样使吸收液面到达刻度线上。

3. 洗气

右手举起 1，同时用左手将 8 调至"⊦"状，尽量排出 2 中空气，使水面达到刻度 100 时为止，迅速转动 8 呈"⊥"状，同时放下 1 吸进气样，待水面降至 2 底部时立即转动 8 回到"⊦"状。再举起 1，将吸进的气样再排出，如此操作 2～3 次，目的是用气样冲洗仪器内原有的空气，使进入 2 内的样品保证纯度。

4. 取样

洗气后转 8 呈"⊥"状并降低 1，使液面准确达到零位，并将 1 移近 2，要求 1、2 两液面在同一水平线上并在刻度零处。然后 8 转至"⊣"状，封闭所有通道，再举起 1 观察 2 的液面，如果液面不断上升则表明漏气，要检查各连接处及磨口活塞，堵漏后重新取样，若液面在稍有上升后停在一定位置上不再上升，证明不漏气，可以开始测定。

5. 测定

转动 5 接通 3 管，举起 1 把样尽量压入 3 中，再降下 1 重新将气样抽回到 2，这样上下举动 1 使气样与吸收剂充分接触，4～5 次后降下 1，待吸收剂上升到的 3 原来刻度线时，立即关闭 5 把 1 移近 2，在两液面平衡时读数，记录后，重新打开 5，上下举动 1 如上操作，再进行第二次读数，若两次读数相同即表明吸收完全，否则重新打开 5 再举动 1，直到读数相同为止，以上测定结果为 CO_2 含量，再转动 6 接通 4 管，用上述方法测出 O_2 含量。

五、结果计算

$$CO_2 \text{ 含量} = \frac{V_1 - V_2}{V_1} \times 100\%$$

$$O_2 \text{ 含量} = 100 \frac{V_2 - V_3}{V_1} \times 100\%$$

式中，V_1 为量气筒初始体积，ml；V_2 为测定 CO_2 残留气体体积，ml；V_3 为测定 O_2 残留气体体积，ml。

六、注意事项

① 举起 1 时 2 内液面不得超过刻度 100 处，否则蒸馏水会流入梳形管，甚至到吸气球管内，不但影响测定的准确性，还会冲淡吸收剂造成误差，液面也不能过低，应以 3 中吸收剂不超过为 5 准，否则，吸收剂流入梳形管时，要重新洗涤仪器才能使用。

② 举起 1 时动作不宜太快，以免气样因受压过大而冲过吸收剂从 U 形管逸出，一旦发生这种现象，要重新测定。

③ 先测 CO_2，后测 O_2。

④ 焦性没食子酸的碱性液在 15～20℃ 时吸 O_2 效能最大，吸收效果随温度下降而减弱，0℃ 时几乎完全丧失吸收能力。因此，测定时，室温一定要在 15℃ 以上。

⑤ 吸收剂的浓度按百分比浓度配制，多次举 1 读数不相等时，说明吸收剂的吸收能力减弱，需要重新配制吸收剂。

七、实训思考

对测定的结果进行认真分析并提出合理化建议。

【实验实训二】 当地主要果蔬农产品贮藏库种类、贮藏方法、贮藏量和贮藏效益的调查

一、目的与要求

通过实验实训，了解当地主要果蔬贮藏库种类、贮藏方法、贮藏量、管理技术和贮藏效益。

二、实训用具

笔记本、笔、尺子、温度计等。

三、调查要点

1. 贮藏库的布局与结构

库的排列与库间距离；工作间与走廊的布置及其面积；库房的容积。

2. 建筑材料

隔热材料（库顶、地面、四周墙）的厚度。防潮隔热层的处理（材料、处理方法和部位）。

3. 设施

制冷系统：冷冻机的型号和规格、制冷剂、制冷量、制冷方式（风机和排管）。制冷次数和每次时间：冲霜方法、次数。气调系统：库房气密材料、方式。密封门的处理：降氧机型号、性能、工作原理；氧气、二氧化碳和乙烯气体的调整和处理。温湿度控制系统：仪表的型号和性能及其自动化程度。其他设备：照明、加湿、及其覆盖、防火用具等。

4. 贮藏和管理的经验

① 对原料的要求。种类、产品、产地；质量要求（收获期、成熟度、等级）；产品的包装用具和包装方法。

② 管理措施。库房的清洁和消毒；入库前的处理（预冷、挑选、分级）；入库后的堆码方式（方向、高度、距离、形式、堆的大小、衬垫物等）；贮藏数量占库容积的百分数；如何控制温度、湿度、气体成分、检查制度以及特殊的经验；出库的时间和方法。

5. 经济效益分析

贮藏量、进价、贮藏时期、销售价、毛利、纯利。

6. 分析存在的问题和不足，提出合理化的建议，并写出调查报告。

第六章　常见果蔬贮藏技术

【学习目标】

通过学习，理解主要果蔬品种的贮藏特性、贮藏条件、适宜的贮藏方式、贮藏病害及其控制措施；重点掌握当地主要果蔬的贮藏技术，并能将其应用于生产实践。

我国幅员辽阔，果蔬种类繁多，生长发育特性各异。搞好果蔬的贮藏保鲜，必须根据不同原料的生理特性及其对贮藏环境的要求，选择适宜贮藏的品种，并进行良好的栽培管理，适时采收，在此基础上，要尽量创造一个相对适应的贮藏环境，尽可能保持果蔬的新鲜品质、增加其耐藏性、延长贮期。本章主要介绍我国主要果蔬种类的贮藏特性、实用有效的贮藏方法和技术措施、贮藏中存在的主要问题以及某些新技术的应用等。

第一节　果品的贮藏

一、仁果类

苹果和梨是我国北方栽培的主要仁果类果品，其分布广泛、产量高，搞好苹果和梨的贮运保鲜，对保证果品市场需求、出口创汇以及苹果和梨产业的持续稳定发展，具有重要意义。

1. 贮藏特性

苹果耐藏性较好，但不同品种耐藏性差异较大。早熟品种（7、8月份成熟）如黄魁、红魁、早金冠等，采收早，果实糖分积累少，质地疏松，采后呼吸旺盛、内源乙烯发生量大，因而后熟衰老变化快，不耐贮藏。红星、金冠、华冠、元帅、乔纳金等中熟品种（8、9月份成熟）生育期适中，贮藏性优于早熟品种，冷藏条件下，可贮至翌年3～4月份。红富士、国光、印度、秦冠等晚熟品种（10月份以后成熟）生育期长，果实糖分积累多，呼吸水平低、乙烯发生晚且水平较低，耐藏性好。采用冷藏或气调贮藏，贮期可达8～9个月，故用于长期贮藏的苹果必须选用晚熟品种。

梨的品种很多，耐藏性差异较大。从梨的系统划分，可分为白梨、砂梨、秋子梨和西洋梨四大梨系统。白梨系统梨果肉脆嫩多汁，耐藏性好，如河北昌黎的蜜梨、山东黄县的长把梨、山西宁武县的油梨和黄梨、新疆的库尔勒香梨、吉林的苹果梨等，都是品质好又耐贮的品种，可贮至翌年3～7月份。秋子梨系统中除南果梨、京白梨较耐贮外，多数品种石细胞多，品质差，不耐贮藏。砂梨系统中的黄金梨、新高梨、20世纪等品种较耐贮。西洋梨系统的巴梨、康德梨等采后因肉质极易软化而不耐藏。

2. 采收处理及病害控制

（1）采收处理　采收期对苹果、梨的贮藏寿命影响很大，苹果、梨属于呼吸跃变型果实，故贮藏的苹果、梨必须适时采收。如早熟品种不能长期贮藏，只可作为当时食用或者短期贮藏，可适当晚采；晚熟品种可长期贮藏后陆续上市，故应适当早采。一般来说，晚采可以增加果重和干物质含量，但贮藏中的腐烂率显著增加；采收过早，果实中的干物质积累少，不但不耐贮藏，而且自然损耗较大。

苹果、梨的采后处理措施主要有分级、包装和预冷。

① 分级、包装。采收后，集中在包装场所进行处理，分级时必须严格剔除伤果、病果、畸形果及其他不符合要求的果实，将符合贮藏要求的果实用一定规格的纸箱、木箱或塑料箱包装，其中以瓦楞纸箱包装在生产中应用最普遍。

② 预冷。预冷是提高苹果、梨贮藏效果的重要措施，国外冷库一般都配有专用的预冷间，而国内一般将分级包装好的果品放入冷藏间，采用强制通风冷却，迅速将果温降至接近贮藏温度后再堆码存放。

（2）采后病害及控制

① 苹果苦痘病。苦痘病是苹果贮藏初期易发生的一种皮下斑点病害。最初的浅层果肉发生褐变，外表不易识别。之后果面出现圆斑，绿色品种圆斑呈深绿色，红色品种呈暗红色，圆斑周围有黄绿色或深红色晕圈。斑下果肉坏死干缩，深及果肉 2～3mm。病斑常以皮孔为中心，直径 3～5mm，后扩大至 1cm，坏死组织有苦味。

防治措施：苦痘病发病与果实含钙量及氮钙比关系密切，采前喷 0.5％氯化钙或 0.8％硝酸钙，采后用 3％～5％氯化钙真空浸钙，均可防止苹果苦痘病。

② 虎皮病。又名褐烫病，是苹果贮藏后期易发生的生理病害。病果呈规则褐色或暗褐色，微凹陷，果皮下仅 6～7 层细胞变褐，故病斑不深入果肉。发病严重时果肉发绵，稍带酒味，病皮易撕下，病果易腐烂。

防治措施：适期采收，防止贮藏后期温度升高，并注意通风，减少氧化产物积累；采用气调贮藏；化学药剂处理，用含有 2mg 二苯胺（DPA）或 2mg 乙氧基喹包果纸包果，或用二苯胺溶液浸果，或用浓度为 0.25％～0.35％的乙氧基喹液浸果，均可有效地防治虎皮病。

③ 鸭梨黑皮病。黑皮病是鸭梨、酥梨在贮藏后期易发生的生理病害，在 2、3 月份发病率较高。发病严重的果实，50％～90％果面呈黑褐色，病斑连接成片状，不仅影响果实外观，且严重降低商品质量。鸭梨黑皮病发病机理与苹果虎皮病类似，贮藏温度过高或过低，二氧化碳偏高，采摘过早，采前灌水或果实受雨淋，均会加重黑皮病的发生。

防治措施：适期采收，控制贮藏环境中二氧化碳浓度，增大库房通风量；维持适宜的贮藏温度，均有较好的防治效果。

④ 黑心病。鸭梨、香梨、莱阳梨、雪花梨和长把梨等贮藏过程中均有黑心病发生，以鸭梨最为严重。黑心病可分为早期黑心（入库后 30～50 天）和后期黑心（翌年 3～4 月份）两种。早期黑心病症状是果肉为白色，果心及其周围出现褐色斑块，目前认为是由于降温过快引起的。后期黑心病症状是果心及周围果肉变为褐色，果肉组织疏松，果皮色泽暗淡，严重时有酒味，一般认为是果实衰老引起的症状。

防治措施：适期采收，冷藏条件下采取缓慢降温、脱除二氧化碳是控制前期黑心病的有效措施；根据品种掌握适当贮藏期限，控制稳定库温，可减轻后期黑心病发生。

⑤ 低温伤害。苹果、梨贮藏中低温伤害较轻的果实，外观不易察觉，严重时果面出现烫伤褐变，果皮凹陷，果心及其周围的果肉褐变。

防治措施：对低温敏感的品种，冷藏时可缓慢降温，也可进行短期升温处理。贮藏中高浓度二氧化碳和高湿度均可加重低温伤害。

⑥ 气体伤害。气体伤害是苹果、梨在气调贮藏中常见的生理性病害。二氧化碳伤害的发生及发生的部位与苹果、梨的品种、贮藏环境的气体成分等有关。如红星苹果在氧气 2％～4％、二氧化碳 16％～20％的条件下只发生果心伤害；而在氧气 6％～8％、二氧化碳 16％～18％的条件下则果肉果皮均发生褐变。鸭梨在二氧化碳 0.6％、氧气 7％环境中贮藏 50 天后，出现果心褐变；当环境中无二氧化碳，氧气降至 5％时，果心组织出现褐变。

苹果和梨的二氧化碳伤害与氧浓度也有关。一般氧气浓度降低，会加重二氧化碳伤害；在低温条件下，随着二氧化碳在细胞液中溶解度增大，伤害相应加重。

防治措施：贮藏过程中，应经常检测环境中二氧化碳、氧气含量及果实品质的变化，防止伤害发生。

⑦ 侵染性病害。苹果、梨的侵染性病害主要有轮纹病、青霉病、炭疽病、褐腐病、红腐病等。这些病害主要是在果园生长期或采收处理、运输过程中感染，在贮藏中遇适宜条件，就大量发病。

防治措施：应加强采前果园的病虫害综合防治；减少采后各环节中机械伤产生；果实采后用 0.1％～0.25％噻苯咪唑或 0.05％～0.1％托布津、多菌灵浸果，可防治青霉病和炭疽病的发生。也可用 100～200mg/L 仲丁胺防治青霉病和轮纹病。控制适宜低温，采用高二氧化碳、低氧气含量，抑制病菌发展，减少腐烂损失。

3. 贮藏条件及方法

（1）贮藏条件 适宜的贮藏环境条件会明显延缓果品的衰老。

① 温度。适宜的低温可有效地抑制苹果和梨的呼吸作用，延缓后熟衰老并抑制微生物的活动。多数苹果品种的贮藏适温为 $-1～0℃$，如果贮藏温度过低，则易引起果实冷害或冻害，尤其对于一些早熟品种如旭等，其适宜的贮藏温度为 2～4℃。

中国梨的适宜贮温为 0℃，大多数西洋梨品种为 $-1℃$。梨贮藏期的长短也受品种的影响，康佛仑梨在 1℃ 可贮 12 周，0℃ 可贮 18 周，在 $-1℃$ 可贮 24 周。巴梨在 $-1℃$ 可贮藏 2.5～3 个月，而安久梨可贮 4～6 个月，冬香梨可贮 6～7 个月。

② 相对湿度。苹果贮藏的相对湿度以 85％～95％为宜，当果实失水率达到 5％～7％，果皮易皱缩，影响外观，但贮藏湿度过大，同样加速苹果衰老和腐烂。利用自然低温贮藏苹果时，常发现贮藏窖内湿度过大，增加了真菌病害的发生，使腐烂损失加重。

梨皮薄且多汁，很易失水皱皮，较高的相对湿度，可以有效地阻止梨的水分蒸发散失，降低自然损耗，故梨贮藏的适宜相对湿度为 90％～95％。

③ 气体成分。调节贮藏环境中的气体成分，适当降低空气中氧气含量，可有效地抑制苹果的呼吸代谢，减少一些生理病害如虎皮病的发生，延长果实贮藏寿命。低浓度氧气可抑制果实乙烯生成，从而抑制苹果的成熟过程。在降低氧气含量的同时，增加一定浓度的二氧化碳，贮藏效果更明显，二氧化碳浓度一般不超过 2％～3％，否则易产生二氧化碳伤害。当然不同苹果品种对气体成分要求不同，须通过试验和生产实践来确定。

一般苹果贮藏的气体组分为：氧气浓度 2％～5％，二氧化碳浓度 3％～5％。梨的品种不同，气体组成差异较大：鸭梨为氧气浓度 10％，二氧化碳浓度小于 1％；西洋梨的早、中熟品种为氧气浓度 2％，二氧化碳浓度 1％～3％，晚熟品种氧气浓度 2％～3％，二氧化碳浓度小于 1％。

（2）贮藏方法

① 沟藏。山东烟台地区广泛用于贮藏晚熟苹果的一种简易方式。在果园地势高燥、地下水位在 1m 以下的地方，沿东西向挖宽 1～1.5m、深 1m、长度根据容量而定的沟。贮藏前，将沟底整平，并铺上约 3～7cm 厚的细沙，干燥时可洒水增湿。沟内每隔 1m 砌一个 30cm 见方的砖垛，上套蒲包以防伤果，也可供检查苹果时立足。入贮前地沟应充分预冷。在 10 月下旬至 11 月上旬，将经预贮并挑选好的苹果入沟。果实分段堆放，厚度约 60～80cm，每隔 3～5m，竖立一通风口。随气温下降，分次加厚覆盖层。为防止雨雪进入沟中，可用玉米秸秆搭成屋脊形棚盖、门、窗、气眼，以调节沟内温度。

② 通风贮藏库贮藏。通风贮藏库是苹果产地和销地应用较广泛的贮藏场所。苹果采收后待库温降至 10℃ 时，挑选无伤果装箱、装筐后入库。果筐（箱）在库内的堆码方式以花垛形式为好。垛底垫枕木或木板，果垛与墙壁间应留间隙和通道，以利通风和操作管理。通风库的管理主要是调节库内的温度和湿度。一般需在库内有代表性的部位放置干湿球温度计，由专人负责检查记录，作为调控库内温、湿度的参考。

③ 冷藏库贮藏。降温后产品应及时入库。在产品入库前对贮藏库进行整理、清扫，并进行消毒处理。消毒方法：通常 100m³ 空间用 1～1.5kg 硫黄，拌锯末点燃并密闭门窗熏蒸 48h，然

后通风，或用福尔马林 1 份加水 40 份，配成消毒液，喷洒地面及墙壁，密闭 24h 后通风，也可用漂白粉溶液喷洒处理。果品入库摆放时要注意以下三点：一要利于库内的通风，通风不好会造成库温不均，影响贮藏效果；二要便于管理，利于人员的出入和对产品的检查；三要注意产品的摆放高度，防止上下层之间的挤压，以免造成损失。同时，不同品种的苹果、梨要分库存放，有利于贮藏管理和防止产品之间的串味。

贮藏期间要经常进行产品检查，有问题及时处理。产品出库前将库温升至室温，防止果实表面结露，而利于微生物侵入造成危害。

④ 气调贮藏。苹果是应用气调贮藏最早和最普遍的水果。气调贮藏的苹果出库后基本上保持了原有品种的色泽、硬度和风味，同时还抑制了红玉斑点病、虎皮病等生理病害的发生，使货架期明显延长。

气调贮藏主要采用气调库贮藏和机械冷库内加塑料薄膜大帐（或袋）贮藏两种方式。

a. 气调库贮藏。气调库具有制冷、调控气体组成、调控气压、测控温、湿等设施，管理方便，容易达到贮藏要求的条件，是商业大规模贮藏苹果、梨的最佳方式。其贮藏时间长，效果好，但设备造价成本高，操作管理技术比较复杂，在苹果、梨贮藏上应用不广泛。对于大多数苹果品种而言，控制氧气浓度为 2%～5% 和二氧化碳浓度为 3%～5% 比较适宜，但富士系苹果对二氧化碳比较敏感，目前认为该品系贮藏的气体成分为氧气 2%～3% 和二氧化碳 2% 以下。

苹果气调贮藏的温度可比一般冷藏高 0.5～1℃，对二氧化碳敏感的品种，贮温还可再高些，因为提高温度既可减轻二氧化碳伤害，又对易受低温伤害的品种减轻冷害有利。

b. 塑料薄膜大帐贮藏。也称限气（MA）贮藏。在冷库内用塑料薄膜帐贮藏，薄膜帐由五个面的帐顶及一块大于底面积的帐底塑料组成。帐顶设有充气、抽气和取样袖口。安装后形成一个简易的气密室，采用 0.1～0.2mm 厚的聚乙烯塑料黏合成大帐，容量根据贮藏量而定。

帐内的调气方式分为快速降氧和自发气调两种。快速降氧法是用抽气机将帐内气体抽出一部分，使帐子紧贴在果筐（箱）上，然后用制氮机通过充气口向帐内充氮气，使帐子鼓起，反复几次，使帐内氧气降低。贮藏期间每天要对帐内气体进行测定并进行调整。氧气浓度过低时向帐内补充空气，二氧化碳浓度过高时及时吸收排除。目前多用消石灰吸收二氧化碳，用量为每 100kg 苹果、梨用 0.5～1kg 消石灰。

塑料大帐内因湿度高而经常在帐壁上出现凝水现象，凝水滴落在果实上易引起腐烂病害。凝水产生的主要原因是果实在罩帐前散热降温不彻底，贮藏中环境温度波动过大。因此，减少帐内凝水的关键是果实在罩帐前要充分冷却和保持库内稳定的低温。

二、核果类

桃和李属核果类果实，色鲜味美，肉质细腻，营养丰富，深受消费者欢迎，但桃和李果实成熟期正值一年中气温较高的季节，果实采后呼吸旺盛，同时果实皮薄、肉软、汁多，贮运易受机械损伤，低温贮藏易发生褐心，高温易腐烂，故不耐长期贮藏。

1. 贮藏特性

桃、李品种间耐藏性差异较大，一般晚熟品种比早、中熟品种耐藏。如水蜜桃、五月鲜桃一般不耐藏，而硬肉桃中的晚熟品种，如山东青州蜜桃、肥城桃、中华寿桃、陕西冬桃、河北的晚熟桃等均有较好的耐藏性。离核品种、软溶质品种等耐藏性较差。李的耐藏性与桃相似，黑龙江的牛心李、河北冰糖李的耐藏性均较好。

桃、李属呼吸跃变型果实，呼吸强度是苹果的 3～4 倍，果实乙烯释放量大，果实变软败坏迅速，这是桃、李不耐贮藏的重要生理原因。低温、低氧气和高二氧化碳都可以减少乙烯的生成量，抑制乙烯作用，从而延长贮藏寿命。

2. 采收处理及病害控制

（1）采收处理　桃、李的采收成熟度对耐藏性有很大影响。采摘过早，果实成熟后风味差且易受冷害；采收过晚，果实过软易受机械损伤，不耐贮运。用于贮运的桃应在果实充分肥大，呈现固有色泽，略具香气，肉质尚紧密，八成熟时采收。李应在果皮由绿转为该品种特有颜色，表面有一薄层果粉，果肉仍较硬时采收，采收时应带果柄，减少病菌入侵机会。果实成熟不一致时，应分批采收。适时无伤采收，是延长桃、李贮藏寿命的关键措施。

桃、李采收时气温高，果实新陈代谢旺盛，采后要迅速选果、分级、包装和预冷，否则果实很快后熟软化，品质和耐藏性均下降。目前常采用鼓风冷却法和冰水冷却法，鼓风冷却是用鼓风机将−1℃的冷空气吹过果箱而使果实降温，此法易导致果实失水萎蔫；冰水冷却是直接用冰水浸果，或用冰水配防腐药剂预冷，此法可以减少果实萎蔫失水，效果较好。

（2）采后病害及控制

① 褐腐病。多在田间侵染果实，贮期可蔓延侵染其他果实。果实受害后，初期在果面产生褐色水渍状圆形病斑，24h内危害果肉变成褐色和黑色，在15℃以上时病斑增大较快，腐坏处常深达果核，数日内便使全果褐变软腐，长出灰白色、灰色、黄褐色绒状霉层，最后病果完全腐烂不能食用，失水后变僵果。

防治措施：加强采前田间病害防治及盛装容器等用具的消毒；尽量减少在采收、分级、包装和贮运等一系列操作中机械伤的发生；采前用1000mg/L多菌灵或750mg/L速克灵、65％代森锌500～600倍液、70％的托布津800～1000倍液等药剂进行喷果处理；采后用50％扑海因1000～2000倍液、900～1200mg/L氯硝胺、0.5％邻苯酚钠、1000mg/L特克多浸果；快速预冷，将采后果实温度尽快降到4.5℃以下，能有效地抑制褐腐病的发展。

② 生理病害。桃、李对温度较敏感，桃在0℃仅能贮藏2～4周，在5℃只能贮藏1～2周。在低温下延长桃的贮期，则易发生低温伤害，表现为近果核处果肉变褐、变糠、木渣化、风味变淡、桃核开裂。

控制低温冷害的措施：冷藏中定期升温，果实在−0.5～1℃下贮藏15天，然后升温至0℃贮2天，再转入低温贮藏，如此反复；低温气调结合间隙升温处理，将桃在0℃气调贮藏，每隔3周将其升温到20℃空气中2天，然后恢复到0℃；9周后出库，在18～20℃放置熟化。采用此法，桃的贮藏寿命比一般冷藏延长2～3倍，果实褐变程度低。

桃、李果实对二氧化碳很敏感，当二氧化碳浓度高于5％时，易发生伤害。症状为果皮出现褐斑、溃烂，果肉及维管束褐变，果实汁液少、生硬、风味异常，因此在贮藏过程中要注意保持适宜的气体指标。

3. 贮藏条件及方法

（1）贮藏条件

① 温度。多数桃、李品种的贮藏适温为0～1℃，但桃又对低温特别敏感，0℃贮藏3～4周后易发生冷害。

② 相对湿度。相对湿度以90％～95％为宜。

③ 气体成分。桃在氧气浓度为1％～3％，二氧化碳浓度为4％～5％的气调条件下，贮期可达6～9周，但其气调贮藏目前尚处研究阶段。李进行气调贮藏的适宜条件是氧气浓度为3％～5％，二氧化碳浓度为5％，李对二氧化碳较敏感，长期高二氧化碳贮藏易引起果顶开裂。

（2）贮藏方法

① 常温贮藏。桃不宜采取常温贮藏方式，但由于运输和货架保鲜的需要，采用一定的措施尽量延长桃的常温保鲜寿命还是必要的。

a. 钙处理。将桃果用0.2％～1.5％的氯化钙溶液浸泡2min或真空浸泡数分钟，沥干后放于室内，对中、晚熟品种可提高耐贮性。钙处理是桃保鲜中简便有效的方法，但是不同品种宜采用的氯化钙浓度应慎重筛选，浓度过小无效，浓度过大易引起果实伤害，表现为果实表面逐渐出现不规则褐斑，整果不能正常软化，风味变苦。资料报道，大久保用1.5％，早香玉用0.3％的氯化钙溶液浸泡较适宜。

b. 薄膜包装。一用 0.02～0.03mm 厚的聚乙烯袋单果包装，也可与钙处理联合使用效果更好。

② 机械冷藏。冷库贮藏桃、李的关键是控制好冷藏库的温度和相对湿度，在 0℃、相对湿度 90％的条件下，桃可贮藏 15～30 天。果实入库前，冷库地面和墙壁要用石灰水消毒，并用 SO_2 或甲醛进行空气消毒。桃在入库前在 21～24℃放置 2～3 天，再入库冷藏；此外，桃、李在入库冷藏 14～15 天后移入 18～20℃环境中处理 2 天，再转入冷库贮藏，如此反复，直至贮藏结束，此法贮藏效果较好。

贮藏期间要加强通风管理，排除果实产生的乙烯等有害气体。入库初期的 1～2 周内，每隔 2～3 天通风一次，每次 30～40min。后期通风换气的次数和时间可适当减少。每隔 15～20 天检查一次，发现软果、烂果及时剔除，以免影响整库的贮藏效果。

果实在出库时，应逐渐提高贮藏温度，以免果实表面凝结水汽而引起病原菌侵染。经冷藏的桃、李，在销售和加工前须将果实转入较高的温度下进行后熟。桃的后熟温度一般为 18～23℃，李的大多数品种为 18～19℃，后熟要求迅速，时间过长易使果实的风味发生变化。

杏的贮藏管理及病害防治同桃、李。

三、浆果类

葡萄和猕猴桃是我国浆果类果树的主栽树种，由于贮运保鲜业较落后，基本上是季产季销，地产地销，从而导致价格低、果难卖的现象，因此加强浆果类果品贮运保鲜技术的研究是推动葡萄和猕猴桃产业发展的关键。

（一）葡萄的贮藏

葡萄是世界四大果品之一，我国主产区在长江流域以北，是国内浆果类中栽植面积最大、产量最高、特别受消费者喜爱的一种果品。随着人们生活水平的提高，鲜食葡萄的需求量增长很快，因此，贮藏保鲜是解决鲜食葡萄供应的主要途径。

1. 贮藏特性

葡萄栽培品种多，耐藏性差异较大。一般来说，晚熟品种较耐贮藏，中熟品种次之，早熟品种不耐贮藏，另外，深色品种耐藏性强于浅色品种。晚熟、果皮厚、果肉致密、果面富集蜡质、穗轴木质化程度高、糖酸含量高等性状是耐贮运品种所应具有的性状，如龙眼、玫瑰香、红宝石、黑龙江的美洲红等品种耐藏性均较好。近年我国从美国引种的红地球（商品名叫美国红提）、秋红（又称圣诞玫瑰）、秋黑等品种已显露出较好的耐贮性和经济性状；果粒大，抗病强的巨峰、先锋、京优等耐藏性中等；无核白、新疆的木纳格等，贮运中果皮极易擦伤褐变，果柄易断裂，穗粒易脱落，耐藏性较差。

葡萄属于非跃变型果实，无后熟变化，应该在充分成熟时采收。在条件允许的情况下，采收期应尽量延迟，以求获得质量好、耐贮藏的果实。

2. 采收及采后药剂处理

葡萄采收宜在天气晴朗、气温较低的清晨或傍晚进行。采摘时，用剪刀剪下果穗，剔除病粒、破粒，剪去穗尖。如果挂贮，可在穗轴两侧各留 3～4cm 长的新梢以便吊挂。采收后应按质量分级，然后将果穗平放于内衬有包装纸的筐或箱中，果穗间空隙越小越好。尽快预冷或运往冷库。

为防止葡萄贮藏中的灰霉病、黑霉病等的发生，在葡萄贮藏保鲜中普遍进行药剂处理，SO_2 对葡萄常见的真菌病害如灰霉病有较强的抑制作用，同时可降低葡萄的呼吸率，生产上应用较多的是亚硫酸氢钠、焦亚硫酸钠等盐类。将药剂与硅胶混合，使之缓慢释放 SO_2，以达到防腐保鲜的目的。硅胶的作用是吸收周围的水分，避免亚硫酸盐迅速吸水而集中释放 SO_2，造成药包附近 SO_2 浓度过高，产生药害。配制时先将亚硫酸盐和硅胶研碎，以亚硫酸盐：硅胶＝1∶（0.5～2）的比例混合后包成小包，每包 4～6g，按葡萄重量 0.3％的比例将亚硫酸盐药包放入袋内，放入保鲜剂后，及时扎袋。

应用 SO_2 处理防止葡萄腐烂时要注意葡萄品种和成熟度的不同，对 SO_2 耐受能力有差异。熏硫时葡萄所处环境中的 SO_2 浓度达到 $10\sim20mg/m^3$ 视为适合。

3. 贮藏病害及控制

(1) 葡萄灰霉病　是贮藏后期的主要病害，病原菌是灰绿色葡萄孢属灰葡萄孢。果粒果梗在贮藏期间易受感染，病斑早期为圆形，凹陷状，色浅褐或黄褐，蓝色葡萄上颜色变异小，感病部位润湿，会长有灰白色菌丝。烂果通过接触传染，密集短枝的果穗尤其严重。

防治措施：采前用多菌灵、波尔多液等杀菌喷果，采收应选择晴天，贮藏过程中定期用 SO_2 熏蒸，低温贮藏等。

(2) 葡萄 SO_2 中毒　是葡萄贮藏中常见的生理病害，主要原因是在葡萄贮藏中 SO_2 熏蒸浓度不当，中毒葡萄粒上产生许多黄白色凹陷的小斑，与健康组织的界限清晰，通常发生于蒂部，严重时一穗上大多数果粒局部成片退色，甚至整粒果实呈黄白色，最终被害果实失水皱缩，但穗茎则能较长时期保持绿色。

防治措施：在贮藏过程中，严格控制 SO_2 的使用量，并注意通风。

4. 贮藏条件

(1) 温度　多数葡萄品种适宜的贮藏温度是 $-1\sim1℃$，保持稳定的温度是葡萄保鲜的关键环节。

(2) 湿度　多数葡萄品种贮藏的适宜相对湿度是 $90\%\sim95\%$，保持适宜湿度，是防止葡萄失水干缩和脱粒枯梗的关键。

(3) 气体成分　在一定的低 O_2 浓度和高 CO_2 浓度条件下，可有效地降低葡萄果实的呼吸水平，抑制果胶质和叶绿素的降解，延缓果实的衰老，对抑制微生物病害也有一定作用，可减少贮藏中的腐烂损失。有关葡萄贮藏的气体指标很多，尤其是 CO_2 指标的高低差异比较悬殊，这与品种、产地以及试验的条件和方法等有关。一般认为 O_2 浓度 $3\%\sim5\%$ 和 CO_2 浓度 $1\%\sim3\%$ 的组合，对于大多数葡萄品种具有良好的贮藏效果。

5. 贮藏方法

传统贮藏葡萄的方式很多，如窖藏、通风库贮藏等，目前主要采用机械冷藏法。果实采后必须立即预冷，不经预冷就放入保鲜剂封袋，袋内将出现结露使箱底积水，故将葡萄装入内衬有 0.05mm 聚乙烯袋的箱中，入库后应敞口预冷，待果温降至 0℃ 左右，放入保鲜剂后封口贮藏。

在葡萄贮藏过程中主要是控制贮藏温度在 $-1\sim1℃$ 范围内，并保持稳定。若库温波动过大，会造成袋内结露，引起葡萄腐烂，同时要保持库内温度均衡一致，注意堆垛与库顶的距离，采用强制循环制冷方式。在送风口附近的葡萄要防止受冻，要经常检查，一般情况下不开袋，发现葡萄果梗干枯、变褐、果粒腐烂或有较重的药害时，要及时处理和销售。

(二) 猕猴桃的贮藏

猕猴桃是原产于我国的一种藤本果树，被誉为"果中珍品"。猕猴桃外表粗糙多毛，颜色青褐，其风味独特，营养丰富，果肉含维生素 C $100\sim420mg/100g$，是其他水果的几倍至数十倍。

1. 贮藏特性

猕猴桃种类很多，以中华猕猴桃分布最广、经济价值最高。中华猕猴桃包括很多品种，各品种的商品性状、成熟期及耐藏性差异甚大，早熟品种 9 月初即可采摘，中、晚熟品种的采摘期在 9 月下旬至 10 月下旬。从耐藏性来看，一般的晚熟硬毛品种耐藏性较强，明显优于早、中熟品种。大部分软毛品种耐藏性较差。秦美、亚特、海沃德等是商品性状好、比较耐藏的品种，在最佳条件下能贮藏 $5\sim7$ 个月。

猕猴桃属典型的呼吸跃变型浆果，有明显的生理后熟过程，采后必须经过后熟软化才能食用。猕猴桃又是一种对乙烯非常敏感的特殊浆果，常温下即使有微量的乙烯存在，也足以提高其呼吸水平，加速呼吸跃变进程，促进果实的成熟软化。

2. 采收及采后处理

适时采收是猕猴桃优质高产与贮藏保鲜的关键，猕猴桃的采收时期因品种、生长环境等有所不同。生产上一般以果实可溶性固形物含量为标准准确判断猕猴桃的采摘期，用于长期贮藏的果实，以可溶性固形物 6.5％～8.0％采收为宜。用于即食、鲜销或加工果汁的猕猴桃，可溶性固形物含量达到 10％左右采收比较合理。

3. 贮藏病害及控制

蒂腐病是猕猴桃贮藏中的主要病害。受害果起初在果蒂处出现明显水渍状，然后病斑均匀向下扩展，切开病果，果蒂处无腐烂，腐烂在果肉向下扩展蔓延，但果顶一般保持完好。腐烂的果肉为水渍状，略有透明感，有酒味，稍有变色。随着病害的发展，病部长出一层白色霉菌，病果外部的霉菌常常向邻近果实扩展。

防治措施：做好田间防治工作，减少菌源；采果前 20 天左右用 65％代森锌 600 倍液或扑海因 1000 倍液喷雾处理；采果 24h 内及时用京-2B 膜剂 20 倍液加 500mg/L 多菌灵或托布津进行防腐保鲜处理。

4. 贮藏条件

(1) 温度　大量研究表明，－1～0℃是贮藏猕猴桃的适宜温度。

(2) 湿度　常温库相对湿度 85％～90％比较适宜，冷藏条件下相对湿度 90％～95％为宜。

(3) 气体成分　猕猴桃对乙烯非常敏感，并且易后熟软化，只有在低氧气和高二氧化碳的气调环境中，才能明显使内源乙烯的生成受到抑制。猕猴桃气调贮藏的适宜气体组合是氧气浓度 2％～3％和二氧化碳浓度 3％～5％。

5. 贮藏方法

(1) 通风库贮藏　采后猕猴桃用 SM-8 保鲜剂 8 倍稀释液浸果，晾干后装筐，每筐 12.5kg，入通风库贮藏。在夜晚或凌晨通风，排出湿热空气及乙烯等有害气体。通风换气时，排风扇风速以 0.3m/s 为宜。采用此法贮藏 160 天后，果实仍然新鲜、色香味俱佳。

(2) 冷藏　果实入库前库温应稳定在 0℃。将经过挑选、分级、预冷后的果实装箱（塑料薄膜）码放在冷库的货架上，也可直接在地上堆放 4～6 层，留出通风道。贮藏期温度为 0℃±0.5℃，并尽量减少波动；相对湿度为 90％～95％，若库内湿度不足，可在地面洒水加湿。注意定时通风换气，排除乙烯等有害气体。冷库内不得与苹果、梨等释放乙烯的水果混贮，果实出库时应逐渐升温，以防表面凝结水分，引起腐烂。

(3) 气调贮藏　将分级预冷的果实装入果箱，每箱装 10～15kg，用 0.06～0.08mm 厚的塑料袋套在箱外，将袋上通气孔扎紧，成为密闭容器。在冷库中进行抽气充气操作，快速降氧，充入氮气，重复 2～3 次后，使氧气浓度达到 2％～3％。

四、柑橘类

柑橘是世界上的主要水果之一，产量居各种果品之首，我国柑橘主要分布在长江以南省区，栽培面积占世界第一，产量在巴西、美国之后，居第三位。柑橘营养丰富，深受消费者喜爱。

1. 贮藏特性

柑橘类包括柠檬、柚、橙、柑、橘 5 个种类，每个种类又有许多品种。由于不同品种、种类间的果皮结构和生理特性不同，其耐藏性差别很大。一般来说，柠檬、柚耐藏性最强，其次为橙类，再次为柑类，橘类最不耐藏。同一种类不同品种间的耐藏性也不尽相同，晚熟品种＞中熟品种＞早熟品种，有核品种比无核品种耐藏。一般认为，晚熟，果皮细胞含油丰富，瓤瓣中糖、酸含量高，果心维管束小是柑橘耐藏品种的特征。在适宜贮藏条件下柠檬可贮 7～8 个月，甜橙为 6 个月，温州蜜柑为 3～4 个月，而橘仅可贮 1～2 个月。

2. 采收处理及病害控制

(1) 采收处理　适时采收和无伤采收是做好柑橘贮藏保鲜的关键。柑橘的绝大多数品种贮后品质得不到改善，因此应在成熟时采收。一般认为，果汁的固酸比值可作为判断柑橘果实成熟度的指标。如短期贮藏的锦橙果实，应在固酸比为 9∶1 时采收；若长期贮藏，则应在果面有 2/3 转黄、固酸比为 8∶1 时采收。橘类以固酸比达（12～13）∶1 时采收为宜。当果实成熟度不一致时，应分期分批采收。在采收及装运过程中，做到轻摘、轻放、轻装、轻运、轻卸，尽量避免碰、撞、挤、压以及跌落引起的机械损伤。

（2）采后病害及控制

① 枯水病。在柑橘类表现为果皮发泡，果肉淡而无汁，在甜橙类表现为果皮呈不正常饱满，油胞突出，果皮变厚，囊瓣与果皮分离，且囊壁加厚，果汁红胞失水，但果实外观与健康果无异。柑橘果实贮藏后期普遍出现枯水现象，这是限制贮期的主要原因。

防治措施：适时采摘，采前 20 天用 20～50ml/L 赤霉素喷施树冠；采后用 50～150ml/L 赤霉素、1000ml/L 多菌灵、200ml/L 的 2,4-D 浸果；采后用前述方法预贮，用薄膜单果包装。

② 水肿病。发病初期果皮无光泽，颜色变淡，以手按之稍觉绵软，口尝果肉，稍有苦味；后期整个果皮转为淡白，局部出现不规则的半透明水渍状，食之有煤油味。严重时整个果实半透明水渍状，表面饱胀，手指按之，柑类感到松浮，橙类感到软绵，均易剥皮，食之有酒精味。

防治措施：根据柑橘的品种特性，保持适宜温度，加强通风，排除过多的二氧化碳和乙烯，使库内二氧化碳浓度不超过 1％，有较好的预防作用。

③ 侵染性病害。柑橘侵染性病害造成的损失常迅速而严重，蒂腐、青绿霉、炭疽病和黑腐病等是贮藏期间最常见的病害。

防治措施：加强柑橘生长季节果实病害的综合防治；定期喷杀菌剂；减少采收、包装、贮运过程中的机械损伤；果实采后用杀菌剂结合 2,4-D 处理，这是目前控制柑橘真菌性腐烂的最经济有效的方法。

3. 贮藏条件及方法

（1）贮藏条件

① 温度。柑橘贮藏的适宜温度，随种类、品种、栽培条件及成熟度的不同而有所差异，通常认为：甜橙、伏令夏橙的适宜贮藏温度为 1～3℃，蕉柑 7～9℃，柠檬 12～14℃。

② 相对湿度。多数柑橘品种贮藏的适宜相对湿度为 80％～90％，甜橙可稍高为 95％。另外，还应考虑环境温度来确定湿度，温度高时湿度易低些，而温度低时湿度则可相应提高。若采用高温高湿，则柑橘腐烂病和枯水病发生严重。

③ 气体成分。一般认为柑橘对二氧化碳很敏感，不适宜气调贮藏，也有人认为适宜的高浓度二氧化碳，可减少冷藏中的果皮凹陷病。因此，柑橘是否适于气调贮藏，必须针对各品种进行试验。目前，国内推荐的几种柑橘贮藏的适宜气体条件是：甜橙氧气浓度 10％～15％，二氧化碳浓度＜3％；温州蜜柑氧气浓度 5％～10％，二氧化碳浓度＜1％。

（2）贮藏方法

① 通风库贮藏。这是目前国内柑橘产区大规模贮藏柑橘采取的主要贮藏方式，自然通风库一般能贮至 3 月份，总损耗率为 6％～19％。

果实入库前 2～3 周，库房要用硫黄熏蒸彻底消毒。果实入库后的主要管理工作是适时通风换气，以降低库内温度。入库后 15 天内，应昼夜打开门窗和排气扇，加强通风，降温排湿。12 月至次年 2 月上旬气温较低，库内温、湿度比较稳定，应注意保暖，防止果实遭受冷害和冻害。当外界气温低于 0℃时，一般不通风。开春后气温回升，白天关闭门窗，夜间开窗通风，以维持库温稳定。

② 冷库贮藏。可根据需要控制库内的温度和湿度，且不受地区和季节的限制，是保持柑橘商品质量、提高贮藏效果的理想贮藏方式。

柑橘经过装箱，最好先预冷再入库贮藏，以减少结露和冷害发生。不同种类、品种的柑橘不能在同一个冷库内贮藏。冷库贮藏的温度和湿度要根据不同柑橘种类和品种的适宜贮藏条件而定。柑橘适宜的贮藏温度都在0℃以上，冷库贮藏时要特别注意防止冷害。

柑橘出库前应在升温室进行升温，果温和环境温度相差不能超过5℃，相对湿度以55％为好，当果温升至与外界温度相差不到5℃即可出库销售。

五、坚果类

（一）板栗的贮藏

板栗是我国著名的特产干果之一，营养丰富，种仁肥厚甘美。由于板栗收获季节气温较高，呼吸作用旺盛，导致果实内淀粉糖化，品质下降，所以每年都有大量的板栗因生虫、发霉、变质而损耗，因此，搞好板栗的贮藏保鲜十分必要。

1. 贮藏特性

不同板栗品种的贮藏特性差异较大，一般中、晚熟品种强于早熟品种，北方品种板栗的耐藏性优于南方品种。较耐藏的有锥栗、红栗、油栗、毛板红、镇安大板栗等。

板栗属呼吸跃变型果实，呼吸作用十分旺盛，呼吸中产生的呼吸热如不及时除去会使栗仁"烧死"，烧坏的种仁组织僵硬、发褐、有苦味。在板栗贮藏中，由于外壳和涩皮对水分的阻隔性很小，故极易失水，栗实很快干瘪、风干，失水是板栗贮藏中重量减轻的主要原因。板栗自身的抗病性较差，易发霉腐烂，同时贮藏期间会发生因象鼻虫虫卵生长而蛀食栗实的情况，此外，板栗虽有一定的休眠期，但当贮藏到一定时期会因休眠的打破而发芽，缩短了贮藏寿命，造成损失。

2. 采收及采后处理

板栗采收最好在连续几个晴天后进行，用竹竿全部打落，堆放数天，待栗苞全部开裂后即可取栗果。采收后苞果温度高，水分多，呼吸强度大，大量集中堆放易引起发热腐烂，须选择阴凉、通风之地，将苞果摊开，通风、降温7～10天。然后将坚果从栗苞中取出，剔除腐烂、裂嘴、虫蛀和不饱满（浮籽）的果实，再在室内摊晾5～7天即可入贮。

3. 贮藏病害及控制

（1）板栗黑霉病　一般发生在采后一个月内，高温、高湿促进其发病。该病采前侵入栗果，待果实贮藏1～2个月后发病，病菌蔓延，栗果尖端或顶部出现黑色斑块，果肉组织疏松，由白变黑，最后全果腐烂。

防治措施：主要是利用化学药剂处理，如2000mg/L甲基托布津、500mg/L 2,4-D加2000mg/L甲基托布津或1000mg/L特克多浸泡果实。板栗采收时间对腐烂发生也有一定影响，应避免阴雨天或带潮采收板栗。

（2）栗象鼻虫　主要危害是蛀食栗果。

防治措施：在预贮期间用40～60g/m³溴甲烷熏5～10h，效果较好，用磷化铝处理也有效。

4. 贮藏条件

（1）温度　板栗适宜的贮藏温度为0～2℃。

（2）湿度　板栗贮藏适宜的相对湿度为90％～95％。湿度过低，栗果易失水干瘪、风干；湿度过大，有利于微生物生长，容易发生腐烂。

（3）气体成分　氧气浓度为3％～5％，二氧化碳浓度为1～4％。

5. 贮藏方法

（1）沙藏　选择阴凉的室内地面铺一层稻草，然后铺沙深约7～10cm，沙的湿度以手捏不成团为宜。分层堆放栗果，以一份栗果二份沙混合堆放，或栗果和沙交互层放，每层3～7cm厚，最后覆沙7～10cm，上用稻草覆盖，高度约1cm。每隔20～30天翻动检查一次。为加强通风并防止堆中热量不能及时散失，可扎把草插入板栗和沙中。管理上应注意，表面干燥时要洒水，底部不能有积水。

（2）冷藏　是目前栗果保鲜中最好的方法之一。冷藏时将处理并预冷好的板栗装入包装袋或箱等容器，置于冷藏库中贮藏。库温在 0～2℃，相对湿度 85％～90％。相对湿度较低时，可每隔 4～5 天喷水 1 次。板栗包装时在容器内衬一层薄膜或打孔薄膜袋，既可减少栗果失重，又可以减少 CO_2 的积累，避免 CO_2 的伤害，正常贮藏可达一年。在贮藏中应维持库温恒定，并注意通风，防止栗果失水。堆放时要注意留有足够的间隙，或用贮藏架架空，以保证空气循环的畅通。贮藏期间要定期检查果实质量变化情况。

（二）核桃的贮藏

核桃种仁芳香味美，营养丰富，种仁脂肪含量为 40％～63％，蛋白质含量为 15％，碳水化合物含量为 10％，还含有钙、磷、铁、锌、胡萝卜素、核黄素及维生素 A、维生素 B、维生素 C、维生素 E 等，具有很高的营养医疗价值。核桃多分布在我国北方各省，如山西的光皮绵核桃、河北的露仁核桃、山东的麻皮核桃、新疆的薄皮核桃等。核桃含水量低，易于贮运。

1. 贮藏特性

核桃脂肪含量高，贮藏期间脂肪在脂肪酸酶作用下水解成脂肪酸和甘油，低分子脂肪酸可进行 α-氧化、β-氧化等反应，产成醛或酮等有蛤油味物质，光照可加速此反应进行。将充分干燥的核桃仁贮于低氧环境中可以部分解决腐败问题。

2. 采收及采后处理

核桃果实青皮由深绿变为淡黄，部分外皮裂口，个别坚果脱落时即达到成熟标准。国内主要采用人工敲击方式采收，美国加州则采用振荡法振落采收。当 95％的青果皮与坚果分离时，即可收获，采收过早，果皮不易剥离，种仁不饱满，出仁率低，不耐贮藏。

3. 贮藏条件

核桃适宜的冷藏温度为 1～2℃，相对湿度 75％～80％，贮藏期可达两年以上。

4. 贮藏方法

（1）塑料薄膜帐贮藏　采用塑料帐贮藏，可抑制呼吸作用，减少消耗，抑制霉菌，防止霉烂。将适时采收并处理后的核桃装袋后堆成垛，贮放在低温场所用塑料薄膜帐罩起，使帐内二氧化碳浓度达到 20％～50％，氧气浓度为 2％时，可防止由脂肪氧化而引起的腐败以及虫害。

（2）冷藏　用于贮藏核桃的冷库，应事先用二硫化碳或溴甲烷熏蒸 4～10h 消毒、灭虫，然后将晒干的核桃装在袋中，置于冷藏库内，保持温度 1～2℃，相对湿度为 70％～80％，产品不至发生明显的变质现象。

第二节　蔬菜的贮藏

一、根菜类

根菜类蔬菜，包括萝卜和胡萝卜等。萝卜、胡萝卜在各地都有栽培，也是北方重要的秋贮蔬菜，二者贮藏量大、供应时间长，对调剂冬春蔬菜供应有重要的作用。

1. 贮藏特性

萝卜原产我国，胡萝卜原产中亚细亚和非洲北部，喜冷凉多湿的环境。萝卜、胡萝卜均以肥大的肉质根供食，萝卜和胡萝卜没有生理上的休眠期，在贮藏期间若条件适宜便萌芽抽薹，使水分和营养向生长点转移，从而造成糠心。温度过高及机械伤会促使呼吸作用加强，水解作用旺盛，使养分消耗增加，促使其糠心。萌芽使肉质根失重，糖分减少，组织绵软，风味变淡，降低食用品质，所以防止萌芽是萝卜和胡萝卜贮藏最关键的问题。

2. 采收处理及病害控制

（1）采收处理　贮藏的萝卜以秋播的皮厚、质脆、含糖和水分多的晚熟品种为主，地上部分比地下部分长的品种以及各地选育的一代杂种耐藏性较高，如北京的心里美、青皮脆，天津的卫青、沈阳的翘头青等。另外，青皮种比红皮种和白皮种耐贮。胡萝卜中以皮色鲜艳，根细长，根茎小，心柱细的品种耐贮藏，如小顶金红、鞭杆红等耐贮性较好。

适时播种和收获，对根菜类贮藏性影响很大，播种过早易抽薹，不利于贮藏。在华北地区，萝卜大致在立秋前后播种，霜降前后收获；胡萝卜生长期较长，一般播种稍早，收获稍晚。收获过早因温度高不能及时下窖，或下窖后不能使菜温迅速下降，容易导致萌芽、糠心、变质，影响耐贮性；收获过晚则直根生育期过长，易造成生理病害，引起糠心甚至大量腐烂。因此应注意加强田间管理，适时收获，既可改善贮藏品质，又可延长贮藏寿命。

（2）采后病害及控制

① 萝卜黑腐病。萝卜黑腐病是一种侵染维管束的细菌性病害，由黄单孢杆菌致病。该病菌的发育适温为 $25\sim30℃$，低于 $5℃$ 发育迟缓。主要从气孔、水孔及伤口处侵入，为田间带菌贮期发病，潜育期限为 $11\sim21$ 天。贮藏遇有高温高湿条件有利于该病的侵染与蔓延，萝卜感病后表面无异常表现，但肉质根的维管束坏死变黑，严重时内部组织干腐空心，是萝卜贮藏中常见的采后病害。

② 胡萝卜腐烂病。胡萝卜的黑腐、黑霉、灰霉等腐烂病在田间侵染贮藏发病，使胡萝卜脱色，被侵染的组织变软或呈粉状。这些病菌在高温高湿下易发病，病菌多从伤口侵入使肉质根软腐。胡萝卜在收获及贮运中要避免机械伤害，并贮在 $0℃$ 的低温，是预防腐烂的重要措施。

3. 贮藏条件及方法

（1）贮藏条件

① 温度。萝卜的贮藏适温为 $1\sim3℃$，当温度高于 $5℃$ 贮藏时，会在较短时间内发芽、变糠，而在 $0℃$ 以下时，很容易遭受冻害。胡萝卜的贮藏适温为 $0\sim1℃$。

② 相对湿度。萝卜、胡萝卜含水量高，皮层缺少蜡质层、角质层等保护组织，在干燥的条件下易蒸腾失水，造成组织萎蔫、内部糠心，加大自然损耗。因此，萝卜、胡萝卜要求有较高的相对湿度，一般为 $90\%\sim95\%$。

③ 气体成分。低氧、高二氧化碳能抑制萝卜、胡萝卜的呼吸作用，使之强迫休眠，抑制发芽。适宜的氧浓度为 $1\%\sim2\%$，二氧化碳的浓度为 $2\%\sim4\%$。

（2）贮藏方法

① 沟藏。萝卜和胡萝卜要适时收获，防止风吹雨淋、日晒、受冻，且应及时入沟贮藏。沟的宽度为 $1\sim1.5m$，过宽难以维持沟内适宜而稳定的低温，沟的深度，应比当地冬季的冻土层稍深一些，如北京地区在 $1m$ 深的土层处，在 $1\sim3$ 月份温度 $0\sim3℃$，大致接近萝卜、胡萝卜的贮藏适温。

贮藏沟应设在地势较高、地下水位低、土质黏重、保水力较强的地方挖沟。一般东西延长，将挖出的表土堆在沟的南侧起遮阴作用。萝卜、胡萝卜可以散堆在沟内，最好利用湿沙层积，以利于保持湿润并提高直根周围二氧化碳浓度。直根在沟内堆积的厚度一般不超过 $0.5m$，以免底层受热。下窖时在贮藏产品的面上覆一层薄土，随气温的逐步下降分次添加，覆土总厚度一般为 $0.7\sim1m$，湿度偏低可浇清水，使土壤含水量达 $18\%\sim20\%$ 为宜。

② 窖藏和通风贮藏库贮藏。窖藏和通风贮藏库贮藏根菜是北方常用的方法，窖藏贮藏量大，管理方便。根菜经过预冷，待气温降到 $1\sim3℃$，将根菜移入窖内，散堆或码垛均可。萝卜堆高 $1.2\sim1.5m$，胡萝卜的堆高 $0.8\sim1m$，堆不宜过高，否则堆中心温度不易散发，造成腐烂加剧。为促进堆内热量散发和便于翻倒检查，堆与堆之间要留有空隙，堆中每隔 $1.5m$ 左右设一通风塔。贮藏前期一般不倒堆，立春后，可视贮藏状况进行全面检查和倒堆，剔除腐烂的根菜。贮藏过程中，注意调节窖内温度，前期窖内温度过高时，可打开通气孔散热；中期要将通气孔关闭，以利保温；贮藏后期，天气逐渐转暖，要加强夜间通风，以维持窖内低温。在窖内用湿沙与产品层积效果更好，便于保湿并积累二氧化碳。

通风贮藏库贮藏方法与窖藏相似，其特点是通风散热比较方便，贮藏前期和后期不宜过热。

但由于通风量大，萝卜容易失水糠心；中期严寒时外界气温低，萝卜容易受冻。因此，保温、保湿是通风贮藏库贮藏根菜的两个主要问题。为做好通风库贮藏工作，最好采用库内层积法。检查、倒垛管理同窖藏。

二、地下茎菜类

地下茎菜类的贮藏器官是变态茎，其中马铃薯为块茎，洋葱、大蒜等为鳞茎，虽然形态各异，贮藏条件不同，但收获后都有一段休眠期，有利于长期贮藏。

（一）马铃薯的贮藏

马铃薯属茄科蔬菜，食用部分为其块茎。马铃薯在我国栽培极为广泛，既是很好的蔬菜，又可作为食品加工的原料，是人们十分喜爱的粮菜兼用作物。具体内容见第三章第四节。

（二）洋葱的贮藏

洋葱又称葱头，属百合科植物，食用部分为其鳞茎。洋葱可分为普通洋葱、分蘖洋葱和顶生洋葱三种类型，我国主要以栽培普通洋葱为主。普通洋葱按其鳞茎颜色，可分为红皮种、黄皮种和白皮种。其中黄皮种属中熟或晚熟品种，品质佳、耐贮藏；红皮种属晚熟品种，产量高、耐贮藏；白皮种为早熟品种，肉质柔嫩，但产量低、不耐贮。

1. 贮藏特性

洋葱具有明显的休眠期，休眠期长短因品种而异，一般为 1.5～2.5 个月。收获后处于休眠期的洋葱，外层鳞片干缩成膜质，能阻止外部水分的进少和内部水分的蒸发，呼吸强度降低，具有耐热和抗干燥的特性，即使外界条件适宜，鳞茎也不萌芽。通过休眠期的洋葱遇到合适的外界环境条件便能出芽生长，有机物大量被消耗，鳞茎部分逐渐干瘪，萎缩而失去原有的食用价值。所以，如果能有效的延长洋葱的休眠期，就能有效延长洋葱的贮藏期。

2. 采收及采后处理

用于贮藏的洋葱，应充分成熟，组织紧密。一般在地上部分开始倒伏，外部鳞片变干时收获。收获过早的洋葱，产量低且组织松软，含水量高，贮藏期间容易腐烂萌芽。采收过迟，地上假茎易脱落，还易裂球，不利于编挂贮藏。

采收后的洋葱，经过严格挑选，去除掉头、抽薹、过大过小以及受机械损伤和雨淋的洋葱。挑选出用于贮藏的洋葱，首先要摊放晾晒，一般晾晒 6～7 天，当叶子发黄变软，能编辫子才停止晾晒。然后，编辫晾晒，晒至葱叶全部退绿，鳞茎表皮充分干燥时为止。晾晒过程中，要防止雨淋，否则，易造成腐烂。

3. 贮藏病害及控制

洋葱采后的侵染性病害主要有细菌性软腐病、灰霉病。细菌性软腐病是由欧氏杆菌属细菌通过机械损伤处侵染传播的，在高温高湿及通风不良的条件下危害加重。灰霉病菌也是从伤口或自然孔道侵入的，在湿度高时发病快且严重。

4. 贮藏条件

（1）温度 洋葱刚采收时，需要高温低湿处理，使得洋葱组织内水分蒸发，使鳞茎干燥，避免温湿度过高而造成病变和腐烂。洋葱的贮藏适温为 0～1℃，这样可延长其休眠期，降低呼吸作用，抑制发芽和病菌的发生。但如温度低于 −3℃时，会产生冻害。

（2）湿度 洋葱适应冷凉干燥的环境，相对湿度过高会造成大量腐烂，一般要求相对湿度以 65％～75％为宜。

（3）气体成分 适当的低氧和高二氧化碳环境，可延长洋葱的休眠期及抑制发芽。采用氧浓度为 3％～6％、二氧化碳浓度为 8％～12％，对抑芽有明显的效果。

5. 贮藏方法

（1）垛藏 选择地势高、土质干燥、排水好的场地，先铺枕木，上铺秸秆，秆上放置葱辫，码成垛，垛长 5～6m、宽 1.5m、高 1.5m，每垛 5000kg 左右。采用该法，要严密封垛，防止日晒雨淋，保持干燥。封垛初期可视天气情况，倒垛1～2次，排除堆内湿热空气。每逢雨后要仔细检查，如有漏水要及时晾晒。气温下降后要加盖草帘保温，以防遭受冻害。

(2) 冷库贮藏　在洋葱脱离休眠、发芽前半个月，将葱头装筐码垛，贮于0℃、相对湿度低于80%的冷库内。试验表明：洋葱在0℃冷库内可以长期贮藏，有些鳞茎虽有芽露出，但一般都很短，基本上无损于品质。一般情况下冷库湿度较高，鳞茎常会长出不定根，并有一定的腐烂率，所以库内可适当使用吸湿剂如无水氯化钙、生石灰等吸湿。为防止洋葱长霉腐烂，也可在入库时用0.01ml/L的克霉灵熏蒸。

三、果菜类

果菜类包括茄果类的番茄、辣椒及瓜果类的黄瓜、南瓜、冬瓜等，此类蔬菜原产于热带或亚热带，不适合于低温条件贮藏，易产生冷害，与其他蔬菜相比果菜类不耐贮藏。

(一) 番茄的贮藏

番茄又称西红柿、洋柿子，属茄科蔬菜，起源于秘鲁，在我国栽培已经有近100年的历史。栽培品种包括普通番茄、大叶番茄、直立番茄、梨形番茄和樱桃番茄5个变种，后两个品种果形较小，产量较低。番茄营养丰富，经济价值高，是人们喜爱的水果兼蔬菜品种。番茄果实皮薄多汁，不易贮藏。

1. 贮藏特性

番茄性喜温暖，不耐0℃以下的低温，但不同成熟度的果实对温度的要求不尽相同。番茄属呼吸跃变型果实，成熟时有明显的呼吸高峰及乙烯高峰，同时对外源乙烯反应也很灵敏。

不同番茄品种的耐藏性差异较大，贮藏时应选择种子腔小、皮厚、子室小、种子数量小、果皮和肉质紧密、干物质和糖分含量高、含酸量高的耐贮藏品种。一般来说，黄色品种最耐藏，红色品种次之，粉红色品种最不耐藏。此外，早熟的番茄不耐贮藏，中晚熟的番茄较耐贮藏。适宜贮藏的番茄品种有橘黄佳辰、农大23、红杂25、日本大粉等。

2. 采收及采后处理

番茄果实生长至成熟时会发生一系列的变化，叶绿素逐渐降解，类胡萝卜素逐渐形成，呼吸强度增加，乙烯产生，果实软化，种子成熟。番茄的耐藏性与采收的成熟度密切相关，采收的果实过青，累积的营养不足，贮后品质不良；果实过熟，容易腐烂，不能久藏。

根据色泽的变化，番茄的成熟度可分为绿熟期、发白期、转色期、粉红期、红熟期5个时期。

① 绿熟期。全果浅绿或深绿，已达到生理成熟。

② 发白期。果实表面开始微显红色，显色小于10%。

③ 转色期。果实浅红色，显色小于80%。

④ 粉红期。果实近红色，硬度大，显色率近100%。

⑤ 红熟期。又叫软熟期，果实全部变红而且硬度下降。

番茄果皮较薄，采收时应十分小心。番茄分批成熟，所以一般采用人工采摘。番茄成熟时产生离层，采摘时用手托着果实底部，轻轻扭转即可采摘。人工采摘的番茄适宜贮运鲜销。发达国家用于加工的番茄多用机械采收，但果实受伤严重，不适宜长期贮藏。

3. 贮藏病害及控制

(1) 番茄灰霉病　多发生在果实肩部，病部果皮变为水浸状并皱缩，上生大量土灰色霉层，在果实遭受冷害的情况下更易大量发生。

(2) 番茄根霉腐烂病　番茄腐烂部位一般不变色，但因内部组织溃烂果皮起皱缩，其上长出污白色至黑色小球状孢子囊，严重时整个果实软烂呈一泡儿水状。该病害在田间几乎不发病，仅在收获后引起果实腐烂。病菌多从裂口处或伤口处侵入，患病果与无病果接触可很快传染。

(3) 番茄软腐病　一种真菌病害，一般由果实的伤口、裂缝处侵入果实内部。该病菌喜高温高湿，在 24～30℃下很易感染此病。病害多发生在青果上，绿熟果极易感染。果实表面出现水渍状病斑，软腐处外皮变薄，半透明，果肉腐败。病斑迅速扩大以至整个果实腐烂，果皮破裂，呈暗黑色病斑，有臭味。这种病蔓延很快，危害较大。

4. 贮藏条件

（1）温度　用于长期贮藏的番茄，一般选用绿熟果，适宜的贮藏温度为 10～13℃，温度过低，则易发生冷害；用于鲜销和短期贮藏的红熟果，其适宜的贮藏条件 0～2℃。

（2）湿度　番茄贮藏适宜的相对湿度为 85％～95％。湿度过高，病菌易侵染造成腐烂，湿度过低，水分易蒸发，同时还会加重低温伤害。

（3）气体成分　氧气浓度 2％～5％，二氧化碳浓度 2％～5％的条件下，绿熟果可贮藏 60～80 天，顶红果贮藏 40～60 天。

5. 贮藏方法

（1）冷藏　根据番茄冷藏的国家标准（GB 8853—88）冷藏时应注意以下 2 点。

① 贮前准备。番茄贮藏前 1 周，贮藏库可用硫黄熏蒸（10g/m³）或用 1％～2％的甲醛（福尔马林）喷洒，熏蒸时密闭 24～48h，再通风排尽残药。所有的包装和货架等用 0.5％的漂白粉或 2％～5％硫酸铜液浸渍，晒干备用。同等级、同批次、同一成熟度的果实须放在一起预冷，一般在预冷间与挑选同时进行。将番茄挑选后放入适宜的容器内预冷，待温度与库温相同时进行贮藏。

② 贮藏条件。绿熟期或变色期的番茄的贮藏温度为 12～13℃，红熟期的番茄贮藏温度为 0～2℃。空气相对湿度保持在 85％～95％。为了保持稳定的贮藏温度和相对湿度，须安装通风装置，有利于贮藏库内的空气流通，适时更换新鲜空气。

（2）气调贮藏　塑料薄膜帐气调贮藏法是用 0.1～0.2mm 厚的聚乙烯或聚氯乙烯塑料膜做成密闭塑料帐，塑料帐容量为 1000～2000kg。由于番茄自然完熟速度快，因此采后应迅速预冷、挑选、装箱、封垛。一般采用自然降氧法，用消石灰（用量为果重的 1％～2％）吸收多余的二氧化碳。氧不足时从袖口充入新鲜空气。塑料薄膜封闭贮藏番茄时，易因垛内湿度较高而感病，要设法降低湿度，并保持库温稳定，以减少帐内凝水。可用防腐剂抑制病菌活动，通常使用氯气，每次用量为垛内空气体积的 0.2％，每 2～3 天施用一次，防腐效果明显；也可用漂白粉代替氯气，一般用量为果重的 0.05％，有效期为 10 天。

（二）黄瓜的贮藏

黄瓜原产于中印半岛及南洋一带，性喜温暖，在我国已有 2000 多年的栽培历史。幼嫩黄瓜质脆肉细，清香可口，营养丰富，深受人们的喜爱。

1. 贮藏特性

黄瓜每年可栽培春、夏、秋三季，贮藏用的黄瓜，一般以秋黄瓜为主。

黄瓜属于非跃变性果实，但成熟时有乙烯产生。黄瓜产品鲜嫩多汁，含水量在 95％以上，代谢活动旺盛。黄瓜采收时气温较高，表皮无保护层，果肉脆嫩，易受机械伤害。黄瓜的贮藏中，要解决的主要问题是后熟老化和腐烂。

2. 采收及采后处理

采收成熟度对黄瓜的耐贮性有很大影响，一般嫩黄瓜贮藏效果较好，越大越老的黄瓜越容易衰老变黄。贮藏用瓜最好采用植株主蔓中部生长的果实（俗称"腰瓜"），果实应丰满壮实、瓜条匀直、全身碧绿；下部接近地面的瓜条畸形较多，且易与泥接触，果实带较多的病菌，易腐烂。黄瓜采收期多在雌花开花后 8～18 天，采摘宜在晴天早上进行，最好用剪刀将瓜带 3cm 长果柄摘下，放入筐中，注意不要碰伤瘤。若为刺黄瓜，最好用纸包好放入筐中。认真选果，剔除过嫩、过老、畸形和受病虫侵害、机械伤的瓜条。入库前，用软刷将 0.2％甲基托布津和 4 倍水的虫胶混合液涂在瓜条上，阴干，对贮藏有良好的防腐保鲜效果。

3. 贮藏病害及控制

（1）炭疽病　染病后，瓜体表面出现淡绿色水渍状斑点，并逐步扩大、凹陷，在湿度较高的条件下，病斑常出现许多黑色小粒，即分生孢子，病斑可深入果肉使风味品质明显下降，甚至变苦，不堪食用。该病菌发病适宜温度为24℃，4℃以下分生孢子不发芽，10℃以下病菌停止生长。防治此病，主要是做好田间管理，剔除病虫果，采后用1000～2000mg/L的苯来特、托布津处理。

（2）绵腐病　染病后使瓜面变黄，病部长出长毛绒状白霉。防治此病，应严格控制温度，防止温度波动太大，产生的凝结水滴在瓜面上，也可结合使用一定的药剂处理。

（3）低温冷害　黄瓜性喜温暖，不耐低温。温度低于10℃条件下，易遭受冷害。发生冷害的黄瓜表面出现不规则凹陷及褐色斑点，果实呈水渍状，受害部位易感病。

4. 贮藏条件

（1）温度　一般认为黄瓜的贮藏适温为10～13℃，低于10℃可能出现冷害；高于13℃代谢旺盛，加快后熟，品质变劣，甚至腐烂。

（2）湿度　黄瓜需高湿贮藏，相对湿度应高于90%。低于85%会出现失水萎蔫、变糠等问题。

（3）气体成分　黄瓜对气体成分较为敏感，适宜氧气浓度和二氧化碳浓度均为2%～5%，二氧化碳的浓度高于10%时，会引起高二氧化碳伤害，瓜皮出现不规则的褐斑。乙烯会加速黄瓜的后熟和衰老，贮藏过程中要及时消除，如贮藏库里放置浸有饱和高锰酸钾的蛭石。

5. 贮藏方法

（1）水窖贮藏　在地下水位较高的地区，可挖水窖保鲜黄瓜。水窖为半地下式土窖，一般窖深2m，窖内水深0.5m，窖底长3.5m，窖口宽3m。窖底稍有坡度，低的一端挖一个深井，以防止窖内积水过深。窖的地上部分用土筑成厚0.6～1m、高约0.5m的土墙，上面架设木檩，用秫秸筑棚顶再覆土。棚顶上开两个天窗通风。靠近窖的两侧壁用竹条、木板做成贮藏架，中间用木板搭成走道。窖的南侧架设2m的遮阳风障，防止阳光直射使窖温升高，待气温降低即可拆除。

黄瓜入窖时，先在贮藏架上铺一层草席，四周围以草席，以避免黄瓜与窖壁接触碰伤。用草秆纵横间隔成3～4cm见方的格子，将黄瓜瓜柄朝下逐条插入格内。要避免黄瓜之间摩擦，摆好后用薄湿席覆盖。

主要利用夜间的低温进行通风降温。黄瓜入窖贮藏初期，白天关闭窖门与通风窗，晚间通风。天冷后，可拆除遮阳风障，白天通风，窖温控制在5～10℃。

黄瓜贮藏期间不必倒动，但要经常检查。如发现瓜条变黄发蔫，应及时剔除以免变质腐烂。

（2）塑料大帐气调贮藏　将黄瓜装入内衬纸或蒲包的筐内，重约20kg，在库内码成垛，垛不宜过大，每垛40～50筐。垛顶盖1～2层纸以防露水进入筐内，垛底放置消石灰吸收二氧化碳，用棉球蘸取克霉灵药液（用量为每千克黄瓜0.1～0.2ml）或仲丁胺药液（用量为每千克黄瓜0.05ml），分散放到垛、筐缝隙处，不可放在筐内与黄瓜接触。在筐或垛的上层放置包有浸透饱和高锰酸钾碎砖块的布包或透气小包，用于吸收黄瓜释放的乙烯，用量为黄瓜质量的5%。用0.02mm厚的聚乙烯塑料帐覆罩，四周封严。用快速降氧或自然降氧的方式将氧气含量降至5%。实际操作时每天进行气体测定和调节。每2～3天向帐内通入氯气消毒，每次用量为每立方米帐容积通入120～140ml，防腐效果明显。这种贮藏方式可严格控制气体条件，因此，效果比小袋包装好，在12～13℃条件下可贮45～60天。在贮藏期间定期检查，一般贮藏约10天后，每隔7～10天检查一次，将变黄、开始腐烂的瓜条清除，贮藏后期注意质量变化。

黄瓜除上述贮藏方法外，还有缸藏、沙藏等方法。

四、叶菜类

叶菜类包括白菜、甘蓝、芹菜、菠菜等，叶菜类的产品器官既是同化器官，又是蒸腾器官，所以代谢强度很高，不耐贮藏。但不同的产品对贮藏要求的条件也不一样，各有其特点。

（一）大白菜的贮藏

大白菜为十字花科芸薹属的两年生植物，原产我国山东、河北一带，是我国特产之一。栽培历史悠久，是我北方秋冬季供应的主要蔬菜，栽培面积广、产量高、贮藏量大、贮藏期长，可以调剂冬季蔬菜供应。

1. 贮藏特性

不同品种大白菜的耐贮性和抗病性之间有一定的差异，一般中晚熟的品种比早熟品种耐贮藏，青帮类型比白帮类型耐贮藏，青白帮类型的耐贮藏性介于两者之间。叶球的成熟度也与贮藏性有关，叶球太紧的不利于长期贮藏，包心八成的能长期贮藏。

2. 采收及采后处理

适时收获有利贮藏。收获过早，气温与窖温均高，不利于贮藏，也影响产量；收获过迟易在田间受冻害。采收应选择天气晴朗，菜地干燥时进行，以七、八成熟、包心不太坚实为宜，可减少或防止春后抽薹、叶球爆裂现象的发生。

收获后的白菜要进行晾晒，使外叶失水变软，达到菜棵直立而不垂的程度，这样既可减少机械损伤，又可增加细胞液浓度，提高抗寒能力，同时还可以减小体积，提高库容量。但晾晒也不宜过度，否则组织萎蔫会破坏正常的代谢机能，加强水解作用，从而降低大白菜的耐贮藏性、抗病性，并促进离层活动而脱帮。

3. 贮藏病害及控制

（1）细菌性软腐病　病部呈半透明水渍状，随后病部迅速扩大，表皮略陷，组织腐烂，黏滑，色泽为淡灰至浅褐，腐烂部位有腥臭味。发病时或叶缘枯黄，或从叶柄基部向上引起腐烂，或心叶腐烂以及枯干呈薄纸状。该病菌一般从伤口侵入。在 2～5℃的低温下也能生长发育，是大白菜低温贮藏期间常见的病害，但该病菌在干燥环境下会受到抑制。因此在采收、贮运过程中应尽量减少机械伤；采后应适度晾晒。

（2）大白菜霜霉病　又称霜叶病，染病后，一般由外层叶向内层叶扩展，初期只在叶片呈现出淡黄绿色至淡黄褐色斑点，潮湿时病斑背面出现白霜霉，严重时霉层布满整个叶片，干枯死亡。该病在高湿环境下易严重发生，因此，适度的晾晒和通风能抑制该病的发生。

（3）生理性脱帮　脱帮主要发生在贮藏初期，是指叶帮基部形成离层而脱落的现象。贮藏温度高时，离层形成快，空气湿度过高或晾晒过度也会促进脱帮。采前 2～7 天用 25～50mg/L 的 2,4-D 药剂进行田间喷洒或采后浸根，可明显抑制脱帮。

4. 贮藏条件

（1）温度　用于长期贮藏的大白菜，温度范围以（0±1）℃为宜。

（2）湿度　大白菜贮藏过程中易失水萎蔫，因此要求有较高的湿度，空气相对湿度为 85％～90％。

（3）气体成分　大白菜气调贮藏的报道较少。据报道：大白菜在 0℃、相对湿度为 85％～90％、氧的浓度为 1％的条件下可贮藏 5 个月，叶片组织内维生素 C 损失较少，无低氧伤害症状。但当二氧化碳的浓度高于 20％时，就会引起生理病害甚至腐烂而失去食用价值。

5. 贮藏方法

（1）窖藏　方法简单，贮藏量大，贮藏时间也较长。窖藏一般选择地势高、地下水位低的地块，以免窖内积水造成腐烂。白菜采收期一般在霜降前后，菜采后放在垄上晾 1～2 天，然后送到菜窖附近码在背风向阳处，堆码时菜根向下，四周用草或秸秆覆盖，以防低温受冻。

菜窖的形式有多种，在南方，菜窖多为地上式；在北方，菜窖多采用地下式；中原地区，多采用半地下式。窖藏白菜多采用架贮或筐贮。架贮是将已晾晒过的大白菜放于贮藏架上，架高 170cm，宽 130cm，层高 100cm 左右。贮藏架之间间隔 130cm 左右，以方便检查和倒菜。大白菜摆放 7～8 层，贮菜与上面的夹板之间应有 20cm 的间隙。入窖初期，窖温较高，大白菜易腐烂和脱帮，如采用地面堆码贮藏，必须加强倒菜，以利通风散热。外界气温高时，要把门窗通气孔关闭，防止高温侵入库内。夜间打开通风设施引进冷凉空气，降低窖温。入窖中期，此时外界气温急剧下降，必须注意防冻，要关闭窖的门窗和通气孔，中午可适当通风。架式贮藏应在春节前倒菜1～2次，垛藏要倒菜2～3次。入窖后期（立春以后），此时气温和地温均升高，造成窖温和菜温升高，这时要延缓窖温的升高，白天将窖封严，防止热空气侵入，晚上打开通风系统，尽量利用夜间低温来降低窖温。

（2）机械冷藏　大白菜先经过预处理，再装箱后堆码在冷藏库中，库温保持在$0\pm0.5℃$，相对湿度控制在85%～90%为宜，贮藏期间应定期检查。机械冷藏的优点是温湿度可精确控制，贮藏质量高，但设备投资大，成本高。

（二）甘蓝的贮藏

甘蓝贮藏特性同大白菜相似，对贮藏条件的要求也基本相同。因此大白菜的贮藏措施同样适用于甘蓝，但甘蓝比大白菜更耐寒一些，贮藏温度可控制在$-1～0℃$，收获期可稍晚一些，相对湿度可控制在85%～95%。

五、花椰菜及蒜薹

（一）花椰菜的贮藏

花椰菜，又名花菜、菜花，属十字花科植物，是甘蓝的一个变种，原产于地中海及英、法滨海地区，在我国已引种多年，为我国南部地区秋冬季主栽蔬菜之一。花椰菜的供食器官是花球，花球质地嫩脆，营养价值高，味道鲜美，而且食用部分粗纤维少，深受消费者的喜爱。

1.贮藏特性

花椰菜喜冷凉低温和湿润的环境，不耐霜冻，不耐干旱，对水分要求严格。贮藏期间，外叶中积累的养分能向花球转移而使之继续长大充实。花椰菜在贮藏过程中有明显的乙烯释放，这是花椰菜衰老变质的重要原因。

2.采收及采后处理

（1）采收成熟度的确定　从出现花球到采收的天数，因品种、气候而异。早熟品种在气温较高时，花球形成快，20天左右即可采收；而中晚熟品种，在秋、冬季需1个月左右。采收的标准为：花球硕大，花枝紧凑，花蕾致密，表面圆正，边缘尚未散开。花球大而充实，收获期较晚的品种适于贮藏；球小松散，收获期较早的品种，收获后气温较高，不利于贮藏。

（2）采收方法　用于假植贮藏的花椰菜，要连根带叶采收。用于其他方法贮藏的花椰菜，保留距离花球最近的三、四片叶，连同花球割下，以减少运输中的机械损伤。同时由于花球形成时间不一致，所以要分批采收。

3.贮藏病害及控制

（1）侵染性病害　主要是黑斑病，染病初期花球脱色，随后褐变，花球上出现褐斑而影响其感官品质，此外还有霜霉病和菌核病。防治上述病害要注意尽量减少机械损伤，避免贮藏期间温度波动过大而"出汗"，另外，入贮前喷洒3000mg/L托布津可抑制发病。

（2）失重、变黄和变暗　失重是由于水分蒸腾所造成的，特别当贮藏期间相对湿度过低时尤为严重。花椰菜在贮藏期间出现的质量变化，如变黄、变暗，是由于花椰菜外部无保护组织，球体脆嫩，在运输过中遭受机械伤而导致的，另外贮藏期间乙烯浓度高也会使花球变色。

4.贮藏条件

（1）温度　花椰菜适宜的贮藏温度为$0～1℃$。温度过高会使花球变色，失水萎蔫，甚至腐烂；但温度过低（$<0℃$），花椰菜容易受冻害。

（2）湿度　花椰菜贮藏适宜的相对适度为90%～95%。湿度过低，花球易失水萎蔫；湿度过大，有利于微生物生长，容易发生腐烂。

（3）气体成分　适宜贮藏的气体成分为：氧气浓度为3%～5%，二氧化碳浓度为5%。低氧对抑制花椰菜的呼吸作用和延缓衰老有显著作用，且花球对二氧化碳有一定的忍受力。另外，贮藏库内放置乙烯吸收剂来吸收乙烯,可延缓花球衰老变色。

5. 贮藏方法

(1) 冷藏　根据中华人民共和国商业行业标准——花椰菜冷藏技术(SB/T 10285),花椰菜冷藏应按照以下要求进行。

① 冷藏前的准备。花椰菜入贮前1周,进行扫库、灭菌。花椰菜的包装应符合SB/T 10158中第4、5章的有关规定。单花球包装时,可用0.015mm聚乙烯薄膜袋。采收后的花椰菜要尽快放到阴凉通风处或冷库中预冷,去掉携带的田间热。预冷后的花椰菜按等级、规格、产地、批次分别码入冷库间,距蒸发器至少1m。

② 冷藏方法。一般冷藏时,花椰菜装箱(筐)时,花球应朝上;箱(筐)码放时,以不伤害下层花椰菜的花为宜。单花球套袋冷藏时,应将单个花球装入0.015mm聚乙烯塑料袋中,扎口放入箱(筐),码放时要求花球朝下,以免袋内产生的凝结水滴在花球上造成霉烂。

③ 冷藏条件及管理。库内温度应保持在$0\pm0.5℃$,相对湿度为90%～95%,冷藏期间应定时检测库内温湿度。在此条件下,根据花椰菜品种和产地不同,一般冷藏方法,冷藏期为3～5周;单花球套袋方法,冷藏期限为6～8周。

(2) 气调贮藏　因为花椰菜在整个贮藏期间乙烯的合成量较大,采用低氧高二氧化碳可以降低花椰菜的呼吸作用,从而减少乙烯的释放量,有效防止花椰菜受乙烯伤害。因此,气调法贮藏花椰菜能收到较好的效果。气调贮藏花椰菜的气体成分一般控制在氧气浓度为2%～4%,二氧化碳浓度为5%,采用袋封法或帐封法均可。注意在封闭的薄膜帐内放入适量的饱和高锰酸钾以吸收乙烯。气调贮藏可以保持花椰菜的花球洁白,外叶鲜绿。采用薄膜封闭贮藏时,要特别注意防止帐壁或袋壁的凝结水滴落到花球上。

(二) 蒜薹的贮藏

蒜薹又称蒜苗或蒜毫,是大蒜的花茎。蒜薹是抽薹大蒜经春化后在鳞茎中央形成的花薹和花序,花长60～70cm。蒜薹味道鲜美,质地脆嫩,含有丰富的蛋白质、糖分和维生素,还含有杀菌力强的蒜氨酸(大蒜素)。蒜薹是我国目前果蔬贮藏保鲜业中贮量最大、贮藏供应期最长、经济效益颇佳的一种蔬菜,极受消费者的欢迎。我国山东、安徽、江苏、四川、河北、陕西、甘肃等省均盛产蒜薹。目前,随着贮藏技术的发展,蒜薹已可以做到季产年销。

1. 贮藏特性

蒜薹采后新陈代谢旺盛,表面缺少保护层,加之采收期一般为4～7月份的高温季节,所以在常温下极易失水、老化和腐烂,薹苞会明显增大,总苞也会开裂变黄、形成小蒜,薹梗自下而上脱绿、变黄、发糠,蒜味消失,失去商品价值和食用价值。蒜薹对低氧有很强的耐受能力,尤其当二氧化碳浓度很低时,蒜薹长期处于低氧环境下,仍能保持正常。但蒜薹对高二氧化碳的忍受能力较差,当二氧化碳浓度高于10%,贮藏期超过3～4个月时,就会发生高二氧化碳伤害。

2. 采收及采后处理

贮藏用蒜薹适时采收是确保贮藏质量的重要环节。蒜薹的采收季节由南到北依次为4～7月份,往往每一个产区采收期只有3～5天,在一个产区适合采收的3天内采收的蒜薹质量好,稍晚1～2天采收,薹苞便会偏大,薹基部发白,质地偏老,入贮后效果不佳。一般来说,生长健壮、无病害、皮厚、干物质含量高、表面蜡质较厚,基部黄白色短的蒜薹较耐贮藏。蒜薹的收获期可以以总苞下部变白,蒜薹顶部开始弯曲为标志。收获期应选在晴天,早晨露水干后为宜,雨后和浇水后均不能采收。采收的方法有两种:一种是用长约20cm的钩刀,在离地面10～13cm处剖开假茎,抽出蒜薹,此法产量高,但划薹形成的机械伤容易引起微生物侵染,不耐贮藏。另一种方法是,待蒜薹抽出叶鞘3～6cm时,直接抽枝,此法造成的机械伤少,但产量低。

蒜薹运至贮藏地,应立即放在已降温的库房内或在荫棚下尽快整理、挑选、修剪。整理时要求剔除病虫、机械伤、老化、褪色、开苞等不适合贮藏的蒜薹,理顺薹条,对齐薹苞,除去残余的叶鞘。基部伤口大、老化变色、干缩的薹条均应剪掉基部,剪口要整齐,不要剪成斜面。若断口平整、已愈合成一圈干膜的可不剪，整理好后即入库上架。

3. 贮藏病害及控制

(1) 侵染性病害　蒜薹中含有大蒜素，具有较强的抗菌力，但贮藏条件不适宜时也会发生病害。常见的主要是白霉菌和黑霉菌两种病原菌，当感染病菌后，在蒜薹的根蒂部和顶端花球梢处出现白色绒毛斑（白霉菌）和黑色斑（黑霉菌），继而引起腐烂。特别是在高温高湿条件会加速腐烂。为防止腐烂，首先应减少伤口，同时促进伤口愈合。另外，应严格控制温度、湿度和二氧化碳浓度，还要做好库房消毒工作。

(2) 生理病害　主要为高二氧化碳伤害，当贮藏环境中二氧化碳浓度过高时，会产生高二氧化碳中毒，其症状为在蒜薹的顶端和梗柄上出现大小不等的黄色的小干斑。病变会造成呼吸窒息，组织坏死，最终导致腐烂。

4. 贮藏条件

(1) 温度　蒜薹的冰点为$-1\sim-0.8℃$，因此贮藏温度应控制在$-1\sim0℃$。贮藏温度要保持稳定，避免波动过大，否则会造成结露现象，严重影响贮藏效果。

(2) 湿度　蒜薹贮藏的相对湿度以$85\%\sim95\%$为宜。湿度过低易失水，过高又易腐烂。

(3) 气体成分　蒜薹贮藏适宜的气体成分为氧气浓度$2\%\sim3\%$、二氧化碳浓度$5\%\sim7\%$。氧气过高会使蒜薹老化和霉变；过低又会出现生理病害。二氧化碳过高会导致比缺氧更厉害的二氧化碳中毒。

5. 贮藏方法

蒜薹是冬季人们喜爱的细菜类，我国华北、东北利用冰窖贮藏蒜薹已有数百年历史，效果较好。近年来由于机械冷库的发展，在北京、沈阳、哈尔滨等地均在机械冷藏库内采用塑料薄膜帐或袋进行气调贮藏蒜薹，并取得良好的效果。

(1) 塑料薄膜袋贮藏法　采用自然降氧并结合人工调控袋内气体成分进行贮藏。用$0.06\sim0.08mm$的聚乙烯薄膜做成$100\sim110cm$长，宽$70\sim80cm$的袋子，将蒜薹装于袋中，每袋装$18\sim20kg$，待蒜薹温度稳定在$0℃$后扎紧袋口，每隔$1\sim2$天，随机检测袋中气体成分的浓度，当氧浓度降至$1\%\sim3\%$，二氧化碳浓度升至$8\%\sim13\%$时，松开袋口，每次放风$3h$左右，使袋内氧浓度升至18%，二氧化碳浓度降至2%左右。贮藏前期可15天左右放风一次，贮藏中后期，随着蒜薹对二氧化碳的忍耐能力的减弱，周期应逐渐缩短，中期约10天一次，后期7天一次。贮藏后期，要经常检查质量，观察蒜薹的变化情况，以便采取适当的对策。

(2) 冷藏法　将选择好的蒜薹经充分预冷（$12\sim14h$）后，装入箱中，或直接码在架上，库温控制在$0\sim1℃$。采用这种方法，贮藏时间较长，但容易脱水及失绿老化。

复习思考题

1. 调查当地主要果蔬的种类、品种，并简述其贮藏特性，贮藏基本条件和贮藏方式。
2. 阐述当地主要果蔬的关键贮藏技术措施。
3. 分析当地主要果蔬在贮藏过程中存在的主要问题，并提出相应的解决措施。
4. 从每一类蔬菜中各选择$1\sim2$个具有代表性的品种，叙述其贮藏保鲜的技术要点。

【实验实训一】　果品贮藏保鲜效果的鉴定

一、目的与要求

通过实验实训，掌握果品贮藏效果鉴定的内容和方法，了解果品的贮藏特性。

果品贮藏品质的鉴定，主要是通过感官和借助仪器对其外观、质地、腐烂、损耗等进行评定。通过对果品贮藏效果的鉴定可了解其贮藏前后的变化，及时采取管理措施，提高贮藏效果。

二、材料与用具

选择一种或几种贮藏场所，不同贮藏方法贮藏的果品、台秤、天平、糖度计等。

三、方法与步骤

1. 保鲜效果鉴定

随机称取经过贮藏保鲜的果品 20kg，平均分成 4 份。贮藏效果鉴定主要包括颜色、饱满度、可溶性固形物和硬度、病虫害损耗等。可通过感官或仪器鉴定。记入下表。

柑橘贮藏效果鉴定表

品种	贮藏时间		含汁量/%		固形物		色泽		风味	采后药剂处理		烂耗	备 注
	入贮期	贮藏时间/天	果汁	滤渣	贮前	贮后	果皮	橘瓣		种类	浓度	好果率/%	

2. 制定分级标准

即将样品食用价值和商用价值标准分 3～5 级。最佳品质的级别为最高级，损耗的级值为 0 级，品质居中的个体按标准分别划入中间级值。级值的大小反映出个体间品质的差异，因此，拟定分级标准时，要求级间差别应当相等，并指标明确。然后进行鉴定分级，并按下面公式计算保鲜指数，保鲜指数越高，说明保鲜效果越好。

$$指数 = \frac{\sum(各级级数 \times 数量)}{最大级数 \times 总量} \times 100\%$$

四、实训作业

1. 对贮藏结果进行描述分析，总结出比较理想的贮藏组合。
2. 实训中出现了哪些问题？你是如何解决的？

【实验实训二】　1～2 种常见蔬菜的贮藏保鲜

一、目的与要求

通过实验实训，掌握该地区蔬菜适宜的贮藏环境条件，如温度、湿度、气体成分等。在贮藏期间进行定时观察，借助仪器和感官对其外观、质地、病害、腐烂、损耗等进行综合评定，通过评定分析蔬菜贮藏前后的变化，进行及时的管理，提高贮藏效果。

二、材料与用具

1. 材料　辣椒、番茄等常见蔬菜。
2. 用具　温度计、湿度计、气体分析仪、台秤、天平、果实硬度计、糖度计等。

三、方法与步骤

1. 贮藏前先对产品的外观、色泽、病虫害、硬度、含糖、含酸量进行观察测定，然后将其分成几个不同的处理组合，在温度、湿度、气体成分均不同情况下进行贮藏，例如：温度、湿度、气体成分各取 3 个数值时最多应分成 27 组，每变换条件之一时即做一组试验。

2. 每隔一定时间（不宜过长或太短，一般为 5 天）对贮藏产品进行观察和测定，每测定完一次做好详细记载。

3. 贮藏到每组产品开始腐烂变质为止。时间短也可，只是对比结果不明显。

4. 只有对每一个贮藏条件多设参数段，才能得出更准确适宜的贮藏条件，如温度应分为 0℃、2℃、4℃、6℃、8℃、10℃等。

5. 如有最适宜的贮藏条件，应做参考对照。

四、实训作业

1. 记载辣椒、番茄入贮前的各项指标，如品种、收获日期、是否预贮、呼吸强度、含糖、酸量等。

2. 贮藏期间观察不同条件下，各项指数的变化情况，并绘出曲线图进行平等对比。

3. 得出最适贮藏条件。

第七章 农产品加工基础知识

【学习目标】

通过学习，了解粮油加工品和果蔬加工品的分类及特点；掌握粮油加工及果蔬加工的基本原理；熟悉果蔬加工对原料的要求和预处理、果蔬加工用水的要求及处理方法。

对农产品（粮油产品和果蔬产品）进行必要的处理及合理的加工，可有效提高农产品的附加值，是保证农产品丰收的一个重要手段。要使农产品（粮油产品和果蔬产品）得到合理的加工，首先要对其分类和特点有所了解，然后根据各自的特点采取不同的加工技术和手段进行科学合理的加工，以达到预想的目的。目前常用的加工技术包括干燥、粉碎、蒸馏、压榨、萃取、膨化、焙烤、脱水、高渗透压、密封杀菌、微生物发酵、低温速冻、化学防腐等。

第一节 粮油加工基础知识

一、粮油加工品的分类及特点

1. 粮食作物加工品

(1) 稻谷加工品　我国稻谷产量居世界第一位，稻谷含有大量的淀粉、少量脂肪、蛋白质、纤维素和钙、磷等无机物及各种维生素。稻谷加工品主要以大米为原料。

① 抛光米、强化米、婴儿米及米饭、方便米饭、米粉、米线等大米制品。

② 发酵制品。黄酒（清酒、米酒）、醪糟等。

(2) 小麦加工品　小麦是我国主要的粮食作物之一，小麦面粉营养丰富、品质优良。小麦的加工与利用主要是制粉，利用面粉可继续加工成各种成品或半成品。

① 挂面、方便面、面条、面皮等面粉制品。

② 焙烤食品。面包、饼干、蛋糕、月饼等。

(3) 玉米、薯类加工品　玉米、薯类富含淀粉，是淀粉工业、饲料工业的首选原料，精、深加工的玉米、薯类产品是淀粉工业发展的方向。

① 粉条、粉丝、粉皮等淀粉制品。

② 淀粉衍生物。氧化淀粉、环状糊精等。

③ 淀粉制糖。麦芽糖、葡萄糖、淀粉糖浆、果葡糖浆及其糖果等。

④ 淀粉发酵制品。氨基酸、柠檬酸、维生素 C、维生素 B_1、维生素 B_{12} 等、抗生素类、有机溶剂、酶制剂、酵母制品、调味品及酒类等。

(4) 豆类加工品

① 豆油。大豆油等。

② 豆制品。豆浆、豆腐、豆干、豆筋、豆粉、粉丝等。

③ 发酵制品。酱油、豆豉、豆腐乳、酸豆奶等。

④ 蛋白制品。浓缩蛋白、分离蛋白、组织蛋白、人造肉等。

⑤ 其他。如罐头制品、油炸制品、膨化制品等。

2. 油料作物加工品

油料作物含有丰富的油脂，主要有大豆、花生、油菜籽等，平均含油量为 22%、32%、42%。

(1) 粗制油 大豆油、花生油、芝麻油、向日葵籽油、菜籽油、棉籽油等。

(2) 精炼油 精制油、色拉油、起酥油、人造奶油等。

3. 副产物综合利用

(1) 粮食加工副产物

① 谷壳。耐火灰砖、糠醛等。

② 米糠。米糠油、维生素 B_1 等。

③ 麸皮。植酸钙、肌醇、谷维素等。

④ 玉米胚芽。胚芽油、胚芽蛋白、亚油酸等。

⑤ 其他。粉渣、黄浆等可作饲料。

(2) 油料加工副产物

① 饼粕。豆腐、酱油、酱、植物蛋白、饲料等。

② 皂角。肥皂等。

二、粮油加工基础原理

1. 干燥

干燥即利用加热、通风和放置干燥剂等方法使固体物料中的水分蒸发，以达到除去水分的目的。常用于果蔬制品的加工。

2. 固体物料粉碎

固体物料粉碎是利用机械的方法克服固体物料内部的凝聚力而将大尺寸固体变为小尺寸固体的一种操作。在一定的压力下，通过机械作用将粮油产品的原料破碎成直径为 2～150mm 的固体颗粒。固体颗粒减小后，有效表面积增大，有利于反应、抽提、溶解等过程的进行，因此，粉碎操作在粮油加工中极为重要，它往往是整个加工过程的先行工序。例如用薯类、玉米、小麦等物料加工制取淀粉、糖类，或用于发酵时，都需要粉碎。粉碎可按粉碎后物料的直径分为粗粉碎（直径 40～150nm）、中粉碎（直径 10～40nm）、微粉碎（直径 5～10nm）、超微粉碎（直径0.5～5nm）。

3. 蒸馏

蒸馏是根据液体组分挥发度的不同，将混合液体加热至沸腾，使液体不断汽化产生的蒸汽经冷凝后作为顶部产物的一种分离、提纯操作。

白酒的蒸馏一般采用简单蒸馏方法。操作时将成熟醪液放在一个密闭的蒸馏甑中加热，使醪液沸腾，所产生的酒精蒸气通过引导管引入冷凝器冷凝，并冷却成低温的成品酒。用此法进行蒸馏时，由于随时不断地将产生的酒精蒸气移出，而蒸馏甑中又无醪液补充，故甑内液相中的酒精成分浓度逐渐降低，于是成品酒的浓度也愈来愈低，故需按要求将不同浓度范围的成品分别盛装。随着蒸馏过程的进行，甑中液体浓度下降到某规定值时（或成品酒的浓度降至某一值时），停止蒸馏，将酒糟排出，然后再加入新的醪液重新蒸馏。

传统的白酒蒸馏甑形状像花盆，是上大下小的圆锥台，用钢板制造。甑桶的上缘有液封装置，为了便于出糟，甑的底部为活动底板，如图 7-1 所示，它由 2 个活动的半圆形铁柜和筛板组成，筛板上盛放酒醅。这种酒甑的特点是以含酒分和具香味的酒甑作为填料层，采用边上气、边上料的加料方法，使酒醅与酒精蒸气间进行充分的接触，酒分不断汽化、不断冷凝，成品酒香味和口味成分得到很好的调和。

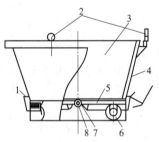

图 7-1 活底甑

1—活动销及销套；2—吊环；

3—甑体；4—甑壁及填料；

5—活页底和支承；6—支座；

7—活页套；8—活页轴

4. 压榨

压榨是利用挤压力，使植物内的汁液被榨取出来的操作过程。例如制取蔗糖、榨取植物油等均需采用压榨法。存在于细胞原生质中的油脂，经过预处理过程的轧坯、蒸炒，其中的油脂大多数形成凝聚态。此时，大部分凝聚态油脂仍存在于细胞的凝胶束孔道之中，压榨取油的过程，就是借助机械外力的作用将油脂从榨料中挤压出来的过程。此过程主要是物理变化，如物料变形、油脂分离、摩擦发热、水分蒸发等。但在压榨过程中，由于水分、温度的影响，也会产生某些生化方面的变化，如蛋白质变性，酶的破坏和抑制等。

5. 萃取

根据不同物质在同一溶剂中溶解度的差异，使混合物中各组分得到部分或全部分离的分离过程，称为萃取。在混合物中被萃取的物质称为溶质，其余部分则为萃余物，而加入的第三组分为溶剂或萃取剂。完整的萃取过程如图7-2所示，原料液F与溶剂S充分混合接触，使一相扩散于另一相中，以利于两相间传质；萃取相E和萃余相R进行澄清分离；从两相中分别回收溶剂得到产品，回收的萃取剂可循环利用。萃取相E除去溶剂后的产物称为萃取物E′，萃余相R除去溶剂后的产物称为萃余物R′。

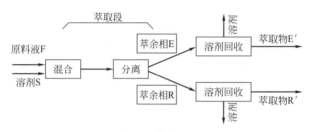

图 7-2 萃取过程

混合物为液体的萃取称为液-液萃取，所用的溶剂与被处理的溶液必须不相溶或很少互溶，而对处理溶液中的溶质具有选择性的溶解能力；混合物料为固体的萃取称为液-固萃取，一般需将固体粉碎以增加接触面积。在油脂工业中，常以标准己烷为溶剂，提取大豆、花生中的油类。

6. 膨化

含有一定水分的物料，在挤压机套管内受到螺杆的推动作用和卸料磨具及套管内截留装置（如反向螺旋）的反向阻止作用，另外还受到来自外部的和物料与螺杆、套管内部摩擦热的加热作用，使物料处于3～8MPa和120～200℃的高温下（根据需要还可达到更高）。由于压力超过了挤压温度下的饱和蒸汽压，物料在挤压机筒内不会产生水分的沸腾和蒸发。在如此高的温度、剪切力及高压的作用下，物料呈现熔融状态。当物料被强行挤出模具口时，压力骤然降为常压，此时水分便会发生急骤的闪蒸，产生类似于"爆炸"的情况，产品随之膨胀。水分从物料中蒸发，带走了大量的热量，物料瞬间从挤压过程中的高温迅速降至80℃左右的相对低温。由于温度的降低，物料从挤压时的熔融状态而固化成形，并保持了膨胀后的形状。

7. 焙烤

焙烤又称为烘烤、烘焙，是指在物料燃点之下通过干热的方式使物料脱水变干、变硬的过程。烘焙是面包、饼干、蛋糕类产品制作不可缺少的步骤，通过烘焙后淀粉产生糊化、蛋白质变性等一系列化学变化，使面包、蛋糕达到熟化的目的。

第二节　果蔬加工基础知识

一、果蔬加工品的分类及特点

1. 干制品

干制品是指原料经洗涤、去皮、切分、热烫、烘烤、回软、分级、包装等工艺而制成的加工品，一般成品含水量为 10%～20%。成品重量轻、体积小，便于运输，食用方便，营养丰富而又易于长期保藏。成品具有一定的复水性。

2. 罐藏品

罐藏品指果蔬原料经洗涤、去皮、去核、热烫、装罐、排气、密封、杀菌、冷却等工艺处理而制成的产品。罐藏品在常温下可保藏 1～2 年，食用、携带方便，安全卫生。

3. 糖制品

糖制品是指利用高浓度糖液的渗透脱水作用，将预处理后的果蔬原料加工制成的制品。制品具有高糖、高酸的特点，含糖量大多在 60%～65% 以上。按其加工方法和产品状态分为蜜饯类和果酱类。蜜饯类经糖制后仍保持原来的果块形状，而果酱类则不保持原来形状。

4. 果蔬汁

果蔬汁是指未添加任何外来物质，直接从新鲜水果或蔬菜中用压榨或其他方法取得的汁液。具有近似新鲜果蔬的营养和风味，主要成分为水、有机酸、糖分、矿物质、维生素、芳香物质、色素、丹宁、含氮物质和酶等。果蔬汁属于生理碱性食品，能防止因食肉过多而引起的酸中毒。可溶性固形物的含量一般可达 10%～15%。

5. 腌制品

利用食盐浸入蔬菜组织内部，以降低其水分活度，提高其渗透压，有选择地控制微生物的发酵并添加各种配料，以抑制腐败菌的生长，增强保藏性能，保持其食用品质的保藏方法，称为蔬菜腌制，其制品称为腌制品。分为发酵性腌制品和非发酵性腌制品。

6. 速冻制品

速冻制品是指原料经处理后，在 −35～−25℃ 低温下速冻，使果蔬内的水分迅速结成微小的冰晶，然后在 −18℃ 的条件下保存的加工品。速冻制品可更好地保持果蔬原有的色、香、味和营养。

7. 酿造品

酿造品是指以果实为原料，经微生物作用酿制而成的制品。根据微生物的不同，可分为酒精发酵、乳酸发酵和醋酸发酵，其产品分别是果酒、发酵饮料和果醋。

二、果蔬加工的基本原理

1. 干制脱水

果蔬通过干制处理，脱去果蔬内绝大多数游离水及部分结合水，使微生物正常代谢受到抑制，酶的活性也受到抑制，从而达到长期保存果蔬的目的。

2. 高渗透压

利用食糖、食盐能产生较高渗透压，导致微生物细胞的反渗透作用而抑制其活性及酶的活性。微生物生存的渗透压一般在 1013～1692kPa，而糖制品食糖浓度在 65% 以上，可产生 4609kPa 以上的渗透压；5% 以上食盐溶液可产生 3090kPa 以上的渗透压（1% 的食糖可产生 70.9kPa 的渗透压，1% 的食盐可产生 618kPa 的渗透压）。高渗透压的食糖或食盐溶液抑制了微生物的活动，并达到长期保存的目的。如糖制品、腌制品。

3. 密封杀菌

将原料密封于容器中，经排气、密封，隔绝空气和微生物的侵染，并杀死内部微生物，使酶失去活性，达到长期保存的目的。如罐藏制品，其基本保藏原理在于杀菌消灭了有害微生物的营养体，同时应用真空，使可能残存的微生物芽孢在无氧的状态下无法生长活动，从而使罐头内的果蔬保持相当长的货架寿命。

4. 微生物发酵

利用酵母菌、乳酸菌、醋酸菌等有益微生物产生的酒精、乳酸、醋酸来抑制其他有害杂菌的活动，以达到长期保存加工品的目的。如果酒、酸泡菜等。

5. 低温速冻

利用低温（一般－30℃以下）使原料内的水分迅速结成微小冰晶体使微生物及酶失去活性或受到抑制，以达到长期保存的目的。果蔬低温速冻要求在－35～－25℃的低温下，30min 或更短时间内，将新鲜果蔬的中心温度降至冻结点以下，把水分中的 80％尽快冻结成冰，这样就必须应用很低的温度进行迅速的热交换，将其中热量排除。在如此低温条件下进行加工和贮藏，能抑制微生物的活动和酶的作用，可以在很大程度上防止腐败及生物化学作用，新鲜原料则能长期保藏，一般在－18℃下，可以保存 10～12 个月以上。

6. 化学防腐

利用一些能杀死或防止果蔬中微生物生长发育的防腐剂添加到果蔬中，并经其他工艺处理，达到长期保存果蔬的目的。所采用的防腐剂必须是无毒或低毒，不妨碍人体健康，不破坏食品成分，所使用的量必须在国家规定的标准范围内。

三、果蔬加工对原辅料的基本要求及处理

（一）果蔬加工对原料的要求及预处理

1. 果蔬加工对原料的要求

总的要求是要有合适的种类、品种，适当的成熟度和良好、新鲜完整的状态。

2. 果蔬加工原料及预处理

（1）原料的选别、分级与清洗

① 选别与分级。其目的首先，剔除不合乎加工标准的果蔬，包括未熟和过熟的，已腐烂或长霉的果蔬，以及混入原料内的沙石、虫卵和其他杂质，从而保证产品的质量；其次，将进厂的原料进行预先的剔选分级，有利于以后各项工艺过程的顺利进行。

剔选时，将进厂的原料进行粗选，剔除虫蛀、霉变和伤口大的果实，对残次果和损伤不严重的则先进行修整后再应用。

果蔬的分级包括按大小分级、按成熟度分级和按色泽分级三种，视不同的果蔬种类及这些分级内容对果蔬加工品的影响而采用一种或多种分级方法。

② 清洗。清洗的目的在于洗去果蔬表面附着的灰尘、泥沙和大量的微生物以及部分残留的化学农药，保证产品的清洁卫生，从而保证制品的质量。洗涤时常在水中加入盐酸、氢氧化钠、漂白粉、高锰酸钾等化学试剂，既可减少或除去农药残留，又可除去虫卵，降低耐热芽胞数量。近年来，更有一些脂肪酸系的洗涤剂如单甘油酸酯、磷酸盐、糖脂肪酸酯、柠檬酸钠等应用于生产。

果蔬的清洗方法可分为手工清洗和机械清洗两大类。手工清洗简单易行，成本低，适合于任何种类的果蔬，但劳动强度大，效率低。对于一些易损伤的果品如杨梅、草莓、樱桃等，此法较适宜。果蔬清洗的机械种类较多，有适合于质地比较硬和表面不怕机械损伤的李、黄桃、甘薯、胡萝卜等原料的滚筒式清洗机，番茄酱、柑橘汁等连续生产线常应用的喷淋式清洗机等多种类型。应根据生产条件、果蔬形状、质地、表面状态、污染程度、夹带泥土量以及加工方法而选用适宜的清洗设备。

（2）果蔬的去皮　除叶菜类外，大部分果蔬外皮较粗糙、坚硬，虽然有一定的营养成分，但口感不良，对加工制品有一定的不良影响，因而，一般要求去皮。去皮时，只要求去掉不可食用或影响制品品质的部分，不可过度，否则只能增加原料的消耗，且造成产品质量低下。果蔬去皮的方法有以下 3 种。

① 手工去皮。手工去皮是应用特别的刀、刨等工具进行人工削皮。此法去皮干净，损失率少，并兼有修整的作用，还可去心、去核、切分等同时进行。但手工去皮费工、费时，效率低，不适合大规模生产。

② 机械去皮。采用专门的机械进行，常用的去皮机械有：旋皮机，适合于苹果、梨、菠萝等大型果品；擦皮机，适于马铃薯、胡萝卜、荸荠等原料的去皮；专用去皮机，青豆、黄豆等的去皮采用专用的去皮机来完成，菠萝也有专用的菠萝去皮切端通用机等。

③ 碱液去皮。碱液去皮是果蔬原料去皮中应用最广的方法。桃、李、杏、苹果、胡萝卜等果蔬，外皮由角质、半纤维素等组成，果肉由薄壁组织组成，果皮与果肉之间为一层中胶层，富含果胶物质，将果皮与果肉连接。当果蔬与碱液接触时，果皮的角质、半纤维素易被碱液腐蚀而变薄乃至溶解，中胶层的果胶被碱液水解而失去胶凝性，而果肉的薄壁细胞膜比较抗碱。因此，碱液处理能使果蔬的表皮剥落而保持果肉。

碱液去皮常用的碱有氢氧化钠、氢氧化钾或二者的混合物、碳酸氢钠。碱液去皮有碱液浓度、处理时间和碱液温度三个重要参数，应视不同的果蔬原料种类、成熟度和大小而定。碱液浓度高、处理时间长及温度高会增加皮层的松离及腐蚀程度。适当增加任何一项，都能加速去皮作用。如温州蜜柑囊瓣去囊衣时，0.3%左右的碱液在常温下需 12min 左右，而 35～40℃时只需 7～9min，0.7%的浓度在 45℃下，5min 即可。故生产中必须视具体情况灵活掌握，以处理后经轻度摩擦或搅动能脱落果皮，且果肉表面光滑为适度的标志。

经碱液处理后的果蔬必须立即在冷水中浸泡、清洗，反复换水、淘洗，除去果皮及黏附碱液，漂洗至果块表面无滑腻感，口感无碱味为止，或用 0.25%～0.5%的柠檬酸或盐酸浸渍几秒钟中和碱液，再用水漂洗除去盐类。

碱液去皮的处理方法有浸碱法和淋碱法两种。

a. 浸碱法。又分冷浸和热浸。将一定浓度的碱液装在特制的容器（热浸常用夹层锅）中，投入果蔬，并振荡使碱液均匀，浸泡一定时间后取出搅动、摩擦去皮、漂洗既可。

b. 淋碱法。将热碱液喷淋于输送带上的果蔬上，淋过碱的果蔬进入转筒内，在冲水的情况下与转筒的边翻滚摩擦去皮。杏、桃等去皮常用此法。

此外，在果蔬的去皮中还运用热力去皮、酶法去皮、冷冻去皮、真空去皮等方法。

（3）原料的切分、破碎、去心（核）、修整　体积较大的果蔬原料在罐藏、干制、腌制及加工果脯蜜饯时，为了保持适当的形状，需要适当的切分。切分的形状则根据产品的标准和性质而定。加工果酒、果蔬汁等制品，加工前需破碎，使之便于压榨和打浆，提高出汁率。核果类加工前需去核、仁果类则需去心。有核的柑橘类果实制罐时需去除种子。枣、金柑、梅等加工蜜饯时则需划缝、刺孔。

果蔬的破碎常由破碎机完成。刮板式打浆机常用于打浆、去籽。制作果酱时果肉的破碎也可采用绞肉机进行。葡萄的破碎、去梗、送浆联合机为葡萄酒厂的常用设备。

上述工序在小量生产和设备较差时一般手工完成，常借助专用的小型工具如通核器、去核心器、刺孔器等；规模生产常用如劈桃机、多功能切片机、专用切片机等专用机械。

（4）烫漂　果蔬的烫漂，即将已切分的或经其他预处理的新鲜果蔬原料放入沸水或热蒸汽中进行短时的热处理。目的在于钝化活性酶、防止褐变；软化和改进组织结构；稳定和改进色泽；除去部分辛辣味和其他不良风味；降低果蔬中的污染物和微生物数量。但烫漂同时要损失一部分营养成分，热水烫漂时，果蔬视不同的状态要损失相当的可溶性固形物。据报道，切片的胡萝卜用热水烫漂 1min 即损失矿物质 10%，整条的也损失 7%。另外，维生素C及其他维生素也受到一定损失。

果蔬烫漂可用手工在夹层锅内进行，现代化生产采用专门的连续化预煮设备，依其输送物料的方式，目前主要的预煮设备有链带式连续预煮机和螺旋式连续预煮机等。果蔬漂烫的程度，应根据果蔬的种类、形状、大小、工艺等条件而定。果蔬的常见烫漂参数见表 7-1，烫漂后的果蔬要及时浸入冷水中冷却，防止过度受热，组织变软。

（5）工序间的护色　果蔬去皮和切分之后，与空气接触会迅速变成褐色，从而影响外观，也破坏了产品的风味和营养品质，这种褐变主要是酶促褐变。为防止酶促褐变，可采取以下措施。

表 7-1 几种果蔬烫漂的参考条件

种　类	温度/℃	时间/min	备　注
桃	95～100	4～8	罐藏常用 0.1%的柠檬酸液
梨	98～100	5～10	罐藏常用 0.1%～0.2%柠檬酸液
金柑	90～95	15～20	罐藏用 2%的食盐水
苹果	90～95	15～20	
豌豆	100	3～5	
青刀豆	100	3～4	
花椰菜	95	3～4	
蘑菇	100	5～8	罐藏用 0.1%的柠檬酸液
莲子	100	10	常用 0.1%的柠檬酸液
蚕豆	100	10～20	0.2%的柠檬酸液
荸荠	100	20	0.015%的磷酸钠液
莲藕	100	10～15	0.4%的柠檬酸液
胡萝卜	95～100	10～20	0.1%～0.15%的柠檬酸液
黄秋葵	95	2～4	0.2%的柠檬酸液
石刁柏	90～95	2～5	
带穗甜玉米	95	2	
菠菜	95	2	
芹菜	95	2	

① 烫漂护色。烫漂可钝化活性酶、防止酶褐变、稳定和改进色泽，已如前述。

② 食盐溶液护色。将去皮或切分后的果蔬浸于一定浓度的食盐溶液中可护色。原因是食盐对酶的活力有一定的抑制和破坏作用；另外，氧气在食盐水中的溶解度比空气小，故有一定的护色作用。果蔬加工中常用 1%～2%的食盐溶液护色。蘑菇也可用近于 30%的高浓度盐渍并护色。

③ 亚硫酸盐护色。亚硫酸盐既可防止酶褐变，又可抑制非酶褐变。常用的亚硫酸盐有亚硫酸钠、亚硫酸氢钠和焦亚硫酸钠等。

④ 有机酸溶液护色。有机酸既可降低 pH 值，抑制多酚氧化酶活性，又可降低氧气的溶解度而兼有抗氧化作用。常用的有机酸有柠檬酸、苹果酸和抗坏血酸。生产上一般采用浓度为 0.5%～1%的柠檬酸。

⑤ 抽空护色。某些果蔬如苹果、番茄等，组织较疏松，含空气较多，易引起氧化变色，需抽空处理。所谓抽空是将原料置于糖水或无机盐水等介质中，在真空状态下，使表面和果肉内的空气释放出来，从而抑制多酚氧化酶的活性，防止酶褐变。

（二）果蔬加工对水质的要求及处理

1. 果蔬加工对水质的要求

凡与果蔬直接接触的用水，应符合饮用水标准：无色，澄清，无悬浮物，无异味异臭，无致病细菌，无耐热性微生物及寄生虫卵；不含对健康有害的有毒物质。此外，水中不应含有硫化氢、氨、硝酸盐和亚硝酸盐等，因为这些物质的存在表示水中曾有腐败作用发生或被污染；也不应含有过多的铁、锰等盐。

硬度过大的水也不适合做加工用水，硬水中的钙盐与果蔬中的果胶酸易结合生成果胶酸钙而使果肉变硬。镁盐味苦，若 1L 水中含有 MgO 40mg 便尝出苦味。钙、镁盐易与果品中的酸化合生成溶解度小的有机酸，并与蛋白质生成不溶性物质，引起汁液浑浊或沉淀。蜜饯制坯、泡菜腌制可以使用硬水。

来源于地下深井的水和自来水，若硬度符合要求，可直接用于加工；来源于河流、湖泽、水库的水必须经过澄清、软化、清毒等处理与净化，才能使用。水中杂质分为悬浮杂质和溶解杂质两大类，悬浮杂质如泥沙、虫、卵、原生动物、藻类、细菌、病毒、高分子有机物如蛋白质、腐殖酸等，可通过澄清过滤除去。溶解杂质有盐类及气体，可通过软化和脱盐处理除去。通过这些处理后，水中还存在部分的致病菌，可通过消毒等净化处理除去。

2. 水的处理

(1) 澄清　将水经置于贮水池中，待其自然澄清，约可除去 $60\%\sim70\%$ 的粗大的悬浮物及泥沙。但水中的细小悬物和胶体物质，放置长时间也难以达到透明程度，有时还带色度和臭味。要除去这些细小悬浮物和胶体物质可采用两种途径，一种是在水中加入混凝剂，使水中细小悬浮物及胶体物质互相吸附结合成较大的颗粒，从水中沉淀出来，此过程称为混凝；另一种方法是使细小悬浮物和胶体物质直接吸附在一些相对巨大的颗粒表面而除去，称为过滤。

① 自然澄清。将水置于贮水池中，待其自然澄清，仅能除去水中较大的悬浮物。

② 过滤。水流经一种多孔或具有孔隙结构的介质（如砂、木炭）时，水中的一些悬浮物或胶态杂质便被截留在介质的孔隙或表面上，使其澄清。常用的过滤介质有砂、石英砂、活性炭、磁铁矿粒、大理石等。

③ 加混凝剂澄清。自然水中悬浮物质表面一般带负电荷，当加入的混凝剂水解，生成不溶性带正电荷的阳离子时，便发生电荷中和而聚集下沉，使水澄清。常用的混凝剂为铝盐及铁盐。铝盐主要有硫酸铝和明矾。铁盐有硫酸盐铁、硫酸铁及三氯化铁等。

混凝澄清是在沉淀槽中完成的，沉淀槽底稍倾斜以便清除泥沙。混凝剂先配成一定浓度的溶液，与河水同时进入沉淀槽充分混合，使水中的泥沙及悬浮物凝集沉凝于槽底。

(2) 消毒　经澄清处理的水，仍含有大量微生物，特别是致病菌与抗热微生物，须进行消毒。一般采用氯化法，常用的有漂白粉、漂白精、液态氯等。漂白粉的用量，以输水管的末端放出水的余氯量在 $0.1\sim0.3mg/L$ 为宜。此外臭氧、紫外线、微波常用于专用水消毒。

(3) 软化　水的硬度有暂时硬度和永久硬度之分。水中含有钙、镁碳酸盐的称暂时硬水，含钙、镁硫酸盐或氯化物的称为永久硬水，暂时硬度和永久硬度称总硬度。天然水经澄清、消毒后，水的硬度若不合要求，须软化处理。

① 加热法。可除去暂时硬度。
$$Ca(HCO_3)_2 \longrightarrow CaCO_3 \downarrow + H_2O + CO_2 \uparrow$$
$$Mg(HCO_3)_2 \longrightarrow MgCO_3 \downarrow + H_2O + CO_2 \uparrow$$

② 加石灰与碳酸钠法。加石灰可使暂时硬水软化，反应如下：
$$Ca(HCO_3)_2 + Ca(OH)_2 \longrightarrow 2CaCO_3 \downarrow + 2H_2O$$
$$Mg(HCO_3)_2 + Ca(OH)_2 \longrightarrow MgCO_3 \downarrow + CaCO_3 \downarrow + 2H_2O$$

加碳酸钠能使永久硬水软化，反应如下：
$$CaSO_4 + Na_2CO_3 \longrightarrow CaCO_3 \downarrow + Na_2SO_4$$
$$MgSO_4 + Na_2CO_3 \longrightarrow MgCO_3 \downarrow + Na_2SO_4$$

③ 离子交换法。当硬水通过离子交换器内的离子交换剂层时即可软化。离子交换剂有阳离子交换剂与阴离子交换剂两种，用来软化硬水的为阳离子交换剂，阳离子交换剂常用钠离子交换剂和氢离子交换剂。离子交换剂软化水的原理，是软化剂中的 Na^+ 或 H^+ 离子与水中的 Ca^{2+}、Mg^{2+} 等离子进行交换，把水中的 Ca^{2+}、Mg^{2+} 交换出来，硬水即被软化了，反应如下：
$$CaSO_4 + 2R\text{-}Na \longrightarrow Na_2SO_4 + R_2Ca$$
$$Ca(HCO_3)_2 + 2R\text{-}Na \longrightarrow 2NaHCO_3 + R_2Ca$$
$$MgSO_4 + 2R\text{-}Na \longrightarrow Na_2SO_4 + R_2Mg$$
$$Mg(HCO_3)_2 + 2R\text{-}Na \longrightarrow 2NaHCO_3 + R_2Mg$$

式中，R-Na 为钠离子交换剂分子式的简写，R 代表它的残基。硬水中 Ca^{2+}、Mg^{2+} 被 Na^+ 置换出来，残留在交换剂中，当钠离子交换剂中的 Na^+ 全部被 Ca^{2+}、Mg^{2+} 代替后，交换层就失去了继续软化水的能力，这时就要用较浓的食盐水溶液进行交换剂的再生。反应如下：

$$R_2Ca + NaCl \longrightarrow 2R\text{-}Na + CaCl_2$$
$$R_2Mg + NaCl \longrightarrow 2R\text{-}Na + MgCl_2$$

④ 反渗透法。反渗透法是以一种半透膜为介质，对被处理水的一侧施以压力，使水穿过半透膜，而达到除盐的目的。它具有透水量大和脱盐率高（90％）的特点，并且水的利用率也高。

复习思考题

1. 干燥处理对微生物和酶有何影响？
2. 简述焙烤机理。
3. 高渗透压的原理是什么？
4. 果蔬原料预处理有哪些措施？

【实验实训一】 小麦面粉面筋含量的测定

一、目的与要求

小麦是人类的主食之一，它富含淀粉、蛋白质和 B 族维生素。尤其是蛋白质含量一般达 11％～15％，蛋白质吸水后强烈水化，生成一种结实而具有弹性的软胶状面筋，烤制面包时，面包的品质取决于面筋的数量和品质。因此，面筋的含量是衡量小麦品质的一个重要指标。通过实验实训，掌握测定小麦面筋含量的方法。

二、材料与器具

1. 材料　特制一等粉、特制二等粉、标准粉、普通粉或小麦籽粒。
2. 器具　电热烘箱、天平（感量 0.01g）、搪瓷碗、脸盆或玻璃缸、圆孔筛（直径 1.0mm）、玻璃板（9×16cm，厚 3～5mm）两块、玻棒、表面皿及滤纸等。

三、方法与步骤

1. 小麦湿面筋含量的测定
（1）称样　称取不同类型的面粉试样（W）：特制一等粉 10g，特制二等粉 15g，标准粉 20g，普通粉 25g（或称取籽粒 100g 磨成面粉，过筛）。分别放于洁净搪瓷碗中，加入相当于试样一半的室温水（20～25℃），用玻璃棒搅拌，再用手和成面团，直到不粘碗、不粘手为止，然后放入盛有水的烧杯中，在室温下静止 20min。
（2）洗涤　将面团放入具有圆孔筛的面盆水中，用手轻轻揉捏，洗去面团内的淀粉、麸皮等物质。在揉洗过程中注意更换脸盆中清水数次（换水时注意筛上是否有面筋散失），反复揉洗至面筋挤出的水遇碘液无蓝色反应为止。
（3）排水　将洗好的面筋放在洁净的玻璃板上，用另一块玻璃板压挤面筋，排出面筋中的游离水，每压一次后取下并擦干玻璃板。反复压挤直到稍感面筋黏手或粘板为止（约压挤 15 次）。也可采用离心排水，可控制离心机转速在 3000r/min，离心 2min。
（4）称重　将排水后的面筋放在预先烘干称重的表面皿或滤纸（W_0）上，称得总重量（W_1）。
（5）结果计算

$$湿面筋含量 = \frac{W_1 - W_0}{W} \times 100\%$$

2. 小麦干面筋含量的测定

(1) 将上述已称量的湿面筋在表面皿或滤纸上摊成一薄层状，放入105℃电烘箱内烘 2h 左右，取出冷却称重，再烘 30min，冷却称重，直至两次重量差不超过 0.01g，得干面筋和表面皿（或滤纸）共重（W_2）。

(2) 结果计算

$$干面筋含量 = \frac{W_2 - W_0}{W} \times 100\%$$

式中，W_0 为表面皿（或滤纸）重量，g；W_1 为湿面筋和表面皿（或滤纸）总重量，g；W_2 为干面筋和表面皿（或滤纸）总重量，g；W 为试样重量，g。

两次试验结果允许差，湿面筋不超过 1.0%，干面筋不超过 0.2%，求两次结果的平均数，测定结果取小数点后一位。

四、实训思考

将测定结果填入下表，并进行比较分析和评定。

不同类型面粉面筋含量测定结果

名 称	湿面筋含量/%	干面筋含量/%

【实验实训二】 果蔬加工中的护色

一、目的与要求

在加工中尽量保持果蔬原有美丽鲜艳的色泽，是加工的目标之一，但是原料中所含的各种化学物质，在加工环境条件不同时，会产生各种不同的化学反应而引起产品色泽的变化，甚至是色泽上的劣变。通过实验实训，掌握新鲜果蔬易产生的色泽变化及抑制变色的方法。

二、材料、用具与试剂

1. 材料 马铃薯、苹果等。

2. 用具 电炉、铝锅、水果刀、漏勺、搪瓷盘子（每组七个）、烘箱、天平、量筒、烧杯等。

3. 试剂 0.5%愈疮木酚（或联苯胺）、3%过氧化氢、1%邻苯二酚、偏重亚硫酸钾（或其他亚硫酸盐类）、柠檬酸、食盐等。

三、方法与步骤

1. 观察酶褐变的色泽变化

(1) 马铃薯去皮→切成 3mm 厚的圆片→在切面滴 2~3 滴 1.5%愈疮木酚和 2~3 滴 3%的过氧化氢→观察酶褐变的色泽。由于马铃薯中过氧化物酶的存在，愈疮木酚与过氧化氢经酶的作用，脱氢而产生褐色的络合物。

(2) 苹果人工去皮→切成 3mm 厚的圆片→滴 1%邻苯二酚 2~3 滴→观察酶褐变的色泽。由于多酚氧化酶存在，而使原料变成茶褐色或深褐色的络合物。

2. 防止酶褐变的方法

（1）热烫 马铃薯片→投入沸水→待再次沸腾开始计时，每隔 1min，取出 1 片马铃薯→在切面上分别滴 2～3 滴 1.5％愈疮木酚和 3％过氧化氢→观察其变色的速度和程度→直至不变色为止，将剩余的马铃薯片投入冷水中及时冷却。

（2）化学试剂处理

① 切片的苹果→投入 1％NaCl 溶液中→护色 20min→沥干→观察其颜色，并记录。

② 切片的苹果→投入 0.5％$C_6H_8O_7 \cdot H_2O$ 溶液中→护色 20min→沥干→观察其颜色，并记录。

③ 切片的苹果→投入 0.2％$K_2S_2O_5$ 溶液中→护色 20min→沥干→观察其颜色，并记录。

（3）将去皮后的马铃薯、苹果各取 3 片→静置空气中 10min→观察其颜色，并记录。

（4）将以上（1）、（2）、（3）处理的马铃薯及苹果片放入 55～60℃烘箱→恒温干燥→观察经各种处理和未处理（对照）样品干燥前后色泽的变化情况，并进行记载。

（5）隔氧试验 用不锈钢刀切取苹果、马铃薯各 6 片，4 片浸入一杯清水中，2 片置于空气中，10min 后，观察记录现象，然后，从杯中取出 2 片置于空气中，10min 后再观察比较。

四、实训思考

1. 仔细观察，写出不同处理产品的颜色，并分析原因。

2. 仔细观察烘干前后不同处理产品颜色的变化，并分析原因。

第八章 粮油加工技术

【学习目标】

通过学习，了解粮油加工技术的相关概念、基本原理；掌握小麦制粉、稻谷加工工艺及各类稻谷精深加工工艺、豆制品加工工艺流程；重点掌握植物油脂的毛油提取工艺流程及提取方法及油脂精深加工技术。

粮食和油料是主要的农产品，粮油加工产品是我国人民膳食结构的主体，粮油工业是我国食品工业的重要组成部分。特别是在我国主要农产品产量不断提高、供应充足的情况下，粮油加工与转化对促进农业发展，提高农产品的附加值，振兴农村经济，繁荣市场和提高人民生活水平具有重要意义。

第一节 粮食制品加工

以粮食为基础原料的加工制品很多，本节主要介绍小麦、稻谷及豆制品的加工工艺。

一、小麦的加工

小麦是我国的主要粮食作物，制粉主要采用机械手段，磨碎籽粒，筛除麸皮，获取一定细度的相同等级或不同等级的面粉，开展小麦制粉工艺和面制品加工技术研究有着重要的意义。

1. 小麦的清理流程

小麦的清理流程简称麦路，指从原粮小麦经一系列的处理达到入磨净麦要求的整个过程，包括小麦的清理、小麦的搭配和水分调节等过程。

小麦的清理流程是小麦清理、水分调节等各环节的组合。麦路有长有短，其长短及配置方式，取决于含杂情况、小麦类型及含水量、面粉质量要求、设备条件等因素。

比较完整的麦路包括小麦输送、搭配、三筛、两打、去石、精选、水分调节等过程，如：

小麦输送→配麦→筛选→磁选→去石→精选→打麦→筛选→着水→润麦→磁选→打麦→筛选→磁选→净麦入磨。

经过清理的小麦，尘芥杂质不能超过0.3%，其中砂石不能超过0.02%，粮谷杂质不能超过0.5%，不得含有金属杂质。

2. 小麦的研磨及筛理

经过小麦清理流程，净麦进入制粉工艺流程，小麦制粉流程简称粉路，小麦制粉的任务是将净麦破碎，将胚乳研磨成一定细度的面粉，刮尽麸皮上的胚乳，分离出混在面粉中的细小麸屑。粉路主要包括研磨、筛理、清粉和刷麸等环节。

(1) 小麦的研磨 研磨是小麦制粉的主要环节。研磨过程可完成将麦粒破碎、刮净麸皮上的胚乳、将胚乳磨成面粉的任务。研磨主要采用辊式研磨机，主要构件是一对以不同速度相向旋转的磨辊，磨辊表面拉成齿数和齿角不同的磨齿。两磨辊间轧距很小，为0.07~1.2mm，通过液压装置调整两个磨辊的轧距，两磨辊在相向旋转过程中，完成对麦粒及各种在制品的研磨。

(2) 筛理 筛理是用一定大小筛眼的筛子将经磨研后的混合货料中不同体积的货料分选出来的操作。经过筛理，将已磨研成的面粉筛出，将未磨制成面粉的在制品，根据颗粒大小分选出来，分别送入下一道磨继续进行剥刮和研轧。小麦自进入第一道皮磨开始，每经过一次磨研，货料体积即发生大小不同的变化，这就必须借筛理的作用把其分开，才能分别继续进行处理。筛理工作是根据货料体积大小不同的基本原理加以分离的。

筛理路线应根据所加工的小麦的质量、成品的质量要求、各系统中在制品的物理特性及质量、工厂的设备条件及设备性能以及操作指标等进行安排。磨制不同等级的面粉，筛路安排不同。

（3）清粉　在生产高等级面粉时，为了减少面粉中麸星的含量，提高面粉质量，可在研磨和筛理过程中，安排清粉工序，其目的是分离碎麸皮、连粉麸皮和纯洁粉粒，提高面粉质量，并降低物料温度。将清粉得到的纯洁粉粒，送入心磨制粉。

清粉是在物料进入心磨磨制面粉时，将碎麸皮、连粉麸皮与纯洁粉粒借吸风与筛理分开，这样，经清粉后进入心磨的粉粒，研磨成粉后的粉色、粉质均较未清理的为佳。清粉设备主要由筛格和吸风装置组成。

（4）刷麸或打麸　刷麸或打麸是利用旋转的扫帚或打板，把黏附在麸皮上的粉粒分离下来，并使其穿过筛孔成为筛出物，而麸皮则留在筛内。刷麸、打麸工序设在皮磨系统尾部，是处理麸皮的最后一道工序。

（5）粉路的设计　一般制粉厂的麦路比较稳定，但粉路安排却是多变的，尤其是在磨制不同面粉时，差别更大。

① 粉路的繁简。粉路的繁简主要应根据对面粉质量的要求来决定。一般面粉要求高，粉路就要复杂些，面粉要求低，粉路就可简单些。在小麦被破碎后需分成颗粒不同的各种货料加以分别处理时，粉路势必趋繁。在磨制同等质量的面粉时，如果原料小麦质量相同，制粉工厂规模和设备条件也相同，则粉路也应大体相同。

② 粉路的长短。粉路长，则小麦经过的磨研和筛理的次数多。粉路短，则小麦经过磨研和筛理的次数少。粉路长短主要也是根据对面粉的要求来决定，一般磨制高等级粉的粉路应该长些，磨制低等级粉的粉路可以短些。粉路长短和粉路繁简是有一定联系的，长粉路往往繁杂，短粉路往往比较简单。粉路长短也是有一定限度的，粉路过长，超过了需要，也就影响设备的充分利用，影响产量。粉路过短，满足不了需要，就要影响成品和出粉率。粉路的长短以适应小麦和成品的要求才为合理。

③ 货料的分级。小麦被破碎以后，主要在前、中路系统进行分级，即对 Ⅰ、Ⅱ、Ⅲ 皮的货料加以分级，后路 Ⅳ、Ⅴ 皮的货料不再分级。前、中路分级可以提前取粉，减轻后路负荷，有利于后路磨研和剥刮。前路货料的颗粒体积相差悬殊，也便于分级。

小麦单机制粉不进行分级，物料每经一次研磨，筛理提取一次面粉，其余部分继续研磨、筛理，这样反复进行 4～5 次。进行分级的制粉工艺流程，粉路长短、繁简均不同，如 3 皮 1 心、4 皮 1 心、3 皮 2 心、4 皮 2 心、4 皮 3 心、4 皮 3 心 1 渣等。

3. 小麦剥皮制粉

要想获得高质量的面粉，粉路就比较繁和长，操作也有较大难度。最理想的制粉工艺应该是先把麦粒皮层剥除，再将胚乳研磨成面粉，这样既简化了制粉程序，又可提高面粉质量和出粉率。经过基本清理程序的小麦利用碾米机碾除部分皮层，碾除部分皮层的小麦再适当着水，以简化粉路，进行碾磨、筛理，并获取面粉。近几年，利用特制的砂辊碾麦机，轻碾、磨削麦粒皮层，去皮幅度较大，基本上保留糊粉层，但仍难于完全去除腹沟部分的皮层。剥皮后的小麦，为简化粉路和生产高等级面粉，提高出粉率，打下了很好的工艺基础。

4. 面粉产品处理

（1）杀虫　制粉厂均配备面粉撞击杀虫机，可以杀死面粉中各虫期的害虫及虫卵，延长安全储藏期。

（2）漂白、熟化　小麦胚乳含有叶黄素、类胡萝卜素等色素，所以新制小麦粉颜色略黄。面粉经过 2～3 周储藏后，在空气的氧化作用下使色素破坏，面粉颜色变白，同时筋力也因氧化作用而有所增强，这就是面粉的自然熟化。现代化面粉厂常采用加速面粉熟化的方法，并借以调整面粉作为各种食品原料的功能。面包用粉和多用粉拌入过氧化二苯甲酰粉剂，只起单纯的漂白作用；氯气漂白会损害面包用粉的筋力，但却能显著改善蛋糕用粉的性能。

（3）空气分级　小麦面是由大小不同的粉粒组成的，小的 $1\mu m$ 以下，大的约 $200\mu m$。不同大小粉粒的蛋白质含量不同，根据这一情况，即可得到高蛋白小麦粉（粉粒小于 $17\mu m$）、低蛋白小麦粉（粉粒大小在 $17\sim40\mu m$）和一般蛋白质含量的小麦粉（粉粒大于 $40\mu m$）。低蛋白质含量的面粉含蛋白质比原小麦胚乳少约一半，是制作糕点的理想原料。

现代化制粉针对粮食食品多样化和提高食品质量的需要，利用选择原麦、面粉空气分级或将不同粉质面粉混合调配等方法，生产专供某种食品使用的小麦粉，即各种专用粉。也可进一步将食品配料与小麦粉混合配制，用户只需加水烘焙即可制成某种食品，即各种预合粉，如发酵粉、蛋糕粉等，这是我国制粉业的发展趋势。

二、稻谷的加工

稻谷原产于中国南部及印度，后相继传入日本及世界各地，现在已是世界上产量最大的粮食作物之一，也是国内重要的粮食作物。

1. 稻谷加工工艺

稻米作为食品无论是粒食（米饭）或是粉食（米粉、米糕），都要经过砻谷（脱壳）、碾米这一初加工过程，使稻谷除去外壳并碾成白米。稻谷制米的加工工艺过程包括清理、砻谷、谷糙分离、碾白（碾米）、米糠分离等几个主要步骤。

（1）清理　稻谷的清理是利用其物理性质，采用筛选、风选、相对密度分选、磁选等方法实现的，具体清理设备很多，如初清筛、振动筛、密度去石机（比重去石机）、吸铁箱等。

（2）砻谷　砻谷是用砻谷机除去稻谷的外壳而获得糙米的过程。现在一般使用胶辊砻谷机，该机由两个相互平行、富有弹性的橡胶内衬、橡胶圆辊或聚酯合成的胶辊组成，橡胶内衬有铁芯。工作时以相对方向旋转，两胶辊转速不同，前快后慢，两辊的间距可以自由调节，当稻谷单层从两胶辊中通过时，由于胶辊轧距小于稻谷谷粒厚度，同时由于辊筒旋转时的线速度不同，稻谷受到两个胶面的挤压力和摩擦力作用而使稻壳破裂并与糙米分离。砻谷时根据不同品种稻谷所需的压力，通过调节两辊之间的距离来调节压力的大小，压力过大，会使米粒变脆、变色，缩短辊筒寿命。除胶辊砻谷机外，还有砂盘砻谷机、离心砻谷机和辊带砻谷机等。

（3）谷糙分离　经过砻谷的砻下物是一种谷糙混合物，需经过谷糙分离得到纯（净）糙米，才能进入碾白（碾米）处理工序。谷糙分离的方法很多，国内主要是采用筛选的方法。谷糙分离后，糙米便送到碾米机碾白，尚未脱壳的稻谷则重新回到砻谷机再次进行脱壳。

（4）碾白　碾米是将糙米表面含纤维素多且难以消化的皮层除去，使之成为白米的过程。当前主要采用多机碾白，即糙米经过多台串联的米机碾制成一定精度白米的过程称为多机碾白。

（5）擦米　擦米的目的是擦除黏附在白米表面的糠粉，使白米表面光洁，提高成品米的外观、色泽。这不仅有利于成品米的贮藏与米糠的回收，还可使后续白米分级设备的工作面不易堵塞，保证分级效果。

（6）凉米　凉米的目的是降低白米的温度。凉米大都采用流化槽或风选器。流化槽不仅可起降低米温作用，而且还可吸除白米中的糠粉，提高成品米的质量。

（7）白米分级　白米分级的目的是从白米中分出超过质量标准规定的碎米，分级的重要依据就是成品米含碎米的多少。白米分级工序必须设置在擦米、凉米之后，这样才可避免堵孔。

（8）包装　包装的目的是保持成品米质，便于运输和保管。包装形式多使用麻袋，不过采用小包装、真空包装、充气包装的产品也越来越多。

2. 稻谷深加工工艺

　　稻谷深加工是在初加工基础上，采用一定的方法将稻谷（或普通大米）制成各种精细适口、富有营养的特种米，如水磨米、免淘米、蒸谷米、强化米、胚芽米等。

　　（1）水磨米与免淘米　这两种产品具有米质纯净、米色洁白、米粒晶莹发亮和食用前不需淘洗等优点，但加工方法完全不一样。水磨米素有"水晶米"之称，是通过渗水碾磨的方法使得米粒表现出一种天然的光泽；免淘米是通过分层研磨和添加抛光剂的方法给米粒表面涂上一层有光物质，外观更甚于水磨米。

　　① 水磨米。水磨米加工法与常规碾米法的不同之处在于渗水研磨，其他工艺完全相同。渗水碾磨的目的在于利用水来软化糙米糠层，以便用较为轻缓的碾磨压力，提高整米率；同时利用水分子在米粒与碾磨室构件之间及米粒与米粒之间形成一层水膜，使碾米光滑细腻，借助水的作用对米粒表面进行水洗，除净米粒表面黏附的糠粉。

　　渗水碾磨以渗热水为好，加工水磨米的关键是掌握好适宜的渗水量，具体渗水量应视稻谷品种、水分、大米精度等级、米温和天气情况而定。渗水碾磨工艺由白米除糠去碎、渗水碾磨、冷却及分级等工序组成。除糠去碎的目的是为了提高水磨的效果。水磨后，大米应及时冷却以散发残留在表面的水分。

　　② 免淘米。免淘米的加工工艺除了常规制米法中的清理、砻谷、谷糙分离和碾白等必要工序外，还增加了糙米精选、深层碾磨、白米抛光、成品分级和密封小包装等几道新的工序。

　　生产流程为：清理→砻谷→脱壳→谷糙分离→糙米精选→碾白去糠→深层碾磨→白米抛光→成品分级→密封包装。

　　其与常规碾米法的区别集中体现在糙米精选、深层碾磨和白米抛光三道工序上。

　　白米抛光是生产免淘米的关键，它是用抛光剂水溶液喷涂在米粒表面，使之形成一层极薄的凝胶膜，从而产生珍珠光泽，使米粒外观晶莹如玉。这方面已有定型的抛光设备。

　　（2）蒸谷米、胚芽米和营养强化米　蒸谷米、胚芽米和营养强化米都是为了增加成品大米的营养价值，但所用方法各不一样。蒸谷米是通过湿热处理法将留存在米糠层的营养物质转移至米粒内部；胚芽米则是通过特殊的碾磨方式将富含营养素的胚芽留存在成品米粒中；而强化米则是通过外加营养的方法来提高大米粒的营养价值。

　　① 蒸谷米加工工艺。清理后的稻谷经过浸泡、汽蒸、干燥与冷却等水热处理后，再进行砻谷、碾米，所得到的成品米称为蒸谷米。全世界稻谷总产量的 1/5 被加工成蒸谷米。

　　生产工艺流程为：原粮→清理→浸泡→汽蒸→干燥与冷却→砻谷→碾米→蒸谷米。

　　除稻谷清理后经水热处理（浸泡、汽蒸、干燥与冷却）以外，其他工序与普通大米的生产工艺基本相同。

　　② 胚芽米（留胚米）加工工艺。留胚米是指米胚保留率在 30% 以上的大米。米胚中含有多种维生素及优质蛋白质、脂肪，营养价值高，有助于增进人体健康。留胚米的生产方法与大米基本相同，需经过清理、砻谷，但碾米机内压力要低，使用的碾米机应为砂辊碾米机。留胚米因保留胚多，在温度、水分适宜的条件下，微生物容易繁殖，因此，留胚米常采用真空包装或充气（二氧化碳）包装，防止留胚米品质降低。

　　③ 营养强化米加工工艺。营养强化米是在普通大米中添加某些缺少的营养素或特需的营养素制成的成品米。对大米来说，可强化的营养素包括：水溶性维生素，如维生素 B_1、维生素 B_2、维生素 B_5（泛酸）、维生素 B_6 和维生素 C；脂溶性维生素，如维生素 A、维生素 D 和维生素 E；氨基酸，如赖氨酸和蛋氨酸；矿物质，如 Ca、Fe、Zn 等。国内目前尚未制定统一的大米营养强化标准。

　　生产营养强化米归纳起来可分为外加法与内持法。内持法是借助保存大米自身某一部分的营养素达到营养强化目的，蒸谷米就是以内持法生产的一种营养强化米。外加法是将各种营养强化剂配成溶液，由米粒吸收或涂覆在米粒表面，具体有浸吸法、涂膜法、强烈型强化法等。

三、豆制品的加工

1. 豆浆（乳）的加工

（1）基本制作方法　豆浆又称豆乳，制法是：先将大豆放于水中浸渍，浸渍时间随水的温度不同而改变，冬季约浸 15h，夏季浸 7～8h 即可。大豆浸渍后体积胀大 2.5 倍，浸渍完毕用石磨或磨浆机研磨，同时不断加水，此时用水量约为原料大豆的 1.5～2 倍。然后于细浆中加入适量的水，加热，这时会产生许多泡沫，为防止泡沫外溢，加热前应预先加消泡剂，如脂肪酸等。加热方式可以直接加热或通入蒸汽加热至 100℃并保持 3～5min，这样可除去一些大豆的生豆腥味，同时使大豆的蛋白质、糖类、无机盐等易于溶到大豆蛋白浆中，并兼有杀菌作用，还可破坏生大豆中的生理有害物质。加热后用滤布过滤或压滤，使豆浆与豆渣分离。使用压榨机者，先把豆浆装入滤袋中，压榨以豆渣中水分愈少愈好，这样所得豆浆数量，以 10kg 大豆计，约为 90～100kg，其中固形物 5％～6％，蛋白质 2％～3％。另有含水分 80％左右的豆渣约 13kg。

（2）去豆腥味的方法　按一般加工法所得的豆乳，含有大豆固有的豆腥味，改良法可以避免以上缺点。

具体方法为：①将大豆干热（120～200℃）处理 10～30s，可使产生豆腥味的脂氧合酶失活，破坏有害成分（胰蛋白酶抑制素、皂苷、血细胞凝集素等）；②冷却至常温，脱皮；③用 0.5％～1.0％（pH 为 10～12）的碱性钾盐溶液浸泡（50～90℃）3～17h，使大豆胀润软化，同时可使大豆磨浆后容易乳化，制品稳定性好，耐热；④水洗，沥干，以使大豆 pH 值 7.5～8 为宜；⑤磨浆（边磨边加水，也可磨完后加水冲淡）；⑥生豆浆（pH 值 7.5～8）用蒸汽加热至 90℃，再加入糖和其他调味料及添加物；⑦均质化；⑧中和，可利用柠檬酸、醋酸、酒石酸等有机酸进行；⑨杀菌（120℃，3s）；⑩冷却（至 7℃），即为成品。另外也可以在中和后再次进行均质处理，然后再杀菌、冷却，这样成品组织性状更佳。

按此法加工的豆乳，无豆腥味、组织性状优、风味和适口性佳，不含对人体生理有害的物质，保存性好，成品得率高，价格低廉。

2. 豆腐制品的加工

（1）北豆腐的加工方法　北豆腐是豆腐类产品之一，其加工工艺是典型的两段加工法，即大豆蛋白质的提取和豆腐制品成形。

基本工艺流程为：选豆→浸泡→水洗→磨浆→虑浆→煮浆→点浆→蹲脑→破脑→上脑→压制→切块→降温→成品。

① 选豆。选用粒大皮薄、饱满、表皮光滑无皱、有光泽的大豆，以含油量低、蛋白质含量高的白眉大豆为好。嫩豆出浆少，因此不宜选用刚收获的大豆。通过手工或机械方法清除原料中的杂质和砂石。

② 浸泡。浸泡主要有两个目的：一是使大豆充分吸水膨胀，便于磨浆；二是使大豆组织中的蛋白质外膜由硬变软，磨制时可以使大豆充分粉碎，使蛋白质与粗纤维分离开来，从而使蛋白质较容易游离、抽提出来。

③ 水洗。水洗的目的是清杂、去酸水，以保证产品干净，并保护磨浆及分离设备，且能提高产品质量。小规模的用人工漂洗，大规模的用流槽型水洗机。

④ 磨制（磨浆）。磨制是借助于石磨或砂轮磨转动的机械摩擦力，把泡软的大豆组织压挤、破碎，使大豆组织中蛋白质等成分随着磨制时加入的水形成黏稠的豆糊。加水以便于携带大豆进磨，防止磨制时发热，并使大豆蛋白质溶解出来，并在磨的作用下形成良好的胶体溶液。加水量一般为吸水后大豆重量的 2～3 倍。大豆磨制后要迅速加入 50℃热水稀释，以抑制酶活性，防止蛋白质分解及杂菌的繁殖，并为下一道工序——分离创造条件。

⑤ 分离（滤浆）。滤浆即是从豆糊中抽提豆浆，豆糊加入温水后，用分离机把豆渣和豆浆分开。

⑥ 煮浆。分离后的豆浆，要迅速煮沸。煮沸的目的是通过高温除去豆腥味和苦味，增进豆香味和提高蛋白质的消化率，并且杀灭细菌，保证产品的卫生质量。同时，煮沸后豆浆受热均匀，蛋白质热变性彻底，为点脑创造必要条件。煮浆之后，豆腐制品生产的前半部工艺已经完成，进入后半部工艺过程。

⑦ 点浆（点脑）。北豆腐点浆 100kg 原料用 4kg 盐卤，操作时也可将盐卤加水调成 10％～20％的溶液使用。下卤要快慢适宜，过快，脑易点老；过慢，则影响品质。点脑时要不断将豆浆翻动均匀，在即将成脑时，要减量、减速加卤水，当豆浆基本形成凝胶状（豆脑）后，即停止翻转豆浆。

⑧ 蹲脑。豆浆经点脑成豆腐脑后，需保温 20～30min，使蛋白质和凝固剂充分作用，完全凝固，此过程称为蹲脑。蹲脑时间短，形成的蛋白质凝胶结构不稳定，保水性差，豆腐品质差，出品率也低。蹲脑过程中不宜振动，否则网络结构被破坏，制成的豆腐内部有裂隙，外形不整齐。

⑨ 破脑。除生产南豆腐（水豆腐）外，豆腐制品一般需从豆腐脑中排出一部分豆腐水，即为破脑。要排出水分，须把已形成的豆腐脑适当破碎，不同程度地打散豆脑中的网络结构，以达到各种豆腐制品的不同要求。

⑩ 上箱（上脑）。将豆脑轻轻舀进铺好包布的压制箱内，放走少量黄浆水后封包成形。上箱时要轻而快，以保持豆脑的温度。

⑪ 压制成形。上脑后要压制成形，使豆腐内部组织紧密。压制要适当，逐渐加压，不能过大、过急，应先轻后重，而且要根据不同豆腐制品的含水量要求来调整压力。压制时间一般为15～30min。

⑫ 切块、降温。压制完成后打开封箱包布进行切块。切块的大小，要便于拿放，并适合消费者的生活习惯，一般为长方块形，即 100mm×60mm×45mm。切口要直，大小要一致。切块后，整齐放入包装箱内，通风降温，即可销售。

（2）南豆腐的加工方法　南豆腐的加工过程类似北豆腐，不同之处有：豆浆的浓度要比北豆腐的浓；点脑用的凝固剂为 8％石膏；蹲脑时不破脑。

工艺流程为：冲浆→蹲脑→包制→压制→开包→成品。

① 冲浆。南豆腐以石膏为凝固剂，与豆浆冲制混合后凝固成豆脑。煮沸后的豆浆自然降温到 85℃，质量分数为 8％时就可以冲浆。冲浆前先把石膏按每 100kg 大豆 3.5kg 的数量，加水混合搅拌，并过滤出渣子，把石膏水倒入冲浆容器内，然后立即把热豆浆倒入冲浆容器内，除去表面的泡沫。

② 蹲脑。冲好的豆浆需要蹲脑 10min，使蛋白质充分凝固。

③ 包制、压制。南豆腐多用手工包制。包制前需要准备好一个直径 12cm 左右的小碗，并准备好 28cm×28cm 的豆包布数块，小勺一把，50cm×50cm 的方板 10 块。包制时要豆包布盖在碗上，并把中间压入碗底，用小勺将豆脑舀入小碗，把豆包的两角对齐提起再放下，四面向内盖好，拿出放在方木板上排整齐。一板 25 块南豆腐放满后，上面再盖一木板，继续放，待压到 8 板以上时，最下面的南豆腐即已压成。南豆腐采用自然重力压制，不需要很大的压力。压制时间一般为 15min。

④ 开包切块。南豆腐压好后，把豆包布打开，切成 100mm×100mm×35mm 的块状，放入盛清水的容器内，放满后再用清水把容器内的浑水换出，并每小时换一次水，几小时后就可销售。

3. 腐竹的加工工艺

腐竹是一种高蛋白质、低脂肪、营养成分全面的传统豆制品。腐竹的加工与豆腐的主要区别是腐竹制作不需添加凝固剂点脑，只是将豆浆中的大豆蛋白结膜挑起干燥即成。

其工艺流程为：选豆→脱皮→浸泡→磨制→滤浆→煮浆→挑腐竹→干燥→成品。

（1）选豆、脱皮　要求选用籽粒饱满的新鲜黄豆，以高蛋白质、低脂肪含量为佳。将筛选后的干燥大豆送入脱皮机中去除豆皮。

（2）浸泡、磨浆　将黄豆片淘洗干净，除去浮在水面上的杂质，泡豆水要将全部黄豆浸没。浸泡时间，春秋季为 4～5h，夏季为 2～3h，冬季为 10～15h。当浸豆的含水量达 60% 左右时为最好。将浸好的豆沥水，再用清水磨成豆糊。

（3）滤浆与调浆　滤浆的操作与豆腐制作相同。生产腐竹，对豆浆的浓度有一定的要求，浆过稀则结皮慢，耗能多；浆过浓，会直接影响腐竹的质量。一般豆浆浓度以 2% 为好。

（4）煮浆　煮浆是将调好的豆浆输入煮浆池，用蒸汽直接将浆温升至 100℃，并维持 2～3min。

（5）挑腐竹膜　先将沸浆抹去白沫，打入平底锅中，用间接蒸汽保温在 80℃ 左右，此时浆水表面的水分大量蒸发，浆浓度逐渐提高，再加上浆料中表皮的蛋白质、脂肪、氧气相互作用，在浆体表面凝结成一层薄膜，当此膜增厚至 0.6～1.0mm 时，用竹竿沿锅边挑起即成为温腐竹，每隔 6～10min 即可挑起一层，如此往复，直至用尽锅内浆料为止。

（6）干燥　腐竹的干燥除可晾晒外，主要是依靠干燥设施来烘干。干燥宜在 65～70℃ 温度下进行，5～8h 即可。成品的含水量约 8% 左右，脂肪含量为 20%～30%，蛋白质含量为 40%～50%。

第二节　油脂的加工

植物油脂是人类必不可少的主要膳食成分之一，具有重要的生理功能，是人体必需脂肪酸的主要来源，同时也是重要的工业原料。目前植物油脂制取方法主要有机械压榨法、溶剂浸出法及水溶剂法等。

一、毛油的制取

1. 植物油脂的预处理

通常将在制油前对油料进行清理除杂、剥壳、破碎、软化、轧坯、膨化、蒸炒等工作统称为油料的预处理。

（1）油料的清理　油料清理是对利用各种清理设备去除油料中所含杂质工序的总称。植物油料中不可避免地夹带一些杂质，一般油料含杂质达 1%～6%，最高可达 10%。根据油料与杂质在粒度、密度、表面特性、磁性及力学性质等物理性质上的明显差异，常用筛选、风选、磁选等方法除去各种杂质。

（2）油料的剥壳及仁壳分离　大多数油料都带有皮壳，棉籽、花生、葵花籽等含壳率均在 20% 以上，必须进行剥壳处理。油料剥壳时，应根据油料皮壳性质、形状大小、仁皮结合情况等采用不同的方法，目前常用的剥壳方法有摩擦搓碾法、撞击法、剪切法、挤压法、气流冲击法等。油料经剥壳机处理后，还需进行仁壳分离，仁壳分离的方法主要有筛选和风选 2 种。

（3）油料的破碎与软化

① 破碎。破碎是在机械外力作用下将油料粒度变小的工序。破碎时必须正确掌握油料水分的含量，破碎设备种类多，常用的有辊式破碎机、锤片式破碎机、圆盘剥壳机等。

② 软化。软化是调节油料的水分和温度，使油料可塑性增加的工序。目的在于调节油料的水分和温度，改变硬度和脆性，使之具有适宜的可塑性，为轧粒和蒸炒创造良好条件。对于含油率低、水分含量低的油料，软化操作必不可少。软化操作应视油料的种类和含水量，正确掌握水分调节、温度及时间的控制等方面。

（4）碾坯　碾坯的目的是通过轧辊的碾压和油料细胞之间的相互作用，使油料细胞的细胞壁破坏，料坯成为片状，缩短油脂排出的路程，提高出油速度和出油率，同时有利于水热传递，加快蛋白质变性，使细胞性质改变，提高蒸炒的效果。碾坯后要求料坯厚薄均匀，大小适度，不漏油，粉末度低，并具有一定的机械强度。

（5）油料生坯的挤压膨化 油料生坯的膨化浸出是一种先进的油脂制取工艺，是利用挤压膨化设备将生坯制成膨化颗粒物料的过程。生坯经挤压膨化后可直接通过浸出取油。

（6）蒸炒 油料蒸炒是指生坯经过湿润、加热、蒸坯、炒坯等处理，成为熟坯的过程，按制油方法和设备的不同，一般分为两种。

① 湿润蒸炒。指生坯先经湿润，水分达到要求后再进行蒸坯、炒坯，使料坯水分、温度及结构性能满足压榨或浸出制油的要求。湿润蒸炒按湿润后料坯水分不同可分为一般湿润蒸炒和高水分蒸炒。一般湿润蒸炒料坯湿润后水分含量不超过 13%～14%，适用于浸出法制油以及压榨法制油；高水分蒸炒料坯湿润后水分一般可高达 16%，适用于压榨法制油。

② 加热蒸坯。指生坯先经加热或干蒸，再用蒸汽蒸炒，是将加热与蒸坯结合的蒸炒方法。主要应用于人力螺旋压榨制油、液压式水压机制油、土法制油等小型油脂加工厂。

2. 植物毛油的提取

油脂的提取主要有机械压榨法、浸出法与水溶剂法制油三种方式。

（1）机械压榨法制油 机械压榨法制油就是借助机械外力把油脂从料坯中挤压出来的过程。压榨法取油与其他取油方法相比具有以下特点：工艺简单，配套设备少，对油料品种适应性强，生产灵活，油品质量好，色泽浅，风味纯正。但压榨后的料饼残油量高，出油效率较低，动力消耗大，零件易损耗。

在压榨取油过程中，料坯粒子受到强大的压力作用，致使油脂从榨料空隙中被挤压出来，而榨料粒子经弹性变形形成坚硬的油饼。影响压榨制油效果的因素主要包括榨料结构与压榨条件 2 方面。

榨料结构性质主要取决于油料本身的成分和预处理效果，榨料中被破坏细胞的数量愈多愈好。榨料颗粒大小应适当，过大过小都不利于出油。榨料要有适当的水分、必要的温度和足够的可塑性。

压榨条件即工艺参数（压力、时间、温度、料层厚度、排油阻力等），是提高出油效率的决定因素。

（2）溶剂浸出法制油 溶剂浸出法制油就是用溶剂将含有油脂的油料料坯进行浸泡或淋洗，使料坯中的油脂被萃取溶解在溶剂中，经过滤得到含有溶剂和油脂的混合油，加热混合油，使溶剂挥发并与油脂分离得到毛油，毛油经水化、碱炼、脱色等精炼工序，成为符合标准的食用油脂。挥发出来的溶剂气体经过冷却回收可循环使用。

浸出制油工艺包括直接浸出取油和预榨浸出取油 2 种。直接浸出取油是油料经一次浸出，浸出油脂之后，油料中残留油脂量就可以达到极低值，该取油方法常限于加工大豆等含油量在 20% 左右的油料。预榨浸出取油是对一些含油量在 30%～50% 的高油料进行加工，在浸出取油之前，先采用压榨取油，提取油料内 85～89% 的油脂，并将产生的饼粉碎成一定粒度后，再进行浸出取油，棉籽、菜籽、花生、葵花籽等高油料，均采用此法取油。

浸出法制油工艺一般包括预处理、油脂浸出、湿粕脱溶、混合油蒸发和汽提、溶剂回收等工序。

① 油脂浸出。将经预处理后的料坯送入浸出设备完成油脂萃取分离的任务，经油脂浸出工序分别获得混合油和湿粕。

② 湿粕脱溶。从浸出设备排出的湿粕必须进行脱溶处理，才能获得合格的成品粕。湿粕脱溶通常采用加热解吸的方法，使溶剂受热汽化与粕分离。

③ 混合油蒸发和汽提。从浸出设备排出的混合油由溶剂、油脂、非油物质等组成，经蒸发、汽提，从混合油中分离出溶剂而获得浸出毛油。混合油蒸发是利用油脂与溶剂的沸点不同，将混合油加热至溶剂沸点温度，使溶剂汽化与油脂分离。混合油蒸发一般采用二次蒸发法，第一次蒸

发使混合油质量分数由 20％～25％提高到 60％～70％，第二次蒸发使混合油质量分数达到 90％～95％。混合油汽提是指混合油的水蒸气蒸馏，能使高浓度混合油的沸点降低，从而使混合油中残留的少量溶剂在较低温度下尽可能地完全地被脱除。混合油汽提在负压条件下进行油脂脱溶，对毛油品质更为有利。

④ 溶剂回收。油脂浸出生产过程中的溶剂回收包括溶剂气体冷凝和冷却、溶剂和水分离、废水中溶剂回收、废气中溶剂回收等。

（3）水溶剂法制油　水溶剂法制油是根据油料特性，水、油物理化学性质的差异，以水为溶剂，采取一些加工技术将油脂提取出来的制油方法。根据制油原理及加工工艺的不同，水溶剂法制油有水代法制油和水剂法制油 2 种。

① 水代法制油　水代法制油是利用油料中非油成分对水和油的亲和力不同以及油水之间的密度差，经过一系列工艺过程，将油脂和亲水性的蛋白质、碳水化合物等分开。其加工工艺如下。

a. 筛选。清除芝麻中的杂质，如泥土、砂石、铁屑等杂质及杂草和不成熟芝麻粒等。筛选愈干净愈好。

b. 漂洗。用水清除芝麻中的并肩泥、微小的杂质和灰尘。将芝麻漂洗浸泡 1～2h，浸泡后的芝麻含水量为 25％～30％。将芝麻沥干，入锅炒子。浸泡有利于细胞破裂。芝麻经漂洗浸泡，水分渗透到完整细胞的内部，使凝胶体膨胀起来，再经加热炒子，就可使细胞破裂，油体原生质流出。

c. 炒子。采用直接火炒子，开始用大火，此时芝麻含水量大，不会焦糊，炒至 20min 左右，芝麻外表鼓起来，改用文火炒，用人力或机械搅拌，使芝麻熟得均匀。炒熟后，向锅内泼炒子量 3％左右的冷水，再炒 1min，芝麻出烟后出锅。

d. 扬烟吹净。出锅的芝麻要立即降低温度，扬去烟尘、焦末和碎皮。

e. 磨酱。将炒酥吹净的芝麻用石磨或金刚砂轮磨浆机磨成芝麻酱。磨酱时添料要匀，严禁空磨，随炒随磨，熟芝麻的温度应保持在 65～75℃，石磨转速以 30r/min 为宜。

f. 对浆搅油。用人力或离心泵将麻酱泵入搅油锅中，麻酱温度不能低于 40℃，分 4 次加入相当于麻酱重 80％～100％的沸水。第一次加总用水量的 60％，搅拌 40～50min，转速 30r/min。搅拌开始时麻酱很快变稠，难以翻动，除机械搅拌外，需用人力帮助搅拌，否则容易结块，吃水不匀。搅拌时温度不低于 70℃。其后，稠度逐渐变小，油、水、渣三者混合均匀，40min 后有微小颗粒出现，外面包有极微量的油。第二次加总用水量的 20％，搅拌 40～50min，仍需人力助拌，温度约为 60℃，此时颗粒逐渐变大，外部的油增多，部分油开始浮出。第三次约加总加水量的 15％，仍需人力助拌约，这时油大部分浮到表面，底部浆呈蜂窝状，流动困难，温度保持在 50℃左右。第四次加水（俗称"定浆"）需凭经验调节到适宜的程度，降低搅拌速度到 10r/min，不需人力助拌，搅拌 1h 左右，又有油脂浮到表面，此时开始"撇油"。撇去大部分油脂后，最后还应保持 7～9mm 厚的油层。

g. 振荡分油、撇油。振荡分油就是利用振荡法将油尽量分离提取出来，工具是两个空心金属球体，一个挂在锅中间，浸入油浆，约及球体的 2/3；另一个挂在锅边，浸入油浆，约及球体的 1/2。锅体转速 10r/min，球体不转，仅作上下机动，迫使包在麻渣内的油珠挤出升至油层表面，此时称为深墩。约 50min 后进行第二次撇油，再深墩 50min 后进行第三次撇油。深墩后将球体适当向上提起，浅墩约 1h，撇完第四次油，即将麻渣放出。撇油多少根据气温不同而有差别。夏季宜多撇少留，冬季宜少撇多留，借以保温。当油撇完后，麻渣温度在 40℃。

② 水剂法制油。水剂法制油是利用油料蛋白（以球蛋白为主）溶于稀碱水溶液或稀盐水溶液的特性，借助水的作用，把油、蛋白质及碳水化合物分开。水剂法制油主要用于花生制油，同时可提取花生蛋白粉，其加工工艺如下。

a. 花生仁的清理和脱皮。采用筛选的方法除杂，要求花生仁杂质含量少于 0.1％。清理后的花生仁在远红外烘干设备中进行二次低温烘干，原料温度不超过 70℃，时间 2～3min，水分含量降至 5％以下，如此处理既有利于脱除花生红皮，同时使得蛋白质变性程度轻。烘干后的物料立即冷却至 40℃以下，然后经脱皮机脱皮，通常采用耷谷机脱除花生红皮。仁皮分离后要求花生仁含皮率小于 2％。

b. 碾磨。碾磨可以破坏细胞的组织结构，碾磨后固体颗粒细度在 $10\mu m$ 以下，使其不致形成稳定的乳化液，有利于分离。碾磨可用湿法研磨或干法研磨，以干磨为佳。磨后的浆状液以油为主体，其悬浮液不会乳化。

c. 浸取。浸取是利用水将料浆中的油与蛋白质提取出来的过程。浸取采用稀碱液，干法研磨浸取时固液比为 1∶8，调节氢离子浓度到 pH 值 7.5～8，浸取温度为 62～65℃，浸出设备一般采用带搅拌的立式浸出罐，浸取过程中应不断搅拌以利于蛋白质充分溶解。浸取时间为 30～60min，保温 2～3h，上层为乳状油，下层为蛋白液。

d. 破乳。浸取后分离出的乳状油含水分 24％～30％，破乳方法以机械法最为简单。先将乳状油加盐酸调节氢离子浓度到 pH 值 4～6，然后加热至 40～50℃并剧烈搅拌进行破乳，使蛋白质沉淀，水被分离出来。接着用超高速离心机将清油与蛋白液分开，清油经水洗、加热及真空脱水后便可获得高质量的成品油。

e. 分离。蛋白浆与残渣的混合液，必须分步骤分开。固液分离（如残渣与蛋白浆）选用卧式螺旋离心机，液体分离（如油与蛋白溶液）选用管式超速离心机或碟片式离心机效果较好。

f. 蛋白浆的浓缩干燥。经超高速离心机分离出来的蛋白浆，在管式灭菌器内 75℃下灭菌后，进入升膜式浓缩锅中，在真空度 88～90.66kPa、温度 55～65℃条件下浓缩到干物质含量占 30％左右，接着用高压泵泵入喷雾干燥塔内，在进风温度 145～150℃、排风温度 75～85℃（负压 0.9kPa）的条件下，干燥成花生浓缩蛋白产品。

g. 淀粉残渣处理。淀粉残渣经离心机分离后，再经水洗、干燥后得到副产品淀粉渣粉，淀粉渣粉含有 10％的蛋白质和 30％的粗纤维，可应用于食品或饲料生产。

二、油脂的精炼

经压榨或浸出法得到的、未经精炼的植物油脂一般称之为毛油（粗油），其主要成分是混合脂肪酸甘油三酯（俗称中性油），此外还含有数量不等的非甘油三酯成分，即油脂的杂质。这些杂质并非对人体都有害，油脂精炼的目的是根据不同用途与要求，除去油脂中的有害成分，并尽量减少中性油和有益成分的损失。

1. 杂质类型

油脂的杂质一般分为 5 大类，包括机械杂质（泥沙、料坯粉末、饼渣、纤维、草屑）、水分、胶溶性杂质（磷脂、蛋白质、糖类、树脂和黏液物等）、脂溶性杂质（游离脂肪酸、色素、甾醇、生育酚、烃类、蜡、酮等）和其他微量杂质（微量金属、农药、多环芳烃、黄曲霉毒素等）。

2. 机械杂质的去除

（1）沉降法 利用油与杂质间的密度不同借助重力将其自然分开的方法称为沉降法。该法所用设备简单，凡能存油的容器均可利用，但沉降时间长，效率低，生产中已很少采用。

（2）过滤法 借助重力、压力、真空或离心力的作用，在一定温度条件下使用滤布过滤的方法称为过滤法，油能通过滤布而杂质留存在滤布表面从而达到去除杂质的目的。

（3）离心分离法 利用离心力的作用进行过滤分离或沉降分离油渣的方法称离心分离法，该法分离效果好，处理能力大，滤渣中含油少，但设备成本较高。

3. 脱胶

脱除油脂中胶体杂质的工艺过程称为脱胶，毛油中的胶体杂质以磷脂为主，故油厂常将脱胶称为脱磷。脱胶的方法有水化法、加热法、加酸法、吸附法等。

水化脱胶工艺分为间歇式和连续式 2 种，间歇式脱胶的工艺流程为：过滤毛油→预热→加水水化→静置沉淀→分离→水化油→加水脱水→脱胶。

加酸脱胶就是在毛油中加入一定量的无机酸或有机酸，使油中的非亲水性磷脂转化为亲水性磷脂或使油中的胶质结构变得紧密，达到容易沉淀和分离目的的一种脱胶方法，所用酸包括磷酸、硫酸等。

4. 脱酸

包括碱炼法脱酸和蒸馏脱酸，通常采用碱炼法脱酸。

碱炼法脱酸是利用加碱中和油脂中的游离脂肪酸，生成脂肪酸盐和水，脂肪酸盐吸附部分杂质而从油中沉降分离的一种精炼方法，形成的沉淀物称皂角。

蒸馏脱酸法又称为物理精炼，这种方法不用碱液中和，而是借甘油三酯和游离脂肪酸相对挥发度的不同，在高温、高真空下进行水蒸气蒸馏，使游离脂肪酸与低分子物质随着蒸汽一起排出，该法适合于高酸价油脂。

5. 脱色

纯净的甘油三酸酯呈液态时无色，呈固态时为白色，但油脂因含有数量和品种不同的色素物质而带有不同的颜色，影响油脂的外观和稳定性。工业生产中应用最广泛的油脂脱色法是吸附脱色法，此外还有加热脱色法、氧化脱色法、化学试剂脱色法等。

6. 脱臭

纯净的甘油三酸酯是没有气味的，脱臭的目的主要是除去油脂中引起臭味的物质，除去这些不良气味。脱臭的方法有真空蒸汽脱臭法、气体吹入法、加氢法、聚合法和化学药品脱臭法等。真空蒸汽脱臭法是利用油脂内的臭味物质和甘油三酸酯挥发度的差异，在高温、高真空条件下，借助水蒸气蒸馏原理，使油脂中引起臭味的挥发性物质在脱臭器内与水蒸气一起逸出而达到脱臭的目的。气体吹入法是将油脂放置在直立的圆筒罐内，先加热到一定温度（即不起聚合作用的温度范围内），然后吹入与油脂不起反应的惰性气体（如二氧化碳、氮气等），油脂中所含挥发性物质随气体的挥发而除去。

7. 脱蜡

某些油脂中含有较多的蜡质，即一元脂肪酸和一元醇结合的高分子酯类。脱蜡是根据蜡与油脂熔点的差异、蜡在油脂中的溶解度随温度降低而变小的物性，通过冷却析出晶体蜡，再经过滤或离心分离而达到蜡油分离的目的。脱蜡的方法有常规法、碱炼法、表面活性剂法、凝聚剂法及综合法等。

三、油脂的深加工

油脂深加工的目的是生产专用油脂，如氢化油、人造奶油、起酥油等，使油脂具有起酥性、可塑性与酪化性，满足人们对食用油脂制品的需求。起酥性是指使食品具有酥脆易碎的性质，对饼干、薄脆饼及酥皮等烘烤食品十分重要。可塑性是指油脂在外力的作用下可以改变形状，甚至可以向液体一样流动的性能。酪化性是指经过搅拌把空气打入油脂中，使油脂体积增大的性能。

1. 氢化油

在金属催化剂的作用下，将氢加到甘油三酸酯的不饱和脂肪双键上，称为油脂氢化。氢化是使不饱和的液态脂肪酸加氢成为饱和固态的过程。反应后的油脂，碘值下降，熔点上升，固体脂数量增加，被称为氢化油或硬化油。根据加氢反应程度的不同，又有轻度（选择性）氢化和深度（极度）氢化之分。轻度氢化是指在氢化反应中，采用适当的温度、压强、搅拌速度和催化剂，使油脂中各种脂肪酸的反应速度具有一定选择性的氢化过程，主要用来制取油脂深加工产品的原料脂肪。极度氢化是指通过加氢，将油脂分子中的不饱和脂肪酸全部转变成饱和脂肪酸的氢化过程，主要用于制取工业用油。

影响氢化反应的因素很多，如温度、压力、搅拌速度、原料质量、氢气质量和数量、反应时间、催化剂活性和添加数量等，在同一种油脂和催化剂条件下，选择不同参数，可生产出不同的氢化油。

油脂氢化工艺可分为间歇式和连续式两类，这两类工艺根据选用设备的不同及氢与油脂混合接触方式不同，衍生出循环式、封闭式间歇氢化、塔式及管道式连续氢化等不同工艺。虽然这些氢化工艺各有特点，但都包括以下基本过程：

原料→预处理→除氧脱水→氢化→过滤→后脱色→脱臭→成品氢化油。

（1）预处理　在进入氢化反应器前，原料油脂中的杂质，如水分、胶质、游离脂肪酸、皂角、色素、硫化物以及铜、铁等应尽量去除。

（2）除氧脱水　水分的存在会占据催化剂的活化中心，氧会在高温和催化剂的作用下与油脂起氧化反应，故油脂在氢化之前，必须先除氧脱水。间歇式氢化工艺的除氧脱水一般在氢化反应器中进行，连续式氢化工艺则一般需另加除氧器。除氧脱水的真空度为 94.7kPa，温度为 140~150℃。

（3）氢化　将催化剂事先与部分原料油脂混匀，借真空将催化剂浆液吸入反应器，充分搅拌混合，停止抽真空，通入一定压力的氢气后反应开始进行。反应条件根据油脂品种和氢化油产品的质量要求而定，一般情况下，温度 150~200℃，氢气在 140~150℃开始加入，压力为 0.1~0.5MPa，催化剂用量 0.01%~0.5%（镍-油），搅拌速度 600r/min 以上。

（4）过滤　过滤的目的是将氢化油与催化剂分离。过滤前，油及催化剂的混合物必须先在真空下冷却至 70℃，然后进入过滤机。

（5）后脱色　后脱色的目的是去除油中残留的镍。油脂中的催化剂残留量如果通过过滤还达不到食用标准，必须借白土吸附和加入柠檬酸钝化镍的办法进一步加以去除。

（6）脱臭　氢化过程中会出现少量的断链、醛酮化、环化等反应，因而氢化油具有异味，称为氢化臭。脱臭的目的是去除原有的异味以及氢化反应产生的氢化臭。脱臭完毕在油中加入 0.02%柠檬酸作抗氧化剂，柠檬酸可与镍结合成柠檬酸镍，使油中游离镍含量接近于零。

2. 人造奶油

人造奶油是油相（油脂和油溶性添加剂）与水相（水和水溶性添加剂）的乳状油脂制品，是水在油中的乳状液经塑化或不经塑化的制品。人造奶油分为家庭用人造奶油和食品工业用人造奶油两大类。生产人造奶油的主要原料是精炼、氢化处理后的各种植物油、动物脂肪、鱼脂肪等，辅助原料有食盐、色素、香精、维生素、乳制品及乳化剂、防腐剂、抗氧化剂等，其中油相占 80%，水相占 16%，添加剂占 4%。

3. 起酥油

起酥油是指精炼的动、植物油脂、氢化油或这些油脂的混合物经速冷捏或不经速冷捏而加工出来的油脂产品，是具有可塑性、乳化性等加工性能的固态或流动性制品，和人造奶油的区别主要在于起酥油中没有水相。起酥油不是直接食用的油脂，是作为饼干、面包、糕点等加工用的原料，除了具有起酥性外，还要求起酥油具有良好的食品加工性能，如可塑性、酯化性等。起酥油的主要原料是油脂，此外还有乳化剂、抗氧化剂、消泡剂、氮气等。

生产起酥油时，首先将油脂和添加剂在混合罐中预先混合均匀，然后使配合好的热油（约 60℃）进入计量罐，氮气或空气则由气阀控制定量地与油脂同时进入齿轮泵，在齿轮泵的搅动下使氮气在油中分散成细小的气泡，物料在泵的压力下进入水预冷管冷却至 50℃左右，再连续通过冷却塑化装置，油脂开始生成结晶，并同时被旋转的刮板强烈搅动，然后再被充分捏和塑化，最后通过挤压阀由齿轮泵排出，装入容器。起酥油排出时由于压力突然降低，使油中分散的气泡膨胀，结果失去透明度，变成白色光滑的奶油状，起初呈流体状，装入容器不久则变成膏状。

生产出的起酥油还需要进行熟化处理，即将起酥油在低于熔点的温度下放置 1~4 天，使产品中的 α-型结晶转变成 β-型结晶，提高起酥油的酥化性能。

第三节　粮油方便食品的加工

以粮油为基础原料的方便食品很多，主要包括面包、饼干、糕点、面条等制品。

一、面包

面包是以小麦粉、酵母和水为基本原料，添加适量糖、盐、油脂、乳品、鸡蛋、果料、添加剂等，经搅拌、发酵、整形、醒发、烘烤等工序制成的组织松软的烘焙食品。

1. 面包的分类

（1）**按面包的柔软度分**

① 硬式面包。如法国棍式面包、荷兰面包、维也纳面包、英国面包以及我国生产的大列巴等。

② 软式面包。大部分亚洲和美洲国家生产的面包，如汉堡包、热狗、三明治等，我国生产的大多数面包均属于软式面包。

（2）**按质量档次和用途分**

① 主食面包。亦称配餐面包，配方中辅助原料少，主要原料为面粉、酵母、盐和糖，含糖量不超过面粉的 7%。

② 点心面包。亦称高档面包，配方中含有较多的糖、奶油、奶粉、鸡蛋等高级原料。

（3）**按成型方法分**

① 普通面包。成型比较简单的面包。

② 花色面包。成型比较复杂、形状多样化的面包，如各种夹馅面包、起酥面包等。

2. 面包加工的原辅料

面包加工的原料主要有面粉、酵母、食盐和水，辅料有脂肪、糖、牛奶或奶粉、蛋等及氧化剂、酶制剂、表面活性剂等添加剂。

（1）**面粉**　面粉是面包生产中最主要的成分，其作用是形成持气的黏弹性面团。面粉中的麦胶蛋白和麦谷蛋白两种面筋性蛋白质对面团形成关系重大，面筋性蛋白质遇水迅速吸水胀润形成坚实的面筋网状结构（即湿面筋），它具有特别的黏性和延伸性，形成了面包工艺中各种独特的理化性质。

生产面包宜采用筋力较高的面粉，国内面包专用粉的要求为：精制级要求湿面筋含量 ≥ 33%，粉质曲线稳定时间 ≥ 10min，降落数值 250～350s，灰分 ≤ 0.60%；普通级要求湿面筋含量达到 30% 以上，粉质曲线稳定时间 7min，降落数值 250～350s，灰分 0.75%。

（2）**酵母**　酵母是面包生产中的基本配料，主要作用是将可发酵的碳水化合物转化为 CO_2 和酒精，转化所产生的 CO_2 使面团起发，生产出柔软蓬松的面包，并产生香气和优良风味。现在广泛采用即发活性干酵母进行面团发酵。

（3）**食盐**　食盐除具有调味作用外，还具有控制发酵速度、增加面筋筋力和改善内部色泽的作用，一般用量约为面粉重的 1%～2%。

（4）**水**　面包生产用水应符合食品加工的卫生要求，并且要求中等硬度（8～10 度）、呈微酸性（pH5～6）。

（5）**食糖、油脂、蛋品、乳品、果料**　普通面包一般只添加适量的食糖和油脂，花式面包除了添加食糖、油脂外，还应添加一定量的蛋品、乳品和果料等。

（6）**面质改良剂**　主要有氧化剂、乳化剂、酶制剂、硬度和 pH 值调节剂等，用以改善面团的综合特性。

3. 生产工艺及配方

（1）**生产工艺**　面包生产工艺有一次发酵法、二次发酵法、快速发酵法、液体发酵法、冷冻面团法等。

① 一次发酵法（直接法）。

一次发酵法的优点是发酵时间短，设备利用率及生产效率高，产品的咀嚼性、风味好；缺点是面包的体积小，易于老化，批量生产时，工艺控制相对较难，一旦搅拌或发酵过程中出现失误，将无法弥补。

② 二次发酵法（中间法）。

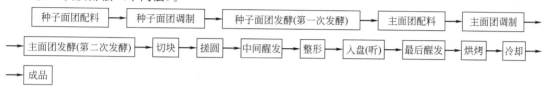

二次发酵法的优点是面包体积大，表皮柔软，组织细腻，具有浓郁的芳香风味，且成品老化慢；缺点是投资大，生产周期长，效率较低。

③ 快速发酵法（不发酵法）。

快速发酵法是指发酵时间很短（20～30min）或根本无发酵的一种面包加工方法，整个生产周期只需2～3h。其优点是生产周期短，生产效率高，投资少，可用于特殊情况或应急情况下的面包供应；缺点是成本高，风味相对较差，保质期较短。

（2）面包的基本配方

① 一次发酵法。面粉100％，水50％～65％，即发酵母0.5％～1.5％，食盐1％～2.0％，糖2％～12％，油脂2％～5％，奶粉2％～8％，面包添加剂0.5％～1.5％。

② 二次发酵法。

a. 种子面团：面粉60％～80％，水36％～48％，即发酵母0.3％～1％，酵母食物0.5％。

b. 主面团：面粉20％～40％，水12％～14％，糖10％～15％，油脂2％～4％，奶粉5％～8％，食盐1％～2％，鸡蛋4％～6％。

③ 快速发酵法。面粉100％，水50％～60％，即发酵母0.8％～2％，食盐0.8％～1.2％，糖8％～15％，油脂2％～3％，鸡蛋1％～5％，奶粉1％～3％，面包添加剂0.8％～1.3％。

不同生产企业或不同面包品种在配料上略有不同。

4. 操作要点

（1）面团的搅拌　面团搅拌也称调粉或和面，是指在机械力的作用下，将各种原辅料充分混合，面筋蛋白和淀粉吸水润胀，最后得到具有良好黏弹性、延伸性、柔软而光滑面团的过程。面团搅拌是影响面包质量的决定因素之一。面团搅拌成熟的标志是面团表面光滑、内部结构细腻，手拉可成半透明的薄膜。

（2）面团的发酵

① 发酵。发酵是面包生产的关键工序，是使面包获得气体、实现膨松、增大体积、改善风味的基本手段。

② 面团发酵工艺参数。发酵室的温度为28～30℃，相对湿度80％～85％。一次发酵法的发酵时间约为2.5～3h，二次发酵法的种子面团的发酵时间为4～5h。发酵时间因使用的酵母（鲜酵母、干酵母）、酵母用量及发酵方式的不同而差别较大。

（3）面包的整形　即将发酵好的面团通过称量分割成一定形状的面包坯，整形包括分块、称量、搓圆、中间醒发、压片、成型、装盘或装模等工序。在整形期间，面团仍进行着发酵过程，整形室的条件是温度 26~28℃，相对湿度 85%。

（4）最后醒发　即将成型后的面包坯经最后一次发酵使其达到应有的体积和形状。醒发室（箱）醒发的工艺条件为：温度 38~40℃，湿度 80%~90%，时间 55~65min。一般在醒发后或醒发前（入炉前），在面包坯表面涂抹一层液状物质，如蛋液或糖浆，可增加面包表皮的光泽，使其皮色美观。

（5）面包的焙烤　焙烤是面包制作的三大基本工序之一，是指醒发好的面包坯在烤炉中成熟的过程。面团在入炉后的最初几分钟内，体积迅速膨胀，一般面团的快速膨胀期不超过 10min。焙烤过程主要是使面团中心温度达到 100℃，水分挥发，面包成熟，表面上色。

面包焙烤的温度和时间取决于面包辅料成分的多少、面包的形状、大小等因素，面包烘烤多采用三段温区控制方法。

① 膨胀阶段。面包坯入炉初期应在炉温较低和相对湿度较高（60%~70%）的条件下进行。上火略小，下火强，面火 160~170℃，底火 180~185℃，时间占总烘烤时间的 25%~30%。

② 定型阶段。当面包瓤的温度达到 50~60℃时，面包体积已基本达到成品要求，此时面包坯定型，这时可将炉温升到最高面火达 210℃，底火不应超过 210℃，时间占 35%~40%。

③ 上色阶段。焙烤后期，面火应高于底火，面火约为 220~230℃，底火为 140~160℃，使面包坯表面产生褐色的表皮，增加面包香味。时间占 30%~40%。该阶段上火下火均弱，上火高于下火。

炉内湿度对面包烘烤质量有重要影响，湿度过低，面包皮会过早形成并增厚，产生硬壳。面包皮的形成是面团表面迅速干燥的结果，由于面团表面与干燥的高温空气接触，水分汽化非常快，因此宜选择有加湿装置的烤炉，通过加湿可以控制面包皮的厚薄。

（6）冷却包装　必须将面包中心冷却至接近室温时才可包装，面包经包装后可避免失水变硬，保持新鲜度，有利于卫生和增进美观。烘烤完毕的面包，应采用自然冷却或通风冷却的方法使中心温度降至 35℃左右，再进行切片或包装。

二、饼干

饼干是以小麦粉为主要原料，加入糖、油脂及其他辅料，经过配料、打粉、醒发、成型、烘烤而制成的，水分含量低于 6.5% 的松脆食品。具有质感疏松、营养丰富、水分含量少、体积轻、便于包装携带且耐贮存等优点，已作为军需、旅行、野外作业、航海、登山等方面的重要食品。

1. 饼干的分类

（1）按工艺不同分

① 韧性饼干。韧性饼干所用原料中油脂和砂糖的用量较少，调制面团时易形成面筋，然后采用辊轧的方法对面团进行延展整形，切成薄片状烘烤，这样可形成层状的面筋组织，焙烤后饼干断面是比较整齐的层状结构。成品极脆，容重轻。

② 酥性饼干。调制面团时砂糖和油脂的用量较多，加水极少。在调制面团操作时，搅拌时间较短，尽量不使面筋过多地形成，常用凸花无针孔印模成型。成品酥松，一般感觉较厚重，常见的品种有甜饼干、挤花饼干、小甜饼、酥饼等。

③ 发酵饼干。如苏打饼干，苏打饼干的制作特点是先在一部分小麦粉中加入酵母，然后调成面团，经较长时间发酵后加入其余小麦粉，再经短时间发酵后整形。

（2）按成型不同分　按照饼干成型方法可分为冲印成型饼干、辊印成型饼干、挤出成型饼干、挤浆（花）成型饼干、钢丝切割成型饼干等。

2. 原辅料的预处理

饼干生产的主要原料是面粉，此外还有糖、淀粉、油脂、乳品、蛋品、香精、膨松剂等辅料。

（1）面粉　生产不同类型的饼干对面粉质量的要求不同。生产韧性饼干，宜使用湿面筋含量在24％～36％的面粉；生产酥性饼干，以使用湿面筋含量在24％～30％的面粉为宜。

面粉在使用前必须过筛，使面粉形成微小颗粒，清除杂质，并使面粉中混入一定量的空气，面团发酵时有利于酵母的增殖，制成的饼干较为酥松。在过筛装置中需要增设磁铁，以便去除磁性杂质。面粉的湿度，应根据季节不同加以调整。

（2）糖类　一般都将砂糖磨成糖粉或溶化为糖浆使用。将砂糖溶化为糖浆，加水量一般为砂糖量的30％～40％，加热溶化时，要控制温度并经常搅拌，防止焦糊，煮沸溶化后过滤、冷却后使用。

（3）油脂　普通液体植物油、猪油等可以直接使用，奶油、人造奶油、氢化油、椰子油等油脂，低温时硬度较高，可以用文火加热或用搅拌机搅拌，使之软化后使用。

（4）乳品和蛋品　使用鲜蛋时，最好经过照检、清洗、消毒、干燥；牛奶要经过滤。奶粉、蛋粉最好放在油或水中搅拌均匀后使用。

（5）膨松剂与食盐　膨松剂与食盐必须与面团调和均匀。膨松剂在用水溶解之前，首先要过筛，如有硬块应该打碎、过筛，使上述物质形成小颗粒，最后溶解于冷水中。注意不要用热水以免降低膨松效果。

3. 饼干生产中的要点

（1）面团调制　面团调制是将生产饼干的各种原辅料混合成具有某种特性面团的过程。饼干生产中，面团调制是最关键的一道工序，酥性饼干和韧性饼干的生产工艺不同，调制面团的方法也有较大的差别。酥性饼干的酥性面团采用冷粉酥性操作法，韧性饼干的韧性面团采用热粉韧性操作法。

① 酥性面团调制。酥性面团要求有较大的可塑性和有限的黏弹性，不粘轧辊和模具，饼干坯应有较好的浮雕状花纹，焙烤时有一定的胀发率而又不收缩变形。要达到以上要求，必须严格控制面团调制时面筋蛋白的吸水率，控制面筋的形成数量，从而控制面团黏弹性，使其具有良好的可塑性。

投料次序是先将水、糖、油放在一起混合，乳化均匀后再将面粉加入。切忌在面团调制时随便加水，一旦加水过量，面筋大量形成，塑性变差，还可能造成大量游离水使面团发黏而无法进行后续工序。

面团调制好后，适当静置几分钟到十几分钟，使面筋蛋白水化作用继续进行，以降低面团黏性，适当增加其结合力和弹性。若调粉时间较长，面团黏弹性适中，可不进行静置立即进行成型工序。

② 韧性面团调制。韧性面团要求具有较强的延伸性和韧性，适度的弹性和可塑性，面团应柔软光润。与酥性面团相比，韧性面团的面筋形成比较充分，但面筋蛋白仍未完全水合，面团硬度仍明显大于面包面团。

在投料顺序上，先将面粉加入到搅拌机中搅拌，然后将油、糖、蛋、奶等辅料加热水或热糖浆混匀后，缓慢倒入搅拌机中。疏松剂、香精、香料一般在面团调制后期加入，以减少分解和挥发。

韧性面团的调制时间一般在30～35min。对面团调制时间不能生搬硬套，应根据经验，通过判断面团的成熟度来确定。面团温度直接影响面团的流变学性质，根据经验，韧性面团温度一般在38～40℃。面团的温度常用加入的水或糖浆来调整，冬季用水或糖浆的温度为50～60℃，夏季为40～45℃。

为得到理想的面团，韧性面团调制好后，一般需静置18～20min，以松弛形成的面筋，降低面团黏弹性，适当增加其可塑性。

③ 苏打饼干面团调制和发酵。苏打饼干是采用生物发酵剂和化学疏松剂相结合的发酵性饼

干，具有酵母发酵食品的特有香味，多采用2次搅拌、2次发酵的面团调制工艺。

a. 面团的第一次搅拌与发酵。将配方中面粉的40%～50%与活化的酵母溶液混合，再加入调节面团温度的生产配方用水，搅拌4～5min。然后在相对湿度75%～80%、温度26～28℃的条件下发酵4～8h。

b. 第二次搅拌与发酵。将第一次发酵成熟的面团与剩余的面粉、油脂和除化学疏松剂以外的其他辅料加入搅拌机中进行第二次搅拌，搅拌开始后，缓慢撒入化学疏松剂，使面团的pH值达7.1或稍高为止。

（2）辊轧　辊轧是将面团经轧辊的挤压作用，压制成一定厚薄的面片，便于饼干冲印成型或辊切成型，面片表面光滑、质地细腻，且在横向和纵向的张力分布均匀。这样，饼干成熟后，形状完美，口感酥脆。

① 韧性面团辊轧。在辊轧前需静置一段时间，目的要消除面团在搅拌时因拉伸所形成的内部张力，降低面团的黏度与弹性，提高面筋的工艺性能和制品质量。静置时间的长短，可根据面团温度而定。

② 苏打饼干面团辊轧。多采用往返式压片机，这样便于在面带中加入油酥，反复压延。苏打饼干面团每次辊轧的压延比不宜过大，一般控制在1∶（2～2.5），否则，表面易被压破，油酥外露，饼干膨发率差，颜色变差。

③ 酥性面团的辊轧。酥性面团中含油、糖较多，面片质地较软，易断裂，所以不应多次辊轧，一般单向往复辊轧3～7次即可。酥性面团在辊轧前不必长时间静置。

（3）成型　面片经成型机制成各种形状的饼干坯，饼干成型方式有冲印成型、辊印成型、辊切成型、挤浆成型等多种成型方式。

（4）烘烤　焙烤的主要作用是降低产品水分，使其熟化，并赋予产品特殊的香味、色泽和组织结构。饼干焙烤采用可连续化生产的隧道式烤炉，整个隧道式烤炉由5节或6节可单独控制温度的烤箱组成，分为前、中和后3个烤区。前区一般使用较低的焙烤温度，为160～180℃，中区是焙烤的主区，焙烤温度为210～220℃，后区温度为170～180℃。

烘烤的温度和时间，随饼干品种与块形大小的不同而异，对于配料、大小和厚薄不同的饼干，焙烤温度和时间都不相同。韧性饼干采用低温长时间焙烤，酥性饼干采用高温短时焙烤。苏打饼干入炉初期底火应旺，面火略低，进入烤炉中区后，要求面火逐渐增加而底火逐渐减弱，这样可使饼干膨胀到最大限度并将其体积固定下来，以获得良好的产品。

（5）冷却　在夏秋春季，可采用自然冷却法，温度是30～40℃，室内相对湿度70%～80%。如要加速冷却，可以使用吹风，但空气流速过快，会使水分蒸发过快，饼干易破裂。

（6）包装及贮藏　饼干的包装材料有马口铁、聚乙烯塑料袋、蜡纸等。饼干适宜的贮藏条件是低温、干燥、空气流通好、避免日照的场所，库温应在20℃左右，相对湿度以不超过70%～75%为宜。

三、蛋糕

蛋糕是以鸡蛋、糖、面粉和油脂为主要原料，经打蛋、调糊和烘烤等工序制成的组织松软的糕点食品。根据配料中主要成分含量、调糊和造型操作的特点，一般可分为清蛋糕型、油蛋糕型、复合型和裱花型等。清蛋糕又称为海绵蛋糕，由于成熟方法不同，分为烘蛋糕和蒸蛋糕。下面介绍烘蛋糕的加工工艺。

1. 主要原理

海绵蛋糕是充分利用鸡蛋中蛋白（蛋清）的起泡性能，使蛋液中充入大量的空气，加入面粉烘烤而成的一类膨松点心。在打蛋机的高速搅拌下，降低了蛋白的表面张力，增加了蛋白的黏度，将大量空气均匀地混入蛋液中，同时形成了一层十分牢固的变性蛋白薄膜，将混入的空气包裹起来，并逐渐形成大量蛋白泡沫。面糊入炉烘烤后，随着炉温升高，气泡内空气及水蒸气受热膨胀，促使蛋白膜继续扩展，待温度达到80℃以上时，蛋白质变性凝固，淀粉完全糊化，蛋糕随之而定型。

2. 工艺流程

原料处理 → 打蛋 → 调糊 → 入模 → 烘烤 → 冷却 → 脱模 → 成品

3. 操作要点

（1）原料的要求及处理

① 鸡蛋。鸡蛋是蛋糕制作的重要原料，最好使用新鲜鸡蛋，工厂化生产中也有使用冰蛋和蛋粉的。

② 糖类。一般使用白砂糖、绵白糖、蜂蜜、饴糖和淀粉糖浆等。白砂糖要求纯度高，蔗糖含量在99％以上，糖色洁白明亮，颗粒均匀，松散干燥，不含带色糖粒和糖块。

③ 面粉。通常用于加工蛋糕的面粉是低筋粉或蛋糕专用粉，要求湿面筋不低于22％。

④ 油脂。多使用色拉油和奶油。

⑤ 膨松剂。常用的化学膨松剂有泡打粉、小苏打等，主要作用是增加体积，使结构松软，内部气孔均匀。

⑥ 蛋糕油。蛋糕油又称蛋糕乳化剂或蛋糕起泡剂，可以缩短打蛋时间，且使成品外观和组织更加均匀细腻，入口更润滑。添加量一般是鸡蛋的3％～5％。

（2）打蛋液　打蛋液是将鸡蛋液、白砂糖等放入打蛋机内进行快速搅拌。将全蛋液（蛋白液）、白砂糖加入打蛋机中快速搅打20min，使蛋、糖溶解均匀，充入大量空气，形成大量乳白色泡沫。

（3）调糊　打蛋结束后，加入水、香精和膨松剂，搅打约1min，加入面粉，低速搅动均匀，约需1min。

（4）入模成型　调好的蛋糊要及时入模烘烤，不可放置过久。蛋糕成型均用铁皮模，入模前注意先将炉盘洒点水烤热，然后将模子均匀地刷上一层油，以防熟后粘模而挑碎。

（5）烘烤　蛋糕烘烤温度和时间要依据蛋糕配方种类、形态大小和烤炉特性而决定。一般海绵蛋糕的烘烤温度为180～230℃，要求底火大、面火小、炉温稳定。进炉时温度为160～180℃，使蛋糊涨满铁皮模；约10min后升到200℃，使糕坯定型、上色而成熟；出炉温度为230℃。成熟以后，抽出烤盘，冷却，装箱。

四、面条类食品

1. 挂面

挂面由湿面条挂在面杆上干燥而得名，又称为卷面、筒子面等，是国内各类面条中产量最大、销售范围最广的品种。

（1）原料和辅料

① 面粉。挂面生产用粉的湿面筋含量不宜低于26％，最好采用面条专用粉。

② 水。一般应使用硬度小于10度的饮用水。

③ 面质改良剂。面质改良剂主要有食盐、增稠剂、氧化剂等，应根据需要添加。

（2）工艺流程

原辅料预处理 → 和面 → 熟化 → 压片 → 切条 → 湿切面 → 干燥 → 切断 → 计量 → 包装 → 检验 → 成品

① 和面。面粉、食盐、回机面头和其他辅料要按比例定量添加；加水量应根据面粉的湿面筋含量确定；加水温度宜控制在30℃左右；和面时间15min，冬季宜长，夏季较短。

② 熟化。采用圆盘式熟化机或卧式单轴熟化机对面团进行熟化、贮料和分料，时间一般为10～15min，要求面团的温度、水分不能与和面后相差过大。

③ 压片。一般采用复合压延和异径辊轧的方式进行压片。

④ 切条。切条成型由面刀完成，面刀的加工精度和安装使用往往与面条出现毛刺、疙瘩、扭曲、并条及宽厚不一等缺陷有关。面刀下方设有切断刀，可将湿面条横向切断。

⑤ 干燥。干燥是整个生产线中投资最多、技术性最强的工序，与产品质量和生产成本有极为重要的关系。挂面干燥工艺一般分为三类。

a. 高温快速干燥法。这是国内的传统工艺，最高干燥温度为 50℃ 左右，距离为 25～30m，时间约 2～2.5h。特点是投资小，干燥快；缺点是温湿度难以控制，产品质量不稳定，容易产生酥面等。

b. 低温慢速干燥法。该法是 20 世纪 80 年代从日本引进的挂面烘干法，最高干燥温度不超过 35℃，距离为 400m 左右，时间长达 7～8h。此法特点是模仿自然干燥，生产稳定，产品质量可靠；不足之处是投资大，干燥成本高，维修麻烦等。

c. 中温中速干燥法。中温中速干燥法适于多排直行和单排回行烘干房使用，前者运行长度宜在 40～50m，后者回行长度宜在 200m 左右，烘干时间大约均为 4h。

⑥ 切断。一般采用圆盘式切面机和往复式切刀。

⑦ 计量、包装。按规格计量后用纸或箱包装，以便运销。

⑧ 面头处理。湿面头应及时回入和面机或熟化机中；干面头可采用浸泡或粉碎法处理，然后返回和面机；半干面头一般采用浸泡法，或晾干后与干面头一起粉碎。

2. 方便面

方便面加工的基本原理是将成型后的面条通过蒸汽蒸面，使其中的蛋白质变性，淀粉高度α化，然后借助油炸或热风将蒸熟的面条进行迅速脱水干燥。方便面按生产工艺不同，可分为热风干燥型方便面和油炸型方便面两类。热风干燥型方便面是借助热风进行最后脱水干燥的方便面，具有干燥速度慢，α化程度低，复水性差等缺陷，但保存期长，成本低。油炸型方便面是借助于油炸作用最后脱水干燥的方便面，具有干燥速度快，α化程度高（可达 85%），复水性好等优点，但因面条含油量高达 20% 左右，易氧化，保存期短，而且生产成本也较高。

（1）原辅料

① 面粉。生产方便面的面粉，质量要求高：水分含量 12%～14%，蛋白质含量 9%～12%，湿面筋含量 28%～36%（32%～34% 为好），灰分含量 ≤0.5%，粉质曲线稳定时间 ≥4min，降落数值 ≥200s。

② 水。水硬度 ≤10 度，pH7.5～7.5，碱度 ≤50mg/kg，铁 ≤0.1mg/kg，锰 ≤0.1mg/kg。

③ 油脂。选用油炸用油时，首先应考虑油脂的稳定性，其次为风味、色泽、熔点等。生产上多采用棕榈油作为油炸方便面用油。

④ 抗氧化剂。为防止油脂氧化变质，应在炸油中适当加入叔丁基羟基茴香醚（BHA）、二丁基羟基甲苯（BHT）或天然抗氧化剂。

⑤ 面质改良剂。主要有复合磷酸盐、食盐、碳酸钾或纯碱、乳化剂、增稠剂、增筋剂、鸡蛋等。

⑥ 色素。可使用栀子黄等天然色素来使面条产生好看的黄色。

（2）生产工艺流程

① 热风干燥型方便面。

配料 → 调粉 → 熟化 → 复合压片 → 辊切 → 波纹成型 → 蒸面 → 喷淋着味 → 热风干燥 → 整理包装

② 油炸型方便面。

配料 → 调粉 → 熟化 → 复合压片 → 辊切 → 波纹成型 → 蒸面 → 油炸 → 冷却 → 整理包装

（3）操作要点

① 配料。方便面配料见表 8-1。

表 8-1　方便面基本配方

原　　料	油炸型方便面			热风干燥型方便面	
	上海	福州	厦门	广东	上海
面粉/kg	25	25	25	25	25
精盐/kg	0.625	0.35	1.5	0.75	1.25
鸡蛋/kg	1.3	—	蛋清2.5	—	3.5
羧甲基纤维素钠/g	100	—	—	—	25
碳酸钾或纯碱/g	15	35	—	50	—
单硬脂酸甘油酯/g	—	—	—	—	25
色素/g	0.5	适量	—	适量	0.5
复合磷酸盐/g	7.5	—	6.5	—	10
BHA/g	—	—	—	—	0.625
BHT/g	—	—	—	—	0.625
柠檬酸/g	—	—	—	—	0.625
酒精(溶剂)/ml	—	—	—	—	6.01
水/kg	7.5~7.0	7.25	6.5	6.5	6.0

②　调粉。先将面粉和玉米淀粉加入和面机，然后加入混合水和色拉油开始搅拌，食盐、纯碱和味精等预先溶于水，过滤后盛于储罐，用泵定量打入和面机，25kg面粉约加8kg混合水，水温保持在20~30℃，和面机低速（70~110r/min）长时搅拌，搅拌时间为15~20min，和面的质量主要靠感官和经验来判断，要求和好的面团料坯为均匀颗粒状，如散豆腐渣状。

③　熟化。面团"熟化"，即在低温下"静化"半小时，以改善面团的黏弹性和柔软性，有利于面筋的形成和面团均质化。

④　压片。压片具有使面团成型，使面条中面筋的网状组织达到均匀分布的作用。一般采用复合压延和异径辊轧的方式进行，技术参数同挂面生产。

⑤　切条及波纹成型。切条及波纹成型就是生产出一种具有独特的波浪形花纹的面条，其主要目的是防止直线型面条在蒸煮时会黏结在一起，且折花后脱水快，食用时复水时间短。面条波纹的形成通常由波纹成型机来完成。

⑥　蒸面。蒸面的目的是使淀粉受热糊化和蛋白质变性，面条由生变熟。蒸面是在连续式自动蒸面机上进行的。蒸面机有水平式和倾斜式两种，蒸面一般采用倾斜式连续蒸面机，蒸汽压力为0.15~0.2MPa，机内温度95~98℃，蒸面时间90~120s，面条α化程度可达85%以上。

⑦　喷淋着味。将面浸入调味液或喷涂调味液使之入味，该工序有的设在蒸面与切断之间，有的设在入模与干燥之间。生产调味方便面时，方法为喷淋或浸渍调味液。

⑧　切断、折叠、入模。从连续蒸面机出来的熟面带被旋转式切刀和托辊按一定长度切断，即完成面块的定量操作。接着，折叠导板将切断后的面块齐腰对折（生产碗装面无需对折），并由入模装置输入到油炸锅或热风干燥机的模盒中。

⑨　热风干燥。广泛采用往返式链盒干燥机，热风温度为70~80℃，相对湿度≤70%，干燥时间约45min，干燥后面块水分含量≤12.5%。

⑩　油炸干燥。油炸设备为自动油炸锅，主要技术参数为：前温130~135℃，中温140~145℃，后温150~155℃，油炸时间70~80s，炸油周转率≤16h，油位高出模盒15~20mm，油炸后面块水分含量≤10%。

⑪　整理、冷却、包装。冷却的目的主要是为了便于包装和贮存，防止产品变质。用符合卫生要求的复合塑料薄膜（袋装面）或聚苯乙烯泡沫塑料（碗装面）完成包装，后者将逐渐被可降

解材料代替。

⑫ 调味料的配制。制备调味汤料是方便面生产的重要组成部分，是决定产品营养价值和口味的关键，亦关系到产品的档次和等级。汤料的种类按其内容物可分为粉包、菜包、酱包等，常用的有鸡肉汤料、牛肉汤料、三鲜汤料、麻辣汤料等。所用原料根据其性能和作用，可分为咸味料、鲜味料、天然调味料、香辛料、香精、甜味料、酸味料、油脂、脱水蔬菜、着色剂、增稠剂等。各种原料的比例应遵循一定规律并结合丰富的调味经验来确定。

复习思考题

1. 小麦的工艺品质包括哪些方面？
2. 小麦清理的意义、方法和清理应达到的要求是什么？
3. 小麦清理流程包括哪些？如何进行配置？
4. 稻谷加工工艺流程包括哪些？
5. 水磨米、免淘米、蒸谷米、胚芽米、营养强化米的关键加工技术。
6. 豆制品（豆浆、豆腐、腐竹）的加工工艺流程。
7. 北豆腐与南豆腐的异同点包括哪些？
8. 植物油脂毛油提取的基本工艺流程包括哪些？
9. 试叙述植物油脂毛油提取中蒸炒的目的与要求。
10. 植物油脂精炼的目的是什么？包括哪些精炼工艺？

【实验实训一】 饴糖的制作

一、目的与要求

通过实验实训，掌握酸水解法制备饴糖的方法和操作要点。

二、仪器设备与材料

1. 仪器设备 糖化罐、压滤机、离子交换树脂、浓缩罐等。
2. 材料 淀粉 100kg、盐酸（硫酸或草酸）300g、碘液、70%～80%乙醇溶液、活性炭、碱等。

三、方法步骤

1. 工艺流程

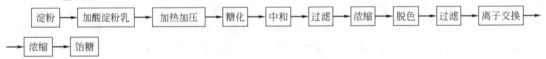

2. 操作要点

① 原料为纯净淀粉，以含蛋白等杂质较少为好，可得到较高的糖化率。现将淀粉制成浓度为 480g/L 左右的淀粉乳。

② 添加与原料淀粉质量比例为 0.3% 左右的酸，混合均匀后在加压糖化罐中以蒸汽加热，在 0.2～0.3MPa 下，经 30～45min 达到糖化终点。糖化终点可用碘色法加以检验，取糖化液试样少许加入几滴碘液，如试样不显蓝色而呈红褐色，即表示已达糖化终点。也可添加 70%～80% 乙醇溶液于糖化液中，若无白色沉淀，表明已达到终点。

③ 糖化液冷却后，用碱中和。用盐酸糖化，则用氢氧化钠或碳酸钠进行中和；用硫酸或草

酸糖化，则用碳酸钙中和。中和温度约为 80℃，中和的终点要保持微酸性，以 pH5.6 左右为宜，否则制品会有苦味。

④ 中和生成的硫酸钙或草酸钙沉淀，用压滤机过滤除去，得到的澄清液浓度为 13～15°Bé，浓缩至 28°Bé 后用活性炭进行脱色、过滤，再经离子交换树脂塔处理，除去钠盐和余酸等。最后蒸发浓缩至 42～43°Bé 即为成品。成品含水量约 16％，黏度较大，为降低黏度便于使用，可做成含水量在 25％ 的饴糖制品。

四、实训思考

1. 对提取的淀粉产品进行感官鉴定。
2. 分析本次实验存在的问题，并提出相应的建议。

【实验实训二】 面包的制作

一、目的与要求

通过实验实训，加深理解面包生产的基本原理及其一般过程和方法，掌握二次发酵法制作面包的方法。

二、仪器设备与材料

1. **仪器设备** 和面机、分割机、揉圆机、醒发柜、烤炉、不锈钢切刀、烤模、烤盘、电炉等。
2. **材料** 特制粉、标准粉、酵母、盐、油、鲜鸡蛋、糖、改良剂、奶粉、植物油等。

三、方法与步骤

1. 配方

特制粉 100kg，鲜酵母 1.0kg，白砂糖 12kg，精盐 0.5kg，植物油 1.0kg，水 50kg。

2. 工艺流程

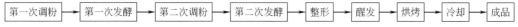

第一次调粉 → 第一次发酵 → 第二次调粉 → 第二次发酵 → 整形 → 醒发 → 烘烤 → 冷却 → 成品

3. 操作要点

（1）**第一次调粉** 取面粉的 80％、水的 70％ 及全部酵母（预先取少量用 30～36℃ 的水溶化）一起加入调粉机中，先慢速搅拌，物料混合后中速搅拌约 10min 左右，使物料充分起筋成为粗稠而光滑的酵母面团，调制好的面团温度应在 30～32℃（可视当时面粉温度调节加水温度以达要求）。

（2）**第一次发酵** 面团中插入一根温度计，放入 32℃ 恒温培养箱中的容器内，静止发酵 2～2.5h，观察发酵成熟后（发起的面团用手轻轻一按能微微塌陷）即可取出。注意发酵时面团温度不要超过 33℃。

（3）**第二次调粉** 将剩余的原辅料（糖盐等固体应先用水溶化）与经上述发酵成熟的面团一起加入调粉机。先慢速拌匀后，中速搅拌 10～12min。

（4）**第二次发酵** 方法与第一次相同，时间约需 1.5～2h。

（5）**整形** 经第二次发酵成熟的面团用不锈钢刀切成 150g 左右生坯用手搓团，挤压除去面团内的气体，整形后装入内壁涂有一薄层熟油的烤模中，并在生坯表面用小排笔涂上一层糖水或蛋液。

（6）**醒发** 将装有生坯的烤模，置于调温调湿箱内，调节箱内温度为 30℃、相对湿度 90％～95％，醒发时间 45～55min。一般观察生坯发起的最高点略高出烤模上口即醒发成熟，立即取出。

（7）**烘烤** 取出的生坯应立即置于烤盘上，推入炉温已预热至 250℃ 左右的远红外食品烘箱内，起先只开底火，不开面火，这样，炉内的温度可逐渐下降，应注意观察，待炉内生坯发起到应有高度（可快速打开炉门观察）时立即打开面火，温度又会上升，当观察面包表面色泽略浅于应有颜色时，关掉面火，底火继续加热，此时炉温可基本保持平衡，直至面包烤熟后立即取出。一般观察到烤炉出气孔冒蒸汽，烘烤总时间达 15～16min 即能成熟。注意在烘烤中炉温起伏应控制在 240～260℃。

（8）冷却　出炉的面包待稍冷后拖出烤模，置于空气中自然冷却至室温。

（9）成品质量检验　感官检验包括形态、色泽、内部组织、口味、卫生；理化检验包括酸度、水分。

四、实训思考

1. 制作面包对面粉原料有何要求？为什么？

2. 为什么工厂中通常采用二次发酵法生产面包？

3. 糖、乳制品、蛋制品等辅料对面包质量有何影响？

4. 面包烘烤时，为什么面火要比底火迟开一段时间？

【实验实训三】　蛋糕的制作

一、目的与要求

通过实验实训，加深对烘烤制品生产基本原理和操作方法的理解，掌握烘蛋糕的制作方法。

二、仪器设备及原辅材料

1. 仪器设备　打蛋机、和面机（调粉机）、烤炉、电子秤、烤模、烤盘、电炉等。

2. 原辅材料　特制粉、标准粉、酵母、盐、油、鲜鸡蛋、糖、改良剂、奶粉、植物油等。

三、方法与步骤

1. 蛋糕配方

鲜鸡蛋 1.0kg，面粉 0.8kg，白砂糖 0.7kg，奶油 0.2kg，水适量。

2. 工艺流程

原料处理 → 打蛋 → 调糊 → 入模 → 烘烤 → 冷却 → 脱模 → 成品

3. 操作要点

① 将蛋打入打蛋机的钢筒中，同时加入白砂糖和水，开动打蛋机打蛋液。至蛋液起发后，加入奶油继续搅打，至蛋液充气后体积增大至 2 倍左右时即可。

② 把过筛后的面粉均匀加入蛋液中拌匀调糊，拌和 2min，然后停机入模。

③ 将蛋糊倒入烘盘中（装入量为烤盘高的二分之一，烤盘涂少许奶油），要求表面平滑、厚薄一致。及时送去烘烤。

④ 用 180～200℃ 的温度烘烤约 8min，至表面呈现金黄色即可出炉。

⑤ 在蛋糕表面刷一层花生油，再切成块状。

四、实训思考

1. 制作蛋糕为什么宜用中筋粉？

2. 蛋糕烘烤与面包烘烤有何不同？

3. 蛋糕、面包对原料的要求一样吗？为什么？

第九章 果蔬加工技术

【学习目标】

通过本章学习，掌握果蔬干制品、糖制品、罐制品、汁制品等加工的基本原理及工艺流程，重点掌握各制品加工的关键控制点及预防措施，学会各类制品加工的基本操作技能。

果蔬加工技术是指根据果蔬的不同特性对果蔬进行加工，目的是为了提高果蔬的保藏价值及经济价值，充分发挥果蔬作为食品的优良特性。本章主要介绍果蔬的干制技术、糖制及腌制技术、罐头加工技术、果蔬汁生产技术等工艺流程和技术要点。

第一节 罐藏制品

食品罐藏就是将原料经预处理后装入密封容器，经排气、密封、杀菌、冷却等一系列过程制成的产品。罐藏加工技术是由尼克拉·阿培尔在18世纪发明的，距今已经有200多年的历史，当初由于对引起食品腐败变质的原因还没有认识，故技术上发展较慢，直到1864年巴斯德发现了微生物，为罐藏技术奠定了理论基础，才使罐藏技术得到较快发展，并成为食品工业的重要组成部分。

罐藏制品的共同特点为：必须有一个能够密闭的容器（包括复合薄膜制成的软袋）；必须经过排气、密封、杀菌、冷却这四道工序；从理论上讲必须杀死致病菌、腐败菌、产毒菌，达到商业无菌，并使酶失活。

一、罐藏制品的加工原理

罐藏食品能长期保藏主要是借助罐藏条件（排气、密封、杀菌）杀灭罐内引起败坏、产毒、致病的微生物，破坏原料组织中酶的活性，并保持密封状态，使食品不再受外界微生物污染来实现的。

1. 影响杀菌的因素

杀菌是罐藏工艺中的关键工序，影响杀菌效果的因素主要是微生物，包括需氧性芽孢杆菌、厌氧性芽孢杆菌、非芽孢细菌、酵母菌和霉菌等。

（1）微生物 微生物的种类、抗热力和耐酸能力对杀菌效果有不同的影响，但杀菌还受其他因素的影响。果蔬中细菌的数量，尤其是孢子存在的数量越多，抗热能力越强。果蔬所处环境条件可改变芽孢的抵抗能力，干燥能增加芽孢的抗热力，而冷冻有减弱抗热力的趋势。在微生物一定的情况下，随着杀菌温度的提高，杀菌效率会升高。

（2）果蔬原料特点 果蔬原料的品种繁多，组织结构和化学成分不一，从杀菌角度看，应考虑以下几方面的因素。

① 原料的酸度（pH值）。绝大多数细菌在中性介质中有最大的抗热性，细菌的孢子在低pH条件下是不耐热处理的。pH值越低，酸度越高，芽孢杆菌的耐热性越弱。酸度对微生物活性的影响在罐头杀菌的实际应用中有重要的意义。

② 糖。糖对微生物孢子有一定的保护作用，因糖使孢子的原生质部分脱水，防止了蛋白质的凝结，使细胞具有更稳定的状态参数，但较低的糖浓度差异则不易看出这种作用，所以装罐果

蔬填充液的糖浓度越高，杀菌时间越长。

③ 无机盐。浓度不高于4％的食盐溶液对孢子有保护作用，高浓度的食盐溶液能降低孢子的抗热力。食盐可有效地抑制腐败菌的生长，亚硝酸盐会降低芽孢的抗热性，磷酸盐能影响孢子的抗热性。

④ 酶。酶在酸性和高酸性果蔬中易引起风味、色泽和质地的败坏。在较高温度下，酶蛋白结构受破坏而失去活性。一般情况下以过氧化物酶系统的钝化作为酸性罐头食品杀菌的指标。

⑤ 其他成分。果蔬中不溶性成分对孢子的抗热性有一定的保护作用，如淀粉能有效地吸附抑制微生物的物质，为微生物生长提供有利条件，果胶能显著减缓传热等。

2. 罐头杀菌的理论依据

在罐头食品杀菌中，酶类、霉菌类和酵母菌类是比较容易控制和杀灭的，罐头热杀菌的主要对象是抑制在无氧或微量氧条件下，仍然活动且产生孢子的厌氧性细菌，这类细菌的孢子抗热力是很强的。理论上，要完成杀菌的要求就必须考虑到杀菌温度和时间的关系。热致死时间就是作为杀菌操作的指导数据，是指罐内细菌在某一温度下被杀死所需要的时间。热对细菌致死的效应是操作时温度与时间控制的结果，温度越高，处理时间越长，效果越显著，但同时也提高了对食品营养的破坏作用，因而合理的热处理必须注意以下几个方面。

① 抑制食品中最抗热的致败菌、产毒微生物所需的温度和时间。

② 了解产品的包装和包装容器的热传导性能，温度只要超过微生物生长所能够忍受的最高限度，就具有致死的效应。

③ 在流体和固体食品中，升温最慢的部位有所不同，罐头杀菌必须以这个最冷点作为标准，热处理要满足这个部位的杀菌要求，才能使罐头食品安全保存。

二、罐藏容器

容器对罐藏食品的保存有重要作用，应具备无毒、耐腐蚀、能密封、耐高温高压、不与食品发生化学反应、质量轻、便于携带等条件。常见罐藏容器的种类及其结构与特性见表9-1。

表9-1 罐头容器的分类及特点

项 目	容器种类			
	马口铁罐	铝罐	玻璃罐	软包装
材料	镀锡(铬)薄钢板	铝或铝合金	玻璃	复合铝箔
罐形或结构	两片罐、三片罐,罐内壁有涂料	两片罐,罐内壁有涂料	卷封式、旋转式、螺旋式、爪式	外层:聚酯膜 中层:铝箔 内层:聚烯烃膜
特性	质轻、传热快,避光、抗机械损伤	质轻、传热快、避光、易成形,易变形,不适于焊接,抗大气腐蚀。成本高、寿命短	透光、可见内容物,可重复利用、传热慢,易破损,耐腐蚀,成本高	质软而轻,传热快,包装、携带、食用方便,避光、阻气,密封性能好

三、工艺流程

原料 → 预处理（选别）→ 分级 → 清洗 → 去皮 → 切分、去核 → 烫漂 → 抽真空 → 装罐 → 注入汤汁或不注 → 排气（抽气）→ 密封 → 杀菌 → 冷却 → 保温处理 → 贴标 → 成品

四、关键控制点及预防措施

1. 原料选择

原料选择，是保证制品质量的关键。一般要求原料具备优良的色、香、味，糖酸含量高，粗纤维少，无不良风味，耐高温等。水果常用的原料有柑橘、桃、梨、杏、菠萝等；蔬菜常用的原料有竹笋、石刁柏、四季豆（青刀豆）、甜玉米、蘑菇等。

2. 原料预处理

预处理的目的是为了剔除不适的和腐烂霉变的原料，去除果蔬表面的尘土、泥沙、部分微生物及残留农药，并按原料大小、质量、色泽和成熟度进行分级、去皮、去核、去心并修整，然后烫漂的操作。具体方法见第七章第二节。

3. 装罐

（1）空罐的准备　空罐在使用之前应检查，要求罐型整齐，缝线标准，焊缝完整均匀，罐口和罐盖边缘无缺口或变形，马口铁皮上无锈斑或脱锡现象。玻璃罐应形状整齐，罐口平坦光滑无缺口，罐口正圆，厚度均匀，玻璃内无气泡裂纹。对于回收的旧玻璃瓶，应先用温度为 $40\sim50℃$，浓度为 $2\%\sim3\%$ 的 NaOH 溶液浸泡 $5\sim10min$，以便使附着物润湿而易于洗净。具有一定生产能力的工厂多用洗瓶机清洗，常用的有喷洗式洗瓶机、浸喷组合式洗瓶机等。

（2）填充液配制　目前生产的各类水果罐头，要求产品开罐后糖液浓度为 $14\%\sim18\%$，大多数罐装蔬菜装罐用的盐水含盐量 $2\%\sim3\%$。填充液的作用包括：调味；充填罐内的空间，减少空气的作用；有利于传热，提高杀菌效果等。生产上使用的主要是蔗糖，另外还有果葡糖浆、玉米糖浆、葡萄糖等，常用直接法和稀释法进行配制。装罐时所需糖液浓度，一般根据水果种类、品种和产品等级而定，并可结合装罐前水果本身可溶性固形物含量，每罐装入果肉量及装罐实际注入的糖水量，按下式进行计算：

$$Y = \frac{W_3 Z - W_1 X}{W_2}$$

式中，W_1 为每罐装入果肉量，g；W_2 为每罐装入糖液量，g；W_3 为每罐净重，g；Z 为要求开罐时糖液浓度，%；X 为装罐前果肉可溶性固形物含量，%；Y 为注入罐的糖液浓度，%。

（3）装罐　原料准备好后应尽快装罐。装罐的方法有人工装罐和机械装罐两种。装罐时注意合理搭配，力求做到大小、色泽、形态、成熟度等均匀一致，排列式样美观。同时要求装罐量必须准确，净重偏差不超过 $\pm3\%$。还要注意应保持一定的顶隙（实装罐内由内容物的表面到盖底之间所留的空间）。罐内顶隙的作用很重要，需要留得恰当，不能过大也不能过小，一般装罐时为 $6.35\sim9.6mm$，封盖后约为 $3.29\sim4.7mm$。

4. 排气

原料装罐注液后，封罐前要进行排气，将罐头和组织中的空气尽量排除，使罐头封盖后能形成一定程度的真空度以防止败坏，有助于保证和提高罐头食品的质量。为了提高排气效果，在排气前可以先进行预封。所谓预封就是用封口机将罐身与罐盖初步钩连上，其松紧程度以能使罐盖沿罐身旋转而不会脱落为度。此时空气能流通，在热排气或在真空封罐过程中，罐内的气体能自由出入，而罐盖不会脱落。

（1）排气的目的　抑制好氧性微生物的活动，抑制其生长发育；减轻食品色、香、味的变化，特别是维生素等营养物质的氧化损耗；减轻加热杀菌过程中内容物膨胀对容器密封性的影响，保证缝线安全；罐头内部保持真空状态，可以使实罐的底盖维持一种平坦或向内陷入的状态；排除空气后，减轻容器的铁锈蚀。

排气程度一般用真空度来表示，罐头食品真空度指罐外的大气压与罐内气压的差值，常用真空计测定，过去多用 mmHg 表示，现用 Pa 或 kPa 表示。

（2）排气方法　常用的排气方法有热排气、真空封罐排气和蒸汽喷射排气三种。

① 热力排气法。热力排气法是利用食品和气体受热膨胀的原理，使罐内食品和气体膨胀，罐内部分水分汽化，利用水蒸气分压提高来驱赶罐内的气体。排气后应立即密封，这样经杀菌冷却后，由于食品的收缩和水蒸气的冷凝而获得一定的真空度。常用的热力排气方法有热装法和加

热排气法两种。

②真空封罐排气法。是一种借助于真空封罐机将罐头置于真空封罐机的真空仓内，在抽气的同时进行密封的排气方法。特点是能在短时间内使罐头获得较高的真空度，减少了加热环节，能较好地保存维生素和其他营养，适用于各种罐头的排气，并且由于封罐机具有体积小、占地少的优点，所以被各罐头厂广泛使用。

③蒸汽喷射排气法。也称蒸汽密封排气法，是在封罐的同时向罐头顶隙内喷射具有一定压力的高压蒸汽，利用蒸汽驱赶、置换罐头顶隙内的空气，密封、杀菌、冷却后顶隙内的蒸汽凝结而形成一定的真空度。这种方法只适用于空气含量少、食品溶解及吸附空气较少的种类。该法的特点是速度快，设备紧凑，但排气不充分，使用上受到一定的限制。

5. 密封

密封是使罐头与外界隔绝，不致受外界空气及微生物污染而引起败坏。排气后要立即封罐，封罐是罐头生产的关键环节。不同种类、型号的罐，使用不同的封罐机。封罐机的类型很多，有半自动封罐机、自动封罐机、半自动真空封罐机、自动真空封罐机等。

6. 杀菌

罐头食品在装罐、排气、密封后，罐内仍有微生物存在，会导致内容物的腐败变质，所以在封罐后必须迅速杀菌。罐头杀菌一般分为低温杀菌和高温杀菌两种。低温杀菌，又称常压杀菌，温度在80～100℃，时间10～30min，适合于含酸量较高（pH值在4.6以下）的水果罐头和部分蔬菜罐头。高温杀菌，又称高压杀菌，温度105～121℃，时间40～90min，适用于含酸量较少（pH值4.6以上）和非酸性的肉类、水产品及大部分蔬菜罐头。在杀菌中热传导介质一般采用热水和热蒸汽。

7. 冷却

杀菌后的罐头应立即冷却，如果冷却不够或拖延冷却时间会引起不良现象的发生，如罐头内容物的色泽、风味、组织、结构受到破坏，促进嗜热性微生物的生长等。罐头杀菌后一般冷却到38～42℃即可。冷却方法常用加压冷却也就是反压冷却。杀菌结束的罐头必须在杀菌釜内维持一定压力的情况下冷却，主要用于一些高温高压杀菌，特别是高压杀菌后容易变形损坏的罐头。常压冷却主要用于常压杀菌的罐头和部分高压杀菌的罐头，罐头可在杀菌釜内冷却，也可在冷却池中冷却，可以泡在流动的冷却水中冷却，也可采用喷淋冷却。冷却时应注意，金属罐头可直接进入冷水中冷却，而玻璃罐冷却时要分阶段逐级降温，以避免破裂损失。冷却的速度越快，对罐内食品质量的影响越小，但要保证罐藏容器不受破坏。冷却所需时间随食品种类、罐头大小、杀菌温度、冷却水温等因素而异，但无论采用什么方法冷却，罐头都必须冷透，一般要求冷却到40℃左右以不烫手为止，此时罐头尚有一定的余热以蒸发罐头表面的水膜，防止罐头生锈。用水冷却罐头时，要特别注意冷却用水的卫生，以免因冷却水质差而引起罐头腐败变质，一般要求冷却用水必须符合用水标准。

8. 保温处理

将杀菌冷却后的罐头放入保温室内，中性或低酸性罐头在37℃下保温一周，酸性罐头在25℃下保温7～10天，未发现胀罐或其他腐败现象，即检验合格。

9. 成品的贴标包装

保温处理合格后就可以贴标签。标签要求贴得紧实、端正、无皱折，贴标中应注明营养成分等。

五、成品的检验与贮藏

成品检验与贮藏是罐头食品生产的最后一个环节。

1. 检验方法

（1）感官检验　容器密封完好，无泄漏、胖听现象存在。容器外表无锈蚀，内壁涂料无脱落。内容物具有该品种果蔬类罐头食品的正常色泽、气味和滋味，汤汁清晰或稍有浑浊。

（2）细菌检验　将罐头抽样，进行保温试验，检验细菌。

（3）化学指标检验　包括总重、净重、汤汁浓度、罐头本身的条件等的评定和分析。水果罐头：总酸含量 0.2%～0.4%，总糖含量为 14%～18%（以开罐时计）。蔬菜罐头：要求含盐量 1%～2%。

（4）重金属与添加剂指标检验　重金属指标如表 9-2 所示，添加剂指标按国家标准执行。

表 9-2　重金属指标

项　　目	锡含量(以 Sn 计)	铜含量(以 Cu 计)	铅含量(以 Pb 计)	砷含量(以 As 计)
指标/(mg/kg)	≤200	≤5.0	≤1.0	≤0.5

（5）微生物指标　符合罐头食品的商业无菌要求。罐头食品经过适度杀菌后，不含有致病性微生物，也不含有在通常温度下能在其中繁殖的非致病性微生物。

2. 常见败坏现象及原因

罐头食品败坏的原因有很多，根据生产经验总结以下 4 类作简单说明。

（1）罐形损坏　罐形损坏是罐头外形不正常的损坏现象，一般用肉眼即可鉴别。

① 胀罐。胀罐的形成是由于细菌的存在和活动产生气体，导致罐头内容物发生恶臭味和毒物。根据发生阶段的不同有轻微和严重胀罐之分。轻微的胀罐（如撞胀或弹胀）是由于装罐过量、排气不够或杀菌时热膨胀所致，这种胀罐无害。硬胀是最严重的，施加压力也不能使其两端底盖平坦凹入。

② 氢胀。由于罐壁的腐蚀作用而释放出氢气，产生内压，使罐头底盖外突。这种胀罐多发生在酸性菇类罐头中，如汤液中加入了太多的柠檬酸，且用马口铁包装的罐头，常发生这类胀罐。这类胀罐不危及人体健康。

③ 漏罐。这是指由罐头缝线或孔眼渗漏出部分内容物，如封盖时缝线形成的缺陷，或铁皮腐蚀生锈穿孔，或是腐败微生物产生气体而引起过大的内压损坏缝线的密封，或机械损伤，都可造成这种漏罐。

④ 变形罐。罐头底盖出现不规则的峰脊状，很像胀罐。这是由于冷却技术掌握不当，消除蒸汽压过快，罐内压力过大造成严重张力而使底盖不整齐地突出，冷却后仍保持其突出状态。这种情况冷却后出来就形成，而不是在罐头贮存过程中形成的。因罐内并无压力，如稍加压力即可恢复正常。这种类型对罐内固体品质无影响。

⑤ 瘪罐。多发生于大型罐上，罐壁向内凹陷变形。这是由于罐内在排气后，真空度增高、过分的外压或反压冷却等操作不当而造成的，对罐内固体品质无影响。

（2）绿色蔬菜罐头色泽变黄　叶绿素在酸性条件下很不稳定，即使采取了各种护色措施，也很难达到护绿的效果，而且叶绿素具有光不稳定性，所以玻璃瓶装绿色蔬菜经长期光照，也会导致变黄。如果生产上能调整绿色蔬菜罐头罐注液的 pH 至中性偏碱，并采取适当的护绿措施，例如热烫时添加少量锌盐，绿色蔬菜罐头最好选用不透光的包装容器等，在一定程度上能缓解这种现象的发生。

（3）果蔬罐头加工过程中发生褐变　采用果蔬原料加工罐头时，通常容易发生酶促褐变。采用热烫进行护色时，必须保证热烫处理的温度与时间；采用抽空处理进行护色时，应彻底排净原料中的氧气，同时在抽空液中加入防止褐变的护色剂；果蔬原料进行前处理时，严禁与铁器接触。

（4）果蔬罐头固形物软烂与汁液混浊　在生产上一定要选择成熟度适宜的原料，尤其是不能选择成熟度过高且质地较软的原料；热处理要适度，特别是烫漂和杀菌处理，要求既起到烫漂和杀菌的目的，又不能使罐内果蔬软烂；热烫处理期间，可配合硬化处理；避免成品罐头在贮运与销售过程中的急剧震荡、冻融交替以及微生物的污染。

3. 罐头食品的贮藏

仓库位置的选择要便于进出库的联系,库房设计要便于操作管理,防止不利环境的影响;库内的通风、光照、加热、防火等均要有利于工作和保管的安全。贮存库要有严密的管理制度,按顺序编排号码,安置标签,说明产品名称、生产日期、批次和进库日期或预定出库日期。管理人员必须详细记录,便于管理。贮存库要避免过高或过低的温度,也要避免温度的剧烈波动。空气温度和湿度的变化是影响生锈的条件,因此,在仓库管理中,应防止湿热空气流入库内,避免含腐蚀性的灰尘进入。对贮存的罐头应经常进行检查,以检出损坏漏罐,避免污染好罐。

第二节 汁 制 品

果蔬汁是优质新鲜的果蔬经挑选、清洗后,通过压榨或浸提制得的汁液,含有新鲜果蔬中最有价值的成分,是一种易被人体吸收的果蔬饮料。虽然发展历史较短,但发展非常迅速。世界各国生产的果蔬汁以柑橘汁、菠萝汁、苹果汁、葡萄汁、胡萝卜汁、番茄汁及浆果汁为多,国内主要是柑橘汁、菠萝汁、苹果汁、葡萄汁、胡萝卜汁、番茄汁和番石榴汁等。

一、汁制品的分类及特点

汁制品的分类及特点见表 9-3。

表 9-3　果蔬汁制品的分类及特点

分类标准	分 类		特 点
状态	澄清汁		不含悬浮物,澄清透明
	混浊汁		悬浮小颗粒,橙黄色果实榨取,富含胡萝卜素
	浓缩汁		新鲜果蔬汁浓缩液
成分	原汁	澄清原汁	未经发酵、稀释、浓缩,果蔬果肉直接榨汁,100%原果蔬汁
		混合原汁	
	鲜汁		原汁或浓缩果汁经过稀释调配而成,含原汁>40%
	饮料果蔬汁		原果蔬汁含量为 10%～39%
	浓缩果蔬汁		原果蔬汁按重量计浓缩 1～6 倍
	果蔬汁糖浆		调配(糖、柠檬酸)果蔬汁,含糖量达 40%～65%,柠檬酸含量达 0.9%～2.5%,含原果蔬汁不低于 30%
	果蔬浆		含果肉,原果浆含量 40%～45%,糖度 13%
	复合果蔬汁		由两种或两种以上果蔬榨汁复合而成
原料类型	蔬菜汁		按加工情况分:有正常含酸蔬菜制成的果蔬汁,添加高酸度产品果蔬汁,添加有机酸或无机酸果蔬汁,发酵蔬菜汁,未加酸的果蔬汁或调配成非酸性果蔬汁
			按配合情况分:蔬菜单汁、蔬菜复合汁
	果汁		按国家标准,可分为十类:原果汁、浓缩汁、原果浆、浓缩果浆、水果汁、果肉果汁饮料、高糖果汁饮料、果粒果汁饮料、果汁饮料、果汁水
原料名称	如苹果汁、荔枝汁、番茄汁		
其他	按果汁成品浓度分为原汁、浓缩汁、果汁粉及加水复原果汁;按保藏条件分为巴氏杀菌果汁、高温灭菌果汁等		

二、工艺流程

原料选择 → 预处理 → 破碎(或榨汁) → 澄清或筛滤 → 调配 → 脱气、均质 → 糖酸调整 → 罐装 →

→ 杀菌、冷却 → 成品

三、关键控制点及预防措施

1. 原料选择

榨汁果蔬原料要求优质、新鲜，并有良好的风味和芳香、色泽稳定、酸度适中，另外要求汁液丰富，取汁容易，出汁率较高。常用果蔬原料有：柑橘类中的甜橙、柑橘、葡萄柚等；核果类有桃、杏、乌梅、李、梨、杨梅、樱桃、草莓、荔枝、猕猴桃、山楂等；蔬菜类有番茄、胡萝卜、冬瓜、芦笋、黄瓜等。

2. 原料预处理

鲜果榨汁前，要用流动水洗涤，除去黏附在表面的农药、尘土等，可用 0.03% 的高锰酸钾溶液或 0.01%～0.05% 二氧化氯溶液洗涤，后者可不用水再冲洗。

3. 原料破碎或打浆

不同种类的原料可择不同的设备和工艺。破碎粒度要适当，粒度过大，出汁率低，榨汁不完全；过小，外层果汁迅速流出，但内层果汁反而降低滤出速度。破碎程度视果实品种而定，大小可通过调节机器来控制。如用辊压机进行破碎，苹果、梨破碎后大小以 3～4mm、草莓和葡萄等以 2～3mm、樱桃为 5mm 为宜。同时要注意不要压破种子，否则会使果汁有苦味。常用破碎机械有粉碎机和打浆机。桃、杏、山楂等破碎后要预煮，使果肉软化，果胶物质降低，以降低黏度，利于后期榨汁工序。

4. 榨汁或浸提

榨汁前为了提高出汁率，通常要对果实进行预处理，如红色葡萄、红色西洋樱桃、李、山楂等水果，在破碎后，须进行加热处理或加果胶酶制剂处理。目的是使细胞原生质中的蛋白质凝固，改变细胞通透性，使果肉软化、果胶质水解，降低汁液黏度，同时有利于色素和风味物质的渗出，并能抑制酶的活性。榨汁机主要有螺旋榨汁机、带式榨汁机、轧辊式压榨机、离心分离式压榨机等。一般原料经破碎后就可以直接压榨取汁。

对于汁液含量少的果蔬应采用加水浸提法，如山楂片提汁，将山楂片剔除霉烂果片，用清水洗净，加水并加热至 85～95℃ 后，浸泡 24h，滤出浸提液。

对有很厚外皮如柑橘类和石榴类果实，不宜采用破碎压榨取汁，因为其外皮中有不良风味和色泽的可溶性物质，同时柑橘类果实外皮中含有精油，果皮、果肉皮和种子中存在柚皮苷和柠檬碱等导致苦味的化合物，所以此类果实宜采用逐个榨汁法。

5. 过滤

过滤一般包括粗滤和精滤两个环节，对于混浊果汁是在保存色粒以获得色泽、风味和香味特性的前提下，去除果蔬汁中粗大果肉颗粒及其他一些悬浮物，筛板孔径为 0.8mm 和 0.4mm；对于透明汁，粗滤之后还需精滤或先澄清后过滤，务必除尽全部悬浮粒。澄清的方法有自然澄清法、明胶单宁法、加酶澄清法、加热凝聚澄清法、冷冻澄清法。常用过滤设备有袋滤器、纤维过滤器、板框压滤机、离心分离机、真空过滤器等。滤材有帆布、不锈钢丝布、纤维、硅藻土等。

6. 脱气

脱气也称去氧或脱氧，即在果汁加工中除去存在于果实细胞间隙中的氧、氮和呼吸作用产生的二氧化碳等气体，防止或减轻果汁中色素、维生素 C、香气成分和其他物质的氧化，防止品质降低，同时去除附着于悬浮微粒上的气体，减少或避免微粒上浮，以保持良好外观，防止或减少装罐和杀菌时产生泡沫，减少马口铁罐内壁的腐蚀。但脱气会造成挥发性芳香物质的损失，为减少这种损失，可先进行芳香物质回收，然后再加入到果汁中。

果汁的脱气方法有真空脱气法、氮气交换法、酶法脱气法和抗氧化剂法等。一般果蔬脱气采用真空脱气罐进行脱气，要求真空度在 90.7～93.3kPa 以上。

7. 均质

均质是使果蔬汁中不同粒子通过均质设备，使其中悬浮粒进一步破碎，使粒子大小均一，促进果胶渗出，使果胶和果汁亲和，保持一定的混浊度，获得不易分离和沉淀的果汁。均质设备主要有高压均质机，操作压力为9.8~78.6MPa。

8. 糖酸调整

糖酸调整是为使果汁适合消费者口味，符合产品规格的要求和改进风味，保持果蔬汁原有风味，在鲜果蔬汁中加入适量的砂糖和食用酸（柠檬酸或苹果酸）或用不同品种原料的混合制汁进行调配。一般成品果汁糖酸比为（13~18）:1为宜。

9. 装罐

果蔬汁一般采用装汁机热装罐，装罐后应立即密封，封口应在中心温度75℃以上，真空度5.32kPa条件下抽气密封。

10. 杀菌

果蔬汁中会存在大量微生物和各种酶，存放过程中会影响果蔬汁的保藏性和品质。杀菌的目的就是杀死其中的微生物、钝化酶，尽可能在保证果蔬汁品质不变基础上延长其保藏期。但果蔬汁热敏性较强，为了保持新鲜果汁的风味，部分采用了非加热钝化微生物的方法，但大多数还是采用加热杀菌的方法，其中最常用的是高温瞬时杀菌，即（92±2）℃保持15~30s或120℃以上保持3~10s。常用瞬时杀菌设备主要有片式热交换器、多管式热交换器和圆筒式热交换器等。杀菌后的果蔬汁要迅速冷却，防止余温对制品的不良影响。

冷却后即时擦干送检，有条件者先自检，同时送中心化验室检测，检验合格者，可进行贴标和装箱，然后将成品入库。

第三节 糖 制 品

果蔬糖制加工的起源是蜜饯类，最早用天然蜂蜜，到了5世纪，蔗糖提取后，用蔗糖进行糖制。因此"蜜饯"一语沿用至今，在《辞源》上的解释为"蜜饯者糖制果物也"，本作蜜煎，因其为食物，故改用"饯"字。

一、糖制品的分类及特点

糖制品按其加工方法和状态分为两大类，即果脯蜜饯类和果酱类。果脯蜜饯类属于高糖食品，保持果实或果块原形，大多含糖量在50%~70%；果酱类属高糖高酸食品，不保持原来的形状，含糖量多在40%~65%，含酸量约在1%以上。

1. 果脯蜜饯类

根据果脯蜜饯类的干湿状态可分为干态果脯和湿态蜜饯。

（1）干态果脯 在糖制后经晾干或烘干而制成表面干燥不粘手的制品，也有的在其外表裹上一层透明的糖衣或形成结晶糖粉，如各种果脯、某些凉果、瓜条及藕片等。

（2）湿态蜜饯 在糖制后，不进行烘干处理，而是稍加沥干，制品表面发黏，如某些凉果，也有的糖制后，直接保存于糖液中制成罐头。

2. 果酱类

果酱类主要有果酱、果泥、果糕、果冻及果丹皮等。

（1）果酱 呈黏稠状，也可以带有果肉碎块，如杏酱、草莓酱等。

（2）果泥 呈糊状，即果实必须在加热软化后经打浆过滤，因此酱体细腻，如苹果酱、山楂酱等。

（3）果糕 将果泥加糖和增稠剂后加热浓缩而制成的凝胶制品。

（4）果冻 将果汁和食糖加热浓缩而制成的透明凝胶制品。

（5）果丹皮 将果泥加糖浓缩后，刮片烘干制成的柔软薄片。山楂片是将富含酸分及果胶的一类果实制成果泥，刮片烘干后制成的干燥的果片。

二、糖制原理

果蔬糖制是利用高浓度食糖的防腐作用为基础的加工方法。食糖本身对微生物无毒害作用，低浓度糖还能促进微生物的生长发育。

1. 食糖的性质

糖制中使用的食糖主要有：甘蔗糖、甜菜糖、饴糖、淀粉糖浆、蜂蜜等。蔗糖类因纯度高、风味好、色泽淡、取用方便和保藏作用强等优点被广泛使用。食糖的性质对糖制品的质量有很大影响，食糖的性质主要包括糖的甜度、糖的溶解度和晶析、糖的吸湿性、糖的沸点及蔗糖的转化等。

（1）糖的甜度　糖的种类、糖液的浓度、温度对甜度均有影响。

食糖除甜味不同外，风味也不同，蔗糖甜味纯正，显味快，葡萄糖甜中带酸涩，麦芽糖甜味小带酸，因此糖的风味会影响制品风味，糖制品一般多用蔗糖。但蔗糖溶液和食盐混合后，会呈现对比现象，使其别具风味。

（2）糖的溶解度和晶析　食糖在水中的溶解度随温度的升高而加大。如蔗糖在 10℃ 时溶解度为 65.6%（相当于糖制品的含糖量），果蔬糖制时温度为 90℃，溶解度为 80.6%。制品贮藏时温度降低，当低于 10℃ 时，就会出现晶析现象（即返砂）。在生产中，为避免产生晶析，可加入部分淀粉糖浆、饴糖、蜂蜜或果胶等，增大糖液的黏度，阻止蔗糖晶析，增大糖液的饱和度。

（3）吸湿性和潮解　糖的吸湿性与糖的种类及环境的相对湿度有关。果糖与麦芽糖的吸湿性最大，其次是葡萄糖。各种结晶糖吸水达 15% 以下，便于开始失去晶形成液态，蔗糖吸湿后会发生潮解结块，所以制品必须用防潮纸或玻璃纸包裹。蔗糖宜贮存在相对湿度 40%～60% 的环境中。

（4）沸点　糖液的沸点随浓度增加而升高（见表 9-4）。在生产中，糖制时常常利用沸点估算浓度或固形物含量，进而确定煮制终点。如干态蜜饯出锅时糖液沸点为 107～108℃，可溶性固形物含量可达 75%～76%，含糖量达 70%。果酱类出锅时糖液沸点为 104～105℃，制品的可溶性固形物为 62%～66%，含糖量约为 60%。

表 9-4　在一个大气压下蔗糖溶液的沸点温度

含糖量/%	10	20	30	40	50	60	70	80	90
沸点温度/℃	100.4	100.6	101.0	101.5	102.0	103.6	106.5	112.0	130.8

（5）蔗糖的转化　蔗糖在酸和转化酶的作用下，在一定温度下可水解为转化糖（等量的葡萄糖和果糖）。蔗糖转化的适宜 pH 为 2.5。蔗糖转化为转化糖后，可抑制晶析的形成和增大，但转化糖吸湿性强，在中性或微碱性条件下不易分解，加热可产生焦糖。糖制品中转化糖含量应控制在 30%～40%，占总糖量的 60% 以上时，质量最佳。

2. 糖制品的保藏原理

（1）食糖的高渗透压　糖溶液有一定的渗透压，通常使用的蔗糖，其 1% 的浓度可产生 70.9kPa 的渗透压，糖液浓度达 65% 以上时，远远大于微生物的渗透压，从而抑制微生物的生长，使制品能较长期保存。

（2）降低水分活性　水分活度 A_W 表示食品中游离水的水蒸气压与同条件下纯水水蒸气压之比。大部分微生物适宜生长的 A_W 值在 0.9 以上。当食品中可溶性固形物增加时，游离含水量减少，A_W 值变小，微生物就会因游离水的减少而受到抑制。如干态蜜饯的 A_W 值在 0.65 以下时，能抑制一切微生物的活动，果酱类和湿态蜜饯的 A_W 值在 0.80～0.75 时，霉菌和一般酵母菌的活动被抑制。对耐渗透压的酵母菌，需借助热处理、包装、减少空气或真空包装才能被抑制。

（3）抗氧化作用　氧在糖液中的溶解度小于在水中的溶解度，糖浓度越高，氧的溶解度越低。如浓度为 60％的蔗糖溶液，在 20℃时，氧的溶解度仅为纯水含氧量的 1/6。于糖液中氧含量的降低，有利于抑制好氧型微生物的活动，也利于制品色泽、风味和维生素的保存。

（4）加速糖制原料脱水吸糖　高浓度糖液的强大渗透压，亦加速原料的脱水和糖分的渗入，缩短糖渍和糖煮时间，有利于改善制品的质量。然而，糖制初期若糖浓度过高，也会使原料因脱水过多而收缩，降低成品率。蜜制或糖煮初期的糖浓度以不超过 30％～40％为宜。

3. 果胶及其胶凝作用

果胶是天然高分子化合物，具有良好的胶凝化和乳化稳定作用，广泛用于食品、医药等行业。果胶具有胶凝性，影响胶凝的主要因素是溶液的 pH 值、温度、食糖的浓度和果胶种类。在 pH2.0～3.5 范围内果胶能胶凝，pH3.1 左右时，凝胶的硬度最大，pH3.6 时凝胶比较柔软，甚至不能胶凝，称为果胶胶凝的临界 pH 值。食糖能使果胶脱水，糖液浓度越大，脱水作用也越大，胶凝也越快，硬度也越大，但只有溶液中含糖量达 50％以上时，才有脱水作用。当果胶、糖、酸比适当时，温度越低，胶凝越快，硬度越大，而当温度高于 50℃时不胶凝。果胶若含甲氧基较多或糖液浓度较大时，则果胶需要量可相应减少，一般要求含量在 1％左右即可。胶凝温度范围为 0～58℃，在 30℃以下，温度越低胶凝度越大，30℃凝胶强度开始减弱，温度越高强度越弱，58℃时接近于 0，所以制得的果冻必须保存于 30℃以下。糖液浓度对低甲氧基果胶的胶凝无影响，所以，用低甲氧基果胶制造含糖量低的果冻，实用价值最大，风味也好。

三、果脯蜜饯类加工工艺

1. 工艺流程

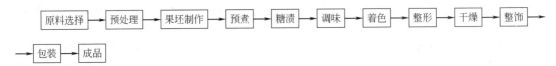

原料选择 → 预处理 → 果坯制作 → 预煮 → 糖渍 → 调味 → 着色 → 整形 → 干燥 → 整饰

→ 包装 → 成品

2. 操作要点

（1）原料选择　一般选用果实含水量少，固形物含量高，成熟时不易软绵，煮制中不易糜烂的品种，多选择果实颜色美观，肉质细腻并具有韧性，果核易脱落，耐贮藏，七分熟的果实为原料。

（2）预处理　包括原料的洗涤、选别、硬化处理或硫化处理、去皮等操作。硬化处理是用石灰、氯化钙、亚硫酸氢钠进行处理，硬化后的果实需经预煮脱盐脱硫。硫化处理的目的在于使果蔬蜜饯色泽明亮，防止褐变及蔗糖的晶析，减少维生素 C 的损失。干态蜜饯原料需要脱酸者则用石灰，如冬瓜、橘饼的料坯常用 0.5％石灰水溶液浸泡 1～2h；果脯及含酸量低的用氯化钙、亚硫酸钙等，如苹果脯、胡萝卜蜜饯等一般用 0.1％氯化钙溶液处理 8～10h；而蜜枣、蜜姜片等本身耐煮制，一般不进行硬化处理。

（3）果坯制作　原料进行预处理后，用适量食盐进行腌制，一般包括盐腌、曝晒、回软和复晒，目的是利用食盐的保藏作用改变组织细胞的通透性，促进糖渍时糖分的渗透。

（4）预煮　预煮的目的是为了抑制微生物、防止败坏、固定品质、破坏酶、排除果蔬中气、防止果蔬氧化变色。也能适度软化果肉，糖制时使糖易于渗入。

（5）糖渍　糖渍是最关键的步骤，糖渍方法有很多，根据加工方式分为糖腌法和糖渍法。

① 糖腌法。中式蜜饯加工时，将原料杀菌滴水，用约 1/3 糖一层层撒布于原料上进行腌渍，并酌加 0.2％～0.3％的柠檬酸，使 pH 在 3～4，次日稍稍加热，另加 1/3 量糖腌渍，1～2 日后，将最后 1/3 的糖加入，浓缩至半透明。

② 糖渍法。糖腌法易造成原料收缩影响外观，且糖不易渗入，故改良型中式蜜饯与西式蜜饯的制作采用糖渍法。首次糖渍液与水果糖度差不宜超过 10～15°Bx，糖液糖度一般为 25～30°Bx，糖渍 24h 后，提高糖液糖度到 40°Bx，之后，每浸渍 24h 提高 10°Bx，直到所求糖度达到 70°Bx 左右为止。现代也用真空连续渗透法，此法可缩短糖渍时间及提高品质。

（6）调味、着色、整形　针对不同蜜饯和果脯，糖渍至终点后，根据品种品质要求用香料调味，用着色剂着色，或对糖渍半成品进行整形，以达到成品色、香、形的要求。

（7）干燥　糖渍后滴干所附着的糖液就得湿式蜜饯。干燥的目的是为了减少果肉水分以提高糖度和降低水活性，并在加温下使还原糖与氨基酸发生轻微美拉德反应以增加成品色泽。煮制的糖制品捞出沥去糖液，可以以热水洗涤表面，使成品最后不太粘手，然后铺于屉上，干燥温度一般为 $50\sim60℃$，糖制品含水量达 $18\%\sim20\%$，即可获干态蜜饯。

（8）装饰　为了使产品美观与避免粘手，常用糖衣法、糖结晶析出法和糖结晶混合法装饰。糖衣法是指蜜饯干燥后，再以过饱和糖液包覆成品；糖结晶析出法是指将糖渍后的蜜饯浸于过饱和糖液中，使其表面析出细小糖晶；糖结晶混合法是指糖渍后以颗粒均匀细砂糖洒于成品表面。

（9）包装　一般用透明材料包装，使之卫生、美观并防潮。

四、果酱类加工工艺

1. 工艺流程

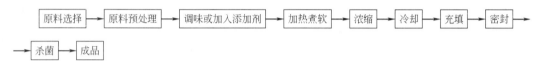

2. 操作要点

（1）原料选择　选择成熟度适宜的果蔬，含酸及果胶量多，芳香味浓，色泽美观，去除病虫害或劣质部分果蔬，并于 24h 内进行加工。如番茄、草莓、食用大黄、西瓜皮、桃、杏、柑橘、山楂等。

（2）原料预处理　充分洗涤并除去杂物。洗涤时应注意防止果形崩溃、果汁外流，同时去除不可食部分，再以打浆机打浆筛滤，果质柔软者，可原形直接加热浓缩。

（3）调配　一般要求果肉（汁）占总配料量的 $40\%\sim55\%$，糖占 $55\%\sim60\%$，若使用淀粉糖浆则其量为占总用糖量的 20% 以下。若在制作过程中加入柠檬酸或果胶，则柠檬酸补加量应控制在成品含酸量的 $0.5\%\sim1.0\%$，果胶、琼脂补加量应控制在成品含果胶量的 $0.4\%\sim0.5\%$。

常用添加剂包括：调节酸度的有柠檬酸、苹果酸、酒石酸等，作缓冲剂的有柠檬酸钠、醋酸钠、聚磷酸盐等，其中聚磷酸盐有防止成品褪色、封闭金属离子防止褐变的作用，还有香料、色素和维生素等，应根据产品品质要求而选择。

（4）加热煮软　配制好的物料需加热 $10\sim20min$，目的在于蒸发部分水分，破坏酶活性，防止变色和果胶水解，软化果肉组织，便于糖液渗透，使果肉中果胶溶出。

（5）浓缩　常用浓缩方法有常压浓缩和真空浓缩两种。

① 常压浓缩。常压浓缩是在夹层锅中用蒸汽加热浓缩，开始时蒸汽压力可大约为 $0.3\sim0.4kPa$，后期压力宜降低至 $0.2kPa$ 左右。边加热边搅拌，防止锅底原料焦化，每锅时间控制在 $20\sim30min$。

② 真空浓缩。也称减压浓缩，将调配好的原料送入真空锅前先预热至 $60\sim70℃$，将原料送入真空锅中，锅内蒸汽压力为 $0.15\sim0.2kPa$，真空度为 $84.5\sim93.6kPa$，锅内温度为 $50\sim60℃$，然后加入辅料溶解，保持温度浓缩至所需浓度，再送转化槽，在 $82℃$ 下加热 $10min$ 使砂糖发生 $30\%\sim40\%$ 转化并杀菌。

（6）装罐密封　浓缩后的果酱冷却到 $85\sim90℃$，趁热装罐并密封，一般不需单独杀菌，只要保持在 $85℃$ 以上装填，倒立静置 $3\sim5min$，即可利用余温对瓶盖杀菌。为了安全起见，密封后趁热在 $90℃$ 以上热水中加热 $20\sim30min$，杀菌后马口铁罐直接冷却到 $38℃$ 以下，玻璃罐要分 $65℃$、$50℃$、$35℃$ 及一般冷水等四段温度喷洒冷水冷却。

3. 注意事项

① 使用粉末果胶时，以5～10倍砂糖混合均匀，然后加水搅拌，彻底煮沸，使其充分溶解。

② 充填温度不宜太高，一般在85～90℃，防止果肉上浮。

③ 香料、色素都要求具有耐热性和耐酸性，以防分离破坏。

④ 气泡含量较多的果酱要注意防止泡沫进入容器内，影响品质。

⑤ 终点的正确判断一般以糖度为依据，多用仪器或经验判定。常用方法有流下法、冷水杯法、折光计法和温度计法等。流下法是用大匙或搅拌棒舀起果酱，任其滴下观察，若果酱呈浆状流下，表示未到终点；若有一部分附着在搅拌棒上，呈凝固胶状缓慢流下，或将果酱滴落在器皿上冷却，倾斜时表面呈薄皱纹状，表示已达终点。冷水杯法是将浓缩果酱滴入盛有冷水杯的中，凝固成胶状常常表示达终点。折光计法是用折光计测定糖度，若糖度达65°Bx左右则表示达到终点。温度计法是用温度计测沸点，温度为104～105℃则表示达到终点。

第四节　干　制　品

干制品是指原料经预处理后，采用干燥或脱水的方法使果蔬中水分减少而使可溶性物质的浓度增加到微生物不能利用的程度，同时抑制果蔬本身所含酶活性而得到的产品。新鲜果蔬大多含水量达70％～90％，易腐败，极难保存。若能除去过多水分，就能减少微生物危害，减少重量，缩小体积，便于包装与储运。

一、干制原理

果蔬的干制主要是用物理的方法降低水分来抑制微生物和酶的活性，使微生物处于反渗透的环境中，处于生理干燥的状态，从而使果蔬得到保存。

干制除去水分的方法有干燥和脱水两种。干燥是指利用日光照晒或热源直接烘烤等方法使果蔬所含水分直接转变成气体而除去，同时果蔬品质发生改变，食用时无需加水复原的干制方法。脱水是指用人工方法如间接热风、蒸气、减压、冻结等方法使果蔬所含水分以液体状态被除去，果蔬品质不会改变，食用时需加水复原的干制方法。

果蔬干燥机理包括外扩散作用和内扩散作用。在干燥初期，首先是原料表面的水分吸热变为蒸汽而大量蒸发，称为水分的外扩散。当表面水分逐渐低于内部水分时，内部水分才开始向表面移动，借助湿度梯度的动力，促使果蔬内部的水蒸气向表面移动，同时促使果蔬内部的水分也向表面移动，这种作用称为水分的内扩散。湿度梯度大，水分移动就快；湿度梯度小，水分移动就慢，所以湿度梯度是干燥的一个动力。

此外，在干制过程中，有时采用升温、降温、再升温、再降温的方法，形成温度的上、下波动，即将温度升高到一定的程度，使果蔬内部受热，而后再降低其表面的温度，这样内部温度就高于表面温度，这种内外层温度的差别称为温度梯度。水分借助温度梯度沿热流方向向外移动而蒸发，因此，温度梯度也是干燥的一个动力。

在水分蒸发的过程中，空气起热传导作用，也起输送的作用，将蒸发出的水分以蒸汽的形式输送出去。如果外扩散作用小于内扩散作用，则产生流汁，内部水分到达表面不能蒸发，在表面凝结；如果外扩散作用大于内扩散作用（如温度过高，风速过大）易使物料表面产生结壳的现象，将物料表面水分蒸发的通道阻塞，这种现象叫做外干内湿，或叫糖心，在实际生产中要注意。

干燥速度的快慢对于成品的品质起着决定性的作用，当其他条件相同时，干燥越快越不容易发生不良变化，干制品的品质就越好。影响干燥速度的因素主要有：内在因素，即原料的种类、状态等，外在因素，即干燥介质的温度、干燥介质的湿度、气流速度、原料的装载量、大气压力等。

二、干制的方法和设备

自然干燥法用自然光、风等进行干燥，设备简单，成本低，但时间长，品质差，易变色，受气候影大，无法批量生产，成品水分含量高，不易久贮。常用于葡萄干、杏、甘薯、笋的干燥。

常压干燥法中的泡沫簇干燥法是指在液体果蔬制品中加适量增稠剂或表面活性剂，再用打泡器通入高压气体，形成泡沫而聚集为泡沫簇，再吹热风干燥。干燥剂干燥法是在果蔬中加入硅胶、硼砂、盐、珍珠岩、浓硫酸等干燥剂间接干燥。最常用的热风干燥法是用人工强制吹送热风使果蔬原料干燥，常用设备有箱式、隧道式、带式、回转式、气流式干燥机等。真空干燥法是将原料放在真空干燥器内，在一定真空度下使原料中水分蒸发或升华，在常温下对原料进行干燥。该法可减少因热和氧化作用而使维生素及其他成分分解或变质，也能减少组织表面硬化现象，制品复原性好。但要求包装材料气密性好，耐冲击或耐压。冷冻干燥法是在加工时将原料冷冻到 $-40\sim-30℃$，再在高真空度（$0.0133\sim0.133kPa$）下，使水分升华而达到干燥的目的，常用设备有冷冻干燥机、真空连续薄膜干燥机和喷雾冷冻干燥机等。

三、工艺流程

原料选择 → 整理分级 → 洗涤 → 去皮去核 → 切分 → 护色 → 干燥 → 成品 → 均湿回软 → 包装

四、关键控制点及预防措施

1. 原料挑选

干制对原料总的要求是干物质含量高，风味好，皮薄，肉质厚，组织致密，粗纤维少，新鲜饱满，色泽好。适于干制加工的蔬菜有甘蓝、萝卜、洋葱、胡萝卜、青豌豆、黄花、食用菌、竹笋、甜椒等。葡萄、枣子、荔枝、菠萝、柿子、李子、山楂等大部分水果均可以用于干制。

2. 清洗

目的是去除果蔬表面的泥土、杂质及药剂的残留，一般先用 $0.05\%\sim0.1\%$ 高锰酸钾溶液或 0.06% 漂白粉溶液浸泡数分钟，后用水冲洗干净。

3. 去皮

可用人工去皮或机械去皮，去皮后必须立即浸入清水或护色液中以防褐变。

4. 切分、成型

根据市场的要求，将果蔬切分成一定的形式（粒状、片状等），易褐变的果蔬切分后应立即浸入护色液或进行烫漂。

5. 烫漂

一般采用沸水、热水或蒸汽进行烫漂。水温因不同果蔬品种而异，范围为 $80\sim100℃$，时间为 $1\sim2min$。目的在于利用热力以破坏酶的活性，防止氧化，避免变色，减少营养物质的损失，同时具有洗涤作用。烫漂时，可在水中加入少量食盐、糖或有机酸等，以改进果蔬的色泽和增加硬度，烫漂完毕应立即冷却，冷却时间越短越好。

6. 硫处理

硫处理的目的是抑制褐变并促进干燥及防止虫害、杀死微生物，主要用于水果和竹笋，是果蔬干制中的一个重要工序。样品烫漂处理后，冷却沥干喷以 $0.1\%\sim0.2\%$ 的 Na_2SO_3 溶液或按 1t 切分原料约 $0.1\%\sim0.4\%$ 硫黄粉燃烧处理 $0.5\sim5h$。因熏硫法需有严密的熏硫室，因此常用浸硫法进行硫处理，即用含 SO_2 的化学药品如 $0.2\%\sim0.6\%$ 浓度的亚硫酸、亚硫酸盐溶液浸泡。

7. 干燥

根据原料不同选用不同的干燥方法（见表9-5）。为了提高干燥效率，对于葡萄、李子、无花果等果皮外附着蜡质的水果，可用 0.5%～1.0% 的 NaOH 的沸腾液浸渍 5～20s，苹果、梨、桃等果肉中含有气体的水果品种，一般用表面活性剂浸渍后干燥，对于果皮组织致密的，可在果皮表面刺上小孔等。

8. 分拣、包装

干燥后的产品应立即分拣，剔除杂质及等外品，部分蔬菜要经过回软，以保证干制品变软，水分均匀一致，一般菜干回软时间为 1～3 天，并按要求准确称量，装入包装容器内。

表 9-5　几种主要蔬菜的干燥方法

蔬菜名称	原料准备	干燥	干燥后处理	成品率/%
马铃薯	块茎洗净去皮，在 80～100℃ 水中烫漂 10～20min，切成条块、薄片或方块，再用 0.3%～1.0% 亚硫酸盐溶液处理 2～3min	装载量 3～6kg/m²，层厚 10～20mm，干燥后期温度勿超过 65℃，完成干燥约需 5～8h，干制品含水量不超过 7%	干后随即包装保管	15～20
胡萝卜	去叶簇，洗净，去皮，切分为条块、薄片或方块，蒸气烫漂 5～8min	装载量 5～6kg/m²，层厚 10～20mm，温度 65～75℃，完成干燥约需 6～7h，干制品含水量不超过 5%～8%	干后随即包装保管	6～10
南瓜	选取老熟南瓜，对切，去外皮、瓜瓤和种子，切片或刨丝，蒸汽处理 2～3min	装载量 5～10kg/m²，干燥后期温度勿超过 70℃，完成干燥约需 10h，干制品含水量不超过 6%	干后随即包装保管	6～7
菠菜	拣选、削整、除去老叶和根部，洗净，处理损耗为 45%～60%	物料层厚度以不影响空气流通为度，温度可达 75～80℃，完成干燥约需 3～4h	干后回软压块包装保管	5～6
菜豆	豆荚洗净，断成 20～30mm 的片段，去不良部分，整理损耗约 8%～13%，沸水烫漂 5～10min	装载量 3～4kg/m²，层厚 20mm，温度 60～70℃，完成干燥约需 6～7h，干制品含水量约 5%	干后随即包装保管	8～15
甘蓝	去除外叶及茎部，切成宽 3～5mm 的细条，再用 0.2% 亚硫酸盐溶液烫漂 2～3min，沥去多余水分	装载量 3～3.5kg/m²，干燥后期温度 55～60℃，完成干燥约需 6～9h	干后随即包装保管	5～7
食用菌	洗涤，分级，整理损失 5%～8%	初期温度 40～45℃，1.5～2.0h 后升温到 60～70℃，适当翻动，完成干燥约需 6～8h	干后随即包装保管	10～12

第五节　酿造制品

果酒酿造在我国已有 2000 多年的历史，但一直未得到很好的发展，直到 1892 年，华侨张弼士在烟台建立"张裕葡萄酒公司"才开始进行小型工业化生产。果醋主要是以残次的果皮、果屑、果心等为加工原料，一直是以残次品的利用为目的，发展较慢，但在欧美国家，果醋的生产和消费量很大，很多果醋因具有特殊的保健功效而被作为保健饮品饮用。

一、果酒的酿造

果酒是以各种人工种植的果品或野生的果实为原料，经过破碎、榨汁、发酵或浸泡等工艺流程，经精心酿制调配而成的低度饮料酒。

1. 果酒分类

果酒的种类较多，其中以葡萄酒的产量和类型最多。根据国内最新国家标准，葡萄酒是以新鲜葡萄或葡萄汁为原料，经酵母发酵酿制而成的、酒精度不低于 7%（以体积分数计）的果酒。葡萄酒分类如下。

（1）按酒的颜色分类

① 红葡萄酒。用皮红肉白或皮肉皆红的葡萄带皮发酵而成，酒色分为深红、鲜红、宝石红等。

② 白葡萄酒。用白皮白肉或红皮白肉的葡萄经去皮发酵而成，色淡黄或金黄，澄清透明，有独特的典型性。

③ 桃红葡萄酒。用带色葡萄经部分浸出有色物质发酵而成，颜色介于红葡萄酒和白葡萄酒之间，主要有桃红色、浅红色、淡玫瑰红色等，桃红葡萄酒在国际市场上也很流行。

（2）按葡萄酒的含糖量分类　可分为干红葡萄酒、半干红葡萄酒、半甜红葡萄酒和甜红葡萄酒。按照国家标准，各种葡萄酒的含糖量见表 9-6。

表 9-6　葡萄酒按含糖量分类

种　　类	含糖量（以葡萄糖计）/（g/L）	常见酒度/（以体积分数计）/%
干葡萄酒	≤4.0	10～12
半干葡萄酒	4.1～12.0	11～13
半甜葡萄酒	12.1～50	12～14
甜葡萄酒	≥50.1	14～16

2. 果酒酿造原理

（1）酒精发酵及其产物

① 乙醇的生成。乙醇是果酒的主要成分之一，为无色液体，具有芳香和带刺激性的甜味。长期贮存后，由于与水通过氢键缔合生成分子团，使人的感官不能感知，因此缔合度越高，其酒味越醇和。

乙醇来源于酵母的酒精发酵，同时产生 CO_2 并释放能量，因此在发酵过程中，往往伴随着有气泡的逸出与温度的上升，特别是发酵旺盛时期，要加强管理。

② 甘油及其形成。甘油味甜且稠厚，可赋予果酒清甜味，增加果酒的稠度，果酒含有较多的甘油而总酸不高时，会有自然的甜味，使果酒变得轻快圆润。

甘油主要由磷酸二羟丙酮转化而来，少部分由酵母细胞所含卵磷脂分解产生。

③ 杂醇及形成。果酒的杂醇主要有甲醇和高级醇。甲醇有毒害作用，含量高对品质不利，酒中甲醇主要来源于果实原料中的果胶，果胶脱甲氧基后生成低甲氧基果胶时即会形成甲醇。此外，甘氨酸脱羧也会产生甲醇。高级醇是构成果酒二类香气的主要成分，但含量太高，可使酒具有不愉快的粗糙感，且使人头痛致醉。它溶于酒精，难溶于水，在酒度低时似油状，又称杂醇油，主要为异戊醇，异丁醇、活性戊醇等，其他还有丁醇等。高级醇主要从代谢过程中的氨基酸、六碳糖及低分子酸中生成，它的形成受酵母种类、酒醪中氨基酸含量、发酵温度、添加糖量的影响。

（2）酯类及生成　酯类赋予果酒以独特的香味，新产的葡萄酒一般含酯为 176～264mg/L，陈酒上升至 792～880mg/L。果酒中酯的生成有两个途径：陈酿和发酵过程中的酯化反应及发酵过程中的生化反应。

① 酯化反应。酸和醇反应生成酯，这一简单的化学反应，即使在无催化的情况下也照样发生。葡萄酒中的酯主要有醋酸、琥珀酸、异丁酸、己酸和辛酸的乙酯，还有癸酸、己酸和辛酸的戊酯。酯化反应为一可逆反应，一定程度时可达到平衡。

② 生化反应。在果酒发酵中，通过其代谢同样有酯类物质的生成，已证明它是酰基辅酶 A 与酸作用生成的，通过生化反应形成的酯主要为中性酯。

酯类形成的影响因素很多，温度、酸含量、pH 值、菌种及加工条件均会影响酯的生成。

（3）氧化还原作用　氧化还原作用是果酒加工中一个重要的反应，氧化和还原是同时进行的两个方面，如酒内某一成分被氧化，那么必然有一部分成分被还原，葡萄酒加工中由于表面接触、搅动、换桶、装瓶等操作会溶入一些氧。葡萄酒在无氧的条件下形成和发展其芳香（醇香）成分，当葡萄酒通气时，芳香味的发展就或多或少变得微弱。强烈通气的葡萄酒则易形成某些过氧化味，酒中会出现苦涩味。

氧化还原作用与葡萄酒的芳香和风味关系密切，在成熟阶段，需有氧化作用，以促进丹宁与花色素的缩合，促进某些不良风味物质的氧化，使易沉淀的物质尽早沉淀去除。而在酒的老化阶段，则希望处在还原状态为主，以促进酒的芳香气味的产生。

（4）葡萄酒酵母　果酒酿造采用葡萄酒酵母，这种酵母附生在葡萄果皮中，在土壤中过冬，通过昆虫或灰尘传播，可由葡萄自然发酵、分离制得。葡萄酒酵母形状为椭圆形，细胞大小一般为 (3～6)mm×(6～11)mm，膜很薄，原生质均匀，无色。在固体培养基上，25℃培养3天，形成的菌落呈乳白色，边缘紧齐，菌落隆起，湿润光滑。其生长发育特点如下。

① 发酵力强。能发酵蔗糖、葡萄糖、果糖、麦芽糖、半乳糖、棉籽糖，但不能发酵乳糖、D-阿拉伯糖、D-木糖等。在果汁中，其产酒能力强，最高可达17%。

② 酵母为兼性厌氧型微生物。在通气条件下大量繁殖，在无氧条件下进行发酵，生成乙醇及 CO_2，以此获得能量，但此时仅少量繁殖。

③ 温度。10℃以下，葡萄皮上的酵母一般不发芽或发芽缓慢。20℃以上，繁殖速度加快，随温度上升而加快，至30℃时达最大值，高于35℃时，繁殖速度下降，酵母不再繁殖而且死亡时的温度大多为35～40℃，这一温度称为发酵临界温度。40℃时保温1h即开始死亡。60～65℃、10～15min可全部死亡。

④ pH值。葡萄酒酵母在 pH 2～7 范围内可以生长，但以 pH4～6 最好。实际生产中，为了抑制细菌生长，控制 pH 在 3.3～3.5 为佳。

⑤ 压力。虽然高压会影响葡萄酒酵母的生长繁殖，但不会将其杀死。当 CO_2 含量达 15g/L（约71.7kPa）时，酵母停止生长，这就是充 CO_2 法保存葡萄汁的依据。

⑥ SO_2。葡萄酒酵母可耐 1g/L 的 SO_2，如果汁中 SO_2 含量为 10mg/L，无明显作用，其他微生物则被抑制。若 SO_2 含量增至 20～30mg/L 时，仅延迟发酵进程 6～10h。SO_2 含量达 50mg/L，延迟 18～20h，而其他微生物则完全被杀死。

⑦ 乙醇。葡萄酒酵母具有较强的抗乙醇能力，16%～17% 为其极限。

⑧ 其他。葡萄酒酵母可利用氮、铵盐、氨基酸和肽，但不能利用硝态氮。葡萄汁含氮一般为 0.3～1g/L，不一定能满足要求。研究证明，葡萄汁麦角甾醇，可增加酵母细胞中甾醇的浓度，从而提高菌体的活力和发酵速度。酵母菌属和其他某些菌属可产生致死因子，而给人工培养酵母、接种酵母带来困难，但也可分离产生致死因子的酵母作为人工酵母，使发酵更为安全。此外，酵母菌和乳酸菌在果酒发酵中会发生生存竞争，视菌势而定。

3. 工艺流程

果酒生产是利用新鲜的水果为原料，利用野生的或人工添加的酵母菌来分解糖分，产生酒精及其他副产物，伴随着酒精和副产物的产生，果酒内部发生一系列复杂的生化反应，最终赋予果酒独特的风味及色泽。果酒酿造的工艺流程为：

4. 关键控制点及预防措施

（1）发酵前的处理　前处理包括水果的选别、破碎、压榨、果汁的澄清及改良等。

① 破碎、除梗。要求每枚果实都破裂，但不能将种子和果梗破碎，否则种子内的油脂、糖苷类物质及果梗内的一些物质会增加酒的苦味。破碎后的果浆应立即将果浆与果梗分离，防止果

梗中的青草味和苦涩物质溶出。破碎机有双辊压破机、离心式破碎机、锤片式破碎机等。

② 渣汁的分离。破碎后不加压自行流出的果汁叫自流汁，加压后流出的汁液叫压榨汁。自流汁质量好，宜单独发酵制取优质酒。压榨分两次进行，第一次逐渐加压，尽可能压出果肉中的汁，质量稍差，应分别酿造，也可与自流汁合并。将残渣疏松，加水或不加，作第二次压榨，压榨汁杂味重，质量低，宜作蒸馏酒或其他用途。设备一般为连续螺旋压榨机。

③ 澄清。压榨汁中的一些不溶性物质在发酵中会产生不良效果，给酒带来杂味。用澄清汁制取的果酒胶体稳定性高，对氧的作用不敏感，酒色淡，芳香稳定，酒质爽口。

（2）果汁的调整

① 糖的调整。酿造酒精含量为 10%～12% 的酒，果汁的糖度需 17～20°Bx。如果糖度达不到要求则需加糖，实际加工中常用蔗糖或浓缩汁。

② 酸的调整。酸可抑制细菌繁殖，使发酵顺利进行，使红葡萄酒颜色鲜明，使酒味清爽，并具有柔软感。酸与醇生成酯，增加酒的芳香，增加酒的贮藏性和稳定性。干酒酸含量为 0.6%～0.8%，甜酒酸含量为 0.8%～1%，一般 pH 大于 3.6 或可滴定酸低于 0.65% 时应该对果汁加酸。

（3）发酵。

① 酒母的制备。酒母即扩大培养后加入发酵醪的酵母菌，生产上需经三次扩大后才可加入，分别称一级培养（试管或三角瓶培养）、二级培养、三级培养，最后用酒母桶培养。方法如下。

a. 一级培养。于生产前 10 天左右，选成熟无变质的水果，压榨取汁。装入洁净、干热灭菌过的试管或三角瓶内。试管内装量为 1/4，三角瓶则为 1/2。装后在常压下沸水杀菌 1h 或 58kPa 下 30min。冷却后接入培养菌种，摇动果汁使之分散。进行培养，发酵旺盛时即可供下级培养。

b. 二级培养。在洁净、干热灭菌的三角瓶内装 1/2 果汁，接入上述培养液，进行培养。

c. 三级培养。选洁净、消毒的 10L 左右大玻璃瓶，装入发酵栓后加果汁至容积的 70% 左右。加热杀菌或用亚硫酸杀菌，后者每升果汁应含 SO_2 150mg，但需放置一天。瓶口用 70% 酒精进行消毒，接入二级菌种，用量为 2%，在保温箱内培养，繁殖旺盛后，供扩大用。

d. 酒母桶培养。将酒母桶用 SO_2 消毒后，装入含糖量为 12～14°Bx 的果汁，在 28～30℃ 下培养 1～2 天即可作为生产酒母。培养后的酒母即可直接加入发酵液中，用量为 2%～10%。

② 发酵设备。发酵设备要求应能控温，易于洗涤、排污，通风换气良好等。使用前应进行清洗，用 SO_2 或甲醛熏蒸消毒处理。发酵容器也可制成发酵贮酒两用，要求不渗漏，能密闭，不与酒液起化学作用，有发酵桶、发酵池，也有专门发酵设备，如旋转发酵罐、自动连续循环发酵罐等。

③ 果汁发酵。发酵分主（前）发酵和后发酵。主发酵时，将果汁倒入容器内，装入量为容器容积的 4/5，然后加入 3%～5% 的酵母，搅拌均匀，温度控制在 20～28℃，发酵时间随酵母的活性和发酵温度而变化，一般约为 3～12 天。残糖下降至 0.4% 以下时主发酵结束，然后应进行后发酵，即将酒容器密闭并移至酒窖，在 12～28℃ 下放置 1 个月左右。发酵结束后要进行澄清，澄清的方法和果汁相同。

（4）成品调配　果酒的调配主要有勾兑和调整。勾兑即选择一定的原酒按适当比例的混合，根据产品质量标准对勾兑酒的某些成分进行调整。勾兑一般先选一种质量接近标准的原酒作基础原酒，据其缺点选一种或几种另外的酒作勾兑酒，按一定的比例混合后进行感官和化学分析，从而确定比例。调整主要包括酒精含量、糖、酸等指标的调整，酒精含量的调整最好用同品种酒精含量高的酒进行调配，也可加蒸馏酒或酒精，甜酒若含糖不足，用同品种的浓缩汁效果最好，也可用砂糖，视产品的质量而定，酸分不足可用柠檬酸调整。

（5）过滤、杀菌、装瓶　过滤有硅藻土过滤、薄板过滤、微孔薄膜过滤等。果酒常用玻璃瓶包装。装瓶时，空瓶用 2%～4% 的碱液在 50℃ 以上温度浸泡后，清洗干净，沥干水后杀菌。果酒可先经巴氏杀菌再进行热装瓶或冷装瓶，含酒精低的果酒，装瓶后还应进行杀菌。

二、果醋的酿造

1. 果醋发酵原理

当氧气、糖源充足时，醋酸菌将葡萄汁中的糖分解成醋酸；当缺少糖源时，醋酸菌将乙醇变为乙醛，再将乙醛变为醋酸。

2. 果醋的酒酿造工艺

（1）清洗　将水果或果皮、果核等投入池中，用清水冲洗干净，拣去腐烂部分与杂质等，取出沥干。

（2）蒸煮　将上述洗净的果实放入蒸气锅内，在常压下蒸煮1～2h。在蒸煮过程中，可上下翻动2～3次，使其均匀熟透，然后降温至50～60℃，加入为原料总重量10％的用黑曲霉制成的麸曲，或加入适量的果胶酶，在40～50℃温度下，糖化2h。

（3）榨汁　糖化后，用压榨机榨出糖化液，然后泵入发酵用的木桶或大缸中，并调整浓度。

（4）发酵　糖化液温度保持在28～30℃，加入酒母液进行酒精发酵，接种量（酒母液量）为糖化液的5％～8％。发酵初期的5～10天，需用塑料布密封容器。当果汁含酸度为1％～1.5％、酒精度为5～8度时，酒精发酵已基本完成。接着将果汁的酒精浓度稀释至5～6度，然后接入5％～10％的醋酸菌液，搅匀，将温度保持在30℃，进行醋酸静置发酵。经过2～3天，液面有薄膜出现，说明醋酸菌膜形成，一般1度酒精能产生1％的醋酸，发酵结束时的总酸度可达3.5％～6％。

（5）过滤灭菌　在醋液中加入适量的硅藻土作为助滤剂，用泵打入压滤机进行过滤，得到清醋。滤渣加清水洗涤1次，将洗涤液并入清醋，调节其酸度为3.5％～5％。然后将清醋经蒸气间接加热至80℃以上，趁热入坛包装或灌入瓶内包装，即为成品果醋。

上述液体发酵工艺，能保持水果原有香气。但应注意，酒精发酵完毕后，应立即投入醋酸菌，最好保持30℃恒温进行醋酸发酵，温度高低相差太大，会使发酵不正常。如果在糖化液中加入适量饴糖或糖类混合发酵，效果更好。

第六节　腌　制　品

蔬菜腌渍在我国有着悠久的历史，经过劳动人民的不断实践和改进，出现不少加工方法和品种繁多的腌渍蔬菜，可谓咸、酸、甜、辣应有尽有，其中有不少是各地著名的特产，如四川榨菜、泡菜，北京冬菜，扬州酱菜，浙江萧山萝卜干，云南大头菜，广东酥姜和咸酸菜等，畅销国内外，深受消费者欢迎。

一、腌制品的分类及特点

根据所用的原料、腌制过程、发酵程度及风味，可分为以下几类。

1. 发酵性蔬菜腌制品

这类腌菜食盐用量较低，往往加用香辛料，在腌制过程中，经乳酸发酵，利用发酵所产生的乳酸与加入的食盐及香辛料等的防腐作用来保藏蔬菜并增进其风味，这一类产品具有较明显的酸味。根据腌制处理方法的不同可分为干盐处理和盐水处理两类。干盐处理是先将菜体晾晒，使菜萎蔫失去部分水分，然后用食盐揉搓后下缸腌制，让其自然发酵产生酸味，如酸菜。盐水处理是将菜放入调制好的盐水中，任其进行乳酸发酵产生酸味，如泡菜等。

2. 非发酵性蔬菜腌制品

这类腌菜食盐用量较高，不产生乳酸发酵或只有极轻微的发酵，主要是利用高浓度的食盐、糖及其他调味品来保藏和增进风味。依其所含配料、水分和味道不同，分咸菜、酱菜、糖醋菜三大类。

（1）咸菜类　咸菜类制品是一种腌制方法比较简单、大众化的蔬菜腌制品，只进行盐腌，利用较浓的盐液来保藏蔬菜，并通过腌制改进蔬菜的风味。根据产品状态不同有湿态、半干态和干态三种。

①湿态。在盐渍过程中，乳酸发酵轻微，制成成品后菜不与菜卤分开，如腌白菜、腌雪里蕻等。

②半干态。在盐渍过程中，经过不同程度乳酸发酸，制成成品后菜与菜卤分开，如榨菜等。

③干态。利用盐渍先脱去一部分水分，再经晾晒或干燥使其制品水分降至15％左右的盐渍品，如霉干菜、干菜笋等。

（2）酱菜类　将经过盐腌的蔬菜浸入酱或酱油内进行酱渍，使酱液中的鲜味、芳香、色素和营养物质等渗入蔬菜组织内，增进制品的风味。酱腌菜的共同特点是无论何种蔬菜，均先进行盐腌制成半成品咸坯，而后再酱渍成酱菜。根据干湿状态不同可分卤性酱菜和干态酱菜两种。

①卤性酱菜。这是各种咸坯蔬菜经选料、切制、去咸，再以酱或酱油等调料浸泡、酱渍，形成滋味鲜甜的酱菜，如酱萝卜头、酱乳黄瓜等。

②干态酱菜。干制酱菜主要用鲜、咸大头芥、腌萝卜为原料，经加工切制成细丝、橘片、蜜枣形等形状，如龙须大头芥、蜜枣萝卜头等。

（3）糖醋菜类　蔬菜经过盐腌后，浸入配制好的糖醋液中，使制品酸甜可口，并利用糖醋的防腐作用保藏蔬菜，如糖醋大蒜头、甜酸藠头等。

二、泡酸菜类

泡菜和酸菜是用低浓度食盐溶液或少量食盐来腌泡各种鲜嫩蔬菜而制成的一种带酸味的腌制加工品，主要是利用乳酸菌在低浓度食盐溶液中进行乳酸发酵。

（一）生产工艺

1. 泡菜

泡菜不仅咸酸适口，味美嫩脆，还能增进食，欲帮助消化，具有一定的医疗功效。

（1）工艺流程

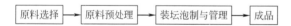

（2）工艺要点

①原料选择。泡菜以脆为贵，凡质地紧密，腌制后仍能保持脆嫩状态的蔬菜，均可采用。如萝卜、胡萝卜、莴笋、甘蓝、草石蚕、菊芋等。

②泡菜容器。最好用泡菜坛子，普通的坛罐不能保持嫌气状态，易于败坏。泡菜坛用陶土烧制而成，口小肚大，在距坛口边沿约6～16cm处设有一圈水槽，槽缘稍低于坛口，坛口上放一菜碟作为假盖以防生水浸入。

③加工过程。先将泡菜坛洗净沥干水分，然后将洗净并切分好的蔬菜原料投入坛内，加入6％～8％的盐水，以淹没蔬菜为度，液面距坛口约6～7cm，盖上假盖，覆以坛盖，在水槽中加注冷开水或盐水，形成水槽封口。将坛置于阴凉处，任其自然发酵，至含酸量达0.4％～0.8％时即为成熟。

④泡菜的成熟。泡菜的成熟期随所用蔬菜种类和当时的气温而异。一般新配盐水在夏天泡制约需5～7天成熟，冬天需放温暖处12～16天成熟。叶菜类如甘蓝需时较短，根茎类需时较长。直接用陈泡菜卤泡制时则成熟期可缩短，泡菜卤泡的次数愈多，菜的风味也愈浓厚，不过应注意泡菜卤食盐浓度的变化。

2. 酸菜

酸菜的腌制方法简单，除乳酸发酵外，不加或加少量食盐腌制，制品有特殊酸香味。

（1）原料选择　腌制酸菜的主要原料是叶菜类，如芥菜、结球白菜、黄瓜等。蔬菜收获后，除去烂叶老叶，削去菜根，晾晒 2～3 天，以晾晒至原重量的 65%～70% 为宜。

（2）容器　腌制容器一般采用大缸或木桶。用盐量是每 100kg 晒过的菜用盐 4～5kg，如要保藏较长时间可酌量增加。腌渍用水以硬水为宜。

（3）腌制方法　腌制时，一层菜一层盐，并进行揉压，以全部菜压紧压实至见卤水为止。一直腌渍到距缸沿 10cm 左右，加上竹栅，压以重物。待菜下沉，菜卤上溢后，还可加腌一层，其上仍然压上重物，使菜卤漫过菜面 7～8cm，然后置于凉爽处任其自然发酵产生乳酸，约经 30～40 天即可腌成。

（二）泡菜腌制的关键控制点及预防措施

1. 失脆及预防措施

（1）失脆原因　蔬菜腌制过程中，促使原果胶水解而引起脆性减弱的原因有两方面：一是原料成熟度过高，或者原料受了机械损伤；二是由于腌制过程中一些有害微生物分泌的果胶酶类水解果胶物质，导致果蔬变软。

（2）预防措施

① 原料选择。原料预处理时剔除过熟及受过损伤的蔬菜。

② 及时腌制与食用。收获后的蔬菜要及时腌制，防止品质下降；不宜久存的蔬菜应及时取食；及时补充新的原料，充分排出坛内空气。

③ 抑制有害微生物。腌制时注意操作及加工环境，尽量减少微生物的污染。

④ 使用保脆剂。把蔬菜在铝盐或钙盐的水溶液中进行短期浸泡，然后取出再进行腌制。

⑤ 泡菜用水的选择。泡菜用水与泡菜品质有关，以用硬水为好，井水和泉水是含矿物质较多的硬水，用以配制泡菜盐水，效果最好，硬度较大的自来水亦可使用。

⑥ 食盐的选用。食盐宜选用品质良好，含苦味物质如硫酸镁、硫酸钠及氯化镁等极少，而氯化钠含量至少在 95% 以上者为佳。我们常用的食盐有海盐、岩盐、井盐。最宜制作泡菜的是井盐，其次为岩盐。

⑦ 调整腌制液的 pH 值与浓度。果胶在 pH 值为 4.3～4.9 时水解度最小，所以腌制液的 pH 值应控制在这个范围。另外，果胶在浓度大的腌渍液中溶解度小，菜不容易软化。

2. 生花及预防措施

（1）生花原因　在泡菜成熟后的取食期间，有时会在卤水表面形成一层白膜，俗称"生花"，实为酒花酵母菌繁殖所致。此菌能分解乳酸，降低泡菜酸度，使泡菜组织软化，甚至导致腐败菌生长而造成败坏。

（2）预防措施

① 注意水槽内的封口水，务必不可干枯。坛沿水要常更换，始终保持洁净，并可在坛沿内加入食盐，使其含盐量达到 15%～20%。

② 揭坛盖时，勿把生水带入坛内。

③ 取泡菜时，先将手或竹筷清洗干净，严防油污。

④ 经常检查盐水质量，发现问题，及时酌情处理。

补救办法是先将菌膜捞出，加入少量白酒或酒精，或加入切碎洋葱或生姜片，将菜和盐水加满后密封几天，花膜即可消失。

三、咸菜类

咸菜类是我国南北各地普遍加工的一类蔬菜腌制品，产量大，风味各异，保存性好，深受人们欢迎。咸菜加工工艺不完全相同，下面介绍几种常见咸菜的加工工艺。

1. 咸菜

咸菜全国各地每年都有加工，四季均可进行，而以冬季为主。

（1）原料选择与处理　适用的蔬菜有芥菜、雪里蕻、白菜、萝卜、辣椒等，尤以前三种最常用。采收后削去菜根，剔除边皮黄叶，在日光下晒1～2天，减少部分水分，并使质地变软。

（2）腌制方法　将晾晒后的净菜依次排入缸内（或池内），按每100kg净菜加食盐6～10kg，依保藏时间的长短和所需口味的咸淡而定。按照一层菜铺一层盐的方式，并层层搓揉或踩踏，进行腌制。要求搓揉至见菜汁留出，排列紧密不留空隙，撒盐均匀而底少面多，腌至八至九成满时将多余食盐撒于菜面，加上竹栅并压上重物。到第2～3天时，卤水上溢菜体下沉，使菜始终淹没在卤水下面。

（3）腌渍时间　冬季约1个月左右，以腌至菜梗或片块呈半透明而无白心为标准，成品色泽嫩黄，鲜脆爽口。一般可贮藏3个月。腌制时间过长，其上层接近缸面的腌菜质量下降，开始变酸，质地变软直至发臭。

2. 榨菜

榨菜是四川的特产，目前除四川外，江浙一带发展也很快。现将浙江榨菜加工工艺介绍如下。

（1）工艺流程

（2）工艺要点

① 原料收购。菜头大小适中，不抽薹，呈团圆形，无空心硬梗，菜体完整无损伤，空心老壳菜及硬梗菜应不予收购。

② 剥菜。俗称扦菜。用刀从根部倒扦，除去老皮老筋，刀口要小，不可损伤菜头上的突起菜瘤及菜耳，扦菜损耗约10%～15%。扦菜后根据菜头形状和大小，进行切分，长形菜头则拦腰一切为二，500g以上菜头，切分为2～3块，中等大小圆形的对剖为两半，150g以下的不切。

③ 头次腌制。一般采用大池腌制，每批不超过16～17cm，撒盐要均匀，层层压紧，直到食盐溶化，如此层层加菜加盐压紧，腌到与池面齐时，将所留面盐全部撒于菜面，铺上竹栅压上重物。

④ 头次上囤。腌制一定时间后（一般不超过3天）即出池，进行第一次上囤。先将菜块在原池的卤水中进行淘洗，洗去泥沙后即可上囤，囤底要先垫上篾垫，囤莕席要围得正直，上囤时要层层耙平踩紧，囤的大小和高度，按菜的数量和情况适当掌握，以卤水易于沥出为度，面上压以重物。上囤时间勿超过一天。出囤时菜重为原重的62%～63%。

⑤ 二次腌制。菜出囤后过磅，进行第二次腌制。操作方法同前，但菜块下池时每批不超过13～14cm。用盐量按出囤后重每100kg用盐5kg。在正常情况下腌制时间一般不超过7天，若需继续腌制，则应翻池加盐，每100kg再加2～3kg，灌入原卤，用重物压好。

⑥ 二次上囤。操作方法同前一次上囤，这次囤身宜大不宜小，菜上囤后只需耙平压实，面上可不压重物，上囤时间以12h为限。出囤时的折率约为68%左右。

⑦ 修整挑筋。出囤后将菜块进行修剪，修去粗筋，剪去飞皮和菜耳，使外观光滑整齐，整理损耗约为第二次出囤菜的5%左右。

⑧ 淘洗上榨。整理好的菜块再进行一次淘洗，以除尽泥沙。淘洗缸需备两只以上，一只供初洗，二只供复洗，淘洗时所用卤水为第二次腌制后的滤清卤。洗净后上榨，上榨时榨盖一定要缓慢下压，使菜块外部的明水和内部可能压出的水分徐徐压出，而不使菜块变形或破裂。上榨时间不宜过久，程度须适当，勿太过或不及，必须掌握出榨折率在85%～87%。

⑨ 拌料装坛。出榨后称重，按每100kg加入以下配料：辣椒粉1.75kg、花椒65～95g、五香粉95g、甘草粉65g、食盐5kg、苯甲酸钠60g。

⑩ 覆口封口。装坛后 15～20 天要进行一次覆口检查，将塞口菜取出，如坛面菜块下陷，应添加同等级的菜块使其装紧，铺上一层菜叶，然后塞入干菜叶，要塞得平实紧密，随即封口。封口用水泥，其配方为水泥 4 份，河沙 9 份，石灰 2 份，先将各物拌匀加适量水调成稠浆状。涂封要周到、勿留孔隙。

四、酱菜类

酱菜加工各地均有传统制品，如扬州的什锦酱菜、北京的酱菜都很有名。优良酱菜除应具有所用酱料色、香、味外，还应保持蔬菜固有的形态和质地脆嫩的特点。现选几种制品加以介绍。

1. 扬州什锦酱菜

什锦酱菜是一种最普通的酱菜，系由多种咸菜配合而成，所以称之为"什锦"。什锦酱菜所选用的蔬菜有大头菜、萝卜、胡萝卜、草石蚕、洋姜、生姜、球茎甘蓝、榨菜、莴笋、花生仁等。

（1）原料选择及配料（以百分比计算）

① 传统什锦酱菜配料。甜瓜丁 15kg，大头芥丝 7.5kg，莴苣片 15kg，胡萝卜丝 7.5kg，乳黄瓜段 20kg，佛手姜 5kg，萝卜头丁 20kg，宝塔菜 5kg，花生仁 2.5kg，核桃仁 1kg，青梅丝 1kg，瓜子仁 0.5kg。

② 普通什锦苦菜配料。黄瓜段 20kg，菜瓜丝 8kg，胡萝卜片 8kg，莴苣片 16kg，大头菜丝 6kg，菜瓜丁 8kg，萝卜头丁 15kg，大头菜片 6kg，佛手姜 5kg，宝塔菜 3kg，胡萝卜丝 5kg。

（2）加工方法　加工时先行去咸漂淡排卤后，进行初酱。即将菜坯抖松后混合均匀，装入布袋内（装至口袋容量的 2/3，易于酱汁渗透），投入 1∶1 的二道甜酱内，漫头酱制 2～3 天，每天早晨翻捻酱袋一次，使酱汁渗透均匀。初酱后，把酱菜袋子取出淋卤 4～5h（袋子相互重叠堆垛，一半时间后上下对调一次），然后投入 1∶1 的新稀甜酱内进行复酱，仍按初酱的工艺操作，复酱 7～10 天即成色泽鲜艳（红、绿、黄、黛）、咸甜适宜、滋味鲜甜、质地脆嫩的酱菜。

2. 绍兴酱瓜

绍兴酱瓜因原料及制法不同，分为贡瓜、酱瓜和酱黄瓜三种。

（1）贡瓜　系用鲜嫩菜瓜制成，瓜长约 15～16cm，横径约 1.5～1.6cm。洗净沥干后按每 100kg 原料加盐 15kg 入缸腌制，腌足 4 天，出缸沥干，再翻入另一缸中再加盐 5kg 作第二次腌制，腌 3 天后取出沥干 4h。此时瓜重约为原重的 66％左右。酱制时每 100kg 瓜坯用"酱籽"（即作甜酱的霉饼）56kg，预先将其晒干捣碎，按一层酱籽一层瓜的装法入缸，瓜坯要排列整齐，约经 5～6 天，其瓜卤逐渐上升，使表面酱籽润湿，即可进行第一次翻缸。如此时尚未润湿，可洒入少量二榨酱油后再行翻缸。翻缸后放在室内酱制的约需 40 天酱好，置于室外日晒者约 30 天即可酱好。将酱好的贡瓜从酱缸内取出抹去面酱，装入小口坛内压紧，坛口处加原酱 2.5～3kg 将瓜淹没，然后密封坛口即成。

（2）酱瓜　系用较大的菜瓜制成。腌制时第一次按每 100kg 鲜瓜加食盐 20kg，腌制 7 天，出缸沥干，翻入另一缸中加盐 12kg 进行第二次盐腌。在瓜面加上竹栅压以重物，使瓜淹没在卤水中即可长期贮藏，以备随时取用。酱制前取出咸瓜坯切开去籽，再切成片状，在清水中去咸，取出沥水排卤，按每 100kg 瓜片加头榨酱油 40kg 浸渍酱制，夏季浸 24h，冬季浸 48h 即成。

（3）酱黄瓜（乳黄瓜）　原料为 10cm 左右的鲜嫩小黄瓜。洗净后每 100kg 用盐 18kg，腌渍 4～5 天。时间不宜过短，否则使第二次腌制时出卤多，对贮藏不利。准备长期贮藏的咸坯，于第一次腌制后取出沥干，翻入另一缸中再加盐 12kg，加竹栅以重物压实。如不需贮藏可随即酱制，第一次用盐量也可以酌减。用贮藏的咸坯酱制时，先行去咸（不需切分），按每 100kg 加头榨酱油 30kg，酱制 24h 后，取出沥干，翻入另一缸中再加头榨酱油 30kg 酱渍 24h 后，即为成品。

3. 玫瑰大头菜

玫瑰大头菜是用鲜大头菜或其咸坯，经腌制浸烫、拌料酱制而成的干制酱菜，亦可用咸大头菜加工。

（1）工艺流程

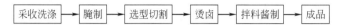

采收洗涤 → 腌制 → 选型切割 → 烫卤 → 拌料酱制 → 成品

（2）工艺要点

① 采收洗涤。鲜大头菜每年小雪前后采收，收后削去头尾樱须、表皮疙瘩，洗净泥沙。

② 腌制。洗净沥干后放入缸内，用老卤（即贮存大头菜的咸卤）漫头浸泡，三日后翻缸，再按每 100kg 鲜大头菜用盐 5～6kg 撒匀，腌制 3～4 天后封缸，缸面用竹片卡紧，再用 18～21°Bé 的高浓度盐卤漫头浸渍贮存，定期测量缸内菜卤浓度，一般冬季掌握在 16°Bé，春秋季在18°Bé 以上。

③ 选型切割。选择个形圆整、大小均匀（每只在 150～200g）的咸大头菜，先将表皮削净，后沿着大头菜对角两面交叉方向，每边分别切割成 0.5～0.8cm 的薄片，切割深度达菜头的 1/2左右，形成上下片交叉连接的网状，呈兰花形的菜头。菜坯切割好后，须曝晒 3～4 天，晒至菜体卷边皱缩，占原重量的 70% 左右，即可收存，为半成品玫瑰大头菜坯。

④ 烫卤。将晒干后的大头菜坯倒入缸中，用 13～14°Bé 淡酱油或二酱卤，加热煮沸后冷却至 70℃ 左右时，均匀地倒入菜坯上漫头浸烫，一般烫卤后漫泡 5～6 天，每天将菜坯翻捺一次使其吸卤均匀。浸泡后，捞出菜坯曝晒 2～3 天，至菜坯皱缩干燥后倒入缸内。再将浸泡原卤加热煮沸冷却至 70℃ 后，进行第二次漫头浸烫，一般再浸泡 3～4 天后，出缸曝晒 1～2 天，晒至菜坯表面干燥，即可拌料酱制。

⑤ 拌料酱制。按每 100kg 上述菜坯用料如下。

酱油 10kg，稀甜酱卤 10kg，酱色 5kg，13～14°Bé 淡酱油 40～50kg，糖精 10g，味精 50g，食糖 5kg，曲酒 1kg，干玫瑰花 25g，苯甲酸钠 100g，玫瑰香精 25g。

将上述各种辅料放入锅内加热煮沸约 25min，出锅前放入干玫瑰花及玫瑰香精，搅拌均匀，待辅料卤冷至 65～75℃ 时，进行拌料酱制。拌料时先将晒干菜坯放入缸内，容量占 1/2 左右，将辅料卤均匀的倒在菜坯上，边倒边拌，使卤汁均匀渗透。拌料后每天翻拌倒缸一次，翻后需将菜坯捺实，翻拌倒缸七次，后再焖缸 3 天，约 10 天后成熟。然后装坛封口贮存即为成品。

五、糖醋菜类

糖醋菜类各地均有加工，以广东糖醋酥姜、镇江糖醋大蒜等较为有名。原料以生姜、大蒜、萝卜等为主，制品甜而带酸，又脆又嫩，清香爽口，深受人们欢迎。现选几种制品加以介绍。

1. 糖醋大蒜

大蒜收获后选择鲜茎整齐、肥大色白、质地鲜嫩的蒜头。切去根部和假茎，剥去包在外部的粗老蒜皮，洗净沥干水分，进行盐腌。腌制时，按每 100kg 鲜蒜头用盐 10kg，分层腌入缸中，一层蒜头一层盐，装到半缸或大半缸时为止。腌后每天早晚各翻缸一次，连续 10 天即成咸蒜头。

把腌好的咸蒜头从缸内捞出沥干卤水，摊铺在席上晾晒，每天翻动 1～2 次，晒到 100kg 咸蒜头只重 70kg 左右为宜。

按晒后重每 100kg 用食醋 70kg，红糖 18kg，糖精 15g。先将醋加热至 80℃，加入红糖令其溶解，稍凉片刻后加入糖精，即成糖醋液。

将晒过的咸蒜头先装入坛内，只装 3/4 坛并轻轻播晃，使其紧实后灌入糖醋液至近坛口，将坛口密封保存，1 个月后即可食用。在密封的状态下可供长期贮藏，糖醋腌渍时间长些，制品品质会更好一些。

2. 糖醋荞头

荞头又名藠头，形状美观，肉质洁白而脆嫩，是制作糖醋菜的好原料。原料采收后除去霉烂、带青绿色及直径过小的荞头，剪去根须和梗部，保留梗长约 2cm，用清水洗净泥沙。

腌制时，按每 100kg 原料用盐 5kg。将洗净的原料沥去明水，放在盆内加盐充分搅拌均匀，然后倒入缸内，至八成满时，撒上封面盐，盖上竹帘、用大石头均匀压紧，腌制 30～40 天，使荞头腌透呈半透明状。捞出并沥去卤水，用清水等量浸泡去咸，时间约 4～5h。最后用糖醋液，方法和蒜头渍法基本相同，但所用糖醋液配料为 2.5%～3% 的冰醋酸液 70kg，白砂糖 18kg，糖精 15g。不可用红糖和食醋，这样才能显出制品本身的白色。

第七节　速冻制品

速冻果蔬属于冷冻食品，冷冻食品是英国人珀金于 1834 年发明压缩机后出现的，20 世纪 20～30 年代，美国、新西兰等国开始研究速冻蔬菜，30 年代开始有商业销售，40 年代以后速冻菜迅速发展。20 世纪初，果品的冷冻保藏是从某些浆果类上开始的，至今核果类等果品均进行了冷冻生产。

所谓果蔬速冻，是将经过处理的果蔬原料以很低的温度（-35℃左右）在极短的时间内采用快速冷冻的方法使之冻结，然后在 -20～-18℃ 的低温中保藏的方法。这种保藏方法不同于新鲜果蔬的保藏，属于果蔬的加工范畴，因为原料在冻结之前，需经过修整、热烫或其他处理，再放入 -35～-25℃ 的低温条件下迅速冻结，这时原料已不再是活体，但物质成分变化极小。

速冻保鲜方法是食品保鲜方法中能最大限度地保持食品原有色、香、味和外观、品质的方法，低温不仅能抑制微生物及酶类活动，而且降低了食品基质中的水活性，防止了食品的腐烂变质，并且能起到地区和季节差异的调节作用。

一、速冻原理及速冻过程

冷冻是一种去热的结果，热是与物体相联系的能量，来自物体内部的分子运动。冷冻就是将产品中的热或者能量排出去，使水变成固态的冰晶结构，这样可以有效地抑制微生物的活动及酶的活性，使产品得以长期保存。

1. 冷冻过程及冰点温度

水的冻结包括降温和结晶两个过程。水由原来的温度降到冰点时（0℃）开始变态，由液态变为固态即结冰。在有温差的条件下，待全部水分结冰后温度才能继续下降。

在冷冻过程中，果蔬品温的下降会出现一个过冷现象，过冷现象的产生，主要是液态变为固态须放出潜热的缘故。

水在降温过程中，当其达到冰点时，就开始液态—固态之间的转变，进行结冰。结冰过程也包括两个过程，即晶核的形成和晶体的增长。晶核的形成是极少一部分水分子以一定的规律结合成颗粒型的微粒，是结晶的核心，晶体增大的基础。晶核是在过冷条件下形成的。晶体的增大是水分子有次序地结合到晶核上去，继续增加就会使晶体不断扩大。

纯水的结冰温度称为冰点（0℃），而果蔬中的水呈一种溶液状态，内含许多有机物质，它的冰点温度比纯水要低，而且溶液浓度越高，冰点温度越低。

2. 冷冻时晶体形成的特点

晶体形成的大小与晶核的数目有关，而晶核数目的多少又与冷冻速度有关。在速冻条件下，由于果蔬组织细胞内和细胞间隙中的水分能够同时形成数量多、分布又比较均匀的晶核，进而生成比较细小的晶体，这样在晶体增长过程中，体积增长得小，不会损伤果蔬细胞组织，因此解冻后容易恢复原状，从而更好地保持了果蔬原有的品质，使色、香、味和质地均接近于新鲜原料。

与缓冻相比较，即形成的晶核数目少。随着冷冻的持续进行，晶核就要增长为较大的晶体，由于晶体在细胞间隙中不断增长变大，就要造成细胞的机械损伤：细胞破裂，汁液外流，果蔬软化，风味消失，影响产品质地，食用时具有一定的冻味。

果蔬解冻后再冻结，会使冰晶体的体积继续增大，对产品不利，如解冻和冷冻反复进行，情况将更严重，因此在冻藏中要避免库温的波动，否则就是速冻产品也会失去速冻的优越性。

3. 冷冻量的要求

冷冻食品的生产，首先是在控制的条件下，排除食品中的热量达到冰点，使产品内的水冻结凝固，其次是冷冻保藏。两者都涉及热的排除和防止外来热源的影响。冷冻的控制、制冷系统的要求以及保温建筑的设计，都要依据产品的冷冻量进行合理规划。因此设计时应考虑下列热量的负荷。

（1）产品由原始的初温降到冷藏温度应排除的热量　包括三个部分。

① 产品由初温降到冰点温度释放的热量＝产品在冰点以上的比热×产品的质量×降温的度数（由初温到冰点的度数）。

② 由液态变为固态结冰时释放出的热量＝产品的潜热×产品的质量。

③ 产品由冰点降到冻藏温度释放出的热量＝冻结产品的比热×产品的质量×降温度数。

（2）维持冷藏库低温贮藏需要消除的热量　包括墙壁、地面和库顶的漏热，如墙壁漏热的计算方法是：墙壁漏热量＝热导系数×24×外壁的面积×冷库内外温差÷绝热材料的厚度。

（3）其他热源　包括电灯、马达和操作人员等工作时释放出的热量，电灯每千瓦每小时释出热 3602.3kJ，马达每小时每马力释出热 3160kJ，库内操作人员每人每小时释放出热约 385.84kJ。

上述三部分热源资料是食品冷冻设计时需要的基本参考资料。在实际应用时，将上述总热量增加 10% 比较妥当。

二、速冻方法和设备

果蔬速冻的方法大体可分为间接冷冻和直接冷冻两类，以间接冷冻方法比较普遍。

1. 鼓风冷冻机

生产上一般采用的是隧道式鼓风冷冻机，在一个长形的、墙壁有隔热装置的通道中进行，产品放在车架上层筛盘中以一定的速度通过隧道。冷空气由鼓风机吹过冷凝管再送到隧道中川流于产品之间，使之降温冻结。冷风的进向与产品通过的方向相对进行，产品出口的温度与最低的冷空气接触得到良好的冻结条件。有的装置是在隧道中设置几次往复运行的网状履带，原料先落入最上层网带上，运行到末端则卸落到第二层网带上，如此反复运卸到最下层的末端，冷冻完毕卸出。

这种速冻方法一般采用的冷空气温度为 $-34 \sim -18℃$，风速 30～1000m/min。

2. 流动床式冻结器

这是当前被认为较理想的速冻方法，特别适用于小型水果如草莓、樱桃等，冻结器中有带孔的传送带，也可以是固定带孔的盘子，从孔下方以极大的风速向上吹送 $-35℃$ 以下的强冷风，使果实几乎悬空漂浮于冷气流中冷冻，缺点是原料失重较大。此法也是小型颗粒产品如青豆、甜玉米及各种切分成小块的蔬菜常用的速冻方法，但该方法要求原料形体大小要均匀，铺放厚度一致，冷冻效果才迅速、均衡。

3. 板式冰结器

在冻结器中有一组冷冰板，垂直或平行排列，将小包装或散装的原料夹在两冻结板之间，加压使之与冻结板紧密接触，冷冻板降温到 $-35℃$ 以下，因而原料迅速冻结。目前板式冻结器的使用也很普遍，有间歇式、半自动和全自动的，但其冷冻方式基本上是一样的，即将包装的原料放置在冷冻器的空心金属板上，上面的空心金属板紧密地压放在包装原料的上面，制冷剂川流于空心金属板中，以维持低温。这种方式冷冻速度很快，一般在 30～90min 即完成冷冻任务，冷冻时间的差异取决于包装体积的大小和内容物的性质等。

4. 鼓式冻结器

主要设备是一个能够旋转的鼓形冻结器，其内壁光滑并安装有蒸发器，使温度降到－35℃以下。这种冻结器适用于果汁等流体的冻结，当冻结鼓缓缓旋转时，倒入果汁即可在鼓的内壁冻结成薄冰片，然后剥下装入容器中贮藏。

5. 浸渍（或喷淋）冷冻法

这是一种直接的冷冻方法，即将产品直接浸在液体制冷剂中的冷冻方法。由于液体是热的良好导体，且产品直接与制冷剂接触，增加热交换效能，冷冻速度最快。

进行浸渍冷冻的产品，有包装的和不包装的，直接浸入制冷剂中或用制冷剂喷淋产品。用于浸渍（或喷淋）的制冷剂有一氧化二氮（N_2O）、液氮（N_2）、二氧化碳、干冰和二氯二氟甲烷（F-12）等，其中 F-12 冷冻效能很好，用作低温制冷剂。一氧化二氮在冷冻过程中气化，再将其液化而重复使用，但设备和管理费用甚高。液氮的沸点很低，能更快的提高冷冻效应，液氮费用低，无毒，不需采用重复液化。二氧化碳经过分次压缩液化，液态二氧化碳是无毒的。液态二氧化碳冷冻通常在一斜置的圆形长筒中，液态 CO_2 由管道送入圆筒内布置的喷嘴，将 CO_2 喷向筒中螺旋转动轴上的原料，在出口处完成冻结。干冰是经过压缩去热而形成的固体二氧化碳，它气化时吸收的热量为同重量液氮气化的三倍，在常压下（101.325kPa）液氮的沸腾温度为－195.81℃，而干冰的升华温度达－78.5℃，液氮虽然价格低廉，但在食品冷冻时使用干冰比较经济。F-12 与其他制冷剂比较，虽沸点较高，但由于其冷冻效率高，所以近年来备受重视。

果蔬浸渍冷冻中，为了不影响产品的风味质量，常采用糖液或盐液作为直接浸渍冷冻介质，而糖液和盐液由机械冷凝系统将其降温维持在要求的冷冻温度。

三、速冻工艺

果蔬种类不同，速冻前处理方法也不同，有的需要烫漂，有的需要以添加剂浸泡，所以果蔬速冻加工工艺可分为烫漂速冻工艺和浸泡速冻工艺两种。

1. 烫漂速冻工艺

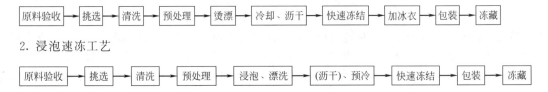

原料验收 → 挑选 → 清洗 → 预处理 → 烫漂 → 冷却、沥干 → 快速冻结 → 加冰衣 → 包装 → 冻藏

2. 浸泡速冻工艺

原料验收 → 挑选 → 清洗 → 预处理 → 浸泡、漂洗 → (沥干)、预冷 → 快速冻结 → 包装 → 冻藏

第八节 果蔬脆片加工

果蔬脆片是利用真空低温油炸技术加工而成一种脱水食品，在加工过程中，一般先把果蔬切成一定厚度的薄片，然后再在真空低温的条件下将其油炸脱水，产生一种酥脆性的片状食品，故而命名为果蔬脆片。果蔬脆片以其自然的色泽，松脆的口感，天然的成分，宜人的口味，融合纯天然、高营养、低热量、低脂肪的优点，深受人们的宠爱。

一、工艺流程

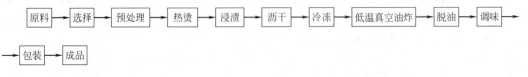

原料 → 选择 → 预处理 → 热烫 → 浸渍 → 沥干 → 冷冻 → 低温真空油炸 → 脱油 → 调味 →
→ 包装 → 成品

二、工艺要点

1. 原料选择

要求原料须有较完整的细胞结构，组织较致密，新鲜，无虫蛀、病害、无霉烂及机械伤。适合加工果蔬脆片水果主要有：苹果、柿、枣、哈密瓜、香蕉、菠萝、芒果等。适合加工果蔬脆片的蔬菜有：胡萝卜、马铃薯、甘薯、马蹄、黄豆等。

2. 预处理

（1）挑选　原料经初选，剔除有病、虫、机械伤及霉烂变质的原料，按果蔬成熟度及等级分级，便于加工。

（2）洗涤　洗去原料表面的尘土、泥沙及部分微生物、残留农药等。对农药严重污染的原材料要用 0.5%～1.0% 的盐酸浸泡 5min 后，再用冷水冲洗干净。

（3）整理、切片　有些果蔬应去皮、去核后再切片，有些可直接切片，一般厚度为 2～4mm。

3. 热烫

热烫主要是防止酶褐变。一般温度为 100℃、时间 15min。

4. 浸渍

一般用 30%～40% 的葡萄糖溶液浸渍已经过热烫的原料。

5. 预冻结

油炸前进行冷冻处理有利于油炸，但原料经冷冻后，对油炸的温度、时间有较高的要求，要注意条件。一般原料冻结速率越高，油炸脱水效果越好，脆片的感官质量也越理想。

6. 真空低温油炸

原料油炸前，油脂应先预热，温度为 100～120℃ 时将已冻结的原料迅速加入，关闭仓门，启动真空系统，以防物料在油炸前融化。当真空度达到要求时，启动油炸开关，在液压推杆的作用下，物料被慢速浸入油脂中油炸。到达底点时，被相同的速度缓慢提起，升至最高点又缓慢下降，如此反复，直至油炸完毕，整个过程耗时 15min，如未冻结的原料则需要 20min。

7. 脱油

油炸后的物料表面沾有不少油脂，需要脱油。

8. 后处理

包括调味、冷却、半成品检测、包装等工序。

三、关键控制点及预防措施

果蔬脆片生产结合了真空干燥技术、真空冷冻干燥技术，在生产中的应用十分复杂，还需要不断改进。

1. 原料选择

原料应进行严格的质量控制，应对原料产地的农药使用情况及周围生态情况进行调查和监督，加强对原料的检查验收。

2. 护色硬化

由专业人员根据工艺要求配置护色硬化液，将切片后的原料迅速浸入浸泡。

3. 冷冻

冷冻可以改善产品的品质，提高产品的酥脆度。冷冻方式的选择，对产品的酥脆度影响很大。

4. 真空油炸

真空油炸是整个工艺的关键，尤其是起始油炸真空度、油炸温度、油炸时间、脱油时间直接影响产品的感官品质和营养品质。起始油炸真空度越高，产品的酥脆度越好。油炸温度太高会使产品色泽发暗，油炸温度太低会使油炸时间延长。

较理想的工艺为：起始油炸真空度为 0.09～0.094MPa，油炸温度为 85～88℃，油炸时间随果蔬性能的不同而异，有的几十秒，有的几十分钟，同时应定期对油进行清洗、检测、更换。

5. 脱油

一般用离心甩油方法脱油，离心甩油又有常压脱油、真空脱油两种。常压脱油时间为4～5min，脱油后产品的含油率高达15％～20％。真空脱油时间为1min左右，脱油后产品的含油率为12％以下。因脱油时物料太脆，稍有不慎，将造成大量碎片，应在脱油时增加防止果蔬脆片破碎的装置。

6. 包装

包装车间应注意消毒。包装最好采用抽空充 N_2 包装，并确保封口严密。

第九节　最少加工处理果蔬

MP（minimally processed，最少加工处理）果蔬是美国于20世纪50年代以马铃薯为原料开始研究的，20世纪60年代在美国开始进入商业化生产。20世纪80年代以来，在欧美、日本等国得到了较快的发展。目前工业化生产 MP 果蔬的品种主要有甘蓝、胡萝卜、生菜、韭葱、芹菜、马铃薯、苹果、梨、桃、草莓、菠萝等。MP 果蔬生产在我国起步较慢，加工规模比较小，但随着人们生活水平的提高，对果蔬消费的要求除了优质新鲜外，对于食用的简便性也提出了更高的要求，因此，MP 加工愈来愈受到重视。

一、基本原理

MP 果蔬与传统的果蔬保鲜技术相比，货架期不仅没有延长，而且明显缩短，更不用说与传统的果蔬加工制品相比了。MP 果蔬生产必须解决两个基本问题。一是果蔬组织仍是有生命的，而且果蔬切分后呼吸作用和代谢反应急剧活化，品质迅速下降，由于切割造成的机械损伤导致细胞破裂、切分表面发生木质化或褐变，失去新鲜产品的特征，大大降低切分果蔬的商品价值。二是微生物的繁殖，必然导致切割果蔬迅速败坏腐烂，尤其是致病菌的生长还会导致安全问题。完整果蔬的表面有一层外皮和蜡质层保护，有一定的抗病力，在 MP 果蔬中，这一保护层常被除去，并被切成小块，使得内部组织暴露，表面含有的糖和其他营养物质，有利于微生物的繁殖生长。因此，MP 果蔬的保鲜主要是保持品质、防止褐变和防病害腐烂。保鲜方法主要有低温保鲜、气调保鲜和食品添加剂处理等，并且经常需要几种方法配合使用。

1. 低温保鲜

低温可抑制果蔬的呼吸作用和酶的活性，降低各种生理生化反应的速度，延缓果蔬衰老和抑制褐变，同时也抑制了微生物的活动，所以 MP 果蔬品质的保持，最重要的是低温保存。温度对果蔬质量的变化，作用最强烈，影响也最大。环境温度愈低，果蔬生命活动进行得愈缓慢，保鲜效果愈好，但不同果蔬对低温的忍耐力不同，每种果蔬都有其最佳保存温度。当温度降低到某一程度时会发生冷害，使货架期缩短。因此，有必要对每一种果蔬进行冷藏适温试验，以期在保持品质的基础上，延长 MP 果蔬的货架寿命。

值得注意的有些微生物在低温下仍然可以生长繁殖，因此为保证 MP 果蔬的安全性，除低温保鲜外，还需要结合酸化、加防腐剂等其他防腐处理。

2. 气调保鲜

气调保鲜主要是降低 O_2 浓度、增加 CO_2 浓度。CO_2 浓度为5％～10％，O_2 浓度为2％～5％时，可以明显降低组织的呼吸速率，抑制酶活性，延长 MP 果蔬的货架寿命。不同果蔬对最高 CO_2 浓度和最低 O_2 浓度的忍耐度不同，如果 O_2 浓度过低或 CO_2 浓度过高，将导致低无氧呼吸和高 CO_2 伤害，产生异味、褐变和腐烂。此外，果蔬组织切割后还会产生乙烯，乙烯的积累又会导致组织软化等劣变，因此，还需要加入乙烯吸收剂。

3. 食品添加剂处理

虽然低温保鲜和气调保鲜能较好地保持 MP 果蔬品质，但不能完全抑制褐变和微生物的生长繁殖，因此，为加强保鲜效果，使用某些食品添加剂处理果蔬有是必须的。MP 果蔬褐变主要是酶褐变，其发生需要底物、酶和氧三个条件，防止酶褐变的主要措施有：加抑制剂抑制酶活性和隔绝氧气。

根据研究，将切分的马铃薯分别浸泡在异抗坏血酸、植酸、柠檬酸、$NaHSO_3$ 溶液中，时间各为 10min、20min，浓度各为 0.1%、0.2%、0.3%，结果表明均有一定护色效果，且浓度越高，浸泡时间越长，护色效果越好，其中以 $NaHSO_3$ 最好。但由于 $NaHSO_3$ 在国际上许多国家不提倡使用，仅作为参照。进一步以正交试验设计，筛选最佳护色剂组合，得出最优处理组合为 0.2%异抗坏血酸、0.3%植酸、0.1%柠檬酸、$0.2CaCl_2$%混合溶液，同时由极差（R）分析可知，影响护色效果的主次因素顺序为植酸、异维生素 C、柠檬酸、$CaCl_2$。考虑到风味的问题，护色液浓度或浸泡时间要适宜，同时结合包装（最好抽真空）可有效防止褐变。切分马铃薯浸泡于混合溶液中 20min，抽真空包装（真空度为 0.07MPa），在 4~8℃贮藏 10 天后几乎不变色。

可以使用的防腐剂有苯甲酸钠和山梨酸钾，但一般应尽量不用。醋酸、柠檬酸对微生物也有一定的抑制作用，可结合护色处理达到酸化防腐的目的。

二、MP 果蔬加工设备

主要设备有切割机、浸渍洗净槽、输送机、离心脱水机、真空预冷机或其他预冷装置、真空封口机、冷藏库等。

三、加工工艺

1. 工艺流程

采收 → 挑选 → 去皮 → 切分 → 清洗 → 冷却 → 脱水 → 包装预冷 → 成品 → 冷藏、销售

2. 工艺要点

（1）挑选　通过手工作业剔除腐烂次级果蔬、摘除外叶、黄叶，然后用清水洗涤，送往输送机。

（2）去皮　方法有手工去皮、机械去皮，也有加热或化学去皮。

（3）切分（割）　按产品质量要求，进行切片、切粒或切条等处理，一般用机械切割，有时也用手工切割。

（4）清洗、冷却　经切割后，在装满冷水的洗净槽里洗净并冷却。叶菜类除用冷水浸渍方式冷却外，也可采用真空冷却，其原理是利用减压使水分蒸发时夺取产品的气化热，从而使产品冷却，同时还有干燥的作用，所以真空冷却有时可省去脱水工序。

（5）脱水　洗净冷却后，控掉水分，装入布袋后用离心机进行脱水处理。

（6）包装、预冷　经脱水处理的果蔬，即可进行抽真空包装或普通包装。包装后应尽快送预冷装置（如隧道式、压差式）预冷内到规定的温度。真空预冷则先预冷后包装。

（7）冷藏、运销　预冷后的产品再用专用塑料箱或纸箱包装，然后迅速冷藏或立即运送至目的市场。

四、关键控制点及预防措施

MP 果蔬容易腐败，有时还会带有致病菌，因此，加工工厂等现场卫生管理，品质管理要相当严格。最好实施 GMP（良好操作规范）或 HACCP（危害分析关键控制点）管理。

1. 质量控制点

（1）切分大小和刀刃状况　切分大小是影响切分果蔬品质的重要因素之一，切分越小，切分面越大，保存性越差。如需要贮藏时，一定以完整的果蔬贮藏，到销售时再加工处理，加工后要及时配送，尽可能缩短切分后的贮藏时间。

刀刃状况与所切果蔬的保存时间也有很大的关系，锋利刀切割的果蔬产品保存时间长，钝刀切割的果蔬产品切面受伤多，容易引起变色、腐败。

（2）洗净和控水　洗净是延长切分果蔬保存时间的重要处理过程，洗净不仅可以减少病原菌数，还可起到洗去附着在切分果蔬表面细胞液的效果，减轻变色。切分果蔬洗净后，如在湿润状态放置，比未洗净的更容易变坏或老化，通常使用离心机进行脱水，但过分脱水容易使切分果蔬干燥枯萎，反而使品质下降，故离心脱水时间要适宜。

（3）包装　切分果蔬暴露于空气中，会发生萎蔫、切断面褐变，通过合适的包装可防止或减轻这些不利变化。包装材料的厚薄或透气率大小和真空度选择依切分果蔬种类而不同。据试验，切分甘蓝包装真空度不能太高（0.02～0.04MPa 较合适），而切分马铃薯可以用较高的真空度（0.06～0.08MPa），这可能与甘蓝的呼吸强度较马铃薯强有关。

包装后的切分果蔬若透气率大或真空度低时易发生褐变，透气率小或真空度高时易发生无氧呼吸产生异味。在保存中的切分果蔬由于呼吸作用会消耗 O_2、生成 CO_2，结果 O_2 减少、CO_2 增加。因此，要选择厚薄适宜的包装材料来控制合适的透气率或合适的真空度，以保持其最低限度的有氧呼吸和造成低 O_2、高 CO_2 的环境，可延长切分果蔬的货架期。

2. 预防措施

（1）热处理　即食型鲜切果蔬和部分调料，应采用热处理的方法杀灭李斯特菌、大肠杆菌、沙门氏杆菌和肉毒杆菌等菌。

（2）化学保藏　安全的化学保藏剂有丙酸和丙酸盐、山梨酸及盐、苯甲酸及盐、对羟基苯甲酸、SO_2 及亚硫酸盐、环氧乙烷和环氧丙烷硝酸钠、甲酸乙酯等。乳酸菌素、那他霉素、枯草菌素均具有良好的抗菌能力。柠檬酸、醋酸和其他有机酸、抗坏血酸及其盐、EDTA 等也可用来加强保藏效果。

钙对于鲜切果蔬的防褐变和保持质地具有特殊的意义，它可以与果胶酸类物质形成果胶酸钙，增加组织的硬度，降低呼吸，延迟分解代谢，保持细胞壁和细胞膜的完整性。

（3）气调贮藏　气调贮藏是鲜切果蔬的最基本保存方法。

（4）冷藏　除热带和部分亚热带果蔬外，大部分鲜切果蔬应在 2～4℃ 条件下保存和流通。冷藏与气调贮藏结合，可以更有效地延长产品的货架寿命。

（5）辐照保鲜　根据其波长，可有以下几种应用于鲜切果蔬保鲜中。

① 近红外线加热。高于 800nm 的近红外线，其穿透力很低，可以快速加热鲜切果蔬的表面，达到消毒的目的。

② 紫外线。用于表面消毒和包装间的消毒，最有效的波长是 260nm。

③ 电离辐射。果蔬本身对辐射的敏感性有很大的差异，最敏感的有油梨、黄瓜、葡萄、青刀豆、柠檬、油橄榄、辣椒、人参果、有刺番荔枝、夏天成熟的南瓜、叶菜类、抱子甘蓝、花椰菜；中等敏感的有杏、香蕉、南美番荔枝、无花果、葡萄柚、金柑、枇杷、荔枝、橙、柿子、梨、菠萝、李、柚、红橘；最耐辐射的是苹果、樱桃、番石榴、芒果、甜瓜、油桃、西番莲、桃、树莓、草莓、番茄。

（6）抗氧化　氧气的多少直接影响微生物和酶的活性，因此真空处理和加入抗氧化剂可以降低因氧化而引起的品质败坏。

第十节　现代果蔬加工新技术

一、超临界流体萃取技术

超临界流体萃取（SFE）是指利用超临界流体作为溶剂来萃取（提取）混合物中可溶性组分

的一种萃取分离技术。

1. 基本原理

(1) 超临界流体的性质　在分子物理学上，物质存在着气体和液体不能共存的固有状态，此态称为临界态。在临界态，气体能被液化的最高温度称为临界温度（T_c），在临界温度下气体被液化的最低压力称为临界压力（P_c），临界温度和临界压力统称为临界点。在临界点附近，压力和温度的微小变化都会引起气体密度的很大变化。随着向超临界气体加压，气体密度增大到液态性质，这种状态的流体称为超临界流体（SCF），其性质介于气体和液体之间。超临界流体的密度为气体的数百倍，并且接近液体，而其流动性和黏度仍接近于气体，扩散系数大约为气体的1倍，而较液体大数百倍。因此，物质移动或分配时，均比其在液体溶剂中进行要快。将温度或压力适当变化时，可使其溶解度在 $100\sim1000$ 倍的范围内变化。一般 SCF 中物质的溶解度在恒温下随压力 P（$P>P_c$ 时）升高而增大，而在恒压下，其溶解度随温度 T（$T>T_c$ 时）增高而下降。这一特性有利于从物质中萃取某些易溶解的成分，SCF 的高流动性和扩散能力，有助于所溶解的各成分之间的分离，并能加速溶解平衡，提高萃取效率。

适用于超临界萃取的溶剂有二氧化碳、乙烷、丙烷、甲苯等，目前应用最广的是二氧化碳。

(2) 二氧化碳的超临界特性　应用二氧化碳作溶剂进行超临界萃取具有以下优点。

① 超临界萃取可以在接近室温（$35\sim40℃$）及 CO_2 气体笼罩下进行提取，有效地防止了热敏性物质的氧化和逸散，在萃取物中不仅保留了有效成分，而且能把高沸点、低挥发性、易热解的物质在远低于其沸点温度下萃取出来。

② 由于全过程不需有机溶剂，因此萃取物绝无残留的溶剂物质，从而防止了提取过程中对人体有害物的存在和对环境的污染。

③ 萃取和分离合二为一，当含有饱和溶解物的 CO_2 流体进入分离器时，由于压力的下降或温度的变化，使得 CO_2 与萃取物迅速成为两相（气液分离）而立即分开，不仅萃取的效率高而且能耗较少，提高了生产效率，也降低了费用成本。

④ CO_2 是一种不活泼的气体，萃取过程中不发生化学反应，且属于不燃性气体，无味、无臭、无毒、安全性非常好。

⑤ CO_2 气体价格便宜，纯度高，容易制取，且在生产中可以重复循环使用，从而有效地降低了成本。

⑥ 压力和温度都可以成为调节萃取过程的参数，通过改变温度和压力达到萃取的目的。压力固定，通过改变温度也同样可以将物质分离开来；反之，将温度固定，通过降低压力也可使萃取物分离，因此操作工艺简单，容易掌握，而且萃取速度快。

2. 超临界流体萃取的特点

同普通的液体提取和溶剂提取法相比，在提取速度和分离范围方面，超临界流体萃取更为理想。其特点有如下 5 点。

① 操作控制参数主要是压力和温度，且容易控制，萃取后的溶质和溶剂分离彻底。

② 选用适宜的溶剂，可以在较低温度下操作，可用于一些热敏性物质的萃取和精制。

③ 超临界流体具有良好的渗透性能和溶解性能，能从固体或黏稠的原料中快速萃取有效成分。选定适宜的萃取溶剂及工作条件，可选择性地分离出高纯度的溶质，从而提高产品品质。

④ 由于溶剂能从产品中清除，无溶剂污染问题，而且溶剂经加压后可重复循环使用。

⑤ 超临界萃取过程要求在高压下进行，设备及工艺技术要求高，故设备投资费用高。

3. 超临界流体萃取的应用

欧美国家已将超临界流体萃取技术应用于啤酒花的风味成分回收、咖啡中脱咖啡因等生产中。在食品工业中的应用有柑橘汁脱苦、钝化果胶酶活性、精油提取和有效成分的分离等。以香精与芳香成分的萃取为例，可在 30MPa 和 40℃ 条件下，对柠檬果皮进行萃取，得到 0.9% 的香

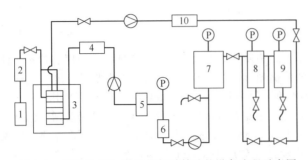

图 9-1 超临界 CO_2 萃取柑橘香精油的设备流程示意图
1—CO_2 储罐；2—高压泵；3—萃取釜；4, 5, 6—阀门；
7, 8, 9—分离釜；10—回流阀

精油，大大降低了常规提取中的挥发损失。在 $40\sim70℃$、$8.3\sim12.4MPa$ 范围内对柑橘香精油进行萃取分离，可去除大部分产生苦味的萜烯化合物。在 $70℃$、$8.3MPa$ 下，可得到柑橘风味浓厚的橘香精油。超临界 CO_2 萃取柑橘香精油的设备流程见图 9-1。

超临界流体萃取技术也可用来萃取籽油或汁油，如在葡萄籽粉碎度为 40 目、水分含量 4.52%、湿蒸处理、萃取压力 $28MPa$、温度 $35℃$、CO_2 流容比 $8\sim9$、萃取 $80min$ 的条件下，葡萄籽油的萃取率可达 90% 以上。在 $22\sim23MPa$、$50℃$ 条件下，萃取 $3h$，可以从姜汁中萃取姜汁油，萃取率达 5%。此外，超临界萃取还应用在色素萃取上。

二、超微粉碎技术

1. 超微粉碎技术概述

超微粉碎一般是指将 $3mm$ 以上的物料颗粒粉碎至 $10\sim25\mu m$ 以下的程度。由于颗粒的微细化导致表面积和孔隙率增加，超微粉体具有独特的化学性能，例如良好的分散性、吸附性、溶解性、化学活性等。食品超微粉碎作为一种新型的食品加工方法，已在许多食品加工中得到应用。许多可食动植物，包括微生物等原料都可用超微粉碎技术加工成超微粉，甚至动植物的不可食部分也可通过超微化而被人体吸收。加工果蔬超微粉可以大大提高果蔬内营养成分的利用程度，增加利用率。果蔬在低温下磨成微膏粉，既可保存全部的营养素，纤维质也因微细化而增加了水溶性，口感更佳。灵芝、花粉等材料需破壁之后才可有效地利用，是理想的制作超微粉的原料。日本、美国市售的果味凉茶、冻干水果、超低温速冻龟鳖粉等都是利用超微粉碎技术加工而成的。

2. 超微粉碎技术的原理及分类

目前微粒化技术有化学法和机械法两种。化学合成法能够制得微米级、亚微米级甚至纳米级的粉体，但产量低、加工成本高、应用范围窄。机械粉碎法成本低、产量大，是制备超微粉体的主要手段，现已大规模应用于工业生产。超微粉可分为干法粉碎和湿法粉碎。根据粉碎过程中产生粉碎力的原理不同，干法粉碎有气流式、高频振动式、旋转球（棒）磨式、锤击式和自磨式等几种形式；湿法粉碎主要是胶体磨和均质机。超微粉碎技术分类及原理详见表 9-7。

表 9-7 超微粉碎技术分类

类 型	级 别	基 本 原 理	典型设备举例
气流式	超微粉碎	利用气体通过压力喷嘴的喷射产生剧烈的冲击、碰撞和摩擦等作用力实现对物料的粉碎	环形喷射式、圆盘式、对喷式、超音速式和叶轮式气流粉碎机
高频振动式	超微粉碎	利用球或棒形磨介高频振动产生冲击、摩擦和剪切等作用力实现对物料的粉碎	间歇式和连续式振动磨
旋转球（棒）磨式	超微粉碎或微粉碎	利用球或棒形磨介水平回转时产生冲击和摩擦等作用力实现对物料的粉碎	球磨机、棒磨机、管磨机和球棒磨机
转辊式	超微粉碎或微粉碎	利用磨辊的旋转产生摩擦、挤压和剪切等作用力粉碎物料	悬辊式盘磨机、弹簧辊式盘磨机、辊磨机、精磨机
锤（盘）击式	微粉碎	利用高速旋转的锤头产生冲击、摩擦和剪切等作用力粉碎物料	锤击式和盘击式粉碎机
自磨式	微粉碎	利用物料间的相互作用产生冲击或摩擦力粉碎物料	一段自磨机、砾磨机和半自磨机

3. 超微粉碎技术的应用

目前该技术在食品工业的主要表现在以下方面。

（1）贝壳类产品　钙在人体中作用的重要性使得补钙问题成了人体健康的热门话题，人类食用钙源的开发，成了食品工业和医药工业急需解决的课题。贝壳中含有极其丰富的钙，在牡蛎的贝壳中，含钙量超过 90％以上，利用超微粉碎技术，将牡蛎壳粉碎至很细小的粉粒，用物理方法促使粉粒的表面性质发生变化，可以达到牡蛎壳更好的被人体吸收利用的目的。

（2）食品加工下脚料　花生壳等食品加工下脚料经过处理加工成膳食纤维以后，可以用作蜜糖的载体，加工特效食品等，最常见的是用于制作膳食纤维的饼干、加工高纤维低热量面包和加工韧性良好的面制品等。

（3）巧克力生产　巧克力一个重要的质构特征是口感特别细腻滑润，尽管巧克力细腻滑润的口感特性是由多种因素造成的，但其中最主要并起决定性作用的因素是巧克力配料的粒度。分析表明，配料的平均粒度在 $25\mu m$ 左右，且其中大部分质粒的粒径在 $15\sim20\mu m$，巧克力就有很好的细腻滑润的口感特性。当平均粒度超过 $40\mu m$ 时，就可明显感到粗糙，这样巧克力的品质就明显变差。因此，超微粉碎技术在保证巧克力质构品质上发挥了重要的作用。

（4）畜骨粉加工　畜骨作为钙磷营养要素的丰富源泉，还含有蛋白质、脂肪、维生素及其他营养物质。为了更有效地吸收这些营养成分，就需要采取一定的措施使之更利于人体吸收，超微粉碎技术就是解决吸收问题的有效方法之一。由超微粉碎制得的骨粉与其他方法生产出的骨粉相比，蛋白质含量明显高于其他几种，而脂肪含量也很低，其另一个特点是灰分含量显著提高，这是超微粉碎骨粉的优势所在。

（5）在保健食品中的应用　在保健食品生产当中，一些微量活性物质（硒等）的添加量很小，若颗粒稍大，就会带来毒副作用，这就需要非常有效的超微粉碎手段将其粉碎至足够细小的粒度，并加上有效的混合操作，才能保证在食品中的均匀分布且有利于人体的吸收。因此，超微粉碎技术已成为现代保健食品加工的重要技术之一。

（6）粉茶加工　速溶茶生产中，传统的方法是通过萃取将茶叶中的有效成分提取出来，然后浓缩、干燥制成粉状速溶茶。现在采用超微粉碎技术，将茶叶粉碎成 300 目以下，约 $60\mu m$ 的微细粉末，仅需一步工序便可得到粉茶产品，大大简化了生产工序。超微粉茶因为粒度很细，添加于食品中，吃在口中不会有任何粒度的感觉，故可使食品中既富含茶叶的营养和保健成分，又使原来舍弃的纤维素等得以利用，同时还赋予了食品天然绿色，形成具有特殊风格的茶叶食品。

三、酶工程技术

1. 酶与酶制剂

酶是活细胞产生的一类具有生物催化活性的蛋白质，是一类生物催化剂。酶具有高效性、专一性、多样性和温和性的特点，普遍存在于生物界。可采取适当的理化方法将酶从生物组织或细胞以及发酵液中提取出来，加工成具有一定纯度和酶的特性的生化制品，这就是酶制剂，专用于食品加工的酶制剂被称为食品酶制剂。

目前，已被发现的酶有近 4000 种，有 200 多种酶已可制成结晶，但真正获得工业应用的仅 50 多种，已形成工业规模生产的只有 10 多种。近年来，世界酶制剂的销售量每年以 20％的速度递增，国内已有 20 多种酶制剂投产，但由于起步较晚，与国际水平尚有较大差距，许多酶制剂仍需进口。

2. 果蔬加工用酶

我国批准使用于食品工业的酶制剂有淀粉酶、糖化酶、固定化葡萄糖异构酶、木瓜蛋白酶、果胶酶、β 葡聚糖酶、乙酰乳酸脱羧酶等，主要被应用于果蔬加工、酿造、焙烤、肉禽加工等方面，应用于果蔬加工中的酶类主要有以下几种。

（1）果胶酶　果蔬加工中应用的最主要的酶是果胶酶，商品果胶酶制剂都是复合酶，它除了含有数量不同的各种果胶分解酶外，还有少量的纤维素酶、半纤维素酶、淀粉酶、蛋白酶和阿拉伯聚糖酶等。果胶酶可分为两类，一类能催化果胶解聚，另一类能催化果胶分子中的酯水解。

果胶酶制剂分固体和液体两种，主要由各种曲霉属霉菌制成，霉菌用固体或液体培养基培养，其种类和性能主要取决于霉菌种类、培养方法和培养基成分。

（2）非果胶酶　随果胶酶外，还有其他非果胶酶酶制剂已经或正在成功地引入果蔬食品加工中，应用于果蔬加工中的非果胶酶酶制剂见表9-8。

表 9-8　非果胶酶酶制剂在果蔬汁加工中的应用

酶　制　剂	应　用
淀粉酶	除去或防止苹果、梨等澄清汁或浓缩汁中的淀粉混浊
阿拉伯聚糖酶	防止苹果，梨等浓缩汁长期贮存后阿拉伯聚糖引起的后混浊
蛋白酶	防止啤酒及葡萄汁的冷藏混浊
葡萄糖氧化酶	防止葡萄酒、啤酒、果汁及软饮料中过多的氧气
柚皮苷酶	葡萄柚及苦脱制品的脱苦
多酚氧化酶	与超滤结合，改善超滤操作，加工澄清稳定的果汁，不需要使用澄清剂
芳香物酶	鼠李糖苷酶、阿拉伯呋喃糖苷酶、芹菜糖苷酶，用于改善果汁的香气结构，增进潜在的活性香味

（3）粥化酶　粥化酶又称软化酶，是一种由黑曲霉经过发酵而获得的复合酶，主要有果胶酶、半纤维素酶（包括木聚糖酶、阿拉伯聚糖酶、甘露聚糖酶）、纤维素酶、蛋白酶及淀粉酶等。主要作用于溃碎果实，可以破碎植物细胞，使果蔬原料产生粥样软化，从而促进过滤、提高出汁率、澄清度及降低果汁黏度，提高果蔬饮料的产量。应用于果蔬加工的粥化酶酶系有两种，即粥化酶Ⅰ和粥化酶Ⅱ，其功能不同、作用各有侧重。

3. 酶在果蔬加工中的应用

（1）果汁处理

① 果汁澄清。水果中含有大量的果胶，为了达到利于压榨，提高出汁率，使果汁澄清的目的，在果汁生产过程中广泛使用果胶酶。果胶酶是催化果胶质分解的一类酶的总称，主要包括：a. 原果胶酶，它可使未成熟果实中不溶性的果胶变成可溶性果胶；b. 果胶酯酶，它是水解果胶甲酯生成果胶酸和甲醇的一种果胶水解酶；c. 聚半乳糖醛酸酶，它是催化聚半乳糖醛酸水解的一种果胶酶。经过果胶酶处理的果汁稳定性好，可以防止在存放过程中产生浑浊。果胶酶已经广泛应用于苹果汁、葡萄汁和柑橘汁等果汁的生产。

② 增香、除异味。通过添加β葡萄糖苷酶可释放果蔬汁中的萜烯醇，增加香气。酶制剂在柑橘果汁中可除去由柚皮苷和柠檬苦素类似物而引起的苦味。加入柠檬苷素脱氢酶可把柠檬酸苦素氧化成柠檬苦素环内酯，从而达到脱苦的目的。

（2）提高果浆出汁率　果胶酶、粥化酶能提高果蔬出汁率，其次是纤维素酶。果浆榨汁前添加一定量果胶酶、纤维素酶可以有效地分解果肉组织中的果胶物质，使纤维素降解，使果汁黏度降低，易榨汁、过滤，从而提高出汁率，并提高可溶性固形物含量，减少加工过程中营养成分的损失，增加产品的稳定性，使过滤或超滤的速度大大加快，提高生产效益。

4. 酶在其他方面的应用

（1）淀粉类原料　在淀粉类原料的加工过程中，应用较多的酶是淀粉酶、糖化酶和葡萄糖异构酶等。在啤酒、白酒、黄酒、酒精及谷氨酸等有机酸的生产中，酶主要用来处理发酵原料，使淀粉降解。

（2）蛋品工业　用葡萄糖氧化酶去除禽蛋中含有的微量葡萄糖，是酶在蛋品加工中的一项重要用途。用葡萄糖氧化酶处理蛋品，除糖效率高，周期短，产品质量好，而且还可改善环境卫生。

（3）乳品工业　在乳品工业中，凝乳酶可用于制造干酪，过氧化氢酶可用于牛奶消毒，溶菌酶可用于生产婴儿奶粉。将溶菌酶添加到牛乳及其制品中，可提高牛乳的营养价值，使牛乳人乳化。在干酪生产中添加溶菌酶，可代替硝酸盐等来抑制丁酸菌的污染，防止干酪产气，并对干酪的感官质量有明显的改善作用。牛乳中含有 5％的乳糖，有些人饮用牛奶后常发生腹泻、腹痛等症状，为了解决以上问题，采用聚丙烯酰胺包埋法，将乳糖酶固定后再与牛乳作用，即可以制造出不含乳糖的牛奶。

（4）面包焙烤　为了保证面团的质量，可以通过添加酶来对面粉进行强化。在面粉中添加 α-淀粉酶，可调节麦芽糖生成量，使二氧化碳产生的量和面团气体保持力相平衡。添加蛋白酶可促进面筋软化，增加伸延性，减少揉面时间，改善面包发酵效果。

（5）肉类加工　用酶可嫩化牛肉，过去使用木瓜酶和菠萝蛋白酶，最近美国批准使用米曲霉等微生物蛋白酶，并将嫩化肉类品种扩大到家禽肉与猪肉。利用蛋白酶可生产可溶性的鱼蛋白粉和鱼露等，用三甲基胺氧化酶可使得鱼制品脱除腥味，从而使口味易于接受。

四、超高压杀菌技术

习惯上把大于 100MPa 的压力称为超高压，高压杀菌技术是近年来备受各国重视的一项食品高新技术。

1. 基本原理

超高压杀菌的原理是压力对微生物的致死作用，高压导致微生物的形态结构、生物化学反应、基因机制以及细胞壁膜发生多方面的变化，从而影响微生物原有的生理活动机能，甚至使原有功能破坏或发生不可逆的变化。常用的压力范围是 100～1000MPa。一般来说细菌、霉菌、酵母在 300MPa 的压力下可被杀死；钝化酶需要 400MPa 以上的压力，600MPa 以上的压力可使带芽孢的细菌死亡。

2. 超高压技术在食品加工中的应用

（1）肉制品加工　经高压处理后的肉制品在嫩度、风味、色泽等方面均得到改善，同时也加强了保藏性。

（2）果酱加工　生产果酱时采用高压杀菌，不仅将果酱中的微生物杀死，而且还可简化生产工艺，提高产品品质。如日本明治屋食品公司，在室温下以 400～600MPa 的压力对软包装密封果酱处理 10～30min，所得产品保持了新鲜水果的颜色和风味。

（3）其他方面　由于腌菜向低盐化发展，化学防腐剂的使用也越来越不受欢迎，因此，对低盐、无防腐剂的腌菜制品，高压杀菌更显示出其优越性。高压处理时，可使酵母或霉菌致死，既提高了腌菜的保存期又保持了原有的生鲜特色。

五、膜分离技术

膜分离技术被认为是 21 世纪最有发展前途的高新技术之一，膜分离技术可简化生产工艺，减少废水污染，降低成本，提高生产效率。同时可在常温下操作，营养成分损失少，操作方便，不产生化学变化，因而具有显著的经济效益和社会效益。

1. 膜分离技术简介

膜分离技术是指借助一定孔径的高分子薄膜，以外界能量或化学位差为推动力，对多组分的溶质或溶剂进行分离、分级、提纯和浓缩的技术。用于制膜的材料主要是由聚丙烯腈、聚砜、醋酸纤维素、聚偏氟乙烯等，有时也可以采用动物膜。膜分离技术在工业中应用的主要装置是膜组件，膜组件主要有管式或卷式、板框式、螺旋盘绕式、中空纤维式等四种。

膜分离技术根据过程推动力的不同，大体可分为两类。一类是以压力为推动力的膜过程，如微滤（孔径为 0.1～10μm）、超滤（孔径为 0.001～0.1μm）和反渗透（孔径为 0.0001～

$0.001\mu m$）分别需要 $0.05\sim0.5MPa$、$0.1\sim1.0MPa$、$1.0\sim10MPa$ 的操作压力（压差）；另一类是以电化学相互作用为推动力的膜过程，如电渗透、离子交换、透析。

 2. 膜分离技术的应用

 （1）果蔬产品　在果蔬汁生产中，微滤、超滤技术用于澄清过滤；纳滤、反渗透技术用于浓缩。用超滤法澄清果蔬汁时，细菌将与滤渣一起被膜截留，不必加热即可除去混入果汁中的细菌。利用反渗透技术浓缩果蔬汁，可以提高果蔬汁成分的稳定性、减少体积以便运输，并能除去不良物质，改善果蔬汁风味。如果蔬汁中的芳香成分在蒸发浓缩过程中几乎全部失去，冷冻脱水法也只能保留大约 8％，而用反渗透技术则能保留 30％～60％。膜分离在果蔬加工中的主要应用见表 9-9。

表 9-9　膜分离技术在果蔬产品加工中的应用

操作单元	工业	应用范围
微滤（MF）	饮料	果蔬汁饮料冷除菌消毒
超滤（UF）	水果、蔬菜 饮料 添加剂	果蔬汁的澄清、浓缩、马铃薯淀粉加工中回收蛋白质 果酒的澄清、提纯 天然色素和食品添加剂的分离和浓缩、甜菜汁的脱色和纯化
反渗透（RO）	水果、蔬菜、糖、甜味剂	果蔬汁的浓缩、糖的浓缩、洗涤用水的处理和再生 糖的浓缩、水的回收和处理、糖浆液的预浓缩
电渗析（ED）	糖、甜味剂	糖液除盐、从发酵液中提取柠檬酸

 （2）其他方面的应用

 ① 乳品工业。将反渗透技术用于稀牛奶的浓缩，可生产出品质令人满意的奶酪及甜酸奶。用反渗透技术除去乳牛清中的微量青霉素，大大延长了乳制品的保质期。采用超滤法浓缩乳清蛋白时，还可同时除去乳糖、灰分等。

 ② 酒类的生产。可以除去酒及酒精饮料中残存的酵母菌、杂菌及胶体物质等，改善酒的澄清度，延长保存期，还能使生酒具有熟成味，缩短老熟期。生啤酒的口味虽优于熟啤酒，但不能长期保存，给运输及销售等带来一定的困难，采用超滤技术进行啤酒的精滤和无菌过滤，可以使生啤酒不经低温加热灭菌而能长期保存。

 ③ 豆制品工业。膜技术在豆制品工业中的主要应用是分离和回收蛋白质，如生产豆乳时产生的大豆乳清，通常方法只能从中提取 60％的蛋白质，利用超滤技术浓缩残留蛋白质，能够增加 20％～30％的豆腐收得率。利用膜技术还可以获得大豆异黄酮、大豆寡糖、大豆分离蛋白、寡肽、免疫球蛋白、竹叶黄酮等功能食品的功能配料。

复习思考题

 1. 试述果蔬罐头的加工工艺及操作要点。

 2. 分析果脯和蜜饯制作中的不同之处。

 3. 分析干制的基本原理，总结果蔬干制的常用方法。

 4. 分析果蔬干制过程中易出现的问题，并提出相应的解决措施。

 5. 果酒的基本概念是什么？果酒是怎样进行分类的？

 6. 简述蔬菜腌制的原理。

 7. 试述果蔬脆片的加工工艺及操作要点。

 8. 什么是 MP 果蔬加工？其工艺要点如何？

 9. 简述果蔬产品加工的新技术。

【实验实训一】 糖水水果罐头的制作

一、糖水菠萝罐头的制作

1. 目的与要求

通过实训，了解水果罐头制作的基本原理，掌握菠萝罐头的制作方法和操作要点。

2. 材料及用具

（1）材料　菠萝、白砂糖、石灰、低亚硫酸钠等。

（2）用具　天平或称、盆、刀、玻璃罐、烧杯、玻璃棒、电炉、糖度计、铝锅等。

3. 操作工艺

（1）工艺流程

（2）工艺要点

① 原料选择。选择果形大、芽眼浅、果心小、纤维少的圆柱形果实作为原料。

② 清洗分级。用清水将果面的泥沙和杂物冲洗干净，再按果径大小分级，见表9-10。

表 9-10　菠萝（用 G15C7 分级机）分级范围及其用途

级别	直径/mm	主　要　用　途
0	<85	供制 9121,968 号罐碎块、扇块
1	85～94	供制 9121,968 号罐碎块、扇块
2	94～108	供制 7114 号罐全圆片,9121、968 号罐碎块
3	108～120	供制 8113 号全圆片、8113 号罐二次去皮全圆片及 9121、968 号罐碎块
4	120～134	供制 9121 罐全圆片、8113 号二次去皮全圆片及 9121、968 号罐碎块

③ 切端、去皮、去心。从头、尾端去除 2cm 左右，切面与果芯垂直。

④ 修整切片。削去残皮烂疤，修去果眼，用清水淋洗一次，用切片机或刀将果肉切成 10～16mm 厚的环形片。对不合格的果片或断片可切成扇形或碎块，但不能有果目、斑点或机械伤。

⑤ 预抽装罐。糖水浓度一般为 25%～30%，根据菠萝含酸量或口味可适当加入0.1%～0.3%的柠檬酸。同时将果片放入预抽罐内，加入 1.2 倍的 50℃ 左右的糖水，在 80kPa 下抽空 25min；有条件的可用真空加汁机抽空，效果更佳。968 罐型装菠萝片280g，加入用柠檬酸将 pH 值调到 4.3 以下的糖水 174g。玻璃罐装果片320g，加糖水 180g。

⑥ 排气密封。热排密封，温度98℃左右，罐中心温度不低于 75℃。真空密封的真空度应在 53.3kPa 以上。

⑦ 杀菌冷却。杀菌公式，968 罐型为 3′—18′/100℃，玻璃瓶为 5′—25′/100℃。杀菌后立即分段冷却至38℃。

（3）质量指标　果肉淡黄至金黄色，色泽一致，糖水透明，允许有少量不引起混浊的果肉碎片，果肉酸甜适宜，无异味；果片完整，软硬适中，切削良好，无伤疤和病虫斑点；果肉重不低于净重的 54%，糖水浓度按折光计为 14%～18%。

二、糖水柑橘罐头

1. 目的与要求

通过实训，掌握糖水柑橘罐头制作的一般工艺流程、工艺参数及操作要点，加深对柑橘酸碱去囊衣方法的理解。

2. 材料及用具

（1）材料　温州蜜柑、白砂糖、柠檬酸、盐酸、氢氧化钠等。

（2）用具　马口铁空罐、不锈钢锅、天平、手持折光仪、数显温度计、水浴槽等。

3. 操作工艺

（1）工艺流程

原料验收 → 热烫 → 剥皮 → 去络、分瓣 → 去囊衣 → 漂洗 → 整理 → 装罐 → 加糖液 → 脱气

→ 密封 → 杀菌 → 冷却 → 成品

（2）工艺要点

① 原料验收。选择成熟适度、肉质致密、色泽鲜艳、酸甜可口的蜜橘作为原料。剔除生青、病虫、腐烂果实，按大小分级、清选。

② 热烫。将验收合格的原料放于 95～100℃ 水中烫煮 1min，以易于剥皮、去橘络为度，趁热去橘皮、橘络。按瓣大小分别浸在清水中备用。

③ 去囊衣。采用酸处理办法进行，将橘片放入浓度为 0.15％～0.2％ 的盐酸溶液中（橘片与酸之比为 1∶3），在 25～30℃ 温度下处理 30～50min，并稍加搅拌。

④ 漂洗。经酸处理后的橘片用清水冲洗干净，然后浸入 28～30℃ 的 0.05％氢氧化钠溶液中处理 3～6min，以去除囊衣为度。立即放掉碱液，用流动清水漂洗 1～2h，再用 1％柠檬酸液中和，以改进风味。

⑤ 整理。用剪刀去心，用镊子除去残余的囊衣、橘络、核等。拣去破碎、僵硬、萎缩的橘片，按片形大小分级，并用流动清水淘洗一次。

⑥ 装罐。按大小、色泽、形状分级，达到无核、无橘络、剪口整齐，分别装罐，保证每罐品质的均一性。一般预留 6～7mm 左右的顶隙。考虑杀菌后失重 25％ 左右，成品出罐时净重不低于 55％。然后注加糖液，糖液浓度一般为 40％ 左右，温度不低于 90℃，为调节风味，可加 0.2％～0.3％柠檬酸，使成品 pH 3.4～3.6。也可加 $2×10^{-5}～2.5×10^{-5}$ 的甲基纤维素，以防止浑浊。

⑦ 脱气、密封。将装好橘片和糖液的罐头放在热锅中或通过排气箱加热排气，要求罐内中心温度达 75℃，时间 5～10min。若真空抽气时真空度一般为 53.5～66.7kPa。

⑧ 杀菌。封罐后立即投入沸水中杀菌 20～25min，然后分段冷却，即为成品。若条件允许，也可用低温滚动杀菌机杀菌。

三、实训作业

1. 按照实验报告的标准格式完成实验报告。

2. 实验中出现了哪些问题，你是如何解决的？

四、实训思考

1. 制作时应如何控制在以后制品贮藏过程中不出现胀罐现象？并分析胀罐原因？

2. 在操作过程中如何更好地防止水果果肉褐变？

【实验实训二】　果酱的制作

一、苹果酱

1. 目的与要求

通过实验实训，了解果酱制作的基本原理，熟悉苹果酱制作的工艺流程及工艺要点。

2. 材料及用具

（1）材料　苹果、白砂糖、果胶、柠檬酸等。

（2）用具　天平或称、盆、烧杯、玻璃棒、电炉、糖度计、铝锅、玻璃瓶、打浆机等。

3. 操作工艺

（1）工艺流程

原料选择 → 原料处理 → 预煮 → 打浆 → 浓缩 → 装罐 → 封罐 → 冷却

（2）工艺要点

① 原料选择。选用新鲜良好、成熟适度、含果胶量多、肉质致密、坚韧、香味浓的果实。

② 原料处理。将原料苹果放入流水槽中洗果，注意清洗时间要短，随放随洗，洗净后捞出，防止可溶性果糖果酸溶出；将洗净后的苹果去皮，挖去核仁去掉果柄，再切块。注意环境卫生。

③ 预煮。将处理后的果肉置于夹层锅中，加入占果肉重 10%～20% 的清水，煮沸 10～20min，并不断搅拌，使上、下层的果块软化均匀。预煮工序直接影响到成品的胶凝程度，若预煮不足，果肉组织中渗出的果胶较少，虽加糖熬煮，成品也欠柔软，并有不透明的硬块而影响风味与外观；若预煮过度，则果肉组织中果胶大量水解，会影响胶凝能力。

④ 打浆。预煮后的果块，用孔径为 0.7～1.0mm 的打浆机打成浆状，再经搓滤，分开果渣。

⑤ 浓缩。将100kg果浆倒入铝锅（有条件最好用夹层锅）中熬煮，并分1或2次加入浓度为75%左右的糖液，继续浓缩，并用木棒不断搅拌。火力不可太猛或集中在一点，否则会使果酱焦化变黑。浓缩时间为 30～50min。用木棍挑起少量果酱，当果酱向下流成片状时或温度达105～106℃时即可出锅。

⑥ 装罐。将浓缩后的苹果泥趁热装入经洗净消毒的 454g 玻璃罐中，罐盖与胶圈先经沸水煮 5min。

⑦ 封罐。垫入胶圈，放正罐盖旋紧。倒置3min杀菌。封罐时罐中心温度不得低于85℃。

⑧ 冷却。在热水池中分段冷却至40℃以下，擦罐入库。

（3）苹果酱的质量标准

① 果泥呈红褐色或琥珀色，色泽均匀一致。

② 具有苹果泥应有的风味，无焦糊味，无其他异味。

③ 浆体呈胶黏状，不流散，不分泌液汁，无糖结晶，也无果皮、果梗及果心。

④ 总糖量不低于57%（以转化糖计），可溶性固形物达65%～70%。

二、草莓酱

1. 目的与要求

通过实训，了解草莓酱制作的基本原理，掌握草莓酱制作的基本工艺流程和工艺要点。

2. 材料及用具

（1）材料　新鲜草莓、白砂糖、果胶、柠檬酸等。

（2）用具　天平或称、盆、烧杯、玻璃棒、电炉、竹筐、糖度计、锅、玻璃瓶等。

3. 操作工艺

（1）工艺流程

选料 → 原料预处理 → 原料调配 → 煮软 → 配料 → 浓缩 → 冷却 → 充填 → 密封杀菌 → 成品

（2）工艺要点

① 选料。果实要求相当成熟并富有良好色泽，不能用未熟果、过熟果及腐败果。

② 原料预处理。原料选择好后要求去蒂去不良原料，然后水洗，洗净后装竹筐沥干，要求尽快加工，防止原料堆积影响色泽和风味。

③ 配方。加糖量为原料的 80%～100%，浓缩率为 70%，流动果胶 0.4%～0.5%，柠檬酸 0.2%～0.3%，制品糖度在 65°Bx。

④ 浓缩。草莓先用沸水煮软后加 1/3 砂糖；果粒上浮时，又加 1/3 糖，溶解后再加 1/3 糖，果胶、柠檬酸等添加剂也同时加入，并不断搅拌，尽量在 20～30min 内完成并除去表面泡沫。

⑤ 冷却。浓缩后果酱冷却至 85～90℃，趁热充填。并在 85℃ 以上温度密封时可不用杀菌，但盛装容器应预先杀菌。否则密封后应再杀菌，一般在 85～90℃ 下杀菌 10min，取出冷却即可。

三、实训作业

1. 按照实验报告的标准格式完成实验报告。
2. 实验中出现了哪些问题，你是如何解决的？

四、实训思考

1. 果酱制品制作时为什么要添加一定的食用酸和果胶？
2. 苹果酱制作时如何防止果肉的褐变？

【实验实训三】 果蔬的干制

一、葡萄干

1. 目的与要求

通过实训，了解果蔬干制的基本原理和方法，掌握葡萄干制作的基本工艺流程和工艺要点。

2. 材料及用具

(1) 材料 新鲜葡萄、氢氧化钠、碳酸氢钠、柠檬酸等。

(2) 用具 天平或称、盆、烧杯、玻璃棒、电炉、竹帘、锅、烘盘、干燥箱等。

3. 操作工艺

(1) 工艺流程

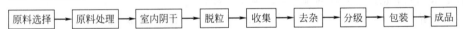

原料选择 → 原料处理 → 室内阴干 → 脱粒 → 收集 → 去杂 → 分级 → 包装 → 成品

(2) 工艺要点

① 原料选择。选择皮薄，果肉丰满柔软，含糖量在 20% 以上，外表美观的果实。要求充分成熟，保证干制后形态饱满，颜色美观，风味佳美。未熟果干制时，味酸色淡，品质差。

② 原料处理。先将果穗中的小粒、不熟粒、坏粒除去，用 1.5%～4% 的氢氧化钠溶液浸泡果粒 1～5s，以脱去果粒表面的蜡质，加快干燥速度。薄皮品种可用 0.5% 的碳酸氢钠和氢氧化钠的混合液浸泡 3～6s，果实浸碱处理后，应立即捞出放入流动清水中冲洗。浸洗后，在密闭的室内，按每 1000kg 葡萄用硫黄 2kg 熏蒸 3～5h。

③ 干制。有阴干和烘干两种方式。将经过处理的葡萄，在室内挂晾，由上而下成尖塔形。条件是：温度 27℃，相对湿度 35%，风速 1.5～2.6m/s，时间一般为 30 天。也可在烤房内进行烘烤，以节约时间，将葡萄预先挂好后，开始点火升温，初温为 45～50℃，终温控制在 70～75℃，终点相对湿度控制在 25% 以下，一昼夜即好。一般制成的葡萄干用手紧握后松开，颗粒迅速散开为干燥程度良好，含水量一般在 15%～18%。

④ 脱粒。干制后摇动挂晾穗以脱粒，收集后轻揉并用风吹去杂质，然后以色泽及饱满度进行分级。去除过湿、过小、过大、结块的葡萄干。

⑤ 包装与贮藏。等制品冷却后，堆积成堆，盖麻袋或薄膜回软，然后将果干放在15℃以下的环境中3～5h，或在密闭环境中用二硫化碳杀虫，一般用量为100g/m³，将器皿盛药放入室内上部使之自然挥发，向下扩散，杀灭害虫。然后装入塑料食品袋内封口，放在阴暗的0～2℃的环境中贮藏。

二、马铃薯

1. 目的与要求

通过实训，了解食品干制的基本原理和方法，掌握马铃薯干制作的基本工艺流程和工艺要点。

2. 材料及用具

（1）材料　新鲜马铃薯、亚硫酸钠、硫黄等。

（2）用具　天平或称、盆、烧杯、玻璃棒、电炉、竹帘、锅、烘盘、干燥箱等。

3. 操作工艺

（1）工艺流程

原料选择 → 原料处理 → 切割 → 冲洗 → 烫漂 → 加硫处理 → 脱水 → 包装 → 成品

（2）工艺要点

① 原料选择。应选干物质含量高、块茎大、无病伤、表皮薄、芽服浅而少、风味好的土豆备用。

② 原料处理。除去不能食用的部分后洗净，采用人工、热力或化学方法去皮，切成0.2～0.3cm厚的片，并用流水冲洗。为防止氧化变色变味，应将切后的原料放入沸水中烫漂约3～5min，使之呈半透明状为止，不能煮熟。

③ 加硫处理。原料烫漂后取出，喷以0.1%～0.2%的Na_2SO_3溶液，以抑制褐变并促进干燥及防虫害等，成品含SO_2不得超标。

④ 干燥。可采用自然干制，即直接铺放在晒场上，利用日光晒干。也可用人工干制，将处理好的原料铺放在烘盘上，利用烤房或人工干制机加温至65～75℃，6～8h即可。干制品含水量在5%～8%左右。

⑤ 包装和贮藏。干燥后立即堆积或放入大木箱内盖严，使干制品含水量均匀一致，1～3天即可"均湿"。然后装入容器内压紧密封，或装入塑料袋内封闭。贮藏环境要求温度不超过14℃，相对湿度在65%以下为宜。

三、实训作业

1. 按照实验报告的标准格式完成实验报告。

2. 实验中出现了哪些问题，你是如何解决的？

四、实训思考

1. 果蔬在干制时如何才能在除去水分的同时尽可能地保持果蔬的营养成分？

2. 果蔬干制品在贮藏中应如何避免回潮现象的发生？

【实验实训四】　泡菜的制作

一、目的与要求

通过实训，掌握泡菜的制作原理与工艺流程及操作要点。

二、材料及用具

（1）材料　甘蓝、白菜、萝卜、青椒、花椒、生姜、尖红辣椒、白糖、茴香、干椒、生姜、八角、花椒、其他香料、氯化钙等。

（2）用具　泡菜坛、不锈钢钢刀、砧板、盆等。

三、操作工艺

1. 工艺流程

原料选择 → 清洗、预处理 → 配制盐水入坛 → 密封 → 发酵 → 成品

2. 工艺要点

（1）清洗、预处理　将蔬菜用清水洗净，剔除不适宜加工的部分，如粗皮、老筋、须根及腐烂斑点；对块形过大的，应适当切分。稍加晾晒或沥干明水备用，避免将生水带入泡菜坛中引起败坏。

（2）盐水（泡菜水）配制　泡菜用水最好使用井水、泉水等饮用水。如果水质硬度较低，可加入 0.05% 的 $CaCl_2$。一般配制与原料等重的 $5\%\sim8\%$ 的食盐水（最好煮沸溶解后用纱布过滤一次）。再按盐水量加入 1% 的白糖或红糖，3% 的尖红辣椒，5% 的生姜，0.1 的八角、0.05% 的花椒，1.5% 的白酒，还可按各地的嗜好加入其他香料，将香料用纱布包好。为缩短泡制的时间，常加入占盐水量 $3\%\sim5\%$ 的陈泡菜水，以加速泡菜的发酵过程，黄酒、白酒或白糖更好。

（3）装坛发酵　取无砂眼或裂缝的坛子洗净，沥干明水，放入半坛原料压紧，加入香料袋，再放入原料至离坛口 $5\sim8cm$，注入泡菜水，使原料被泡菜水淹没，盖上坛盖，注入 20% 的食盐水，将泡菜坛置于阴凉处发酵。发酵最适温度为 $20\sim25℃$。成熟后便可食用。成熟所需时间，夏季一般 $5\sim7$ 天，冬季一般 $12\sim16$ 天，春秋季介于两者之间。

（4）泡菜管理　泡菜如果管理不当会败坏变质，必须注意以下 4 点。

① 保持坛沿清洁，经常更换坛沿水。或使用率 20% 的食盐水作为坛沿水。揭坛盖时要轻，勿将坛沿水带入坛内。

② 取食泡菜时，用清洁的筷子取食，取出的泡菜不可再放回坛中，以免污染。

③ 如遇长膜生霉花，加入少量白酒或苦瓜、紫苏、红皮萝卜、大蒜头，以减轻或阻止长膜生花。

④ 泡菜制成后，一边取食，一边再加入新鲜原料，适当补充盐水，保持坛内一定的容量。

3. 产品质量标准

清洁卫生、色泽美观、香气浓郁、质地清脆、组织细嫩、咸酸适度，含盐量为 $2\%\sim4\%$，含酸量（以乳酸计）为 $0.4\%\sim0.8\%$。

四、实训任务

1. 本实训可以 $4\sim6$ 人一组合作进行，按照实例中所述的制作工艺加工出符合产品质量标准的泡菜。泡菜腌制一周后开坛品尝，观察并列表记载有关内容。

2. 自行设计并完成一套腌制韩国式泡菜或咸大头菜的工艺试验方案。

五、师生互动

1. 老师根据学生的请求，对其拟定的试验方案提出修改建议，并在实训操作过程中及时提示学生正确操作的各关键工序环节。

2. 安排 $20min$ 左右的实训交流活动，师生共同总结实训的经验与教训，对中国式泡菜与韩国式泡菜或咸大头菜的色泽、香味、风味、脆性、营养性等进行评价。

六、考核标准

腌菜腌制考核标准表

班 级			小 组			姓 名		日 期			
序号	考核项目	考 核 标 准					等 级 分 值				
		A	B	C	D		A	B	C	D	
1	实训态度	实验认真,积极主动,操作仔细,认真记录	较好	一般	较差		10	8	6	4	
2	工艺设计	工艺设计科学合理,创新性强	较好	一般	较差		20	16	12	8	
3	操作能力	熟练操作各工序要点	较好	一般	较差		30	24	18	12	
4	成品质量	色、香、味好,质地清脆,咸酸适度,未长膜生花	较好	一般	较差		20	16	12	8	
5	实训报告	书写认真、格式规范、内容完整真实,结果分析到位,独立按时完成	较好	一般	较差		20	16	12	8	
本实训考核成绩(合计分)											

七、实训思考

1. 中国式泡菜与韩国式泡菜在腌制原料和工艺上有何异同点?

2. 如何提高腌菜的脆性?

【实验实训五】 参观果蔬加工厂

一、目的与要求

通过实训,综合考察果蔬加工工厂的生产条件、卫生状况、设备设施、运行机制、管理机制等,增加对果蔬加工厂的感官认识,熟悉典型果蔬加工工艺流程。

二、实训场所

选择当地典型的果蔬加工厂,如罐头加工厂、果酒加工厂等。

三、实训任务

1. 实训流程

实训准备→布置任务→听取介绍→实地考察→疑难解答→总结。

2. 实训要点

(1) 实训准备 教师首先公布选择的加工企业,要求学生通过各种渠道对该加工企业在该领域中的现状、贸易概况、发展前景等做初步了解。

(2) 布置任务 教师向学生布置参观考察任务,如参观目的、参观要点、卫生要求、设备配置、重点工序等,叮嘱参观注意事项等。

(3) 听取介绍 请实习企业安排相关生产技术负责人对工厂的情况进行介绍,布置参观路线,提醒注意事项。

(4) 实地参观考察 在实习指导老师及工厂指派负责人的带领下按照计划参观,学生边听取介绍，边理解讲解内容，注意观察加工车间结构、加工设备的摆放，同时认真记录老师布置内容的解答。重点考察下列内容：厂方的整体布局与分布；厂家的卫生要求；操作规章制度与管理事项；重点加工工艺步骤的衔接与操作要点；设备的选型与配置等。

（5）疑难解答　参观完后，实习教师应及时保留一定时间对学生们在参观过程中存在的疑问进行解答。

（6）写好总结，小组交流。

四、实训作业

根据参观考察的结果，提交一份考察报告，具体分析该果蔬加工企业的现状、优势及急需解决的问题，并提出合理化建议。

第十章　畜禽产品贮藏加工技术

[学习目标]

　　通过学习，理解肉及肉制品、乳及乳制品、蛋及蛋制品的原料品质、贮藏与加工特性，掌握其保鲜及加工技术要点，学会1~2种常用的保鲜方法及加工技术。

　　经济的快速发展，使人们对畜禽产品的需要不断增加，极大地促进了畜禽产品加工业的发展。研究畜禽产品加工的科学理论知识和加工工艺技术的科学，就是畜禽产品加工学，它以肉品、乳品和蛋品及畜禽副产品为研究对象，重点研究其原料品质、加工原理、加工技术和贮藏保鲜方法等。从食品安全及提高产品的营养价值、利用价值、延长保存期等角度出发，畜禽产品必须经过加工后才能利用，它是畜牧生产中的重要环节，可使畜禽产品增值，实现优质高效。

第一节　肉及肉制品的加工

一、肉的形态结构与化学组成

　　1. 肉的形态结构

　　从广义上讲，畜禽胴体就是肉，胴体是指畜禽屠宰后除去毛、皮、头、蹄、内脏后的部分，因带骨又称为带骨肉或白条肉。从狭义上讲，原料肉是指胴体中的可食部分，即除去骨的胴体，又称为净肉。

　　从食品加工的角度讲，肉由肌肉组织、脂肪组织、结缔组织和骨骼组织四大部分组成，这些组织的构造、性质直接影响肉品的质量、加工用途及商品价值。

　　（1）肌肉组织　肌肉组织又称骨骼肌，是构成肉的主要部分，可分为横纹肌、心肌和平滑肌三种，占胴体的$50\%\sim60\%$，用于食用和加工的主要是横纹肌，具有较高的食用价值和商品价值。

　　（2）结缔组织　结缔组织在动物体内分布极广，如腱、韧带、肌束膜、血管、淋巴、神经、毛皮等均属于结缔组织。结缔组织的主要成分为基质和纤维，基质包括黏性多糖、黏蛋白、水分等，纤维包括胶原纤维、弹性纤维和网状纤维。结缔组织的化学成分主要取决于胶原纤维和弹性纤维的比例，一般占肌肉组织的$9.0\%\sim13.0\%$，其食用和工业价值在于胶原能转变成明胶，从而生产食品或工业用明胶。

　　（3）脂肪组织　脂肪在肉中的含量变化较大，约为$15\%\sim45\%$，取决于动物的种类、品种、年龄、性别及育肥程度。脂肪组织沉积的部位、性质、成分与动物种类、年龄、饲料等有关，如老龄牲畜的脂肪多沉积于腹腔内和皮下，而肌肉间少，幼龄牲畜则多积存于肌肉间，皮下而腹腔内较少。饲料中不饱和脂肪酸含量过高，易造成软脂而易氧化，不耐贮藏。

　　（4）骨骼组织　骨骼的构造一般包括骨膜、内部构造和骨髓3部分。肉中骨骼所占的比例较小，是影响肉质量和等级的重要因素之一。猪骨骼一般占$5\%\sim9\%$，牛占$7.1\%\sim32\%$，羊占$8\%\sim17\%$。骨骼化学成分大致为水分50%、脂肪15%、其他有机物13%、无机物22%等。骨骼中含有大量胶原纤维，约为$10\%\sim32\%$，工业上常用来生产明胶。

　　2. 肉的物理性状

肉的物理性状包括许多，最重要有颜色、风味、嫩度、持水性等，这些性状决定肉质的优劣，对制品的质量影响很大。

(1) 颜色 肉的颜色由肌肉和脂肪组织的颜色来决定。肌肉中含有多种色素物质，包括肌红蛋白、血红蛋白、细胞色素等，其中肌红蛋白和血红蛋白对肌肉颜色影响最大。一般来说肉的颜色越深，肌红蛋白含量越高。家畜脂肪颜色有白色（如猪）、有黄色（如黄牛），家禽的脂肪呈黄色。家禽的肌肉有红白两种，腿肉为红色、胸脯肉为淡白色。肉的颜色因动物的种类、性别、年龄、肥瘦等而异，也与加热、冷却、冻结等加工情况有关。

(2) 肉的风味 肉的风味包括滋味和气味两个方面，是肉质量优劣的重要条件，决定于其中存在的特殊挥发性脂肪酸及芳香物质的数量和种类。气味是由肉中挥发性物质进入鼻腔刺激嗅觉细胞，再通过嗅觉神经传到大脑引起的。滋味是由肉中的呈味物质刺激口腔味蕾细胞引起的。肉的鲜味成分，来源于核苷酸、氨基酸、肽、有机酸、糖类、脂肪等。

(3) 肉的保水性 保水性也叫持水力或系水力，是指肉在贮藏和加工过程中保持自身水分及外加水分的能力。持水力的高低直接关系到肉及其制品的质量，一般来说肉保持水分越多，质量就越好。测定持水力的最简单的方法是加压法，即将肉样放置在吸水性较好的滤纸上，经加压35kg/min，称其失水量，然后根据食品分析常规测定肉样含水量的百分率，即可计算出持水力。

$$持水力 = \frac{肉样总含水量 - 肉样失水量}{肉样总持水量}$$

(4) 肉的韧度和嫩度 肉的韧度是指肉在被咀嚼时具有高度持续性的抵抗力，肉的嫩度常指煮熟肉的品质柔软、多汁和易于被嚼烂。肉的韧度和嫩度是矛盾的对立面，两者相互依存，可相互转化，二者受动物种类、品种、性别、年龄、肉组织结构和品质、后熟作用等多种因素的影响。为满足消费需要，可以从饲养、宰后肉成熟、烹饪、机械处理、酶处理等方面进行肉的嫩化。

3. 肉的化学组成

肉的化学成分主要包括蛋白质、脂肪、糖、水分、维生素、矿物质等，这些物质是人体必需的营养物质。

(1) 蛋白质 肉中的蛋白质含量约20%，肌肉除去水分外的干物质中，4/5为蛋白质，按其在盐溶液中的溶解度可分为肌浆蛋白质、肌原纤维蛋白质和基质蛋白质三种，其含量依畜禽种类不同而不同（表10-1）。

表 10-1 肌肉中蛋白质的构成比例

种 类	肌原纤维蛋白质/%			肌浆蛋白质/%	基质蛋白质/%
	肌球蛋白	肌动蛋白	肌动球蛋白		
家兔肉	2	18	31	34	15
家兔肉 *	38	14	—	28	20
小牛肉	30	20	1	24	25
猪肉	19	32	32	20	29
马肉	4	9	35	16	36

注：* 表示不同来源。

(2) 脂肪 脂肪能改进肉的滋味和风味，并供应热量，各种家畜脂肪所含脂肪酸的种类和数量各不相同，肉中磷酸和固醇的含量比较稳定，但在不同肌肉中其分布不同。

(3) 水分 水分是肉中含量最多的组分，一般为70%~80%。肉越肥，水分含量越少，老龄比幼龄的水分含量少，公畜比母畜的水分含量低。水分按状态可分为自由水与结合水，结合水的比例越高，肌肉的导水性能也就越好。

(4) 碳水化合物 动物机体中的碳水化合物主要以糖原的形式存在，糖原在动物死后的肌肉中进行无氧酵解过程，对肉类的性质、加工与贮藏都具有重要的意义。

（5）矿物质　肌肉中的矿物质含量约为 1%，主要有硫、钾、磷、钠、氮、镁、钙、铁、锌、铜、锰等。

（6）维生素　肉中脂溶性维生素较少，B 族维生素含量非常丰富。脏器中含维生素较多，尤其在肝脏中特别丰富，但在肌肉中维生素 A、维生素 C 含量很少。

4. 肉中的微生物

正常健康的动物，其血液和肌肉中没有微生物，其胴体也不应有微生物，但由于动物体内的上呼吸道、消化道以及生殖器官中，经常存在着各种各样的微生物，这些微生物可因各种原因进入动物活体的组织内。

二、肉的低温贮藏

低温保藏是肉类贮藏的最好方法之一，它不会引起肉的组织结构和性质发生根本变化，却能抑制微生物的生命活动，延缓由组织酶、氧以及热和光的作用所引起的生化过程，较长时间保持肉的品质。

1. 低温保藏的原理

微生物的生长繁殖和肉中固有酶的活动常是导致肉类腐败的主要原因，低温可以抑制微生物的生命活动和酶的活性，从而达到贮藏保鲜的目的。

（1）低温对微生物的作用　任何微生物都具有正常生长繁殖的温度范围，温度越低，其活动能力就越弱，故降低温度能减缓微生物生长和繁殖的速度，当温度降到微生物最低生长点时，其生长和繁殖被抑制或出现死亡。

（2）低温对酶的作用　肉类中大多数酶的适宜活动温度为 37～40℃，温度每下降 10℃，酶活性就会减少 $\frac{1}{3}$～$\frac{1}{2}$。酶对低温的感受性不像对高温那样敏感，当温度达到 80～90℃时几乎所有酶失活。

2. 肉的冷却

刚屠宰的畜禽，肌肉温度通常在 38～41℃，这种尚未失去生前体温的肉叫热鲜肉。在 0℃ 条件下将热鲜肉冷却到深层温度为 0～4℃时，称为冷却肉。肉类的冷却就是将屠宰后的胴体，吊挂在冷却室内，使其冷却到最厚处的深层温度达到 0～4℃的过程。

（1）冷却的目的　肉的冷却目的就是在一定温度范围内使肉的温度迅速下降，使微生物在肉表面的生长繁殖减弱到最低程度，并在肉表面形成一层皮膜，减弱酶的活性，延缓肉的成熟时间，减少肉内水分的蒸发，延长肉的保存时间。

（2）冷却的条件和方法　畜肉的冷却主要采用空气冷却，即通过各种类型的冷却设备，使室内温度保持在 0～4℃。禽肉可采用液体冷却法，即以冷水和冷盐水为介质进行冷却，亦可采用浸泡或喷洒的方法进行冷却，此法冷却速度快，但必须进行包装，否则肉中的可溶性物质会损失。

冷却终温一般在 0～4℃，然后移到 0～1℃冷藏室内，使肉温逐渐下降。加工分割胴体，先冷却到 12～15℃，再进行分割，然后冷却到 1～4℃。

① 冷却条件。

a. 冷却间的温度。为保证肉的质量，延长保存期，要尽快把肉温度保持在 -4℃ 左右。

b. 冷却间的相对湿度。冷却间的相对湿度影响微生物的生长繁殖和肉的干耗（一般为胴体重的 3%）。湿度大，有利于降低肉的干耗，但微生物繁殖加快，且肉表面不易形成皮膜；湿度小，微生物活动减弱，有利于肉表面皮膜的形成，但肉的干耗大。在整个冷却过程中，水分不断蒸发，空气与胴体之间存在温差，冷却速度快，初始，相对湿度在 95% 以上，之后，宜维持在 90%～95%，冷却后期相对湿度维持在 90% 左右为宜。这种阶段性的选择相对湿度，不仅可缩短冷却时间，减少水分蒸发，抑制微生物大量繁殖，而且可使肉表面形成良好的皮膜，不致产生严重干耗，达到冷却的目的。

c. 空气流速。为及时把由胴体表面转移到空气中的热量带走，并保持冷却间温度和相对湿度分布均匀，要保持一定速度的空气循环。冷却过程中，空气流速一般控制在 0.5m/s，最高不超过 2m/s，否则会显著提高肉的干耗。

② 冷却方法。冷却方法有空气冷却、水冷却、冰冷却和真空冷却等，国内主要采用空气冷却法。进肉之前，冷却间温度降至 −4℃ 左右，进行冷却时，把经过冷晾的胴体沿吊轨推入冷却间，胴体间距保持 3~5cm，以利于空气循环和散热，当胴体最厚部位中心温度达到 0~4℃ 时，冷却过程完成。

一般冷却条件下，牛半片胴体的冷却时间为 48h，猪半片胴体为 24h 左右，羊胴体约为 18h。

(3) 冷却肉的贮藏　经过冷却的肉类，一般在 −1~1℃ 的冷藏间（或排酸库）内进行贮藏，一方面可以完成肉的成熟（或排酸），另一方面达到短期贮藏的目的。进肉或出肉时温度不得超过 3℃，相对湿度应保持在 90% 左右，空气应保持自然循环。

冷却肉在贮藏期间常见变化有干耗、表面发黏和长霉、变色、变软等。肉在贮藏期间发黏和长霉是常见的现象，先在表面形成块状灰色菌落，呈半透明，然后逐渐扩大成片状，表面发黏，有异味。肉在贮藏期间一般都会发生色泽变化，肉表面由于冷藏间空气温度、湿度、氧化等因素的影响，由紫色逐渐变为褐色，存放时间越长，褐变肉的厚度越大；温度越高、湿度越低、空气流速越大，则褐变越快。此外，由于微生物的作用，有时肉表面会出现变绿、变黄、变青等现象。

3. 肉的冷冻

(1) 冻结率　肉是充满组织液的蛋白质胶体系统，其初始冰点比纯水的冰点低，因此温度要降到 0℃ 以下才产生冰晶，此冰晶出现的温度即冰结点。要使食品内水分全部冻结，温度要降到 −60℃，这样低的温度工艺上一般不使用，只要绝大部分水冻结，就能达到贮藏的要求，温度一般在 −30~−18℃。一般冷库的贮藏温度为 −25~−18℃，食品的冻结温度亦大体降到此温度。

大部分食品，在 −5~−1℃ 几乎有 80% 水分结成冰，此温度范围称为最大冰晶形成带，对保证冻肉的品质来说这是最重要的温度区间。

(2) 冻结速度　冻结速度对冻肉质量影响很大，常用冻结时间和单位时间内形成冰层的厚度来表示冻结速度。

① 用冻结时间表示。食品中心温度通过最大冰晶形成带所需时间在 30min 之内者，称快速冻结，在 30min 之外者为缓慢冻结。之所以定为 30min，是因为在这样的冻结速度下冰晶体对肉质的影响最小。

② 用单位时间内形成冰层的厚度表示。把冻结速度表示为由肉品表面向热中心形成的冰层厚度与冻结时间之比。国际制冷协会规定，冻结时间是品温从表面达到 0℃ 开始，到中心温度达到 −10℃ 所需的时间。冻层厚度和冻结时间单位分别为 cm 和 h，则冻结速度 (v) 为：

$$v(cm/h) = 冰层厚度/冻结时间$$

冻结速度为 10cm/h 以上者，称为超快速冻结，用液氮或液态 CO_2 冻结小块物品属于超快速冻结；5~10cm/h 为快速冻结，用平板式冻结机或流化床冻结机可实现快速冻结；1~5cm/h 为中速冻结，常见于大部分鼓风冻结装置；1cm/h 以下为慢速冻结，纸箱装肉品在鼓风冻结期间多处在缓慢冻结状态。

(3) 冻结速度对肉品质的影响

① 缓慢冻结。研究表明，冻结过程越快，所形成的冰晶体越小。在肉冻结期间，冰晶首先沿肌纤维之间形成和生长，这是因为肌细胞外液的冰点比肌细胞内液的冰点高。缓慢冻结时，冰晶在肌细胞之间形成和生长，从而使肌细胞外液浓度增加，由于渗透压的作用，肌细胞会失去水分进而发生脱水收缩，在收缩细胞之间形成相对少而大的冰晶。

② 快速冻结。快速冻结时，肉的热量散失很快，使得肌细胞来不及脱水即在细胞内形成了冰晶。换句话说，肉内冰层推进速度大于水蒸气速度，结果肌细胞内外形成了大量的小冰晶。

冰晶在肉中的分布和大小是很重要的，缓慢冻结的肉类因为水分不能返回其原来的位置，在解冻时会失去较多的肉汁，而快速冻结的肉类不会产生这样的问题，所以冻肉的质量高。冰晶的形状有针状、棒状等，冰晶大小从 $100\sim800\mu m$ 不等。如果肉块较厚，冻肉的表层和深层所形成的冰晶不同，表层形成的冰晶体积小数量多，深层形成的冰晶少而大。

（4）冷冻方法

① 静止空气冷冻法。家庭冰箱的冷冻室均以静止空气冻结的方法进行冷冻，肉冻结很慢，静止空气冻结的温度范围为 $-30\sim-10℃$。

② 板式冷冻。该冷冻方法热传导的媒介是空气和金属板，肉品装盘或直接与冷冻室中的金属板架接触。冷冻室温度通常为 $-30\sim-10℃$，适用于薄片的肉品，如肉排、肉片以及肉饼等的冷冻，冻结速率比静止空气法稍快。

③ 冷风式速冻法。工业生产中最普遍使用的方法是在冷冻室或隧道中装有风扇以供应快速流动的冷空气急速冷冻，热转移的媒介是空气。此法热的转移速率比静止空气要快很多，但空气流速的增加提高了冷冻成本。冷风式速冻条件为：空气流速 $760m/min$，温度 $-30℃$。

④ 流体浸渍和喷雾。这是商业上用来冷冻禽肉最普遍的方法，此法热量转移迅速，但稍慢于风冷或速冻。供冷冻用的流体必须具有无毒性、成本低、黏性低、冻结点低等特点。一般用液氮、食盐溶液、甘油、甘油醇等。

（5）冷冻肉的贮藏　肉冻结以后，即转入冷库进行长期贮藏。国内冻结的肉类分两种，一种是白条肉，另一种是分割冷冻肉装入塑料袋中，于纸箱内冷冻贮藏。冷藏室温度一般控制在 $-18℃$ 以下，保持恒温，在正常情况下温度升降幅度不得超过 $1℃$。大批进货，出库过程中，一昼夜不得超过 $4℃$，相对湿度维持在 $95\%\sim98\%$，其变动范围不得超过 $\pm5\%$，以尽量减少水分的蒸发。室内空气流速应控制在 $0.25m/s$ 以下。

（6）肉的解冻　肉的解冻是将冻结肉类恢复到冻前的新鲜状态，其实质上是冻结肉中形成的冰结晶还原融解成水的过程。解冻的方法应根据具体条件进行选择，原则是既要缩短时间又要保证质量。

① 空气解冻法。将冻肉移放在解冻间，靠空气介质与冻肉进行热交换来实现解冻的方法。一般在 $0\sim5℃$ 空气中解冻称缓慢解冻，在 $15\sim20℃$ 空气中解冻叫快速解冻。肉装入解冻间后温度先控制在 $0℃$，以保持肉解冻的一致性，装满后再升温到 $5\sim20℃$，相对湿度为 $70\%\sim80\%$，经 $20\sim30h$ 即解冻。

② 水解冻。把冻肉浸在水中解冻，由于水比空气传热性能好，解冻时间可缩短，并且由于肉类表面有水分浸润，可使重量增加，但肉中的某些可溶性物质在解冻过程中将部分失去，同时容易受到微生物的污染。水解冻的方式可分为静水解冻和流水解冻，一般采用较低温度的流水缓慢解冻为宜，在水温高的情况下，可采用加碎冰的方法进行低温缓慢解冻。

③ 蒸汽解冻法。将冻肉悬挂在解冻间，向室内通入水蒸气，当蒸汽凝结于肉表面时，则将解冻室的温度由 $4.5℃$ 降低至 $1℃$，并停止通入水蒸气。此法肉表面干燥，能控制肉汁流失使其较好地渗入组织中，一般约经 $16h$，即可使半片胴体的冻肉完全解冻。

三、肉的辐射保藏

1. 辐射保藏的原理

肉类辐射保藏是利用放射性核素发生的 γ 射线或利用电子加速器产生的电子束或 X 射线，在一定剂量范围内辐照肉，杀灭其中的微生物及其他腐败细，或抑制肉品中某些生物活性物质和生理过程，从而达到保藏的目的。

2. 辐射剂量和辐射杀菌类型

(1) 辐射剂量　射线与物质发生作用的程度常用剂量表达。剂量单位使用较多的是辐射量伦琴（R）和吸收剂量拉德（rad）或戈瑞（Gy）。伦琴就是在标准状态下（0℃、1atm），每立方厘米空气（0.0129g）能产生 2.08×10^9 个离子对或形成一个正电或负电静电单位的 X 射线或 γ 射线的照射量。照射量的国际单位是库仑/千克（C/kg）。$1R = 2.58 \times 10^{-4} C/kg$

FAO 对不同食品的照射剂量规定见表 10-2。

表 10-2　不同食品的照射剂量

食　品	主　要　目　的	达到的手段	剂量/kGy
肉、禽、鱼及其他易腐食品	不用低温,长期安全贮藏	能杀死腐败菌、病原菌及肉毒梭菌	40～60
肉、禽、鱼及其他易腐食品	在 3℃以下延长贮藏期	减少嗜冷菌数	0.5～10
冻鸡、鸡肉、鸡蛋及其他已污染细菌的食品	防止食品中毒	减少沙门氏菌数	3～10
肉及其他有病原寄生虫的食品	防止食品媒介的寄生虫	杀死旋毛虫、牛肉绦虫等	0.1～0.3
香辛料、辅料	减少细菌污染	降低菌数	10～30

在辐射场内，单位质量的任何被照射物质吸收任何射线的平均吸收量称为吸收剂量，常用单位为拉德（rad），1975 年国际辐射单位和测量委员会建议吸收剂量专用单位由拉德改为戈瑞，作为吸收剂量的国际单位。1Gy 就是 1kg 物质吸收 1J 的能量，其换算关系为：

$$1rad = 10^{-2} J/kg \qquad 1Gy = 1J/kg = 100rad$$

(2) 辐射杀菌类型　食品上应用的辐射杀菌按剂量大小和所要求的目标可分为三类。

① 辐射阿氏杀菌。所使用的辐射剂量可以使食品中微生物减少到零或有限个数，用这种辐射剂量处理后，食品可在任何条件下贮存。肉中以肉毒杆菌为对象菌，剂量应达 40～60kGy。如罐装腊肉照射 45kGy，室温可贮藏 2 年，但会出现辐射副作用。

② 辐射巴氏杀菌。使用的辐射量以在食品中检测不出特定的无芽孢病菌为准。畜产品中以沙门氏菌为目标，剂量范围为 5～10kGy。既能延长保存期，副作用又小。在冰蛋、冻肉上应用最成功。

③ 辐射耐贮杀菌。以假单胞杆菌为目标，目的是减少腐败菌的数目，延长冷冻或冷却条件下食品的货架寿命。一般剂量在 5kGy 以下，产品感官状况几乎不发生变化。

3. 肉的辐射保藏工艺

(1) 前处理　辐射前对肉品进行挑选和品质检查。要求质量合格，初始菌量低。为减少辐射过程中某些成分的微量损失，有时增加微量添加剂，如添加抗氧化剂，可减少维生素 C 的损失。

(2) 包装　包装是肉品辐射保鲜的重要环节。辐射灭菌是一次性的，要求包装能够防止辐射食品的二次污染，同时还要求隔绝外界空气以防止贮运、销售过程中脂肪氧化酸败等。包装材料一般选用聚乙烯、尼龙复合薄膜等。包装方法常采用真空包装、真空充气包装、真空去氧包装等。

(3) 辐射　常用辐射源有 ^{60}Co、^{137}Cs 和电子加速器三种。^{60}Co 辐射源释放的 γ 射线穿透力强，设备简单，多用于肉食品辐射。

(4) 辐射质量控制　这是确保辐射工艺完成不可缺少的措施，包括根据肉食品保鲜的目的、D_{10} 剂量等确定最佳灭菌保鲜的剂量、选用准确性高的剂量仪、制定严格的辐射操作程序，以确保每一肉食品包装都能受到一定剂量的辐照等环节。

4. 辐射对肉品质的影响

辐射对肉品质有不利的影响，如产生的硫化氢、碳酰化物和醛类物质，使肉品产生辐射味；辐射能在肉品中产生鲜红色且较为稳定的色素，同时也会产生高铁肌红蛋白和硫化肌红蛋白等不利于肉品色泽的色素；辐射使部分蛋白质发生变性，肌肉保水力降低。辐射对胶原蛋白有嫩化作用，可提高肉品的嫩度，但提高肉品嫩度所要求的辐射剂量太高，使肉品产生辐射变性而变得不能食用。

5. 辐射肉品的卫生安全性

大量的动物试验结果表明辐射在保藏食品安全方面是一种安全、卫生、经济有效的新手段，其安全性体现在以下几方面：辐射食品无残留放射性和诱导放射性；辐射不产生毒性物质和致突变物，辐射会使食品发生理化性质变化，导致感官品质及营养成分的改变。

四、肉的其他保鲜方法

1. 真空包装

真空包装是指除去包装袋内的空气，经过密封，使包装袋内的食品与外界隔绝。在真空状态下，好气性微生物的生长减缓或受到抑制，减少了蛋白质的降解和脂肪的氧化酸败。另外经过真空包装，使乳酸菌和厌气菌增殖，pH 降至 5.6～5.8，进一步抑制了其他菌的生长，从而延长了产品的贮存期。

（1）真空包装的作用

① 抑制微生物生长，并避免微生物的污染。

② 减缓肉中脂肪的氧化速度，对酶活性也有一定的抑制作用。

③ 减少产品失水，保持产品质量。

④ 可以和其他方法结合使用，如抽真空后再充入 CO_2 等气体，还可与一些常用的防腐方法结合使用，如脱水、腌制、热加工、冷冻和化学保藏等。

⑤ 产品整洁，增加市场效果，较好地实现市场目的。

（2）对真空包装材料的要求

① 阻气性。目的是防止大气中的氧重新进入抽真空的包装袋内，避免需氧菌生长。

② 水蒸气阻隔性。能防止产品水分蒸发，最常用的材料是聚乙烯、聚苯乙烯、聚偏二氯乙烯等。

③ 香味阻隔性能。能保持产品本身的香味，并能防止外部的一些不良气味渗透到包装产品中。

④ 遮光性。光线会促使肉品氧化，影响肉的色泽，只要产品不直接暴露在阳光下，通常用没有遮光性的透明膜即可。按照遮光效能递增的顺序，采用的方式有：印刷、着色、涂聚偏二氯乙烯、加一层铝箔等。

⑤ 机械性能。具有防裂和防封口破损的能力。

（3）真空包装存在的问题

① 色泽。鲜肉经过真空包装，氧分压低，肌红蛋白生成高铁肌红蛋白，鲜肉呈红褐色。销售前拆除外层包装，由于与空气充分接触而形成氧合肌红蛋白，使肉呈鲜红色。

② 抑菌方面。真空包装能抑制部分需氧菌生长，但即使氧气含量降到 0.8%，仍无法抑制好气性假单胞菌的生长。

③ 肉汁渗出及失重问题。真空包装易造成产品变形和肉汁渗出，感官品质下降，失重明显。

2. 化学保鲜

（1）有机酸的防腐保鲜　大多数细菌只能在中性或弱碱性介质中生长，但也有不少细菌是耐酸性的，如酵母和霉菌即比细菌耐酸性强，许多酵母和霉菌在 pH 达 1.5 时仍能生长。有机酸的防腐作用机理是：菌体蛋白质变性；干扰菌体细胞膜；干扰菌体遗传机理；干扰菌体细胞内部酶的活力等。

（2）防腐保鲜剂保鲜　防腐剂分为化学防腐剂和天然防腐剂。国内肉品生产中使用较多的有丁基羟基茴香醚（BHA）、二丁基羟基甲苯（BHT）、没食子酸丙酯（PG）和抗坏血酸（维生素C）及其盐、抗坏血酸基棕榈酸酯、异构抗坏血酸及生育酚等，BHT 抗氧化效果最好，最大使用量为 0.2g/kg。

天然保鲜剂是今后防腐剂发展的趋势，主要有以下 3 种。

① 茶多酚。茶多酚通过抗脂质氧化、抑菌、除臭味物质三条途径发挥作用。

② 香辛料提取物。如大蒜中的蒜辣素和蒜氨酸，肉豆蔻中的肉豆蔻挥发油等，均具有良好的杀菌、抗菌作用。

③ 乳链菌肽（Nisin）。Nisin 是由某些乳酸链球菌合成的一种多肽抗菌素，应用 Nisin 对肉类保鲜是一种新型的技术。目前利用 Nisin 的形式有两种，一种是将乳酸菌活体接种到食品中，另一种是将其代谢产物 Nisin 加以分离利用。

3. 充气包装

充气包装是通过特殊的气体或气体混合物，来抑制微生物生长和酶促腐败，延长食品货架期的一种方法。充气包装可使鲜肉保持色泽好，减少肉汁渗出，充气包装所用气体主要为 O_2、N_2、CO_2 等。

五、腌腊肉制品的加工

1. 腌腊肉制品的概念及种类

（1）腌腊肉制品的概念　腌腊肉制品是我国传统的肉制品之一，所谓"腌腊"，是指将畜禽肉类通过加盐（或盐卤）和香料进行腌制，经过一个寒冬腊月，使其在较低的气温下自然风干成熟。目前已失去其时间含义，且也不都采用干腌法。腌腊肉制品具有腌制方便易行、肉质紧密坚实、色泽红白分明、滋味咸鲜可口、风味独特、便于携运和耐贮藏等特点。

（2）腌腊肉制品的种类　我国的腌腊肉制品主要有腊肉、咸肉、板鸭、封鸡、腊肠、香肚、中式火腿等。

2. 腌制原理及方法

（1）腌制原理　腌腊肉制品的主要工艺为腌制、脱水和成熟。腌制的机理主要是食盐液的浓度与肉汁间产生不同的渗透压，使盐及其他成分进入肌肉组织内，肉内水分则向外渗透，使肉脱水干燥，同时高浓度的盐溶液致使微生物细胞质脱水皱缩，从而抑制有害微生物的繁殖，达到防腐的目的。

腌制中决定渗透压的主要因素是盐溶液的浓度和腌制的温度。盐溶液浓度越高，渗透压越大，扩散和渗透作用越强，腌制得越快。温度越高，分子运动越快、扩散作用越强、腌制速度越快，但温度高有利于微生物繁殖，易造成肉类腐败。一般以 2～4℃为宜。

（2）腌制方法　传统的腌腊制品的腌制方法可分为干腌、湿腌、混合腌三种方法。

① 干腌法。干腌法是将盐腌剂擦在肉表面，通过肉中的水分将其溶解、渗透而进行腌制的方法。在腌制时由于渗透-扩散作用，肉内分离出的一部分水和可溶性蛋白质向外转移，使盐分向肉内渗透直至浓度平衡为止。我国传统的金华火腿、咸肉、风干肉等都采用这种方法腌制。腌制后制品的重量减少，并损失营养成分总量的 15%～20%。腌制时间及损失的重量与产品的形状、肉的种类、温度等因素有关，如金华火腿一般腌制 30～35 天；上海地区 5～10kg 的连片咸肉需腌制 30 天左右。损失的重量取决于脱水的程度、肉块的大小等。原料肉越瘦、温度越高损失重量越大。干腌法的优点是简单易行，耐贮藏。缺点是咸度不均匀，费工，制品的重量和养分均减少。

② 湿腌法。湿腌法是指将盐及其他配料配成一定浓度的盐水卤，然后将肉浸泡在盐水中腌制的方法。盐水的浓度是根据产品的种类、肉的肥度、温度、产品保藏的条件和腌制时间而定。湿淹法的优点是渗透速度快，省时省力，质量均匀，腌渍液再制后可重复使用。缺点是含水量高，不易保藏。

③ 混合腌法。混合腌法是指将干腌法、湿腌法结合起来腌制的方法。其方式有两种：一是先湿腌，再用干的盐硝混合物涂擦；二是先干腌后湿腌。混合腌法可以增加制品贮藏的稳定性，

防止产品过多脱水，避免营养物质过分损失，因此这种方法应用较普遍。

3. 腌腊肉制品的加工工艺

（1）咸肉　咸肉是以鲜肉或冻肉作为原料，用食盐腌制而成的肉制品。咸肉的品种繁多，有名的有浙江咸肉、四川咸肉、江苏如皋咸肉、上海咸肉等。下面以浙江咸肉、四川小块咸肉为例加以说明。

① 浙江咸肉。

a. 原料肉的选择。选择新鲜整片猪肉或截去后腿的前、中躯肉作为原料。

b. 修整。剔去第一对肋骨，挖去脊髓，割去碎油脂，去净污血肉、碎肉及筋膜等，割下后腿作咸腿或火腿。

c. 划开肉体。在肉面用刀划开一定深度的若干刀口，目的是为了便于盐液迅速渗透到肉层内，以保证质量。

d. 腌制。按100kg鲜肉用细盐15～18kg，分3次上盐。第1次上盐（出水盐），均匀地将盐撒在肉表面。第2次上盐，于第1次上盐的次日进行，沥去盐液，再均匀地撒上新盐，刀口处应塞进适量盐，肉厚部位应多撒盐。第3次上盐于第2次上盐后的4～5天进行，撒盐均匀，肉厚部位多撒盐，颈椎、刀口、排骨上必须有盐，肉片四周也要抹盐。每次上盐后，都应将肉面向上，层层压紧，整齐地堆叠。第3次上盐后7天左右即为半成品——嫩咸肉。以后根据天气，经常检查翻堆和补盐。从第1次上盐到腌至25天左右即为成品，出品率为90%左右。

浙江咸肉皮薄、肉嫩、颜色嫣红、肥肉光洁、色美味鲜、气味醇香、久藏。如皋咸肉和上海咸肉也多选用大片猪肉，加工方法大同小异。

② 四川小块咸肉。

a. 原料选择。选择去骨带皮的新鲜猪肉。

b. 修整。把肉顺肋骨方向切成2～2.5kg重的长条块，修去碎肉，血污和淋巴、筋腱等，每块纵划2～3刀，不能切开皮。

c. 腌制方法。按每100kg原料肉用食盐14～16kg、亚硝酸钠50g混合备用。第1次用混合盐4～5kg，撒于肉的表面，然后皮面向下平摊在平面上，分层堆码。第2次上盐，于第1次上盐后的1～2天，再用盐8～9kg，逐块涂抹，上下调换堆码。腌制5～7天后，进行第3次补盐，逐块检查肉面，刀口，将发软、发酸、发臭等异常肉选出另作处理。将正常肉块上下翻堆，调换位置，补足盐量，再腌制8～9天即为成品。

四川咸肉瘦肉色红，肥肉洁白，咸度适中，香味自然。

（2）腊肉　腊肉因产地和风味不同，品种颇多。按产地分，有广东腊肉、四川腊肉、湖南腊肉、云南腊肉等；按原料肉来源分，有腊猪肉、腊牛肉、腊羊肉、腊鸡等。下面是广东腊肉的加工工艺。

① 原料肉的选择与处理。选取皮薄肉嫩、膘层不低于1.5cm、切除奶脯的肋条肉为原料。切成宽1.5～2.0cm，长33～40cm的肉坯。

② 配料。广东腊肉腌制用辅料的种类和配方比例不完全一致，下面为两种经常采用的配方。

a. 腊肉坯100kg，白砂糖4kg，酱油4kg，食盐2kg，大曲酒（酒精体积分数60%）2kg，硝酸钠50g。

b. 腊肉坯100kg，白糖400g，食盐2.5kg，红酱油3kg，白酒（酒精体积分数50%）2kg，小茴香200g，桂皮900g，花椒200g，硝酸钠50g。

③ 腌制。将肉坯放入50～60℃的温热水中泡软脂肪，洗去污垢、杂质，捞出沥干。将各种配料按比例混合于缸中，力求匀和，将肉坯放于腌料中，每2h上下翻动一次，腌制8～10h，便可出缸系绳。

④ 烘烤。肉坯完成腌制出缸后，挂竿送入熏房。竿距保持2～3cm，室温保持40～50℃，先高后低。正确掌握烘房温度是决定产品质量的关键，温度过高则滴油多和成品率低；温度过低则

易发酸和色泽发暗，影响质量。广式腊肉约需烘烤72h，若为3层烘房，每层约烧烤24h左右便可完成烘烤过程。

⑤ 贮存保管。吊挂于阴凉通风处，可保存3个月。缸底放3.0cm厚生石灰，上覆一层塑料薄膜和两层纸，装入腊肉后密封缸口，可保存5个月。将腊肉条装于塑料袋，扎紧袋口，埋藏于草木灰中，可保存半年。

⑥ 成品规格与食用品质。广式腊肉的品质等级评定分为理化指标和感官指标两个方面。

a. 理化指标。水分≤25%，食盐（以NaCl计）≤10%，酸价（以KOH计）≤4mg/g，亚硝酸盐（以NaNO₂计）≤20mg/kg。

b. 感官指标。一级产品：肉身干燥结实，肉色鲜红或暗红，色泽光洁；脂肪透明呈乳白色；具有广式腊肉的特有风味。二级产品：肉身稍松软，肉色呈暗红或咖啡色，色泽光洁度差；脂肪呈乳白色，表面有霉点但抹后无痕迹；风味稍逊，有轻度的脂肪酸败味。

六、肠制品的加工

肠制品是指将经切绞的肉，加以辅料制成馅，灌入肠衣或其他包装材料制成的一类肉制品。我国根据加工工艺主要分为香肠、灌肠、香肚等几大类。在国外根据含水量将香肠分为干香肠（含水30%～35%）和半干香肠（含水55%左右）；根据发酵与否分为发酵与不发酵香肠；根据是否烟熏分为烟熏或不烟熏香肠。

国内加工的传统香肠属于生香肠，多用上等猪肉加工制成。香肠品种繁多，一般以原产地命名，如广东香肠、四川香肠、南京香肠、北京香肠、武汉香肠等，以广式香肠最有盛名，下面主要介绍广式香肠的加工工艺。

1. 工艺流程

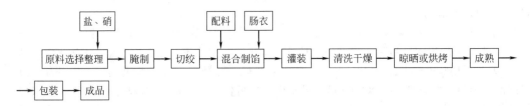

2. 加工制作方法

（1）原料的选择与整理　按品种配方要求选择肉的种类，瘦肉以后腿和背脊肉最好，前腿肉次之；肥肉以背部硬膘最好，腿膘次之，不用腹膘。冷冻肉以解冻至中心不完全变化即可。将选择好的肉剔骨、去皮，肥瘦肉分开，切成0.5kg大小的肉块，洗净沥干水。

（2）腌制　配料不同是各种香肠相互区别的主要因素，现举例介绍一些产品配方，以供参考。

① 广式香肠。猪瘦肉70kg，猪肥肉30kg，食盐2.5kg，硝酸钠0.05kg，白糖7.6kg，白酱油5kg，白酒2.5kg。

② 四川麻辣香肠。猪瘦肉80kg，肥膘20kg，食盐3.0kg，硝酸钠0.05kg，白糖1kg，酱油3kg，曲酒1kg，花椒0.4kg，辣椒粉0.8kg，混合香料0.15kg。其中混合香料由大茴香1份、山奈1份、桂皮3份、甘草2份、荜茇3份混合而成。

③ 南京香肠。猪瘦肉70kg，猪肥肉30kg，食盐3.0kg，硝酸钠0.05kg，白糖4.0kg，桂皮0.038kg，大茴香0.038kg，花椒0.02kg。

根据配方用食盐和硝酸盐对肉进行腌制，腌制时先用少量水将硝酸盐溶解后，与食盐混合均匀，再与准备好的肉坯混匀进行腌制，肥瘦肉要分别腌制。腌制应在2～4℃温度条件下进行，腌到瘦肉内部呈均匀鲜红色、肉质坚实有弹性即可。

（3）切绞　将腌制好的肥肉切成 $0.5\sim1cm^2$ 的肉丁，瘦肉用 $0.5\sim0.6cm$ 筛板的绞肉机绞碎。

（4）混合制馅　将切绞好的肥、瘦肉及各种辅料相互混合，在制馅机中进行充分搅拌。为了调节肉馅黏度和硬度，可添加占肉重 $10\%\sim20\%$ 的水，有发酵剂可将发酵剂加入，待将搅拌好时将酒及味精加入。

（5）灌装

① 准备肠衣。用于灌装香肠的肠衣有天然肠衣和人造肠衣两大类。天然肠衣是将猪、羊之小肠浸泡，清洗干净，置于一光滑平台上用竹制刮刀刮除肠管的黏膜层、肌肉层、浆膜层，只留坚韧透明的黏膜下层，即为灌装香肠的肠衣。人造肠衣又分为用动物皮、筋、骨中胶原蛋白加工制成的可食性人造肠衣和利用塑料薄膜、玻璃纸、纤维等材料加工制成的非可食性肠衣。

加工香肠所用的天然肠衣是用食盐腌制处理过的盐渍肠衣，使用前要用清水浸泡、并多日换水，泡到肠衣发自透明即可。可食性人造肠衣亦需用水泡软。然后将肠衣套在灌嘴上，并将肠头结扎。

② 灌肠。将肉馅移入灌肠机，注意尽量减少肉馅之间空隙。把肠衣套在灌肠机上，起动灌肠机，让肉馅均匀饱满地装入肠衣，要掌握松紧适度。目前使用的灌肠机有真空式、液压活塞式、油压活塞式等几种类型，以真空式灌装机灌装效果最好。

③ 结扎、排气。用细绳将装好的肠体每隔 $10\sim20cm$ 结扎一道，再用排气针刺扎肠体，排除混入内部的空气。

（6）清洗干燥　将灌装好的湿肠用清水把表面油污漂洗干净，再在 $40\sim50℃$ 烘房内进行干燥处理，也可挂在晒肠架上，在通风有阳光的地方晾晒干燥。干燥至肠体表面干爽、表面呈蜡样透明时即可。

（7）成熟　干燥后的香肠需悬挂在 $20℃$ 左右、相对湿度 $85\%\sim90\%$ 的房间内成熟 $10\sim15$ 天。也可用密封包装后进行成熟，使蛋白质分子继续分解产生香味。

（8）包装　香肠目前普遍采用真空包装，规格为 $227g$、$250g$、$454g$、$500g$ 等。包装后，可保质 6 个月。

3. 香肠的质量标准

（1）外观　肠衣干燥、坚固而有弹性、无霉变且紧贴于肉馅上，无破裂，外形整齐、饱满。

（2）组织状态　切面坚实、平整、有弹性、肥、瘦肉分布均匀。

（3）色泽　肉馅呈均匀粉红色，肥肉呈自色，分布于红色中。

（4）滋气味　具产品特有的香味，无腐败味。咸淡适中，无"哈喇"味。

七、其他肉制品的加工

1. 肉干制品的加工

肉干制品是将肉先经热加工，再成型干燥或先成型干燥再经热加工制成的干熟肉制品。肉干制品主要包括肉干、肉松和肉脯三大类。原料肉经过干制后，一是抑制微生物和酶的活性，提高肉制品的保藏性质；二是减轻肉制品的重量，缩小体积，便于运输；三是改善肉制品的风味，适应消费者的嗜好。下面简要介绍肉干、肉脯的加工技术。

（1）肉干的加工　肉干是指瘦肉经预煮、切丁（条、片）、调味、浸煮、收汤、干燥等工艺制成的干熟肉制品。

① 配料。肉干按味道主要分为以下三种，其配料差别较大。

a. 五香肉干。以江苏靖江牛肉干为例，每 $100kg$ 牛肉所用辅料：食盐 $2.00kg$，白糖 $8.25kg$，酱油 $2.0kg$，味精 $0.18kg$，生姜 $0.3kg$，白酒 $0.625kg$，五香粉 $0.2kg$。

b. 咖喱肉干。以上海产咖喱牛肉干为例，$100kg$ 鲜牛肉所用辅料：精盐 $3.0kg$，酱油 $3.1kg$，白糖 $12.0kg$，白酒 $2.0kg$，咖喱粉 $0.5kg$，味精 $0.5kg$，葱 $1kg$，姜 $1kg$。

c. 麻辣牛肉干。以四川生产的麻辣猪肉干为例，每 $100kg$ 鲜肉所用辅料：精盐 $3.5kg$，酱油

4.0kg，姜 0.5kg，混合香料 0.2kg，白糖 2.0kg，酒 0.5kg，胡椒粉 0.2kg，味精 0.1kg，海椒粉 1.5kg，花椒粉 0.8kg，菜油 5.0kg。

② 工艺要点

a. 原料的预处理。肉干加工一般多用牛肉后腿瘦肉，将原料肉剔去皮、骨、筋腱、脂肪及肌膜后，顺着肌纤维切成 1kg 左右的肉块，用清水浸泡 1h 左右以除去血水污物，沥干后备用。

b. 初煮。将清洗沥干水分的肉块放在沸水中煮制，水盖过肉面。初煮时不加任何辅料，但有时为了除异味，可用 1%～2% 的鲜姜，初煮时水温保持在 90℃ 以上，并及时撇去汤面污物，待肉呈粉红色、无血水时将肉块捞出后，汤汁过滤待用。

c. 切坯。肉块冷却后，按不同规格要求切成块、片、条、丁，力求大小均匀一致。

d. 复煮。将切好的肉坯放在调味汤中煮制，取肉坯重 20%～40% 的过滤初煮汤，将配方中不溶解的辅料装纱布袋入锅煮沸后，加入其他辅料及肉坯。用大火煮制 30min 后，应减少火力以防焦锅，用小火煨 1～2h 左右，待卤汁收干即可起锅。

e. 烘烤。将收汁后的肉坯铺在竹筛或铁丝网上，放置于烘房或远红外烘箱中烘干。烘烤温度前期可控制在 60～70℃，后期可控制在 50℃，一般需要 5～6h，即可使含水量下降到 20% 以下。在烘烤过程中要注意定期翻动。

f. 冷却、包装。烘烤后的肉干应冷却至室温后再包装，包装材料以复合膜为好，尽量选用阻气、阻湿性能好的材料。

(2) 肉脯的加工　肉脯是指瘦肉经切片（或绞碎）、调味、腌制、摊筛、烘干、烤制等工艺而制成的干、熟薄片型的肉制品。

① 配方

a. 靖江猪肉脯。原料肉 50kg，白糖 6.75kg，高粱酒 1.25kg，胡椒粉 0.005kg，味精 0.25kg，酱油 4.25kg，鸡蛋 1.5kg。

b. 天津牛肉脯。牛肉片 100kg，酱油 4kg，山梨酸钾 0.02kg，食盐 2kg，味精 2kg，五香粉 0.30kg，白砂糖 12kg，维生素 C 0.02kg。

② 工艺要点

a. 原料的选择和整理。选择新鲜的猪后腿肉，去掉脂肪、结缔组织，顺肌纤维切分成小肉块后装入模内移入速冻冷库中速冻至肉块深层温度达 −2～4℃ 出库。

b. 切片。切片时须顺肌肉纤维方向，切片厚度一般控制在 1～2mm。

c. 拌料腌制。将肉片与辅料拌匀，在不超过 10℃ 的冷库中腌制 2h 左右。

d. 摊筛。在竹筛上涂刷食用植物油，将腌制好的肉片平铺在竹筛上。

e. 烘烤。将摊放在竹筛上的肉片晾干水分后，送入远红外烘箱中或烘房中脱水熟化。其烘烤温度控制在 55～70℃，前期烘烤温度可稍高。烘烤时间 2～3h。

f. 烧烤。把半成品放在远红外空心烘炉的转动铁丝网上，用 200～220℃ 烧烤 1～2min，至表面油润，色泽深红为止。

g. 压平、成型。烘烤结束后用压片机压平，按规格要求切成一定的形状。

h. 包装。冷却后应及时包装。

2. 发酵肉制品的加工

发酵肉制品是指肉制品在加工过程中经过了微生物发酵，由特殊细菌或酵母菌将糖转化为各种酸或醇，使肉制品的 pH 降低，经低温脱水使 A_w 下降，进而加工而成的一类肉制品。

(1) 发酵肉制品的种类　发酵肉制品主要是发酵香肠制品，另外还有部分火腿，常见的分类方法主要有三种。

① 按产地分类。这类分类方法是最传统也是最常用的方法，如黎巴嫩大香肠、塞尔维拉特香肠、欧洲干香肠、萨拉米香肠等。

② 按脱水程度分类。可分成半干发酵香肠和干发酵香肠。

③ 根据发酵程度分类。根据发酵程度可分为低酸发酵肉制品和高酸发酵肉制品。低酸发酵肉制品的 pH 为 5.5 或大于 5.5。对低酸肉制品，低温发酵和干燥有时是唯一抑制杂菌直至盐浓度达到一定水平（A_w 值降至 0.96 以下）的手段，著名的低酸发酵干燥肉制品有法国、意大利、南斯拉夫、匈牙利的萨拉米香肠、西班牙火腿等。绝大多数高酸发酵肉制品采用发酵剂接种或发酵香肠的成品接种，接种用的微生物有能发酵添加的碳水化合物而产酸的菌种，因此，成品的 pH 在 5.4 以下。

（2）发酵香肠的加工

① 工艺流程

绞肉 → 斩拌 → 灌肠 → 接种霉菌或酵母菌 → 发酵 → 干燥和成熟 → 包装

② 操作要点

a. 绞肉。粗绞时原料的温度应当在 −4～0℃ 的范围内，脂肪要处于 −8℃ 的冷冻状态，以避免水的结合和脂肪的融化。

b. 斩拌。首先将精肉和脂肪倒入斩拌机中，稍加混匀，然后将食盐、腌制剂、发酵剂和其他的辅料均匀地倒入斩拌机中斩拌均匀。斩拌的时间取决于产品的类型，一般的肉馅中脂肪颗粒的直径为 1～2mm 或 2～4mm。

c. 灌肠。将斩拌好的肉馅用灌肠机灌入肠衣。灌制时要求充填均匀，肠坯松紧适度。整个灌制过程中肠馅的温度维持在 0～1℃。为了避免气泡混入最好利用真空灌肠机灌制。

d. 接种霉菌或酵母菌。肠衣外表面霉菌或酵母菌的生长不仅对于干香肠的食用品质具有非常重要的作用，而且能抑制其他杂菌的生长，预防光和氧对产品的不利影响。商业上应用的霉菌和酵母发酵剂多为冻干菌种，使用时，将酵母和霉菌的冻干菌用水制成发酵剂菌液，然后将香肠浸入菌液中即可。

e. 发酵。发酵温度依产品类型而有所不同。一般认为，发酵温度每升高 5℃，乳酸生成的速率将提高一倍，发酵温度越高，发酵时间越短。一般涂膜型香肠的发酵温度为 22～30℃，发酵时间最长为 48h；半干香肠的发酵温度为 30～37℃，发酵时间最长为 14～72h；干发酵香肠的发酵温度为 15～27℃，发酵时间为 24～72h。发酵结束时，香肠的酸度因产品而异，对于半干香肠，其 pH 应低于 5.0，美国生产的半干香肠的 pH 更低，德国生产的干香肠的 pH 在 5.0～5.5 的范围内。

f. 干燥和成熟。在香肠的干燥过程中，控制香肠表面水分的蒸发速度，使其平衡于香肠内部的水分向香肠表面扩散的速度是非常重要的。在半干香肠中，干燥损失少于其湿重的 20%，干燥温度在 37～66℃，温度高，干燥时间短，温度低时，可能需要几天的干燥时间。干香肠的干燥温度较低，一般为 12～15℃，干燥时间主要取决于香肠的直径。对于干香肠，特别是接种霉菌和酵母菌的干香肠，在干燥过程中会发生许多复杂的化学变化，也就是成熟。在某些情况下，干燥过程是在一个较短的时间内完成的，而成熟则一直持续到消费为止，通过成熟形成发酵香肠的特有风味。

g. 包装。为了便于运输和贮藏，保持产品的颜色和避免脂肪氧化，成熟以后的香肠通常要进行包装。真空包装是最常用的包装方法。

第二节　乳及乳制品的加工

一、乳的化学组成及性质

（一）乳的化学组成

1. 乳的概念　乳是哺乳动物分娩后从乳腺分泌的一种白色或稍带黄色的均匀不透明液体，

由于泌乳期不同，常将乳分为初乳、常乳和末乳三类，用于加工乳制品的乳主要是常乳。

2. 乳的化学组成　牛乳的化学组成见表10-3。

表 10-3　牛乳主要化学成分及含量

成　分	水　分	总乳固体	脂　肪	蛋白质	乳　糖	无机盐
含量/%	85.5～89.5	10.5～14.5	2.5～6.0	2.9～5.0	3.6～5.5	0.6～0.9
平均值/%	87.5	13.0	4.0	3.4	4.8	0.8

① 水分　水是乳中的主要组成部分，约占 85.5%～89.5%，水中溶有有机质、无机盐和气体。乳中水可分为游离水、结合水和结晶水等。游离水占水分的绝大部分，是乳汁的分散媒。其次是结合水，它与蛋白质乳糖及某些盐类结合存在。由于结合水的存在，在乳粉生产中不能得到绝对脱水的产品，因此在乳粉生产中经常保留 3% 左右的水分。

② 蛋白质　乳蛋白主要包括酪蛋白、乳清蛋白及少量的脂肪球膜蛋白质。它是牛乳中的主要营养成分，含有人体必需的氨基酸，是一种全价的蛋白质，其中酪蛋白占了牛乳蛋白质的80%。酪蛋白在新鲜乳中是以酪蛋白酸钙磷酸钙复合体的形式存在，其直径为 20～20nm，平均为 75nm，每 1ml 乳中含有 (5～15)×10^{12} 个。酪蛋白是不溶于水的，是以胶粒状分散在乳中，构成悬浊液。酪蛋白可分为 α-酪蛋白、β-酪蛋白、γ-酪蛋白和 κ-酪蛋白。酪蛋白不溶于水、酒精及有机溶剂，但溶于碱溶液。另外，酸、许多盐类、凝乳酶、酒精能使其凝固。因此，可利用凝乳酶生产干酪，利用乳酸菌制作酸奶。酸度高的牛乳其酪蛋白易因酒精的作用引起沉淀，在生产中常利用这一性质来检查原料乳的质量。

乳在 pH4.6 达到乳的等电点时，酪蛋白就凝聚沉淀，而余下的蛋白质统称为乳清蛋白，约占全乳的 18%～20%。乳清蛋白不同于酪蛋白，其粒子的水合能力强、分散性高，在乳中呈高分子状态。乳清蛋白中的 α-乳白蛋白、β-乳球蛋白、血清白蛋白是对热不稳定的蛋白质，约占乳清蛋白的 80%（热不稳定性）。当乳清煮沸 20min，pH 为 4.6 时，这些蛋白质便产生沉淀。乳清蛋白富含硫，含量约是酪蛋白的 2.5 倍，但不含磷，加热易产生硫化氢，使乳产生蒸煮臭。乳蛋白质含有丰富的人体必需氨基酸，0.5kg 牛奶就能满足人体对除蛋氨酸以外的全部必需氨基酸的需要，且易被人体消化吸收，更适于婴儿食用。因此，乳清粉（蛋白）常被用来生产婴儿奶粉等食品。

③ 乳脂肪　牛乳中的脂肪 97%～98% 是由 3 分子脂肪酸与分子甘油形成的酯类。其他的甘油酯、硬脂酸、磷脂、游离脂肪酸等仅占很少部分。乳脂肪主要是被包含在细小的球形或椭圆形脂肪球中，形成乳包油型的乳浊液。脂肪球的直径在 0.2～10μm（平均 3μm），大部分在 4μm 以下。1ml 牛乳中约含有 2×10^9～4×10^9 个脂肪球。脂肪球之所以呈稳定的乳浊液是因为覆盖着脂肪球膜，该膜由磷脂、蛋白质、维生素 A、甘油三酯等构成。乳脂肪由低碳饱和脂肪酸、高碳饱和脂肪酸和不饱和脂肪酸构成。

④ 乳糖　乳糖是哺乳动物乳汁中特有的、主要的碳水化合物，是一种双糖，溶解度比蔗糖差，甜度仅为蔗糖的 1/6～1/5，水解时生成葡萄糖和半乳糖。牛乳中的乳糖含量为 4.5%～5.0%，占干物质的 38%～39%，呈溶液状态存在于乳中。

乳糖是乳中主要营养成分之一，当人们饮用牛乳后，乳糖被消化道中的乳糖酶水解为葡萄糖、半乳糖而吸收，从而促进人的大脑和神经组织的发育。乳糖易被乳酸菌分解生成乳酸，1 分子的乳糖可生成 4 分子的乳酸。在肠道中乳糖能促进嗜酸杆菌的发育，抑制腐败菌的生长，同时促进钙、磷及其他矿物质的吸收。但是，有些人特别是亚洲人种消化道内缺乏乳糖酶，因而不能消化吸收乳糖。当饮用牛乳或食用乳制品时，会发生腹泻症状，称为乳糖不耐症或乳糖不适应症。这一问题可通过向乳品中加入乳糖酶或采用发酵的方式来解决。

⑤ 乳中的无机成分　牛乳中含有 0.7% 的无机盐，主要是钾、钙、磷、硫、氯及其他微量成分，其中钠、钾、氯呈溶液状态，钙、镁、磷则一部分呈溶液状态，一部分呈悬浊状态。无机成

分在加工上对牛乳的稳定性起着重要的作用。牛乳中的钙、镁与磷酸盐、柠檬酸盐之间保持适当的平衡，是保持牛乳热稳定性的必须条件。如果钙、镁含量过高，牛乳在较低温度下就产生凝聚，这时加入磷酸盐或柠檬酸盐即可防止牛乳凝固。生产炼乳时常用磷酸盐或柠檬酸盐作稳定剂。另外，乳中的无机成分加热后由可溶性变成不溶性，在接触乳的器具表面形成一层乳垢，它会影响热的传导和杀菌效率。

此外，牛乳中铜、铁、镁、锰等微量元素在人的生理和营养上有重要的作用。但同时也要注意铜和铁在乳品贮藏中对产生异味有促进作用。

⑥ 维生素　牛乳中含有多种维生素，特别是维生素 B_2 含量很丰富，但维生素 D 的含量不多，应予以强化。维生素 A、维生素 B_1、维生素 B_2 及烟酸对热是稳定的，热处理中损失并不大。此外，在生产酸乳制品时由于微生物的作用能使一些维生素含量提高。所以，酸乳是一类维生素含量丰富的营养食品。在干酪及奶油加工中，脂溶性维生素被转移到制品中而得到充分利用，而水溶性维生素则残留于酪乳、乳清及脱脂乳中。

维生素 B_1 及维生素 C 等会因光照射而分解，所以，应用避光容器包装乳及乳制品以减少光引起的维生素损失。此外，铜、铁、锌等加工器具也会破坏维生素 C，所以乳品加工设备应尽可能采用不锈钢设备。

⑦ 乳中的酶　乳中的酶主要来源于乳腺和微生物的代谢产物。这些酶类在 70℃ 以上的温度或放射线（紫外线、X 射线等）的照射下被破坏。乳品生产中最重要的是水解酶类和氧化还原酶类。

a. 过氧化物酶。是最早从乳中发现的一种酶，其活性在 72℃、30min 或 80℃ 时即被破坏，以此可检验乳是否已经过高温杀菌。

b. 还原酶。还原酶是乳中微生物生命活动的产物，新鲜乳中较少，随着细菌数的增加而增加。可利用还原酶使某些有机染料褪色的还原特性（甲烯蓝还原试验），来测定乳中微生物的多少和污染的程度。

c. 解脂酶。解脂酶主要是将脂肪分解为甘油及脂肪酸的酶。该种酶主要来自微生物，它是使脂肪分解而产生焦臭味的主要原因。例如奶油被污染时即出现解脂酶的作用，使奶油带有焦臭味并使脂肪变苦。另外，解脂酶对温度的抵抗力较强，所以稀奶油杀菌时应在不低于 $80\sim85℃$ 的条件下进行。

d. 磷酸酶。磷酸酶为乳中的固有酶，对温度较敏感。经低温巴氏杀菌后牛乳中的磷酸酶会被破坏，而过氧化酶的活性只是部分地被破坏。因此，利用磷酸酶试验可以测定乳是否已经过长时间低温杀菌和温度是否超过 80℃。

⑧ 乳中的其他成分。乳入中除了上述物质外，还有少量的有机酸、色素、免疫体、细胞、风味成分及激素等。

（二）乳的物理性质

牛乳的物理性质是鉴定牛乳品质的重要指标，也是合理安排乳制品加工工艺的重要依据，主要包括乳的色泽、相对密度、酸度、冰点和沸点、滋味和气味等。

1. 色泽

正常牛乳的颜色为白色或稍带黄色。白色是由脂肪球、酪蛋白酸钙、磷酸钙等成分对光反射和折射形成的。黄色主要是由脂溶性胡萝卜素形成的；核黄素、乳黄素是水溶性色素，是乳清呈绿色的主要原因。

2. 滋气味

新鲜牛乳具有乳香味和微甜味。乳香味主要是由牛乳中挥发性脂肪酸含量较高引起的，经加热后香味尤为强烈。牛乳也有吸附异味能力，如挤出的牛乳在牛舍放置过久，会吸收饲料味或粪尿味，而使乳味不正。羊乳具有羊膻味，目前认为主要是因羊乳含 6～12 个碳原子的饱和脂肪酸的含量较高所致。它们均属挥发性脂肪酸，其含量与牛乳的差异见表 10-4。乳的甜味来源于乳糖。乳因含有氯离子而稍带咸味，但因受乳糖、脂肪的调和而被掩盖。

表 10-4　羊乳与牛乳 6～12 碳原子脂肪酸含量的比较　　　　单位：%

类　别	己酸($C_{6:0}$)	辛酸($C_{8:0}$)	癸酸($C_{10:0}$)	十二烷酸($C_{10:0}$)	合　计
羊乳	2.5	2.8	8.6	4.6	18.5
牛乳	2.0	1.0	2.0	2.5	7.5

3. 相对密度

牛乳在 15℃时，相对密度为 1.028～1.034。比重的大小随牛乳中干物质的含量、温度高低而变化。牛乳的干物质含量越高比重就越大；如果牛乳温度降低，奶的比重就会增大。通过牛乳的比重和含脂率的测定，可以推算出乳中总干物质含量的百分比。

$$T = 1.2F + 0.25L$$

式中，T 为牛乳的总固体物含量百分比；F 为脂肪含量百分比；L 为牛乳比重计的读数值。

4. 黏度

乳具有一定的黏度，乳中蛋白质和脂肪含量是影响乳黏度的主要因素，与乳糖和无机盐类无关，乳温升高则黏度降低。黏度在乳品加工方面有重要意义，如生产奶粉时，若浓缩乳黏度过高，会使雾化不完全及水分不易蒸发。

5. 乳的 pH 与酸度

(1) 乳的 pH　乳的 pH 是指乳中氢离子浓度的负对数，新鲜牛乳的 pH 为 6.5～6.7，羊乳为 6.3～6.7。

(2) 乳的酸度　牛乳的酸度习惯上用滴定酸度来表示，通常有两种表示方式，一种是吉尔涅尔度，符号为°T；另一种是乳酸度，符号为%。新鲜牛乳的酸度一般为 16～18°T，酸度为 0.15%～0.17%；羊乳酸度范围较大，为 9～19°T，平均 13°T。这种酸度是由乳中的蛋白质、柠檬酸盐及二氧化碳等酸性物质构成的，这种酸度称为自然酸度。牛乳挤出后在放置过程中，由于乳酸菌的生长繁殖，分解乳糖产生乳酸，而使乳的酸度升高，这部分的酸度叫做发酵酸度。自然酸度和发酵酸度之和，叫做总酸度，通常说的酸度是指总酸度。乳的酸度越高，表明乳的新鲜度和卫生状况越差。酸度高的乳热稳定性差（见表 10-5），酒精试验出现絮状物，不能生产优质乳制品，如生产奶粉，则溶解度降低。为了防止酸度升高，应注意挤奶卫生，挤出的奶应迅速冷却，并在低温下保存，以减少微生物的污染和抑制微生物的活动。

表 10-5　乳的酸度与乳热稳定性的关系

乳的酸度/°T	乳的热稳定性	乳的酸度/°T	乳的热稳定性
18～22	煮沸不凝固	26～28	煮沸时凝固
23～25	煮沸后产生絮片	30	加热至 77℃时凝固

酸度测定方法如下。

① 吉尔涅尔度（°T）。取 10ml 牛乳，用 20ml 蒸馏水稀释，加入 5g/L 的酚酞 0.5ml（约 10 滴），以 0.1mol/L 氢氧化钠溶液滴定，边滴边摇，直至呈现微红色在 1min 内不消失为终点。所消耗的氢氧化钠体积（ml）乘以 10，即为该乳样的酸度。

② 乳酸度（%）。用上述方法滴定后，按下列公式换算即可。

$$乳酸度 = \frac{滴定用 0.1mol/L 氢氧化钠体积(ml) \times 0.009}{供试牛奶的体积(ml) \times 乳的相对密度(1.032)} \times 100\%$$

例如：滴定用 0.1mol/L NaOH 2ml，乳样为 10ml，测乳相对密度为 1.032，则：

$$乳酸度 = \frac{2 \times 0.009}{10 \times 1.032} \times 100\% = 0.17\%$$

正常乳的 pH 为 6.6~6.7。初乳及酸败乳的酸度 pH 在 6.5 以下。正常乳的酸度为 16~18°T，乳酸度为 0.15%~0.16%。

6. 冰点和沸点

由于牛乳中含有乳糖、蛋白质和无机盐类等，使得牛乳的冰点降低，一般在 −0.59~−0.54℃。正常乳的冰点是比较稳定的，如果乳中掺水，冰点就会升高。一般乳中每掺 1% 水时，冰点约上升 0.0055℃。牛乳沸点在标准大气压下为 100.17℃。随着密度的增加沸点会上升，所以，浓缩乳制品的沸点都有所增加。无糖炼乳的沸点是 100.4℃，而加糖炼乳的沸点是 103.2℃。

（三）异常乳

1. 异常乳的概念和种类

（1）异常乳的概念　当乳牛受到生理、病理、饲养管理以及其他各种因素的影响，乳的成分和性质往往发生变化，这时牛乳与常乳的性质有所不同，也不适于加工优质的产品，这种乳称为异常乳。

（2）异常乳的种类　异常乳可分为生理异常乳、化学异常乳、微生物污染乳及病理异常乳。

2. 异常乳产生原因和性质

（1）生理异常乳

① 营养不良乳。饲料不足、营养不良的乳牛所产的乳对皱胃酶几乎不凝固，所以这种乳不能制造干酪。当喂以充足的饲料，加强营养之后，牛乳即可恢复正常，对皱胃酶即可凝固。

② 初乳。初乳是产犊后 1 周之内所分泌的乳，特别是 3 天之内，初乳特征更为显著，乳呈黄褐色，有异臭，味苦，黏度大。脂肪、蛋白质，特别是乳清蛋白质含量高，乳糖含量低，灰分高，特别是钠和氯含量高。维生素 A、维生素 D、维生素 E 含量较常乳多，水溶性维生素含量一般也较常乳高。初乳中含有初乳球，初乳球可能是剥脱的上皮细胞，也许是白细胞吸附于脂肪球处而形成，且在产犊后 2~3 周消失。初乳中还含有大量的抗体。

由于初乳的成分与常乳显著不同，因而其物理性质也与常乳差别很大，故不适于做乳制品生产用的原料乳。我国轻工业部部颁标准规定产犊后 7 天内的初乳不得使用。

③ 末乳。一个泌乳期结束前 1 周所分泌的乳称为末乳，一般指产犊 8 个月以后泌乳量显著减少，1 天的泌乳量在 0.5kg 以下者，其乳的化学成分有显著异常。这种乳不适于作为乳制品的原料乳。

（2）化学异常乳

① 酒精阳性乳。乳品厂检验原料乳时，一般先用 68% 或 70% 的中性酒精进行检验，凡产生絮状凝块的乳称为酒精阳性乳。酒精阳性乳有下列 3 种。

a. 高酸度酒精阳性乳。一般酸度在 24°T 以上时的乳经酒精试验均为阳性，称为酒精阳性乳，原因是鲜乳中微生物繁殖使酸度升高，因此，要注意挤奶时的卫生并将挤出的鲜乳保存在适当的温度条件下，以免微生物污染繁殖。

b. 低酸度酒精阳性乳。有的鲜乳虽然酸度低（16°T 以下），但酒精试验，也呈阳性，所以称作低酸度酒精阳性乳。

c. 冷冻乳。冬季因受气候和运输的影响，鲜乳产生冻结现象，这时乳中一部分酪蛋白变性。同时，在处理时因温度和时间的影响，酸度相应升高，以致产生酒精阳性乳。但这种酒精阳性乳的耐热性要比其他原因产生的酒精阳性乳高。

② 低成分乳。乳的成分明显低于常乳，主要受遗传和饲养管理条件所左右。有了优良的乳牛，再加上合理的饲养管理、清洁卫生的条件和合理的榨乳、收纳、贮存，则可以获得成分含量高的优质原料乳。

③ 混入异物乳。是指在乳中混入原来不存在的物质的乳。其中有人为混入的异常乳和因预防治疗、促进发育而使用抗生素和激素等进入乳中的异常乳。此外，还有因饲料和饮水等使农药

进入乳中而造成的异常乳。乳中含有抗菌素时，不能用作加工的原料乳。

④ 风味异常乳。造成牛乳风味异常的因素很多，主要有通过机体转移或从空气中吸收而来的饲料臭，由酶作用而产生的脂肪分解臭，挤乳后从外界污染或吸收的牛体臭或金属臭等。风味异常乳主要包括：生理异常风味；脂肪分解味；氧化味；日光味；蒸煮味；苦味；酸败味等。

（3）微生物污染乳　微生物污染乳也是异常乳的一种。由于挤乳前后的污染，不及时冷却和器具的洗涤杀菌不完全等原因，使鲜乳被大量微生物污染。因此，鲜乳中的细菌数大幅度增加，以致不能用作加工乳制品的原料，而造成浪费和损失。

（4）病理异常乳

① 乳房炎乳。由于外伤或者细菌感染，使乳房发生炎症，这时分泌的乳称为乳房炎乳。造成乳房炎乳的原因主要是乳牛体表和牛舍环境不合乎卫生要求，挤奶方法不合理等。

② 其他病牛乳。主要由患口蹄疫、布氏杆菌病等的乳牛所产的乳，另外，患酮体过剩、肝机能障碍、繁殖障碍的乳牛易分泌酒精阳性乳。

二、乳的卫生质量及控制

制造优质的乳制品，必须选用优质原料，在乳品工业上，将未经任何加工处理的生鲜乳称为原料乳。乳是一种营养价值较高的食品，同时也非常适于各种微生物的繁殖，因此，为了获得优质的原料乳，保证乳制品的质量，对原料乳的质量管理是非常重要的。

（一）原料乳的质量控制

我国规定生鲜牛乳收购的质量标准（GB 66914—1986），包括感官指标、理化指标及微生物指标。

1. 感官指标

正常牛乳白色或微带黄色，不得含有肉眼可见的异物，不得有红色、绿色或其他异色。不能有苦味、咸味、涩味和饲料味、青贮味、霉味等异味。

2. 理化指标

理化指标只有合格指标，不再分级。我国部颁标准规定原料乳验收时的理化指标见表10-6。

表10-6　鲜乳理化指标

项　目	指　标	项　目	指　标
相对密度（20℃）（4℃）	≥1.028（1.028～1.032）	杂质度含量/(mg/kg)	≤4
脂肪含量/%	≥3.10（2.8～5.00）	汞含量/(mg/kg)	≤0.01
蛋白质含量/%	≥2.95	滴滴涕含量/(mg/kg)	≤0.1
酸度（以乳酸表示）/%	≤0.162	抗生素含量/(IU/L)	<0.03

3. 细菌指标

细菌指标有下列两种，均可采用。采用平皿培养法计算细菌总数，或采用美蓝还原褪色法。按平皿细菌总数或美蓝褪色法时间分级指标法进行评级，两者只允许用一个，不能重复。细菌指标分别为4个级别，按表10-7中细菌总数分级指标进行评级。

表10-7　原料乳的细菌指标

分　级	平皿细菌总数分级指标法/(10^4cfu/ml)	美蓝褪色时间分级指标法
Ⅰ	≤50	≥4h
Ⅱ	≤100	≥2.5h
Ⅲ	≤200	≥1.5h
Ⅳ	≤400	≥40min

（二）原料乳的验收

原料乳送到加工厂时，须立即进行逐车逐批验收，这是保证产品质量的有效措施。

1. 感官检验

鲜乳的感官检验主要是进行嗅觉、味觉、外观、尘埃等的鉴定。正常鲜乳为乳白色或微带黄色，不得含有肉眼可见的异物，不得有红、绿等异色，不能有苦、涩、咸的滋味和饲料、发霉等异味。

2. 酒精检验

酒精检验是通过酒精的脱水作用，确定酪蛋白的稳定性。新鲜牛乳对酒精的作用表现出相对的稳定；而不新鲜的牛乳，其中蛋白质胶粒已呈不稳定状态，当受到酒精的脱水作用时，则加速其凝沉。此法可验出鲜乳的酸度以及盐酸平衡不良乳、初乳、末乳及细菌作用产生凝乳酶的乳和乳房炎乳等。

3. 滴定酸度

滴定酸度就是用相应的碱中和鲜乳中的酸性物质，根据碱的用量确定鲜乳的酸度和热稳定性。一般用 0.1mol/L 的 NaOH 滴定，计算乳的酸度。该法测定酸度虽然准确，但在现场收购时受到实验室条件的限制。

4. 比重

比重是作为评定鲜乳成分是否正常的一个指标，但不能只凭这一项来判定，必须再通过脂肪、风味的检验，方可判定鲜乳是否经过脱脂或加水。

5. 细菌数、体细胞数、抗生物质检验

一般现场收购鲜奶不做细菌检验，但在加工前，必须检查细菌的总数、体细胞数，以确定原料乳的质量和等级。如果是加工发酵制品的原料乳，必须做抗生物质检查。

(1) 细菌检查　细菌检查方法很多，有美蓝还原试验、细菌总数测定、直接镜检等方法。

① 美蓝还原试验。美蓝还原试验是用来判断原料乳的新鲜程度的一种色素还原试验。新鲜乳加入亚甲基蓝后染为蓝色，如鲜乳中污染大量微生物，则微生物产生还原酶使颜色逐渐变淡，直至无色，通过测定颜色的变化速度，可间接地推断出鲜奶中的细菌数。

② 稀释倾注平板法。平板培养计数是取样稀释后，接种于琼脂培养基上，培养 24h 后计数，测定样品的细菌总数。该法测定样品中的活菌数，测定需要时间较长。

③ 直接镜检法（费里德氏法）。利用显微镜直接观察确定鲜乳中微生物数量的一种方法。取一定量的乳样，在载玻片上涂抹一定的面积，经过干燥、染色、镜检观察细菌数。根据显微镜视野面积，推断出鲜乳中的细菌总数，而非活菌数。直接镜检比平板培养法更能迅速地判断结果，通过观察细菌的形态，推断细菌数增多的原因。

(2) 细胞数检验　正常乳中的体细胞，多数来源于上皮组织的单核细胞，如有明显的多核细胞出现，可判断为异常乳。

(3) 抗生物质残留量检验　抗生物质残留量检验是验收发酵乳制品原料乳时的必检指标，常用的方法有以下两种。

① TTC 试验。如果鲜乳中有抗生物质的残留，在被检乳样中，接种细菌进行培养，细菌不能增殖，此时加入的指示剂 TTC 保持原有的无色状态（未经过还原）。反之，如果无抗生物质残留，试验菌就会增殖，使 TTC 还原，被检样变成红色。由此可见，被检样保持鲜乳的颜色，即为阳性，表示有抗生物质残留。如果变成红色，则为阴性，表示无抗生物质残留。

② 制片法。将指示菌接种到琼脂培养基上，然后将浸过被检乳样的纸片放入培养基上，进行培养。如果被检乳样中有抗生物质残留，会向纸片的四周扩散，阻止指示菌的生长，在纸片的周围形成透明的阻止带，根据阻止带的直径，判断抗生物质的残留量。

6. 乳成分的测定

近年来随着分析仪器的发展，乳品检测方法出现了很多高效率的检验仪器。采用光学法来测定乳脂肪、乳蛋白、乳糖及总干物质，并已开发使用各种微波仪器。

（三）原料乳验收后处理

原料乳验收后须经过净化，以除去机械杂质并减少微生物的数量。一般采用过滤净化和离心净化的方法。

1. 原料乳的过滤

挤下的乳必须及时进行过滤。奶牛场常用的过滤方法是纱布过滤，乳品厂简单的过滤是在受乳槽上安装不锈钢制金属网加多层纱布进行粗滤，进一步的过滤可采用管道过滤器。中型乳品厂也可采用双筒牛乳过滤器。一般连续生产都设有两个过滤器交替使用。

使用过滤器时，为加快过滤速度，含脂率在4%以上时，须把牛乳温度提高到40℃左右，但不能超过70℃；含脂率在4%以下时，应采取4～15℃的低温过滤，但要降低流速，不易加压过大。

2. 乳的净化

原料乳经数次过滤后已除去其中大部分杂质和微生物，但极微小的杂质和微生物仍然存在于乳中。为了获得高纯净度的原料乳，过滤后应再通过净乳机净化。实践证明用净化乳生产的乳制品质量显著提高。

3. 原料乳的冷却

冷却可以抑制乳中微生物的生长繁殖，刚挤出的牛乳，温度在36℃左右，是微生物最易繁殖的温度。为此，乳挤出后应迅速冷却，净化后的乳也应立即冷却。冷却方法通有两种：一种是自然冷却，即利用当地天然冷源条件，如将奶桶置于井水、河水、自来水等水源中，在不断轻轻搅拌下使乳冷却；一种是人工冷却，即利用冷却设备使乳冷却，常用的有表面式冷却器（也叫冷排）和片式冷却器等。

乳冷却的温度越低，保存时间越长。但在实际生产中，应根据乳需要保存时间的长短，确定乳冷却的温度。乳冷却的温度与保存时间的关系见表10-8。国际乳品联合会认为乳冷却至4.4℃时保存质量最好。

表 10-8 乳冷却的温度与保存时间的关系

保存时间/h	乳应冷却的温度/℃	保存时间/h	乳应冷却的温度/℃
6～12	10～18	24～36	4～5
12～18	6～8	36～48	2～1

4. 乳的贮存

为了保证工厂连续生产的需要，必须有一定的原料乳贮存量。一般工厂总的贮乳量不应小于1天的处理量。乳冷却后应尽可能保存在低温条件下，以防止乳温升高。冷却后的乳最好贮于贮奶罐内。贮奶罐有卧式和立式两种，容量不等，罐壁有绝热层，内有搅拌器，可定时开启，使奶温均匀并防止脂肪上浮。

5. 乳的运输

运输途中要防止乳温升高和过度振荡。夏季应在早、晚运输，容器应尽量装满，最好采用奶槽车。

6. 均质

牛乳的均质是在14～21MPa的压力下，把牛乳从细孔压出使脂肪球破碎。均质后能防止乳静置时形成稀奶油层和降低凝块张力（即凝块变软）等效果。牛乳经均质处理后，能使直径$3\mu m$左右的脂肪球变成$1\mu m$以下，而且均质压力的越高，脂肪球越小，见表10-9。

表 10-9 各种压力下均质后乳脂肪球的大小

均质压力/MPa	0	3.5	10.5	17.6	31.6
脂肪球平均直径/μm	3.17	2.39	1.40	0.99	0.97

检查均质处理的效果时，可将均质前后的牛乳，在相同条件下进行离心分离，然后测出稀奶油的含脂率并按下式计算：

$$HI = \frac{2\omega_{Fs} - \omega_{Ft}}{\omega_{Ft}}$$

式中，HI 为均质效果；ω_{Ft} 为均质前稀奶油的含脂率；ω_{Fs} 为均质后稀奶油的含脂率。

7. 标准化

乳中的成分，尤其是乳脂肪和非脂乳固体的含量随奶牛品种、地区、季节等因素的不同而有较大的差异。因此，在生产乳制品时，为了获得与标准规定一致的产品，必须对原料乳进行标准化处理，调整原料乳中脂肪与非脂乳固体间的比例关系，使其比例符合产品的要求。如原料乳中脂肪含量不足时，应添加稀奶油或分离掉一部分脱脂乳；如原料乳中脂肪含量过高时，则可添加脱脂乳或分离掉一部分稀奶油。标准化工作是在贮奶缸的原料乳中或在标准化机中连续地进行的。

三、消毒乳的加工

(一) 消毒乳的概念

消毒乳又称杀菌鲜乳，系指以新鲜牛乳为原料，经净化、杀菌、均质等处理，以液体鲜乳状态用瓶装或其他形式的小包装，直接供应消费者饮用的商品乳。因消毒乳大部分在城镇销售，故也称市乳。随着生产技术的改进，目前消毒乳已能在常温下保存数月不变质，故有"长寿乳"之称。

(二) 消毒乳的种类

消毒乳可根据制品的组成、杀菌方法、包装形式等进行分类。

1. 按组成分类

(1) 普通消毒乳 以鲜乳为原料，不加任何添加剂而加工成的消毒鲜乳，包括全脂消毒乳、半脱脂消毒乳和脱脂消毒乳。

(2) 强化消毒乳 于新鲜乳中添加各种维生素或钙、磷、铁等无机盐类，以增加营养成分，但风味和外观与普通消毒乳无区别。

(3) 花色消毒乳 消毒乳中添加咖啡、可可或各种果汁，其风味和外观均有别于普通消毒乳。

(4) 再制消毒乳 也称复原乳。系以全脂乳粉、浓缩乳、脱脂乳粉和无水奶油等为原料，经混合溶解后，制成与鲜乳成分相同的饮用乳。

2. 按杀菌方法分类

(1) 低温长时杀菌乳 低温长时杀菌（LTLT）乳也称保持式杀菌消毒乳（或称巴氏杀菌乳），是经 62～65℃、30min 保温杀菌的乳。为了避免冷藏中的脂肪分离，应进行均质处理。

(2) 高温短时杀菌乳 高温短时杀菌（HTST）乳是指乳经 72～75℃，保持 15s 杀菌，或采用 80～85℃，保持 10～15s 加热杀菌的乳。一般采用片式热交热器进行连续杀菌。由于加热过程中进行均质，故脂肪不分离，而且由于受热时间短，热变性现象很少，风味浓厚，无蒸煮味。

(3) 超高温杀菌乳 超高温杀菌（UHT）乳是指乳加热至 130～150℃，保持 0.5～4.0s 进行杀菌的乳。采用超高温杀菌时，由于时间很短，故风味、性质和营养价值等与普通乳相比无差异。此外，由于耐热性细菌都被杀灭，产品保存性明显提高。

3. 按包装形式分类

有玻璃瓶装消毒乳、塑料瓶装消毒乳、料涂层的纸盒装消毒乳、塑料薄膜包装的消毒乳、多层复合纸包装的灭菌（或消毒）乳等。

(三) 乳的杀菌和灭菌

生产消毒乳时，杀菌或灭菌是最重要的工序，它不仅影响消毒乳的质量，而且影响风味和色泽。

1. 杀菌和灭菌的概念

所谓杀菌，就是将乳中的致病菌和造成成品缺陷的有害菌全部杀死，但并非百分之百地杀灭非致病菌，也就是说还会残留部分的乳酸菌、酵母菌和霉菌等。

所谓灭菌，就是要杀灭乳中所有细菌，使其呈无菌状态，但事实上，热致死率只能达到99.9999%，欲将残存的百万分之一甚至千万分之一的细菌杀灭，必须延长杀菌时间，这样会给鲜乳带来更多的缺陷。极微量的细菌在检测上近于零，即所谓的灭菌。

2. 杀菌和灭菌的方法

（1）低温长时杀菌法　加热条件为 62～65℃、30min，可分为单缸保持法和连续保持法两种。单缸保持法常在保温缸中进行杀菌。杀菌时先向保温缸中泵入牛乳，开动搅拌器，同时向夹套中通入蒸汽或 66～77℃的热水，使牛乳温度徐徐上升至所规定的温度。然后停止供应蒸汽或热水，保持一定温度维持 30min 后，立即向夹套通以冷水，尽快冷却。本法只能间歇进行，适于少量牛乳的处理。连续保持法通常采用片式、管式或转鼓式等杀菌器，先加热到一定温度后自动流出，流量可自动调节，本法适用于较多牛乳的处理。低温长时杀菌法由于所需时间长，效果也不够理想。因此，目前生产上很少采用。

（2）高温短时杀菌法　杀菌条件为 72～75℃保持 15s 或 80～85℃保持 10～15s。一般采用板式杀菌装置进行连续杀菌。

（3）超高温杀菌法　超高温杀菌法又称 UHT 灭菌。处理条件为 130～150℃、0.5～4.0s。用这种方法杀菌时，乳中微生物全部被杀灭，是一种比较理想的灭菌法。超高温杀菌法又可按物料与加热介质接触与否分为直接加热法和间接加热法。

① 直接加热法。直接加热法是乳先用蒸汽直接加热，然后进行急剧冷却。直接加热法的工艺流程如下：牛乳→加热（80℃）→蒸汽混合直接加热（40℃以上）→保温（1～4s）→减压冷却（80℃）→均质→冷却→灌装。该法的优点是快速加热和快速冷却，最大限度地减少了超高温处理过程中可能发生的物理和化学变化。另外，设备中附有真空膨胀冷却装置，可起脱臭作用，成品中残氧量低，风味较好。但直接加热法设备比较复杂，且需纯净蒸汽，因此使用该法的工厂逐渐减少。

② 间接加热法。间接加热法是指通过热交换器器壁之间的介质间接加热的方法，其冷却也可间接通过各种冷却剂来实现。加热介质包括过热蒸汽、热水和加压热水。冷却剂常见的是冷水或冰水。对于牛乳及其制品，采用片式热交换器较好，它的特点是处理能力大，结构紧凑。

（四）消毒鲜乳的加工工艺

1. 工艺流程

原料乳的验收 → 过滤或净化 → 标准化乳 → 均质 → 杀菌 → 冷却 → 灌装 → 封盖 → 装箱 → 冷藏

2. 质量控制

（1）标准化　我国食品卫生标准规定，消毒乳的含脂率为 3.0%。因此，凡不合乎标准的乳，都必须进行标准化。

（2）预热均质　均质乳具有下列优点：风味良好，口感细腻；在瓶内不产生脂肪上浮现象；表面张力降低，改善牛乳的消化、吸收程度，适于喂养婴幼儿。通常荷兰牛的乳中，15%脂肪球直径为 2.5～5.0μm，其余为 0.1～2.2μm，均质后的脂肪球大部分在 1.0μm 以下。

低温长时消毒牛乳生产时，一般于杀菌之前进行均质。均质效果与温度有关，所以须先预热。牛乳进行均质时的温度宜控制在 50～66℃，在此温度下乳脂肪处于熔融状态，脂肪球膜软化，有利于提高均质效果，一般均质压力为 16.7～20.6MPa。使用二段均质机时，第一段均质压力为 16.7～20.6MPa，第二段均质压力为 3.4～4.9MPa。

（3）杀菌或灭菌　消毒牛乳的杀菌或灭菌可根据设备条件选择低温长时杀菌法、高温短时杀菌法或超高温杀菌法。

（4）冷却　用片式杀菌器杀菌时，乳通过冷却区段后已冷至 4℃。如用保温缸或管式杀菌器杀菌，需用冷排或其他方法将乳冷却至 2～4℃。

（5）灌装、冷藏　冷却后的牛乳应直接分装，及时分送给消费者。如不能立即分送时，也应贮存于 5℃ 以下的冷库内。以前我国乳品厂采用的灌装容器主要为玻璃瓶和塑料瓶。目前已逐步发展为塑料袋和涂塑复合纸袋包装。

灌装后的消毒乳，送入冷库做销售前的暂存。冷库温度一般为 4～6℃。欧美国家巴氏杀菌乳的贮藏期为 1 周，国内为 1～2 天。无菌包装乳可在室温下贮藏 3～6 个月。

（五）灭菌乳的加工工艺

1. 工艺流程

原料乳 —→ 超高温灭菌 —→ 无菌平衡贮罐 —→ 无菌灌装

2. 操作要点

（1）原料的质量　用于生产灭菌乳的牛乳必须新鲜，有极低的酸度、正常的盐类平衡及正常的乳清蛋白含量。为了适宜超高温处理，牛奶必须至少在 75% 的酒精浓度中保持稳定，另外，牛奶的细菌数量，特别对热有很强抵抗力的芽孢及数目应该很低。

（2）灭菌工艺　下面以管式间接 UHT 乳生产为例说明灭菌工艺。

① 预热和均质。牛乳从料罐泵送到超高温灭菌设备的平衡槽，由此进入到板式热交换器的预热段与高温奶热进行交换，将其加热到约 66℃，同时进行无菌奶冷却。经预热的奶在 15～25MPa 的压力下均质。

② 杀菌。牛乳经预热及均质后，进入板式热交换器的加热段，被热水系统加热至 137℃，热水温度由喷入热水中的蒸汽量控制（热水温度为 139℃）。然后，137℃ 的热乳进入保温管保温 4s。

（3）无菌冷却。离开保温管后，灭菌乳进入无菌冷却段，被水冷却，从 137℃ 降温至 76℃，最后进入回收段，被 5℃ 的进乳冷却至 20℃。

（4）无菌包装　所谓无菌包装是指将灭菌后的牛乳，在无菌条件下装入事先杀过菌的容器内的一种包装技术，其特点是牛乳可在常温下贮存而不会变质，色、香、味和营养素的损失少，而且无论包装尺寸大小，产品质量都能保持一致。可供牛乳制品无菌包装的设备主要有无菌菱形袋包装机、无菌砖型盒包装机、无菌纯包装机等。

四、再制乳和花色乳的加工

（一）再制乳的加工

再制乳就把几种乳制品，主要是脱脂乳粉和无水黄油，经过加工制成的液态奶。其成分与鲜乳相似，也可以强化各种营养成分。再制乳的生产克服了自然乳业生产的季节性，保证了淡季乳制品的供应，并可调剂缺乳地区乳的供应。

1. 原料

（1）脱脂乳粉和无水黄油　脱脂乳粉和无水黄油是再制乳的主要原料，其质量的好坏对成品质量有很大影响，必须严格控制质量，储存期通常不超过 12 个月。

（2）水　水是再制乳的溶剂，水质的好坏直接影响再制乳的质量。金属离子（如 Ca^{2+}、Mg^{2+}）高时，影响蛋白质胶体的稳定性，故应使用软化水。

（3）添加剂

① 乳化剂。起稳定脂肪的作用，常用的有磷脂，添加量为 0.1%。

② 乳化稳定剂。常用的主要有：阿拉伯树胶、果胶、琼脂、海藻酸盐等。

③ 盐类。如氯化钙和柠檬酸钠等，起稳定蛋白质的作用。

④ 风味料。天然和人工合成的香精，增加再制奶的奶香味。

⑤ 着色剂。常用的有胡萝卜素、安那妥等，赋予制品以良好颜色。

2. 加工方法

（1）全部均质法　先将脱脂奶粉与水按比例混合成脱脂奶，再添加无水黄油、乳化剂和芳香物等，充分混合，然后全部通过均质，再消毒冷却而制成。

（2）部分均质法　先将脱脂奶粉与水按比例混合成脱脂奶，然后取部分脱脂奶，在其中加入制乳所需的全部无水黄油，制成高脂奶（含脂率为 8％～15％）。将高脂乳进行均质后，再与其余的脱脂奶混合，经消毒、冷却而制成。

（3）稀释法　先用脱脂奶粉、无水黄油等混合制成炼乳，然后用杀菌水稀释而成。

（二）花色乳的加工

1. 原料

（1）咖啡　咖啡浸出液的调制，可用咖啡粒浸提，也可以直接使用速溶咖啡。由于咖啡酸度较高，容易引起乳蛋白不稳定，故应少用酸味强的咖啡，多用稍带苦味的咖啡。

咖啡浸出液的提取，可用 0.5％～2％的咖啡粒，用 90℃的热水（咖啡粒的 12～20 倍）浸提制取。浸出液受热过度，会影响风味，故浸出后应迅速冷却并在密闭容器内保存。

（2）可可和巧克力　通常采用的是用可可豆制成的粉末，稍加脱脂的称可可粉，不进行脱脂的称巧克力粉。其风味随产地而异。

巧克力含脂率在 50％以上，不容易分散在水中。可可粉的含脂率随用途而异，通常为 10％～25％，在水中比较容易分散，故生产乳饮料时，一般均采用可可粉，用量为 1％～1.5％。

（3）甜味料　通常用蔗糖（4％～8％），也可用饴糖或转化糖液。

（4）稳定剂　常用的有海藻酸钠、CMC、明胶等。明胶容易溶解，使用方便，使用量为 0.05％～0.2％，也有使用淀粉、洋菜、胶质混合物等。

（5）果汁　各种水果果汁。

（6）酸味剂　柠檬酸、果酸、酒石酸、乳酸等。

（7）香精　根据产品需要确定香精类型。

2. 配方及工艺

（1）咖啡奶　将咖啡浸出液和蔗糖与脱脂乳混合，经均质、杀菌而制成。

① 咖啡奶的配方。可以根据各地区的条件加以调整。

全脂乳 40kg，脱脂乳 20kg，蔗糖 8kg，咖啡浸提液（咖啡粒为原料的 0.5％～2％）30kg，稳定剂 0.05％～0.2％，焦糖 0.3kg，香料 0.1kg，水 1.6kg。

② 加工要点。将稳定剂与少许糖混合后溶于水，与咖啡液一起充分添加到乳等料液中，经过滤、预热、均质、杀菌、冷却后进行包装。

（2）巧克力奶或可可奶

① 巧克力奶的配方。全脂乳 80kg，脱脂奶粉 2.5kg，蔗糖 6.5kg，可可（巧克力板）（可可奶使用可可粉）1.5kg，稳定剂 0.02kg，色素 0.01kg，水 9.47kg。

② 可可奶的加工方法

首先需要制备糖浆，其调制方法为 0.2 份的稳定剂（海藻酸钠、CMC）与 5 倍的蔗糖混合，然后将 1 份可可粉与剩余的 4 份蔗糖混合，在此混合物中，边搅拌边徐徐加入 4 份脱脂乳，搅拌至组织均匀光滑为止。然后加热到 66℃，并加入稳定剂与蔗糖的混合物均质，在 82～88℃、加热 15min 杀菌，冷却到 10℃ 以下进行灌装。生产巧克力奶时，将巧克力板先溶化，其他过程相同。

（3）果汁牛奶及果味牛奶　果汁牛奶是以牛奶和水果汁为主要原料，果味牛奶是以牛奶为原料加酸味剂调制而成的花色奶。其共同特点是产品呈酸性，此生产技术的关键是乳蛋白质在酸性条件下的稳定性，需要适当的配制方法、选择适当的稳定剂并进行完全的均质。

五、发酵乳制品

（一）发酵乳制品的种类及营养特点

国际乳品联合会（IDF）1992 年发布的标准，发酵乳的定义为乳或乳制品在特征菌的作用下发酵而成的酸性凝状产品。在保质期内该类产品中的特征菌必须大量存在，并能继续存活且具有活性。

1. 发酵乳制品的种类

按国际乳品联合会的分类方式，发酵乳可分为两大类四小类。

（1）嗜热菌发酵乳

① 单菌发酵乳。单菌发酵乳是由单一特征菌发酵而成的发酵乳，例如嗜酸乳杆菌发酵乳、保加利亚乳杆菌发酵乳。

② 复合菌发酵乳。复合菌发酵乳是指由两种或两种以上的特征菌混合发酵而成的发酵乳，例如普通的凝固性酸乳是由普通酸乳的两种特征菌和双歧杆菌混合发酵而成的发酵乳。

（2）嗜温菌发酵乳

① 经乳酸发酵而成的产品。这种发酵乳中常用的菌如乳酸链球属及其亚属、肠膜状明串珠菌和干酪乳杆菌。

② 经乳酸和酒精发酵而成的产品。经乳酸和酒精发酵而成的产品如酸牛乳酒、酸马奶酒等乳制品。发酵乳制品种类繁多，但在我国最主要的有酸乳、乳酸菌饮料、乳酸菌制剂等。

2. 发酵乳制品的营养特点

发酵乳制品营养全面，风味独特，比牛乳更易被人体吸收利用，发酵乳制品具有如下功效。

① 抑制肠道内腐败菌的生长繁殖，对便秘和细菌性腹泻具有预防治疗作用。

② 酸乳中产生的有机酸可促进胃肠蠕动和胃液的分泌。胃酸缺乏症者，每天适量饮用酸乳，有助于恢复健康。

③ 可克服乳糖不耐症。

④ 酸乳可降低胆固醇。

⑤ 酸乳在发酵过程中乳酸菌产生抗诱变活性物质，具有抑制肿瘤发生的潜能。同时，酸乳还可提高人体的免疫功能。

⑥ 饮用酸乳对预防和治疗糖尿病、肝病也有一定辅助作用。

⑦ 酸乳还有美容、润肤、明目、固齿、健发等作用。酸乳中有丰富的氨基酸、维生素和钙，益于头发、眼睛、牙齿、骨骼的生长发育；同时由于酸乳能改善消化功能，防止便秘，抑制有害物质如酚、吲哚及胺类化合物在肠道内的产生和积累，能防止细胞老化，使皮肤白皙而健美。

（二）发酵剂

1. 发酵剂的种类

发酵剂是指生产发酵乳制品时所用的特定微生物培养物。发酵剂的种类有以下 3 种。

（1）乳酸菌纯培养物　乳酸菌纯培养物是含有纯乳酸菌的用于生产母发酵剂的牛乳菌株发酵剂或粉末发酵剂。主要接种在脱脂乳、乳清、肉汤等培养基中使其繁殖。现多用升华法制成冷冻干燥粉末或浓缩冷冻干燥来保存菌种。

（2）母发酵剂　母发酵剂是指在无菌条件下扩大培养的用于制作生产发酵剂的乳酸菌纯培养物。生产单位或使用者购买乳酸菌纯培养物后，用脱脂乳或其他培养基将其溶解活化，通过接代培养来扩大制备的发酵剂，并为生产发酵剂作基础。

（3）生产发酵剂（工作发酵剂）　生产发酵剂是直接用于生产的发酵剂，应在密闭容器内或易于清洗的不锈钢缸内进行生产发酵剂的制备。

2. 使用发酵剂的目的

(1) 乳酸发酵 利用乳酸发酵，将牛乳中乳糖转变为乳酸，使乳的 pH 降低而凝固，形成酸奶酸味，并能抑制杂菌污染。

(2) 产生风味 一些乳酸菌可以分解牛乳中的柠檬酸而生成丁二酮、羟丁酮、丁二醇等四碳化合物和微量的挥发酸、酒精、乙醛等，但其中对风味影响最大的是丁二酮。

(3) 蛋白质分解 在干酪生产中，酪蛋白分解生成的胨和氨基酸，是干酪成熟后的主要风味成分。

(4) 产生抗生素 乳酸链球菌和乳油链球菌中的个别菌株能产生乳酸链球菌素和乳油链球菌素等抗生素，可防止杂菌和酪酸菌的污染。

3. 发酵剂种类的选择与搭配

(1) 菌种的选择 菌种的选择对发酵剂的质量起着重要作用，应根据生产目的不同选择适当的菌种。通常选用两种或两种以上的发酵剂菌种混合使用，相互产生共生作用。如嗜热链球菌和保加利亚乳杆菌配合使用常用作发酵剂菌种。大量的研究证明，混合菌使用的效果比单一菌的使用效果要好。其特性见表 10-10。

表 10-10 常用乳酸菌菌种及特性

菌 种	乳酸发酵	产生丁二酮	蛋白质分解	产生抗生素	发育最适温度/℃	在最适温度下使乳凝固的时间/h	极限酸度/°T	菌落形态	使用的乳制品种类
乳酸链球菌	○	△	○	△	30～35	12	120	光滑微白有光泽	干酪、酸奶
嗜热链球菌	○				40～45	12～14	110～115	同上	同上
保加利亚乳杆菌	○	△	△		40～45	12	300～400	无色棉絮状	同上

注：1. ○——各种菌株的通性；△——部分菌株的性质。

2. 极限酸度：指能产生酸的最高酸度，表明各种菌产酸能力的大小。

(2) 菌种的搭配 在生产中，可以选择一种乳酸菌作为发酵剂，也可用 2 种或 3 种菌种的混合发酵剂来生产酸奶。实践证明，以 2 种或 3 种菌种按一定比例搭配使用，效果最好，这是由于菌种间的共生作用而导致互相得益的结果。一般认为，单独使用球菌时，发酵时间长，产酸量低，酸味不足，而且产品质地发粘，口感不好；单独使用杆菌时，发酵快，但酸味过于强烈，风味不柔和。因此，将球菌和杆菌混合使用，便可克服单独使用时产生的缺陷，得到良好的效果。根据试验研究和生产实践，一般认为采用以下比例的组合较好，但菌种来源不同，其效果有所差异，所以最好通过筛选试验进行确定。

嗜热链球菌∶保加利亚乳杆菌＝1∶1；

乳酸链球菌∶保加利亚乳杆菌＝4∶1

乳酸链球菌∶嗜热链球菌∶保加利亚乳杆菌＝1∶3∶1

4. 发酵剂的制备

制备发酵剂的必要设备有干燥箱、高压灭菌器、恒温箱、冰箱等。此外，必须先备好各类发酵剂的培养基容器及乳酸菌菌种。

(1) 菌种纯培养物的活化及保存 通常购买或取来的菌种纯培养物都装在试管或安瓿瓶中。由于保存、寄送等影响，活力减弱，需进行多次接种活化，以恢复活力。

菌种若是粉剂，首先应用灭菌脱脂乳将其溶解，而后用灭菌铂耳或吸管吸取少量的液体接种于预先已灭菌的培养基中，置于恒温箱或培养箱中培养。待凝固后再取出 1%～3% 的培养物接种于灭菌培养基中，反复活化数次。待乳酸菌充分活化后，即可调制母发酵剂。以上操作均需在无菌室内进行。

纯培养物做维持活力保存时，需保存在 0～5℃ 冰箱中，每隔 1～2 周移植一次，但在长期移植过程中，可能会有杂菌污染，造成菌种退化。因此，还应进行不定期的纯化处理，以除去污染菌和提高活力。在正式应用于生产时，应按上述方法反复活化。

（2）母发酵剂的制备　母发酵剂制备时一般以脱脂乳 100～300ml，装入三角瓶中以 121℃、15min 高压灭菌，并迅速冷却至 40℃左右进行接种。接种时取脱脂乳量 1%～3%的充分活化的菌种，接种于盛有灭菌脱脂乳的容器中，混匀后，放入恒温箱中进行培养。凝固后再移入灭菌脱脂乳中，如此反复 2～3 次，使乳酸菌保持一定活力，制成母发酵剂。

（3）生产发酵剂（工作发酵剂）的制备　生产发酵剂制备时取实际生产量 3%～4%的脱脂乳，装入经灭菌的容器中，以 90℃、15～30min 杀菌，并冷却。待达到所需酸度时即可取出置于冷库中。生产发酵剂的培养基最好与成品的原料相同，以使菌种的生活环境不致急剧改变而影响菌种的活力。

5. 发酵剂的质量要求及鉴定

（1）发酵剂的质量要求　乳酸菌发酵剂的质量，必须符合下列各项要求。

① 有适当的硬度，均匀而细滑，富有弹性，组织均匀一致，表面无变色、龟裂、不产生气泡及乳清分离等现象。

② 有优良的酸味和风味，不得有腐败味、苦味、饲料味和酵母味等异味。

③ 全粉碎后，质地均匀，细腻滑润。

④ 按上述方法接种后，在规定的时间内产生凝固，无延长现象。活力测定时，酸度、感官、挥发酸、滋味合乎规定指标。

（2）发酵剂的质量检查　发酵剂质量的好坏直接影响成品的质量，最常用的质量评定方法如下：

① 感官检查。观察发酵剂的质地、组织状态、色泽、风味及乳清析出等。良好的发酵剂应凝固均匀细腻，组织致密而富有弹性，乳清析出少，具有一定的酸味和芳香味，无异味，无气泡，无变色现象。

② 化学检查。一般主要检查酸度和挥发酸。酸度以 90～110°T 为宜。

③ 微生物检查。用常规方法测定总菌数和活菌数。

④ 发酵剂的活力测定。活力测定必须简单而迅速，可选择酸度测定方法或刃天青（$C_{12}H_{17}NO_4$）还原试验方法。酸度测定方法是常用的方法，即在高压灭菌后的脱脂乳中加入 3%的发酵剂，并在 37～38℃的温箱内培养 3.5h，然后测定酸度，如酸度达 0.4%则认为活力较好，并以酸度的数值表示活力（如此活力为 0.4）。刃天青（$C_{12}H_{17}NO_4$）还原试验是用脱脂乳 9ml 加发酵剂 1ml 和 0.005%刃天青溶液 1ml，在 36.7℃的温箱中培养 35min 以上，如完全褪色则表示活力良好。

（三）酸乳加工

酸乳是指在添加（或不添加）乳粉（或脱脂乳粉）的乳中，由于保加利亚杆菌和嗜热链球菌的作用进行乳酸发酵而制成的凝乳状产品，成品中必须含有大量相应的活菌。

1. 分类

根据成品的组织形态、口味，原料中乳脂肪含量、生产工艺和菌种的组成，通常可以将酸奶分成不同种类。目前我国市场上生产的酸奶按照成品的组织状态可分为两大类。

（1）凝固型酸乳　凝固型酸乳的发酵过程是在包装容器中进行的，因此成品呈凝乳状。

（2）搅拌型酸乳　搅拌型酸乳是发酵后再灌装而成。发酵后的凝乳在灌装前和灌装过程中被搅碎而成黏稠状。

2. 酸奶的生产工艺

以我国各大城市生产最多的凝固型酸奶为例加以介绍。

（1）工艺流程

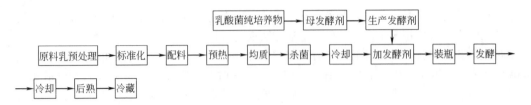

（2）操作要点

① 原料乳。选用符合质量要求的新鲜乳、脱脂乳或再制乳为原料。抗菌物质检测应为阴性。

② 配料。为提高干物质含量，可添加脱脂乳粉，并可配入果料、蔬菜等营养风味物料。根据国家标准，酸乳中全脂乳固体含量应为 11.5％左右，蔗糖加入量为 5％。适当的蔗糖对菌株产酸是有益的，但浓度过量，不仅抑制了乳酸菌产酸，而且增加生产成本。

③ 均质。均质前预热至 55℃左右可提高均质效果。均质有利于提高酸乳的稳定性和稠度，并使酸乳质地细腻，口感良好。

④ 杀菌及冷却。均质后的物料以 90℃进行 30min 杀菌，其目的是杀死病原菌及其他微生物，使乳中酶的活力钝化和抑菌物质失活，使乳清蛋白热变性，改善牛乳作为乳酸菌生长培养基的性能，改善酸乳的稠度。杀菌后的物料应迅速冷却到 45℃左右。

⑤ 加发酵剂。将活化后的混合生产发酵剂充分搅拌，以适当比例加入，一般加入量为总量的 3％～5％。加入的发酵剂不应有大凝块，以免影响成品质量。制作酸乳常用的发酵剂为保加利亚乳杆菌和嗜热链球菌的混合菌种，其比例通常为 1：1，也可用保加利亚乳杆菌与乳酸链球菌搭配，但研究证明，以前者搭配效果较好。

⑥ 装瓶。可根据市场需要选择瓶的大小和形状，并在装瓶前对瓶进行蒸汽灭菌。

⑦ 发酵。用保加利亚杆菌和嗜热链球菌的混合发酵剂时，温度保持在 41～44℃，培养时间 2.5～4.0h（3％～5％的接种量），达到凝固状态即可终止发酵。一般发酵终点可依据如下条件来判断：滴定酸度达到 80°T 以上；pH 低于 4.6；表面有少量水痕。发酵时应注意避免震动，发酵温度应恒定，避免忽高忽低，掌握好发酵时间，防止酸度不够或过度以及乳清析出。

⑧ 冷却与后熟。发酵好的瓶装凝固酸乳，应立即放入 4～5℃的冷库中，迅速抑制乳酸菌的生长，以免继续发酵而造成酸度过高。在冷藏期间，酸度仍会有所上升，同时风味成分双乙酰含量会增加。因此，发酵凝固后须在 4℃左右贮藏 24h 再出售，通常把该贮藏过程称为后成熟，一般最大冷藏期为 7 天。凝固型酸乳的生产线见图 10-1。

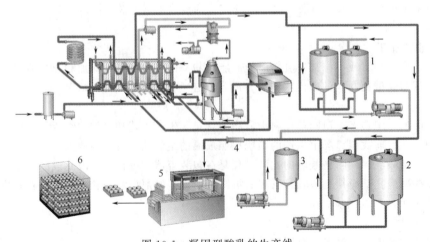

图 10-1　凝固型酸乳的生产线

1—生产发酵剂罐；2—缓冲罐；3—香精罐；4—混合器；5—包装；6—培养

（四）乳酸菌饮料的加工

乳酸菌饮料是指以乳或乳与其他原料的混合物经乳酸菌发酵后搅拌，加入稳定剂、糖、酸、水及果蔬汁调配后通过均质加工而成的液态酸乳制品。

1. 乳酸菌饮料的种类

乳酸菌饮料因加工处理的方法不同，一般分为酸乳型和果蔬型两大类。

（1）酸乳型乳酸菌饮料　是在酸凝乳的基础上将其破碎，配入白糖、香料、稳定剂等通过均质而制成的均匀一致的液态饮料。

（2）果蔬型乳酸菌饮料　是在发酵乳中加入适量的浓缩果汁（如柑橘、草莓、苹果、沙棘等）和适量的蔬菜汁浆（如番茄、胡萝卜、玉米、南瓜等）共同发酵后，再通过加糖、加稳定剂或香料等调配、均质后制作而成的饮料。

2. 乳酸菌饮料的加工

（1）工艺流程

（2）操作要点

① 混合调配。先将经过巴氏杀菌冷却至20℃左右的稳定剂、水、糖溶液加入发酵乳中混合并搅拌，然后再加入果汁、酸味剂与发酵乳混合后搅拌，最后加入香精等。一般糖的添加量为11%左右，饮料的pH调至3.9～4.2。

② 均质。通常用胶体磨或均质机进行均质，使其液滴微细化，提高料液黏度，抑制粒子的沉淀，并增强稳定剂的稳定效果。乳酸菌饮料较适宜的均质压力为20～25MPa，温度为53℃左右。

③ 后发酵。发酵调配后杀菌的目的是延长饮料的保存期。经合理杀菌，无菌灌装后的饮料，其保存期为3～6个月。

④ 蔬菜处理。在制作蔬菜乳酸菌饮料时，要首先对蔬菜浆进行加热处理，以起到灭酶的作用。通常在沸水中处理6～8min，经灭酶后打浆或取汁，再与杀菌后原料乳混合。

六、冰淇淋

冰淇淋原意为冰冻奶油，现通常是指以牛乳或乳制品和蔗糖为主要原料，并加入蛋与蛋制品、乳化剂、稳定剂以及香料等原料，经混合配制、杀菌、均质、成熟凝冻、成型、硬化等加工而成的产品。

（一）冰淇淋的分类

1. 按组成分类

（1）高级奶油冰淇淋　脂肪含量14%～16%，总干物质含量38%～42%。向其中加入不同成分的物料，可制成奶油冰淇淋、巧克力冰淇淋、胡桃冰淇淋、葡萄冰淇淋、果味冰淇淋、鸡蛋冰淇淋以及夹心冰淇淋等。

（2）奶油冰淇淋　脂肪含量10%～12%，总干物质含量34%～38%。依加入不同成分的物料，可制成各种相应的产品。

（3）牛奶冰淇淋　脂肪含量5%～8%，总干物质含量32%～34%，其中因加入物料的不同，可制成牛奶冰淇淋、牛奶可可冰淇淋、牛奶果味冰淇淋和浆果冰淇淋、牛奶鸡蛋冰淇淋以及牛奶夹心冰淇淋。

（4）果味冰淇淋　一般脂肪含量3%～5%，总干物质含量28%～30%，可制成橘子冰淇淋、香蕉冰淇淋、菠萝冰淇淋、杨梅冰淇淋等水果味冰淇淋等。

2. 按形状分类

按冰淇淋浇铸形状可分为散装冰淇淋、蛋卷冰淇淋、杯状冰淇淋、夹层冰淇淋、软质冰淇淋等。

3. 按原料及加入的辅料分类

按原料及加入的辅料分类有香料冰淇淋，水果、果仁冰淇淋、布丁冰淇淋、酸味冰淇淋和外涂巧克力冰淇淋等。

冰淇淋的组成和冰淇淋标准成分见表 10-11、表 10-12。

表 10-11　冰淇淋的组成　　　　　　　　　单位：％

组成成分	乳脂肪	非脂乳固体	糖分	增稠剂	乳化剂	总固形物
最低	3	7	12	0	0.1	28
最高	16	14	13	0.5	0.4	41
平均	8～14	8～11	13～15	0.2～0.3	0.2～0.3	35～39

表 10-12　冰淇淋的标准成分　　　　　　　　单位：％

成分	Ⅰ	Ⅱ	Ⅲ	Ⅳ	Ⅴ	Ⅵ
乳脂肪	3.0	6.0	8.0	10.0	12.0	16.0
非脂乳固体	11.7	11.0	11.0	10.5	10.0	10.0
糖分	15.0	15.0	15.0	15.0	14.0	14.0
乳化剂、稳定剂	0.35	0.35	0.30	0.30	0.30	0.30
香料、色素	适量	适量	适量	适量	适量	适量
总固形物	30.05	32.35	34.30	35.80	36.30	40.30

（二）冰淇淋的加工工艺

1. 工艺流程

原料预处理 → 混合料的制备 → 均质 → 杀菌 → 冷却 → 老化 → 凝冻 → 灌装成型 → 硬化 → 成品冷藏

2. 操作要点

（1）原料混合　为了使产品符合标准要求，必须对原料进行标准化，并制作好原料配合表。由于原料种类、比例及消费者爱好不同，冰淇淋的原料配合也各不相同。表 10-13 为冰淇淋的基本组成。

表 10-13　冰淇淋的组成成分　　　　　　　　单位：％

组成	甲种	乙种	丙种	丁种
脂肪	16.0	12.0	8.0	3.0
非脂乳固体	9.0～10.0	9.0～11.0	8.0～10.0	8.0～12.0
砂糖	13.0～15.0	13.0～15.0	14.0～16.0	14.0～17.0
稳定剂	0.1～0.2	0.2～0.3	0.2～0.3	0.2～0.4
乳化剂	0.1～0.3	0.1～0.3	0.1～0.3	0.1～0.3
总固体	37.0～41.0	35.0～39.0	34.0～37.0	28.0～33.0

原料混合在配料缸中进行。首先向液体原料中添加蔗糖溶液，如使用乳粉则应将其添加于预先加热的一部分液体原料中，经充分搅拌使之完全溶解复原后再添加于保温缸中；稳定剂、乳化剂等先用一部分液体原料调成大约 100g/L 的溶液，然后添加于加热到 5℃ 左右的保温缸的其他混合料中，并进行搅拌混合均匀，加热到 65～70℃。香味剂则于冷却时添加，若需添加果汁也在冷却过程中添加。

（2）均质　均质是冰淇淋生产的一个重要工序，适当的均质可使冰淇淋获得良好的组织状态，理想的膨胀率。均质的目的是在冰淇淋制造过程中，使混合料获得均匀一致的乳浊液，增进混合料的粘度，防止在凝冻过程中脂肪形成奶油析出，并改善混合料的起泡性，提高膨胀率。均质可在均质机中进行，均质压力为 15～21MPa，并在均质前将混合料预热到 60℃ 左右，这样有利于乳脂肪的乳化，使冰淇淋组织光滑细腻。

（3）杀菌　杀菌的目的不仅可杀灭混合料中的有害微生物，并可使冰淇淋组织均匀、风味一致。杀菌方法可采用低温间歇杀菌法和高温短时杀菌法。低温间歇杀菌法通常采用 68℃ 保温 30min，或 75℃ 保温 15min。采用高温短时杀菌法时，杀菌温度为 80～83℃，时间 30s。

（4）成熟　经杀菌后的混合料，立即通过冷凝器冷却到 0～4℃，并在此温度下保持 4～24h，这一操作过程称为成熟。成熟的目的是为了提高混合料的黏度，提高成品的膨胀率。经成熟后的混合料，由于黏度提高，在凝冻时可混入大量气体，使成品获得较高的膨胀率和良好的组织状态。

（5）凝冻　凝冻亦称冻结，是冰淇淋生产中的一个重要工序。混合料在凝冻器中强烈搅拌，可使空气更易于形成极细小的气泡分布在其中，使冰淇淋中的水分在形成冰晶时呈微细的冰结晶，从而使口感光滑细腻。凝冻过程中使用的凝冻机可分为 3 种类型，即冰块凝冻机、盐水凝冻机和氨液凝冻机。在大量生产冰淇淋时，多采用连续式氨液凝冻机，因其生产效率高，成品质量好，一般冷冻温度为 −5～−2℃。连续式氨液凝冻机以 −5～−1℃ 为宜。

（6）硬化　由凝冻机直接放出的冰淇淋具有流动性，组织柔软称为软质冰淇淋。在装入容器后经一段低温处理（−15～−10℃），使其冻结的过程称为硬化。硬化过程应以快速为好，这样形成的冰晶体细小，分布均匀，组织状态光滑细腻。硬化通常在硬化室内进行，将冰淇淋在 −25～−20℃ 的硬化室硬化 12h 左右，然后置于 −15℃ 的冷却库中进行贮藏。

七、其他乳制品

乳制品的种类很多，除上述制品外，还有干酪、奶油等许多种类，下面介绍几种。

1. 干酪

干酪是以乳与乳制品为原料，加入一定的乳酸菌发酵剂和凝乳酶，使乳中的蛋白质凝固，排除乳清，再经一定时间的成熟而制成的一种发酵乳制品。干酪主要成分是蛋白质和脂肪，此外还含有丰富的维生素。因此，干酪具有很高的营养价值。

（1）工艺流程

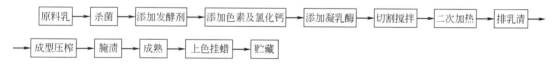

（2）操作要点

① 原料乳。生产干酪的原料乳必须是健康牛所产的新鲜乳，并需严格进行检查。通常酸度不得超过 19°T，酒精试验呈阴性。原料乳中不得含有抗生素和防腐剂，也不得使用近期内注射过抗菌素的乳牛所产的乳。

② 杀菌。杀菌的目的是杀死乳中的有害菌，有利于乳酸菌的生长。一般采用低温长时间杀菌法，杀菌条件：63～65℃、30min 或 73～75℃、20s。

③ 添加发酵剂。凡经过杀菌处理的原料乳，必须加入乳酸菌发酵剂。通常使用的乳酸菌为乳油链球菌和乳酸链球菌的混合培养物，培养温度为 21～27℃，培养时间为 12～24h。

④ 添加色素及氯化钙。加入发酵剂后，当酸度达到 0.18%～0.19% 时，添加色素胭脂树橙。添加量为每 1000kg 牛乳加 30～120g。同时，再加入 0.01% 的氯化钙（先用热水溶解成 10% 的溶液）。

⑤ 添加凝乳酶。生产干酪所用的凝乳酶以皱胃酶为主，如无皱胃酶时也可用胃蛋白酶代替。

酶的添加量随其活力（也称效价）而定，一般以在 35℃ 下保温 30～35min 可以进行切块为准。

⑥ 切割搅拌。为了获得均匀的干酪粒和增大凝块的表面积，加速乳清的排出，可用特制的干酪刀，将凝块切成 4～5mm³ 的小方块，然后进行搅拌以使乳清分离。

⑦ 二次加热。为加速干酪粒中的乳清排出和促进乳酸发酵，需进行二次加热。加热时必须使温度徐徐上升，一般以每 1 分钟升高 1～2℃ 为宜，并使乳清的最终温度达到 32～36℃。

⑧ 排乳清。二次加热后，当乳清酸度达到 0.12%，干酪粒已收缩至适当硬度时，即可将乳清排除。

⑨ 成型压榨。乳清排除以后，将干酪粒堆积在干酪槽的一端，用带孔木板压 5min，使其成块，并继续压出乳清，然后将干酪块切成砖状小块，装入模型中成型 5min。成型后用布包裹再放入模型中用压榨器压榨 4h。最初经 1h 后，翻转一次，并修整形状。

⑩ 腌渍。为抑制部分微生物的繁殖与增加风味，将压榨成型后的干酪取下包布，将其置于盐水池中腌渍。腌渍时上层盐水的浓度应保持在 220～230g/L，盐水的温度应保持在 8～10℃，一般腌渍的时间为 6～7 天。

⑪ 成熟。干酪的成熟是复杂的生物化学与微生物学过程。干酪的成熟是以乳酸发酵、丙酸发酵为基础的，并与温度、湿度和微生物的种类有密切关系。干酪中的乳糖含量很少（仅 10～20g/L），因为大部分的乳糖遗留在乳清中，剩余的乳糖在干酪成熟的最初 8～10 天内由于乳酸菌的作用而分解为乳酸，乳酸与酪蛋白酸钙结合形成乳酸钙，乳酸钙和乳酸菌死后所形成的酶对干酪的成熟具有重大意义。酶能将蛋白质分解为蛋白胨及氨基酸。成熟过程中还形成中间产物及酒精、葡萄糖、二氧化碳、丁二酮等，并使干酪产生气孔和特殊的滋气味，但脂肪与矿物质很少变化。

⑫ 上色挂蜡。成熟后的干酪，在出厂前为防止生霉与增加美观，将成熟完毕的干酪，经清洗干燥后，用食用色素染成红色，待色素完全干燥后再在 60℃ 的石蜡中进行挂蜡。

⑬ 贮藏。成品干酪应在 5℃ 及 88%～90% 的相对湿度条件下进行贮藏。但一些研究证明，干酪最好在 -5℃ 及 90%～92% 的相对湿度下进行贮藏，如此可以保存 1 年以上。

2. 民族乳制品简介

（1）奶豆腐　奶豆腐的制造方法大致与豆腐相同。按古代书籍记载，其制造方法是在乳内加入一定数量的醋，使蛋白质凝固，然后以布过滤，去掉乳清，再将凝块用布包扎压榨，即成奶豆腐。这种奶豆腐的制法与豆腐几乎完全相同，但目前少数民族地区的奶豆腐则多用制奶皮子后剩下的脱脂乳制造。其方法是将脱脂乳置于容器中，使其自然发酵凝固，然后将乳清排出，将尚含有相当水分的凝块放入锅内，加热搅拌，使部分水分蒸发而黏度增加，最后取出摊开或放置于定形的方匣中，冷却后即成奶豆腐。为了便于长期保存，可把制成的奶豆腐置于日光下晒干，则可长贮不坏。

此外，浙江温州地区，将奶豆腐制成腐乳状，别有风味。其制法为：加少量食醋于碗中，然后盛一铁勺煮开的牛乳倒入碗中，不断摇荡，等全部蛋白质凝成团状后取出，沥去乳清，投入食盐水中保存，随时用以佐餐。

（2）酥油　酥油是我国内蒙古、青海、西藏、新疆等少数民族地区普遍的食品，因为它具有可以长期保存特性，故牧民每至产奶丰富的季节即大量制造，以供常年食用。其制法为：将鲜奶通过牛乳分离机或加热静置的方法取出稀奶油或奶皮，然后倒入木桶中在经常搅拌下发酵一星期。再把表面凝结带有强烈酸味的凝固乳脂肪取出，并挤去其中乳汁，然后放在冷水中漂洗和揉搓，最后尽量挤去水分，即成为一般奶油。再把这种奶油放在锅内熔化，并去掉浮于油脂表面的杂物，加热至锅内没有水分的响声后，将其倒出，去掉沉于底部的渣子，冷却后即为酥油。酥油的脂肪含量约为 99%，蛋白质 0.1%，糖类 0.2%，水分 0.7%。因为蛋白质和水分等含量很低，所以能耐久藏。

（3）奶子酒　我国少数民族所制的奶子酒与一般的牛乳酒、马乳酒不同。一般的牛乳酒都是在乳中加入一定量的发酵剂，进行1～3昼夜的发酵制成，其所含酒精量很低，约在0.6%以下，故多作为清凉饮料。而我国少数民族所制的奶子酒，是用制奶豆腐所剩下的乳清，加入少量生乳，然后置于密闭的容器中并放在温度较高的房屋中发酵。经20～30天的发酵后，酒即大致酿成。取出后用酿白酒的方法进行蒸馏，即可得到含酒精量10%以上的奶子酒。

我国的奶子酒为无色透明的流体，略带苦味并有乳香味。

第三节　蛋及蛋制品的加工

一、蛋的构造与化学组成

（一）蛋的构造

禽蛋主要包括蛋壳（包括蛋壳膜）、蛋白及蛋黄三个部分，其中蛋壳及蛋壳膜占全蛋质量的12%～13%，蛋白占55%～56%，蛋黄占32%～35%。但其比例因产蛋家禽年龄、产蛋季节、蛋禽饲养管理条件及产蛋量而有所变化。蛋的详细构造如图10-2所示。

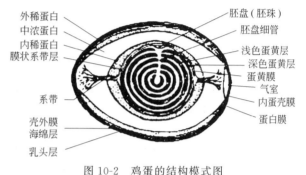

图10-2　鸡蛋的结构模式图

1. 外蛋壳膜

蛋壳表面涂布着一层胶质性的物质，叫外蛋壳膜，又称壳外膜，其厚度为0.05～0.1mm，是一种无定型结构，无色、透明、具有光泽的可溶性蛋白质。其成分为黏蛋白，容易脱落，尤其在有水汽的情况下更易消失。外蛋壳膜的主要作用是保护蛋不受微生物的侵入，防止蛋内水分蒸发和CO_2的溢出。

2. 蛋壳

蛋壳是包裹在蛋内容物外面的一层硬壳，具有固定蛋的形状并保护蛋白、蛋黄的作用，但质脆不耐碰撞或挤压。蛋壳占整个蛋重的12%左右，其厚度为0.2～0.4mm，能经受3MPa的压力而不破裂。蛋壳的纵轴较横轴耐压，因此，在贮藏运输时，要把蛋竖放。蛋壳上有许多气孔，其数量为（129.1±1.1）个/cm^2，气孔最多的部位是蛋的大头处，其作用是沟通蛋的内外环境，空气可以由气孔进入蛋内，蛋内水分和气体可以由气孔排出。蛋久存后质量减轻便是此原因。

3. 蛋壳膜

在蛋壳内面、蛋白的外面有一层白色薄膜叫蛋壳膜，蛋壳膜分为内、外两层，内层叫蛋白膜，外层叫内蛋壳膜。蛋壳膜厚度为73～114μm，其中蛋壳内膜厚41.1～60.0μm，蛋白膜厚12.9～17.3μm。蛋壳膜是一种能透水和空气的紧密而有弹性的薄膜，不溶于水、酸、碱及盐类溶液。在蛋的贮藏期间，当蛋白酶破坏了蛋白膜以后，微生物才能进入蛋白内。因此，蛋壳膜有保护蛋内容物不受微生物侵蚀的作用。

4. 气室

在蛋钝端，由蛋白膜和内蛋壳膜分离而形成一气囊，称气室。新生的蛋没有气室，当蛋接触空气，蛋内容物遇冷发生收缩，使蛋的内部暂时形成一部分真空，外界空气由蛋壳气孔和蛋壳膜孔进入蛋内，形成气室。气室的大小同蛋的新鲜程度有关，是鉴别蛋新鲜度的重要标志之一。

5. 蛋白

蛋白位于蛋白膜的内层，系白色透明的半流动胶体物质，并以不同浓度分层分布于蛋内。蛋白由外向内分为四层，第一层为外层稀薄蛋白，占蛋白总体积的23.2%；第二层为中层浓厚蛋白，占蛋白总体积的57.3%；第三层为内层稀薄蛋白，占蛋白总体积的16.8%；第四层为系带层浓厚蛋白，蛋白总体积的 2.7%。

在蛋白中，位于蛋黄两端各有一条向蛋的钝端和尖端延伸的带状扭曲物，称为系带，其作用为固定蛋黄的位置。系带是由浓厚蛋白构成的，新鲜蛋的系带粗而有弹性，含有丰富的溶菌酶。随着鲜蛋贮藏时间的延长和温度的升高，受酶的作用而发生水解，逐渐变细，甚至完全消失，造成蛋黄移位上浮出现靠黄蛋和粘壳蛋，因此，系带存在的状况是鉴定蛋新鲜程度的重要标志之一。

6. 蛋黄

蛋黄位于蛋的中心，呈圆球形，由蛋黄膜、蛋黄液、胚胎所组成。蛋黄膜是包在蛋黄外面的一层微细、紧密而有韧性的薄膜，其厚度为 16 μm，重量为蛋黄重的 2%～3%。蛋黄液是一种浓稠不透明的半流动黄色乳状液，由黄色蛋黄与白色蛋黄交替组成。蛋黄表面上有一个直径为 2～3mm 的白点，叫胚盘。胚盘下部至蛋黄中心有一细长近似白色的部分，叫蛋黄芯。新鲜蛋打开后，蛋黄凸出，陈蛋则扁平。根据蛋黄的凸出程度可计算蛋黄指数，用来判断蛋的新鲜度。蛋黄指数＝蛋黄高度/蛋黄直径。新鲜蛋的蛋黄指数最大，随着蛋贮藏期的延长，蛋黄指数呈下降趋势。

（二）蛋的化学组成与特性

1. 蛋的化学组成

蛋的化学组成见表 10-14，由于家禽的种类、品种、饲料、产蛋期、饲养管理条件及其他因素的影响，蛋的化学组成变化很大。

表 10-14　不同禽蛋的化学组成　　　　　　　　　　单位：%

禽蛋种类	水分	蛋白质	脂肪	糖类	矿物质
鸡蛋	74.0	12.7	11.0	1.3	1.0
鸭蛋	40.3	12.6	13.0	3.1	1.0
鹅蛋	69.3	11.1	15.6	2.8	1.2
鹌鹑蛋	73.0	12.8	11.1	2.1	1.0

禽蛋中蛋白质的含量为 11%～15%，主要是卵白蛋白，在蛋黄中还有丰富的卵黄磷蛋白，其中含有人体所需的多种氨基酸（表 10-15）。禽蛋蛋白质的生理价值为 65，消化率为 98%。

表 10-15　禽蛋中主要氨基酸含量（以干物质计）　　　　单位：%

氨基酸种类	精氨酸	组氨酸	赖氨酸	酪氨酸	色氨酸	苯丙氨酸	胱氨酸	蛋氨酸	苏氨酸
蛋白	5.9	2.2	6.5	5.4	1.7	5.5	2.6	2.4	4.3
蛋黄	8.2	1.4	5.5	5.8	1.7	5.7	2.3	1.4	—

蛋黄脂肪中含有丰富的磷脂和胆固醇，禽蛋中含有较多的磷、铁等矿物质和各种微量元素，容易被人体吸收，但禽蛋中的矿物质主要存在于蛋壳中，禽蛋中维生素 C 含量少，碳水化合物含量甚微。

2. 蛋的特性

（1）蛋的功能特性　禽蛋有很多重要特性，其中与食品加工密切相关的有蛋的凝固性、乳化性和发泡性等，这些特性使蛋在蛋糕、饼干、再制蛋、蛋黄酱、冰激凌及糖果等制造中得到广泛应用。

① 蛋白的凝固性。凝固性是蛋白质的重要特性，当蛋白受热、盐、酸或碱及机械作用时，会发生凝固。这种蛋白质分子结构的变化使蛋液变稠，由流体（溶胶）变成固体或半固体（凝胶）状态。

② 蛋黄的乳化性。蛋黄中含有丰富的卵磷脂，因此蛋黄具有优异的乳化性。卵磷脂既具有能与油结合的疏水基，又具有能与水结合的亲水基，在搅拌下能形成混合均匀的蛋黄酱。

③ 蛋白的起泡性。泡沫是一种气体分散在液体中的多相体系，当搅打蛋清时，空气进入并被包在蛋清液中形成气泡。在起泡过程中气泡逐渐由大变小、数目增多，最后失去流动性，可以通过加热使之固定。

（2）蛋的理化特性

① 相对密度。鲜蛋的相对密度为 1.078～1.094，陈蛋的相对密度随存放时间而逐渐变小。禽种不同，蛋的相对密度不同，同种禽蛋的不同部位，相对密度也不相同。以鸡蛋为例：蛋壳为 1.741～2.134，蛋白为 1.039～1.052，蛋黄为 1.0288～1.0299。

② 黏度。禽蛋各部分的黏度均不相同。以新鲜鸡蛋为例：蛋白为 $(3.5～10.5)×10^{-3}$ Pa·s，蛋黄 $(0.11～0.25)$ Pa·s。陈蛋由于蛋白质的分解及表面张力的降低，黏度会降低。

③ 表面张力。新鲜鸡蛋的表面张力为 50～55N/m，其中蛋白为 56～65N/m，蛋黄为45～55N/m。

④ pH。新鲜蛋白的 pH 为 6.0～7.7，随着贮藏时间的延长而升高，主要是由于 CO_2 的逸出，贮藏 10 天左右时，pH 可达 9.0～9.7。新鲜蛋黄的 pH 为 6.32，贮藏期间有所升高，但变化缓慢。

⑤ 热变性。热变性用凝固温度来衡量。新鲜鸡蛋的热凝固温度为 72.0～77.0℃，平均为 74.7℃。新鲜蛋白热凝固温度为 62～64℃，平均 63℃；蛋黄为 68～71.5℃，平均 69.5℃。蛋的热凝固温度同其所含的蛋白质有关，如卵白蛋白的热凝固温度为 60～64℃，卵黏蛋白与卵球蛋白的热凝固温度为 60～70℃，卵类黏蛋白则不凝固。

⑥ 冰点。蛋白和蛋黄的冰点不相同，蛋白为 -0.45～-0.42℃，蛋黄为 -0.59～-0.57℃。

⑦ 渗透作用。在蛋黄与蛋白之间隔有一层具有渗透作用的蛋黄膜，两者之间化学组成不同，因此，很容易发生两者水分和盐类的渗透现象。在贮存过程中，蛋黄中的水分逐渐增多，而盐类则相反。这种变化随温度升高而加快。

（3）鲜蛋的贮运特性　鲜蛋是鲜活的生命体，时刻都在进行着一系列生理生化活动。温度高低、湿度大小以及污染、挤压碰撞等都会引起鲜蛋质量的变化。鲜蛋在贮藏运输等过程中具有以下特点。

① 孵育性。蛋存放以 -1～0℃ 为宜。因为低温有利于抑制蛋内微生物和酶的活动，使鲜蛋呼吸作用缓慢，水分蒸发减少，有利于保持鲜蛋营养价值和新鲜度。温度在 10～20℃ 时会引起鲜蛋的渐变；21～25℃ 时胚胎开始发育；25～28℃ 时发育加快，改变了蛋的原形和品质；37.5～39.5℃ 时，仅 3～5 天内胚胎周围就出现树枝状血管，即使未受精的蛋，气温过高也会引起胚珠和蛋黄扩大。

② 潮变质性。雨淋、水洗、受潮都会破坏蛋壳表面的胶质薄膜，造成气孔外露，细菌容易进入蛋内繁殖，加快蛋的腐败。

③ 冻裂性。蛋既怕高温，又怕 0℃ 下的低温。当温度低于 -2℃ 时，易将鲜蛋蛋壳冻裂，蛋液渗出；-7℃ 时，蛋液开始冻结。因此，当气温过低时，必须做好蛋的保暖防冻工作。

④ 吸味性。鲜蛋能通过蛋壳的气孔不断进行呼吸，故当存放环境有异味时，其有吸收异味的特性。因此鲜蛋在收购、贮运过程中不要与农药、化学药品或某些药品等有异味的物质放在一起，避免吸附异味，影响食用及产品质量。

⑤ 易腐性。鲜蛋营养丰富，是细菌最好的天然培养基。当鲜蛋受到禽粪、血污及其他有机物污染时，细菌会先在蛋壳表面生长繁殖，并逐步从气孔侵入蛋内。在适宜的温度下，细菌就会迅速繁殖，加速蛋的变质，甚至使其腐败。

⑥ 易碎性。挤压碰撞极易使蛋壳破碎，造成裂纹、流清等，使之成为破损或散黄蛋，这些均为劣质蛋。

鉴于上述特性，鲜蛋必须存放在干燥、清洁、无异味、温度偏低、湿度适宜、通气良好的地方，并要轻拿轻放，切忌碰撞以免破损。

二、蛋的保鲜贮藏

禽蛋是容易变质的食品，需要采用适当技术措施延长其贮藏保鲜期，这有利于满足市场对禽蛋的常年需求，减少禽蛋生产企业的损失，提高经济效益。

（一）鲜蛋的贮藏

禽蛋贮藏保鲜方法主要有冷藏法、涂膜法、浸泡法等。每种方法各有特点，可根据实际情况进行选择。

1. 冷藏法

冷藏法贮藏鲜蛋的原理是利用低温来延缓蛋内的蛋白质分解，抑制蛋内酶的活性，延缓蛋内的生化变化，抑制微生物的生长繁殖，以达到较长时间保存鲜蛋的方法。冷藏法是目前应用较广的一种贮藏方法，但该法由于冷库造价较高，还不能普遍应用。

（1）冷藏前的准备

① 冷库消毒。入库前，冷库要事先用石灰水或漂白粉溶液消毒、打扫清洁、通风换气。

② 严格选蛋。鲜蛋冷藏效果好坏同蛋源有密切的关系。鲜蛋入库前要经过外观和灯光透视检验，剔除破碎、裂纹、雨淋、孵化、异形等次劣蛋和破损蛋，并把新鲜蛋、陈蛋按程度分类。符合贮藏条件的鲜蛋尽快入库，不能在库外搁置过久。

③ 合理包装。入库鲜蛋的包装要清洁、干燥、完整、结实，没有异味，要轻装轻卸。

④ 鲜蛋预冷。选好的鲜蛋入冷库前要经过预冷。一般是在冷库的穿堂或过道进行，每隔1～2h降温1℃，待蛋降温到1～2℃时入冷库。

（2）冷库的技术管理

① 合理设置码垛间隔。码垛应使库内通风适宜，且箱不靠墙，离墙20～30cm，垛间距10cm左右，便于检查和通风。垛的高度不能超过风道喷风口，以利于空气对流畅通。每批蛋进库后应挂上货牌标明入库日期、数量、类别、产地和温湿度的变化情况。

② 恒定温湿度。鲜蛋冷藏最适宜的温度为−2～−1℃，最低不能低于−5℃。北方天气寒冷、干燥，温度在−5～1℃，相对湿度以85％～90％为最好。南方气候热、较潮湿，温度在10℃左右，相对湿度以80％～85％为最好。库内温湿度要恒定，不可忽高忽低。温度在昼夜间的变化幅度不能超过±0.5℃。湿度也不能太低，否则会造成自然损耗的增加。因此，要定期检查库内温湿度。

③ 定期检查鲜蛋质量。检验时间和数量要视蛋的质量和贮藏时间而定。质量好或存放时间短的，检验次数可少些。质量差或存放时间长的，检验次数可多些。一般每隔15～30天检查一次，抽查数量要适宜，出库前要详细抽样检查，抽检应具有代表性。发现变质的蛋，要及时处理。

④ 出库时要升温。冷藏鲜蛋出库前，需逐步升温，否则蛋壳表面易凝成一层水珠，易使蛋壳膜受热破裂，易于感染微生物，加速蛋的库外变质。如将蛋从0℃直接放到27℃室内5天，次蛋率达13％。因此，出库时的冷藏蛋要注意逐步升温。

⑤ 禁止同时冷藏其他物品。鲜蛋冷藏期间，切忌同有异味的物质放在同一冷库内，一是防止蛋吸收异味，影响品质；二是这些物质的要求不同，相互影响冷藏效果。因此，要不同的物质分库冷藏。

2. 浸泡法

浸泡法就是选用适当的溶液，将蛋浸在其中，使蛋与空气隔绝，起到阻止蛋内水分向外蒸发，避免微生物污染，阻止蛋内二氧化碳逸出的作用，从而起到对蛋保鲜的作用。浸泡法根据使用溶液的不同，可分为石灰水贮藏法、水玻璃贮藏法及混合液贮藏法等。

现以石灰水贮藏法为例加以介绍。该法所用的主要原料为生石灰，其水溶液呈碱性，具有较好的消毒作用。操作中，先把经过选择的禽蛋放入缸或水泥池内，然后取已配制好的石灰水上清液，沿缸边或池边缓慢倒入，直至浸没蛋面10cm以上为止，最后加盖木盖，或用塑料薄膜覆盖即可。禽蛋经浸泡2～3天后，即可在石灰水表面形成一层冰状薄膜。如果将其置于10～15℃的环境条件下，禽蛋一般可贮藏5～6个月。使用浸泡法须注意以下几点。

① 禽蛋贮藏前必须进行选择，并且要求新鲜、完整而清洁。

② 在贮藏禽蛋过程中，石灰水温度不能超过25℃，其最佳温度为15℃以下；夏季温度较高时，应设法进行降温；冬季温度较低，应防止石灰水结冰。

③ 禽蛋在贮藏过程中应经常进行检查，如果发现贮藏液液面降低时，要用新配制的石灰水溶液予以补充，使液面水平始终保持原来的标准。

④ 利用该法贮藏禽蛋时，其贮藏期一般不超过6个月，如果时间过长，则易引起蛋白变稀及蛋黄增大，经加工后的产品会有明显的石灰味。

⑤ 采用该法贮藏后的禽蛋，如果带壳煮食时，必须用针在其大端将蛋壳刺几个小孔。否则，经加热后，由于蛋的内压增加，易引起爆裂。

⑥ 采用该法贮藏后的禽蛋，蛋壳较脆，在包装、运输过程中，更应注意轻拿轻放。

3. 涂膜法

使用常温涂膜保鲜，不需要大型设备，投资小、见效快，具有较高的经济价值，并且及时保持了禽蛋的新鲜度，减少了蛋在收购运输过程中的损耗变质。同时由于涂膜后增加了蛋壳的坚实度，可以降低运输过程中的破损率，具有较高的实用价值和经济效益。

涂膜贮藏法的原理是在鲜蛋表面均匀地涂上一层涂膜剂，以堵塞蛋壳气孔，阻止微生物的侵入，减少蛋内水分和二氧化碳的挥发，延缓鲜蛋内的生化反应速度，达到较长时间保持鲜蛋的品质和营养价值。一般涂膜剂有水溶性涂料、乳化剂涂料和油质性涂料等几种，一般多采用油质性涂膜剂，如液体石蜡、植物油、矿物油、凡士林、聚乙烯醇、聚苯乙烯、虫胶、聚乙烯、硅脂膏等。鲜蛋涂膜的方法有浸渍法、喷雾法和刷膜法三种。生产中以石蜡涂膜法较常见，其工艺如下。

（1）选蛋　必须选用品质新鲜、蛋壳完整的蛋，并经光照检验，剔去次劣蛋、破损蛋。夏季最好用产后7天以内的蛋，春秋季最好用产后10天内的蛋。

（2）涂膜　涂膜的方法可分为手工涂膜和浸泡涂膜。手工涂膜适用于小规模生产，具体方法如下。先将少量液体石蜡油放入碗或盆中，用右手蘸取少许于左手心中，双手相搓，粘满双手，然后把蛋在手心中两手相搓，快速旋转，使液蜡均匀微量地涂满蛋壳。浸泡涂膜是将液体石蜡油倾入缸内，把预先照验合格、洗净晾干的鲜蛋放入有孔的容器内，入缸浸没数秒钟，取出沥干，然后移入塑料框中入库保存。

（3）入库保存　将涂膜后的蛋放入蛋箱或蛋篓内贮存。放蛋时，要放平放稳，以防贮存时移位破损。保持库房内通风良好，库温控制在0℃以下，相对湿度为70%～80%。入库管理时应注意温湿度，定期观察，不要轻易翻动蛋箱。一般20天左右检查1次。

4. CO_2 贮藏法

CO_2贮藏法的原理是把鲜蛋贮存在一定浓度的CO_2气体中，使蛋内自身所含的CO_2不易散发，并渗入蛋内，使蛋内CO_2含量增加，从而减缓鲜蛋内酶的活性，减弱代谢速度，抑制微生物生长，保持蛋的新鲜度。

贮藏过程中保持适宜CO_2浓度，一般为20%～30%。其做法是先用聚乙烯塑料薄膜做成有一定体积的塑料帐，将挑选消毒过的鲜蛋放在底板上（底面铺薄膜）预冷2天，使蛋温和库温基本一致，再将吸潮剂硅胶屑、漂白粉分装在布袋或化纤布袋内，均匀放在垛顶箱上，以便防潮、消毒。然后套上塑料帐，用烫塑器把塑料帐与底面薄膜烫牢，不得漏气。再将塑料帐抽成真空，使塑料帐紧贴蛋箱。最后充入CO_2气体，使浓度达到要求。此后，每隔2～6天测一次CO_2浓度，不足时及时补充。待浓度稳定后，每星期测定一次，不足便补，直到出库，CO_2浓度始终保持在20%～30%的浓度。

采用此法在 0℃冷库内贮存半年的蛋新鲜度好、蛋白清晰、浓稀蛋白分明、蛋黄指数高、气室小、无异味。该法贮藏的蛋比冷藏法贮藏的蛋平均降低干耗 2%～7%，且温湿度要求不严格。

5. 全蛋巴氏杀菌法

全蛋巴氏杀菌法将装有经过选择的禽蛋置于沸水中浸泡 6～7s，随即取出晾干，然后置于室温下贮藏，其贮藏期可达 3～4 个月。据资料报道，若将晾干的禽蛋再放入干燥、清洁的石灰水中贮藏 3 个月，其变质率仅为 1.49%。

6. 民间简易贮藏法

对于少量禽蛋的贮存，民间总结出了不少行之有效的好方法，如豆类贮蛋法、谷糠贮蛋法、小米贮蛋法等。如豆类贮蛋法是将晒干的黄豆、绿豆、红豆、黑豆等豆类放入容器内，先在底层放一层豆类，放一层蛋，再放一层豆类，再放一层蛋。如此装满，最上面放一层豆类，加盖。此法可贮藏半年。

（二）鲜蛋在贮藏过程中的变化

禽蛋在贮藏过程中，会发生一系列物理、化学、生物学和微生物学变化，这些变化会影响禽蛋的品质和加工、食用价值。为了做好禽蛋的贮藏保鲜工作，必须了解禽蛋在贮藏保鲜中的各种变化。

1. 物理变化

（1）重量变化　由于蛋壳上有气孔，蛋在贮藏过程中蛋内容物中的水分不断蒸发及外界空气进入，使蛋的重量逐渐减轻。蛋重量的减轻程度与贮藏温度、湿度、空气流通、贮藏方法等因素有关（表 10-16、表 10-17）。因此，蛋在贮存中，要选择合适的贮存方法，尤其要注意贮藏中的温度和湿度。

表 10-16　不同温度下贮存的鸡蛋的重量变化

保藏时的温度/℃	9	18	22	37
每昼夜的重量变化/(g/枚)	0.001	0.001	0.04	0.05

表 10-17　不同湿度下贮存的鸡蛋的重量变化

保藏时的温度/℃	90	70	50
每昼夜的重量变化/(g/枚)	0.0075	0.0183	0.0258

（2）气室变化　蛋气室的变化同重量的损失有明显的关系。随着蛋重的减轻，气室也随之增大。存放时间越长，蛋重损失越大，气室也就越大。气室的变化同样与蛋重量的减轻程度，与贮藏温度、湿度、空气流通、贮藏方法等因素有关。

（3）蛋内水分的变化　蛋失重主要是因为水分的蒸发，而蒸发的水分主要是蛋白内的水分。因此，蛋白的水分一方面向外蒸发，而另一方面因渗透压的缘故向蛋黄内渗透，使蛋黄内水分增加。蛋内水分的变化主要同贮存时间和温度有关。

（4）蛋白层的变化　鲜蛋的蛋白层变化是较明显的。在贮存过程中，浓厚蛋白逐渐变稀，蛋白层的组成比例发生显著的变化，最后使蛋黄膜变薄而破裂，蛋白、蛋黄相混合。随着浓厚蛋白的减少，溶菌酶的杀菌作用也降低，蛋的耐贮性也大为降低。蛋白层的变化主要同温度有关。因此，降低温度是防止浓厚蛋白变稀的有效措施。

（5）蛋黄的变化　鲜蛋在贮存过程中，由于蛋白水分向蛋黄内渗透，蛋黄逐渐变稀，同时蛋黄膜强度降低，使蛋黄的高度明显降低，蛋黄指数减小。鲜蛋的蛋黄指数在 0.35 以上，当蛋黄指数在 0.25 以下时，蛋黄膜就会破裂。蛋黄指数的下降主要同贮存时间及温度有关。

2. 其他变化

（1）化学变化　化学变化主要是指鲜蛋在贮存期间 pH、含氨量、脂肪酸等的变化。

① pH 的变化。蛋在贮存期间，pH 不断发生变化，尤其是蛋白 pH 变化较大。一般情况下，鲜蛋蛋白的 pH 呈碱性，为 8 左右。随着贮存时间的延长，pH 可降低到 7 左右。鲜蛋蛋黄的 pH 为 6 左右，由于蛋内化学成分的变化及 CO_2 少量蒸发，pH 会缓慢增高，可达到 7 左右。当蛋黄和蛋白的 pH 均接近于 7 时，说明蛋已相当陈旧，但尚可食用。当蛋腐败后，CO_2 难以排出，加上腐败后蛋内有机物分解产生酸类，pH 下降到中性或酸性，这种蛋不能食用。

② 含氨量的变化。蛋在贮存期间，由于酶和微生物的作用，使蛋白质分解，而使蛋内含氨量增加。

③ 脂肪酸的变化。贮存期间，蛋黄中的脂类逐渐氧化，使游离脂肪酸含量逐渐增加。

（2）生理变化　蛋若是在较高的温度下贮藏，将引起胚胎（胚珠）的生理变化。若是受精蛋，则使胚胎周围形成血丝，以致发育形成雏禽；若不是受精蛋，则使胚胎出现膨大现象。这种变化最易降低蛋的质量，而且大大影响蛋的贮藏期。防止这种生理变化的有效措施是降低温度。

（3）微生物的变化　贮存期间蛋内微生物的变化，主要是感染了微生物所致。蛋感染微生物的途径有两种：一是母禽体内感染，另一种是蛋在贮存过程中受到微生物的侵入而感染。新鲜蛋的外蛋壳膜能够防止微生物的侵入，蛋内含溶菌酶，能杀死侵入的微生物，但外蛋壳膜极易脱落，溶菌酶也极易失活，微生物容易从蛋壳气孔侵入感染。感染的微生物通过蛋壳气孔和壳内膜纤维间隙侵入蛋内，在蛋内大量繁殖，使蛋变质。蛋内微生物生长繁殖的适宜温度是 20~40℃，低温能减缓微生物的侵入速度和繁殖速度。

蛋腐败变质的主要原因是微生物的侵入。蛋变质的最初是蛋白变稀，呈淡绿色，并逐渐扩大到全部蛋白，系带变细，蛋黄贴近蛋壳，蛋黄膜破裂，蛋白和蛋黄相混，以致逐渐开始变质，蛋白变蓝或变绿，产生腐臭味，蛋黄变成褐色。

三、蛋制品的加工

（一）松花蛋的加工

松花蛋又称皮蛋、变蛋、碱蛋或泥蛋，是我国人民首创的传统风味蛋制品，因营养价值高，味鲜美，易消化，深受国内外消费者的欢迎。由于加工用的辅料和方法不同，可分为溏心皮蛋和硬心皮蛋两类。皮蛋多采用鸭蛋为原料，有些地区也采用鸡蛋来加工。

1. 皮蛋加工的基本原理

（1）蛋白与蛋黄的凝固

① 凝固原理。纯碱与熟石灰生成的氢氧化钠或直接加入的氢氧化钠，由蛋壳渗入蛋内，而逐步向蛋黄渗入，使蛋白中变性蛋白分子继续凝聚成凝胶状，并有弹性。同时，溶液中的氧化铅、食盐中的钠离子、石灰中的钙离子、植物灰中的钾离子、茶叶中的单宁物质等，都会促使蛋内的蛋白质凝固和沉淀，使蛋黄凝固和收缩。蛋白和蛋黄的凝固速度和时间与温度的高低有关。温度高，碱性物质作用快；反之，则慢。所以，加工皮蛋需要一定的温度和时间。但适宜的碱量则是关键，如果碱量过多、时间过长，会使已凝固的蛋白变为液体，称为"碱伤"。因此，在皮蛋加工过程中，要严格掌握碱的使用量，并根据温度掌握好时间。

② 凝固过程。凝固过程分为 5 个阶段。

a. 化清阶段。这是鲜蛋泡入料液后发生明显变化的第一阶段。蛋白从黏稠变成稀的透明水样溶液，蛋黄有轻度凝固。其中含碱量（以 NaOH 计）为 4.4~5.7mg/g，蛋白质的变性达到完全，蛋白质分子变为分子团胶束状态，卵蛋白在碱性条件及水的参与下发生了强碱变性作用。坚实的刚性蛋白质分子变为结构松散的柔性分子，从卷曲状态变为伸直状态，束缚水变成了自由水。但这时蛋白质分子的一、二级结构尚未受到破坏，化清的蛋白还没有失去热凝固性。

b. 凝固阶段。卵蛋白从稀的透明水样溶液凝固成具有弹性的透明胶体，蛋白胶体呈现出五色或微黄色，蛋黄凝固厚度为 1~3mm。含碱量（以 NaOH 计）为 6.1~6.8mg/g，是凝固过程中含碱量最高的阶段。在 NaOH 的继续作用下，完全变性的蛋白质分子二级结构开始受到破坏，氢键断开，亲水基团增加，使蛋白质分子的亲水能力增强，相互之间作用形成新的弹性极强的胶体。

c. 转色阶段。此阶段的蛋白呈深黄色透明胶体状，蛋黄凝固 $5\sim10mm$，转色层均为 $0.5\sim2mm$。蛋白含碱度（以 NaOH 计）降低到 $3.0\sim5.3mg/g$。这是蛋白质分子在 NaOH 和 H_2O 的作用下发生降解，一级结构受到破坏，使单个分子的相对分子质量下降，放出非蛋白质性物质，同时发生了美拉德反应。这些反应的结果使蛋白、蛋黄均开始产生颜色，蛋白胶体的弹性开始下降。

d. 成熟阶段。这个阶段蛋白全部转变为褐色的半透明凝胶体，仍具有一定的弹性，并出现大量排列成松枝状（由纤维状氢氧化镁水合晶体形成）的晶体簇，蛋黄凝固层变为蛋白质分子同 S^{2-} 反应的墨绿色或多种色层，中心呈溏心状。全蛋已具备了皮蛋的特殊风味，可以作为产品出售。此时蛋内含碱量为 $3.5mg/g$。

e. 贮存阶段。这个阶段发生在产品的货架期。此时蛋的化学反应仍在不断进行，其含碱量不断下降，游离脂肪酸和氨基酸含量不断增加。为了保护产品不变质或变化较小，应将成品在相对低温条件下贮存，还要防止细菌类的侵入。

（2）皮蛋的呈色

① 蛋白呈褐色或茶色。浸泡前侵入蛋内的少量微生物和蛋内多种酶发生作用，使蛋白质发生一系列变化；蛋白中的糖类发生变化，一部分与蛋白质结合，另一部分处于游离状态，如葡萄糖、甘露糖和半乳糖，它们的醛基和氨基酸的氨基会发生化学反应，生成褐色或茶色物质。

② 蛋黄呈草绿或墨绿色。蛋黄中含硫较高的卵黄磷蛋白和卵黄球蛋白，在强碱的作用下，分解产生活性的硫氢基（—SH）和二硫基（—S—S—），与蛋黄中的色素和蛋内所含的金属离子铅、铁相结合，使蛋黄变成草绿色、墨绿色或黑褐色；蛋黄中含有的色素物质在碱性情况下受硫化氢的作用。会变成绿色，此外，红茶末中的色素也有着色作用。因此，常见的皮蛋蛋黄色泽有墨绿、草绿、茶色、暗绿、橙红等，再加上外层蛋白的红褐色或黑褐色，形成五彩缤纷的彩蛋。

③ 松枝花纹的形成。经过一段时间成熟的皮蛋，剥开壳，在蛋白和蛋黄的表层有朵朵松枝针状的结晶花纹和彩环，称为"松花"。据分析表明是纤维状氢氧化镁水合结晶。当蛋内 Mg^{2+} 浓度达到足以同 OH^- 化合形成大量 $Mg(OH)_2$ 时，即在蛋白质凝胶体中形成水合晶体，即松花晶体。

（3）皮蛋的风味　蛋白质在混合料液成分及蛋白分解酶的作用下，分解产生氨基酸，再经氧化产生酮酸，酮酸具有辛辣味。产生的氨基酸中有较多的谷氨酸，同食盐生成谷氨酸钠，是味精的主要成分，具有鲜味；蛋黄中的蛋白质分解产生少量的氨和硫化氢，有一种淡淡的臭味；添加的食盐渗入蛋内产生咸味；茶叶成分使皮蛋具有香味；因此各种气味、滋味的综合，使皮蛋具有一种鲜香、咸辣、清凉爽口的独特风味。

2. 辅料及其作用

加工皮蛋所用的辅料种类很多，作用各异，常用的辅料有以下 8 种。

（1）纯碱（Na_2CO_3）　纯碱是加工皮蛋的主要辅料，其主要作用是它与熟石灰生成氢氧化钠和碳酸钙，纯碱的用量决定了料液、料泥的氢氧化钠浓度，直接影响到皮蛋的质量和成熟期。纯碱要求色白、粉细，碳酸钠含量在 96% 以上。

（2）生石灰（CaO）　生石灰主要与纯碱、水起反应生成氢氧化钠，另外，游离的碳酸钙有促进皮蛋凝胶和使皮蛋味道凉爽的效能，沉淀的碳酸钙可阻止料液进入蛋内，并减少出缸洗蛋时的破损率。加工皮蛋用的生石灰品质要求是白色、体轻、块大、无杂质，有效氧化钙的含量不低于 75%。

（3）食盐　食盐主要起防腐、调味作用，还可抑制微生物活动，加快蛋的化清和凝固，利于蛋白凝固和离壳等。加工皮蛋用的食盐要求纯度在 96% 以上的海盐或精盐。

（4）红茶末　红茶末的作用主要是增加蛋白色泽，此外有提高风味、促进蛋白质凝固的作用。要求红茶末品质新鲜，不得使用发霉变质的和有异味的茶叶。

（5）氧化铅（PbO）　俗称金生粉，呈黄色到浅黄红色金属粉末或小块状，主要促进氢氧化钠渗入蛋内，使蛋白质分子结构解体，起加速皮蛋凝固、成熟、增色、离壳和除去碱味、抑制烂头、易于保存等作用，是制作京彩蛋的重要辅料，使用时必须捣碎、过 140~160 目筛。

（6）硫酸锌（$ZnSO_4 \cdot 7H_2O$）　俗称皓矾，为无色斜方结晶，是氧化铅的替代品，用锌盐取代铅盐，还可缩短皮蛋成熟期约 1/4。

（7）烧碱　即氢氧化钠，可代替纯碱和生石灰加工皮蛋。要求白色，纯净，呈块状或片状。具有强烈的腐蚀性，配料操作时要防止烧灼皮肤和衣服。

（8）草木灰　草木灰是加工湖彩蛋不可缺少的辅料，要求质地干燥、纯净、新鲜、无异味。为了防止草木灰因烧碱用料不同而含碱量不同，使用前必须过筛混拌均匀。

此外，加工皮蛋的辅料还有水、黄土、谷糠或锯末等。这些原料要求必须清洁、干燥、无杂质，不能受潮或被污染。

3. 松花蛋的加工方法

（1）配料　配料是加工松花蛋的关键性步骤，配料直接影响松花蛋的质量和成熟期，可生产有铅松花蛋，也可生产无铅松花蛋。各地配方略有不同，举一例说明。

鸭蛋 1000 枚，水 50kg，石灰 16~17kg，纯碱 35kg，黄丹粉 0.1kg，茶叶 1.75kg，食盐 1.5kg，草木灰 0.8kg。

（2）配制　有熬料和冲料两种。熬料时，将称量的茶叶、纯碱、水及食盐定量加入锅内煮沸，同时，不断地搅拌，将渣滓物滤出。将石灰逐渐添入缸内，石灰和料液全部混匀后，将氧化铅均匀地散入缸内搅拌均匀。

（3）凉汤　刚配好的料液，由于温度过高，必须冷却后方可灌蛋。一般夏季冷却至 25~27℃，春秋季为 17~20℃。

（4）料液的测定　配制好的料液，在浸蛋之前需对其进行碱度测定，一般氢氧化钠的含量以 4.5~5.5 为宜。

（5）灌蛋　制备好的料液经测定后，即可进行灌蛋。灌蛋的程序如下。

① 装蛋。鲜蛋下缸时要轻拿轻放，规格、数量必须准确。

② 卡盖。鲜蛋装满缸后，不能高低不平，以防震损。卡盖应距离缸口约 4cm 左右，所用的竹盖应撑在缸内，使蛋全部浸在料液中。

③ 排缸。蛋缸进入库房后，必须按等级排放，缸与缸之间应稍留空隙。

④ 灌料。蛋缸排好后，用吸料机灌料。冷天，气温低时，下缸时需把鲜蛋放至暖房或温室中升温过夜，使鲜蛋吸热后气孔扩张易于料液吸收。灌料完毕后，在缸上粘贴标记或挂上标牌，注明日期、等级、数量等以便检查。

（6）泡期管理　鲜蛋在浸制直至成熟期间，尤其是在气温变化较大时要勤观察，多检查。如果发现烂头和蛋白粘壳现象，表明碱性过大，须提前出缸。如蛋白凝固不坚实，表明料液碱性较弱，需推迟出缸。

（7）出缸　变蛋成熟之后即可出缸，出缸时要求轻捞轻放。取出的变蛋必须进行清洗。洗蛋用水需洁净，特别注意，在梅雨季节必须用凉开水洗蛋，变蛋经清洗后，必须放在阴凉通风处晾干。

（8）品质鉴定　鉴定变蛋品质主要靠"一观、二掂、三摇晃"的传统鉴别方法。一观，即察看变蛋的壳色、大小和完整程度；二掂，即用手握住变蛋，向空中抛起鉴定其弹性；三摇晃，即用手指捏住蛋，在耳边摇动，听其有无响声，从而判断出优劣。这三者紧密结合起来可收到良好的鉴定效果。

（9）涂泥包糠　变蛋经过品质鉴定后，对于良质的变蛋，为了长期贮存，必须进行涂泥包糠。经过包糠的变蛋，对嫩头者可以使其继续凝固成熟；碱伤变蛋经包糠放置一段时间，可减缓其碱性。另外，通过涂泥包糠，可达到保质保鲜的目的。

配制包 2000 枚松花蛋的料泥需要干黄泥 35kg、残料泥 65kg、料水或熟水 20kg。残料泥是指经过浸泡鲜蛋后所剩下的料液沉淀物。包泥需提前 1 天配制，配制时不能使用生水，否则会引起包泥霉变。皮蛋的保质期取决于季节，一般春季加工的皮蛋，保质期不超过 4 个月；夏季加工的皮蛋，保质期不超过 2 个月；秋季加工的皮蛋，保质期不超过 4 个月；冬季加工的皮蛋，保质期不超过 6 个月。

（10）白油涂料　传统的包涂料用料泥和糠。为了改革包涂工艺，现在一般采用一种白油涂料。白油涂料的配比为液体石蜡 29.7%，司班 2.6%，吐温 3.9%，平平加 0.67%，硬脂酸 2.0%，三乙醇胺 1.04%，水 60%。涂料时使用 50% 的白油涂料加 50% 的水，用搅拌器搅匀即可使用。白油涂料变蛋的保质期春秋为 2～3 个月，夏季为 1～2 个月，冬季为 4～5 个月。

（二）咸蛋的加工

咸蛋是一种风味特殊、生产历史悠久、食用方便的蛋制品，全国各地均有加工。咸蛋具有生产方法简单易行，加工费用低廉，加工技术容易掌握的特点。

1. 咸蛋加工原理

咸蛋加工比较简单，它的主要材料是鲜蛋与食盐。咸蛋的加工过程实质上就是使食盐成分渗入到鲜蛋内，使蛋内盐分适合于人们口味的过程。食盐溶于水时，可以发生扩散作用，对其周围的溶质可以发生渗透作用。咸蛋主要用食盐腌制而成，食盐对蛋有防腐、调味和改变胶体状态的作用。食盐分子渗入蛋内，形成的食盐溶液产生很高的渗透压，能抑制微生物的生长繁殖。食盐又能降低蛋白酶的活力，从而延缓了蛋内溶物的分解速度，起到防腐的作用。蛋内的食盐电离产生的正负离子与蛋白质、卵磷脂等作用而改变蛋白、蛋黄的胶体状态，使蛋白变稀，蛋黄变硬，蛋黄中的脂肪游离聚集（冒油）。

2. 原辅料的选择

加工咸蛋主要用鲜鸭蛋，其次为鸡蛋、鹅蛋。加工前必须对咸蛋进行感官鉴定、灯光透视、敲蛋和分级，剔除破壳蛋、空头蛋、血丝蛋、异物蛋等破、次、劣蛋。腌制咸蛋所用的材料主要为食盐，其他用料因加工方法而异，如黄泥、草木灰等。加工用食盐要符合食盐的卫生标准，水应符合饮用水标准，黄泥最好为深层的黄泥土，草木灰应纯净、均匀、无石块、土块等杂质。

3. 咸蛋加工方法

咸蛋的加工方法很多，主要有草灰法、黄泥法和盐水法等，各地采用的加工方法随地区而异，下面主要介绍草灰咸蛋的加工方法。各地加工咸蛋的配料标准有差异，可根据加工季节、消费习惯和人们的口味特点灵活变动。表 10-18 列举了几种配方供参考。

表 10-18　咸蛋的配料标准

配料	江苏	江西	湖北	四川	浙江	北京
鸭蛋数/枚	1000	1000	1000	1000	1000	1000
稻草灰质量/kg	20	15～20	15～18	22～25	17～20	15
食盐质量/kg	6	5～6	4～5	7.5～8	6～7.5	4～5
清水质量/kg	18	10～13	12.5	12～13	14～18	12.5

具体操作步骤如下。

① 将食盐溶于水中，再将草木灰分批加入，在打浆机内搅拌均匀，将灰浆搅成不稀不稠的均匀状态。灰浆过夜后即可使用。

② 提浆时将已配好的原料蛋放在经过静置搅熟的灰浆内翻转一下，使蛋壳表面均匀地粘上 2mm 厚的灰浆，再进行裹灰。裹灰后还要捏灰，即用手将灰料紧压在蛋上。

③ 经过裹灰、捏灰后的蛋即可点数入缸或入篓。出口咸蛋一般使用尼龙袋、纸箱包装。

④ 咸蛋的成熟快慢主要与食盐的渗透速度、温度有关。一般情况下，夏季约需 20~30 天，春秋季约需 40~45 天。

⑤ 贮藏库温度应控制在 25℃以下，相对湿度 85%~95%。贮存期一般不超过 2~3 个月，尤其是夏季腌制的蛋，最好及时销售，不宜久藏。

（三）蛋粉的加工

蛋粉主要供食用或食品工业用，也可作为提炼蛋黄素和蛋黄油的原料。蛋粉可分为全蛋粉、蛋白粉、蛋黄粉，其中全蛋粉和蛋黄粉的加工方法基本相同，制作过程如下。

① 鲜蛋液的制备和搅拌过滤。选用新鲜鸡蛋，用漂白粉溶液浸泡 5min，以减少蛋壳上微生物的污染，然后用 5g/L 硫代硫酸钠温水浸洗除氯，待晾干后，进行打蛋、搅拌。一般工厂采用搅拌过滤器，经搅拌后通过 0.1~0.5cm 的筛网，滤净蛋液内蛋壳碎片、蛋膜、系带等。

② 巴氏消毒。巴氏消毒的目的是杀死蛋液内的有害微生物，使制品达到卫生质量标准。蛋液消毒通常采用巴氏消毒器，消毒温度不宜过高，通常在 64~65℃下保温 3min。

③ 喷雾干燥。喷雾干燥是利用机械力量将经巴氏消毒后的蛋液通过雾化器喷成极细小的雾状颗粒，经与同向鼓入的热空气充分接触，发生强烈的热交换和质交换，使其在瞬间内脱水干燥成蛋粉。

④ 过筛、包装。过筛是为了除去蛋粉中未完全干燥而结块的蛋粉或杂质，通常用筛分器筛粉，筛孔直径为每米 71 孔。包装规格有 4 种：0.5kg、2kg、7kg、25kg 装。一般出口产品，选用塑料袋包装密封，再装入纸箱内。

（四）其他蛋制品

1. 蛋黄酱

蛋黄酱由法国人发明，20 世纪 50 年代起在欧美等国畅销。蛋黄酱是利用蛋黄的乳化作用，以精制植物油、食醋、蛋黄为基本成分，添加调味物质加工而成的一种乳化状半固体食品。它含有人体必需的亚油酸、维生素 A、维生素 B、蛋白质及卵磷脂等成分，营养价值较高。可直接用于调味佐料、面食涂层和油脂类食品等。

（1）配方 （见表 10-19）。

表 10-19 蛋黄酱的类型及配方

类 型	配 方
中厚黏度型	大豆油 78.5%,盐渍蛋黄 8.5%,食盐 1.2%,高果糖玉米糖浆 1.5%,芥末 0.45%,可溶性胡椒(以盐活葡萄糖为载体)0.05%,醋 3.5%,苹果汁醋 0.25%,柠檬汁 0.25%,水 5.8%,EDTA 钙二钠 0.005%
高黏度型	大豆油 80%,盐渍蛋黄 9%,食盐 1.2%,高果糖玉米糖浆 1.5%,芥末 0.45%,可溶性胡椒(以盐活葡萄糖为载体)0.05%,醋 3.5%,苹果汁醋 1.0%,柠檬汁 0.25%,水 3.04%,EDTA 钙二钠 0.005%

（2）加工方法 依次添加解冻的盐渍蛋黄（0~4℃）、足量的高果糖玉米糖浆、水和酸化剂，进入预混合贮器，使混合物的水平面高于搅拌器的底部，混合物开始以低速搅拌，以后逐步提高搅拌速度，以便保证达到均匀混合的特点。添加预先称重的盐、芥末、可溶性胡椒、EDTA 钙二钠，使混合物增黏，保持黏稠状态 2~3min。在预混合贮器中徐徐加入油类，此时应预先冷却到 8~10℃，增加转速以保证油类充分混合与分散，在几乎所有的油都加完时，添加其他成分，并高速搅拌 1min 以上，然后将混合物通过胶体磨，送到包装流水线上，并通过预测达到最佳的黏稠度、色泽、食品结构组织和油的分散度。

2. 熟蛋制品——五香茶叶蛋

五香茶叶蛋是鲜蛋经高温杀菌，并使蛋白凝固后，利用辅料进行防腐调味和增色加工而成的蛋制品，具有独特的色、香、味。一般习惯使用鸡蛋制作，鸭蛋同样可以。凡是蛋壳完整、适合食用的鲜蛋及用淡盐水保存过的蛋都可作为五香茶叶蛋的原料，损壳蛋、大气室蛋等因不耐洗，在煮沸过程中又容易破裂，不宜采用。五香茶叶蛋加工的常用辅料为食盐、酱油、茶叶和八角等香料，也可添加桂皮等。这些辅料要符合一定的质量要求，未经检验的化学酱油、霉败变质的茶叶等均不得采用。

(1) 配方 （见表10-20）。

表 10-20 茶蛋配料表
单位：g

禽蛋/枚	食盐	茶叶	酱油	茴香	桂皮	水
100	150	100	400	25	25	5000

(2) 加工方法 将新鲜蛋洗净放入盛有辅料的锅内，用大火煮沸后，取出在冷水中浸泡数分钟，以利于剥壳。然后击裂蛋壳，放回到原锅中用文火慢慢煮，直到入味即可。成品呈茶色、香味浓郁、咸淡适宜、味道鲜美。

3. 鸡蛋人造肉

人造肉是以鸡蛋白为原料，添加魔芋精粉、食盐、钙盐、淀粉、各种风味物质等，通过混合、调整酸碱度、喷丝、中和、成型等工艺加工而成的一类具有天然肉类口感及风味的新型蛋制品。常见的有人造鸡肉、人造牛肉、人造螃蟹肉等。

以人造鸡肉为例，其制作方法是在鸡蛋白 1kg 中，添加碳酸钙 5g、丙酸钙 2g、氢氧化钠 1.5g 等溶解后，再添加干燥的魔芋精粉 30g、食盐 20g、谷氨酸钠 7g、肌苷酸钠 0.5g、干酪素钠盐 15g、大米淀粉 20g 和砂糖 10g，使之混溶。其后，添加少量的鸡味调味品（如鸡汁等）和生菜油 20g，经混合制成 pH 为 11.2 的浆料，再用碳酸氢钠把浆料 pH 值调到 11.0，通过喷丝挤入 90℃ 的碱性凝固液中，即抽出丝，再浸入 10% 的盐酸液中进行中和，中和后经水洗、热压，便制出人造鸡肉，其风味及咀嚼感酷似天然鸡肉。

复习思考题

1. 原料肉低温贮藏与辐照贮藏原理有何异同及优缺点？
2. 冷冻方法及冷冻肉的贮藏对原料肉的质量有何影响？
3. 简述真空包装的作用及其对包装材料的要求。
4. 腌腊制品加工的关键技术是什么？
5. 肉品干制的目的是什么？干制品有哪些优缺点？
6. 发酵肉制品的关键技术是什么？结合我国的消费习惯，如何进行发酵肉制品的开发？
7. 简述凝固型酸乳的加工方法。
8. 如何选择皮蛋加工的辅料？
9. 试述皮蛋的加工方法及工艺要点。

【实验实训一】 香肠的加工

一、目的与要求

通过实验实训，了解香肠的加工过程，并初步掌握其加工方法。

二、材料及用具

1. 材料 新鲜猪肉（包括瘦肉和肥膘）、肠衣（猪、羊干肠衣）、食盐、硝、酱油、白砂糖、白酒、混合香料等。

2. 用具 天平或称、盆、盘、砧板、刀、灌肠工具、烘烤设备等。

三、操作工艺

1. 原材料的选择及处理

（1）猪肉　以新鲜猪后腿瘦肉为主，夹心肉次之，肉膘以背膘为主，腿膘次之。剥皮剔骨，除去结缔组织，各切成小于 1cm³ 的肉丁，分开放置。

（2）配料　以广东香肠为例（100kg），瘦肉 70kg，白膘 30kg，60°大曲酒 2.5～3kg，硝酸钠 50g，白酱油 5kg，精盐 2kg，白砂糖 6～7kg。

（3）其他材料的准备　肠衣用新鲜猪或羊的小肠衣，干肠衣在用前要用温水泡软洗净，沥干水后在肠衣一端打一死结待用，麻绳用于结扎香肠。一般加工 100kg 原料用麻绳 1.5kg。

2. 拌料

将按瘦、肥 7：3 比例的肉丁放入容器中，另将其余配料用少量温开水（50℃左右）溶化，加入肉馅中充分搅拌均匀，使肥、瘦肉丁均匀分开，不出现粘结现象，静置片刻即可以灌肠。

3. 灌制

将上步配置好的肉馅用灌肠机灌入肠内（用手工灌肠时可用搅肉机取下筛板和搅刀，安上漏斗代替灌肠机），每灌到 12～15cm 时，即可用麻绳结扎，等肠衣全灌满后，用细针（百支针）截洞，以便于水分和空气的外泄。

4. 漂洗

将灌好结扎后的湿肠，放入水中漂洗几次，洗去肠衣表面附着的浮油、盐汁等污着物。

5. 日晒、烘烤

将水洗后的香肠分别挂在竹竿上，放到日光下晒 2～3 天。工厂生产的灌肠应进烘房烘烤，温度在 55～60℃（用炭火为佳），每烘烤 6h 左右，应上下进行调头换尾，以使烘烤均匀。烘烤 48h，香肠色泽红白分明，鲜明光亮，没有发白现象，则烘制完成。

6. 成熟

将日晒或烘烤后的香肠，放到通风良好的场所晾挂成熟。一般晾挂 30 天左右，此时为最佳食用时期，成品率约为 60%。规格为每节长 13.5cm、直径 1.8～2.1cm，色泽鲜明，瘦肉呈鲜红色或枣红色，肥膘呈乳白色，肉身干爽结实，有弹性，指压无明显凹痕，咸度适中，无肉腥味，略有甜香味。在 10℃ 下可保藏 4 个月。

四、结果分析

1. 按照实验报告的标准格式完成实验报告。

2. 实验中出现了哪些问题，你是如何解决的？

五、实训思考

1. 香肠加工的主要环节是什么？

2. 控制香肠质量应注意哪些方面？

【实验实训二】　肉干的加工

一、目的与要求

通过实验实训，了解肉干的加工过程，并初步掌握肉干的加工方法。本实验以猪肉干、牛肉干为例加以介绍。

二、材料及用具

1. 材料　猪肉、牛肉、食盐、酱油、白砂糖、黄酒、生姜、五香粉、葱等。

2. 用具　天平或称、炉灶、锅、锅铲、砧板、烘烤设备等。

三、操作工艺

1. 原材料的选择及处理

多采用新鲜的猪肉或牛肉，以前后腿的瘦肉为最佳。先将原料肉的脂肪和筋腱剔去，然后洗净沥干，切成 0.5kg 左右的肉块。

2. 水煮

将肉块放入锅中，用清水煮开后撇去肉汤上的浮沫，浸烫 20～30min，使肉发硬，然后捞出切成 1.5cm³ 的肉丁或切成 0.5cm×2.0cm×4.0cm 的肉片（按需要而定）。

3. 配料

按每 100kg 瘦肉计算：精盐 2kg，酱油 6kg，五香粉 0.25kg，白砂糖 8kg，黄酒 1.0kg，生姜 0.25kg，葱 0.25kg。

4. 复煮

又叫红烧，取原汤一部分，加入配料，用大火煮开。当汤有香味时，改用小火，并将肉丁或肉片放入锅内，用锅铲不断轻轻翻动，直到汤汁将干时，将肉取出。

5. 烘烤

将肉丁或肉片铺在铁丝网上在 50～55℃进行烘烤，要经常翻动，以防烤焦，需 8～10h，烤到肉发硬变干，具有芳香味美时即成肉干。牛肉干的成品率为 50％左右，猪肉干的成品率约为 45％。

6. 包装和贮藏

肉干若用纸袋包装，再烘烤 1h，可以防止发霉变质，能延长保存期。如果装入玻璃瓶或马口铁罐中，约可保藏 3～5 个月。肉干受潮发软，可再次烘烤，但滋味较差。

四、结果分析

1. 按照实验报告的标准格式完成实验报告。
2. 实验中出现了哪些问题，你是如何解决的？

五、实训思考

1. 肉干加工的主要环节是什么？
2. 控制肉干质量应注意哪些方面？

【实验实训三】 乳掺假的检验

一、目的与要求

掺假有碍乳的卫生，降低乳的营养价值，影响乳的加工及乳制品的质量。通过实验实训，掌握乳样掺假的检验方法。

二、材料、用具及试剂

1. 材料 乳样。
2. 用具 200～250ml 量筒、200ml 烧杯、温度计、密度计、200ml 试管、20ml 试管、5ml 吸管、20ml 试管、1ml 吸管等。
3. 试剂 0.05％玫瑰红酒精液、碘化钾、结晶碘、0.01mol/L 硝酸银溶液、10％铬酸钾溶液等。

三、方法与步骤

1. 掺水的检验

（1）原理 对于感官检查发现乳汁稀薄、色泽发灰（即色淡）的乳，有必要作掺水检验。目前常用的是比重法。因为牛乳的比重一般为 1.028～1.034，其与乳的非脂固体物的含量百分数成正比。当乳中掺水后，乳中非脂固体物含量百分数降低，比重也随之变小。当被检乳的比重小于 1.028 时，便有掺水的嫌疑，并可计算掺水比例。

（2）测定方法

① 将乳样充分搅拌均匀后，小心沿量筒壁倒入筒内 2/3 处，防止产生泡沫面影响读数。将乳稠计小心放入乳中，使其沉入到 1.030 刻度处，然后任其在乳中自由游动（防止与量筒壁接触），静止 2～3min 后，两眼与乳稠计同乳面接触处成水平位置进行读数，读出弯月面下缘处的数字。

② 用温度计测定乳的温度。

③ 计算乳样的密度。乳的密度是指 20℃时乳与同体积 4℃水的质量之比，所以，如果乳温不是 20℃时，需进行校正。在乳温为 10～25℃范围内，乳密度随温度升高而降低，随温度降低而升高。温度每升高或降低 1℃时，实际密度减小或增加 0.0002。故校正为实际密度时应加或减去 0.0002。例如乳温为 18℃时测得密度为 1.034，则校正为 20℃乳的密度应为：

$$1.034 - [0.0002 \times (20-18)] = 1.034 - 0.0004 = 1.0336$$

④ 计算乳样的比重。将求得的乳样密度数值加上 0.002，即换算为被检乳样的比重。与正常的比重对照，以判定掺水与否。

⑤ 用比重换算掺水百分数。测出被检乳的比重后，可按公式求出掺水百分数：

$$掺水量 = \frac{正常乳比重的读数 - 被检乳比重的读数}{正常乳比重的读数} \times 100\%$$

例：某地区规定正常牛乳的比重为 1.029，测知被检乳比重为 1.025，则：

$$掺水量 = \frac{29-25}{29} \times 100\% = 14\%$$

2. 掺碱（碳酸钠）的检验

（1）原理 鲜乳保藏不好时酸度往往升高，加热煮沸时会发生凝固。为了避免被检出高酸度乳，有时向乳中加碱。感官检查时对色泽发黄、有碱味、口尝有苦涩味的乳应进行掺碱检验。常用玫瑰红酸定性法。玫瑰红酸的 pH 范围为 6.9～8.0，遇到加碱而呈碱性的乳，其颜色由肉桂黄色（亦即棕黄色）变为玫瑰红色。

（2）测定方法 于 5ml 乳样中加入 5ml 玫瑰红酸液，摇匀，乳呈肉桂黄色为正常，呈玫瑰红色为加碱。加碱越多，玫瑰红色越鲜艳，应以正常乳作对照。

3. 掺淀粉的检验

（1）原理 掺水的牛乳乳汁变得稀薄，比重降低。向乳中掺淀粉可使乳变稠，比重接近正常。对有沉渣物的乳，应进行掺淀粉检验。

（2）试剂 碘溶液的配制：取碘化钾 4g 溶于少量蒸馏水中，然后用此溶液溶解结晶碘 2g，待结晶碘完全溶解后，移入 100ml 容量瓶中，加水至刻度即可。

（3）测定方法 取乳样 5ml 注入试管中，加入碘溶液 2～3 滴。乳中有淀粉时，即出现蓝色、紫色或暗红色及其沉淀物。

4. 掺盐的检验

（1）原理 向乳中掺盐可以提高乳的比重。口尝有咸味的乳有掺盐的可能，须进行掺盐检验。

（2）试剂 0.01mol/L 硝酸银溶液、10％铬酸钾水溶液。

（3）乳样 掺盐乳样和正常乳样各 1～2 个。

（4）测定方法 取乳样 1ml 于试管中，滴入 10％铬酸钾 2～3 滴后，再加入 0.01mol/L 硝酸银 5mL 摇匀，观察溶液颜色。溶液呈黄色者表明掺有食盐，呈棕红色者表明未掺食盐。

四、结果分析

1. 按照实验报告的标准格式完成实验报告。

2. 实验中出现了哪些问题,你是如何解决的?

五、实训作业

写出各被检乳样掺假物的种类,并对乳样进行质量评定。

【实验实训四】 凝固型酸奶的制作

一、目的与要求

通过实验实训,了解酸乳制品加工的基本工艺,掌握影响酸乳质量的因素及控制方法。

二、材料、仪器及用具

1. 材料 新鲜牛奶、发酵剂、糖等。

2. 仪器 恒温培养箱、天平、灭菌釜等。

3. 用具 三角瓶、移液管、电炉、冰箱、量筒、烧杯、橡胶圈、锅、牛皮纸等。

三、工艺流程

牛奶 → 调配(加糖) → 杀菌及冷却 → 接种 → 装瓶封口 → 恒温发酵 → 冷却 → 贮藏(后熟) → 产品

四、操作要点

1. 每组制作酸奶 3 瓶(300ml 三角瓶),每瓶鲜奶 200ml。

2. 调配时适宜的添加糖量有利于改善产品风味,过高则抑制乳酸菌产酸。本实训按原料乳量 5%的比例加糖。量取 600ml 鲜奶于烧杯中,在电炉上加热到 50℃左右,加入 30g 蔗糖搅拌溶解。

3. 本实验略去均质工序。

4. 原料乳杀菌不仅可减少杂菌污染,有利于乳酸菌生长,还可使乳清蛋白质变性,改善产品质量,防止乳清析出。将加糖溶解的牛奶装入清洗干净的三角瓶中(每瓶装 200mL),放入灭菌釜中杀菌。杀菌温度 100℃,时间 15min。杀菌后乳液迅速冷却到 41~45℃。

5. 对冷却后的乳液进行接种,发酵剂(保加利亚乳杆菌:嗜热链球菌＝1:1)添加量为总量的 4%。接种之前,将发酵剂进行充分搅拌,目的是使菌体从凝乳块中游离分散出来。

用量筒量取 8ml 发酵剂,接种于每瓶乳液中。充分搅拌使发酵剂均匀混合,然后置于恒温培养箱中,发酵温度 42℃,发酵时间约 3~5h。

判断发酵终点的方法:缓慢倾斜瓶身,观察酸乳的流动性和组织状态,当流动性变差且有小颗粒出现,可终止发酵。发酵时应注意避免震动,发酵温度应维持恒定,并掌握好发酵时间。

6. 发酵好的酸乳应立即放入 0~4℃环境中冷却,抑制乳酸菌生长。冷藏期间,酸度仍会上升,同时风味物质(乙醛)也会继续生成。在 0~4℃冷却 12~24h 即得成品。

五、结果分析

1. 按照实验报告的标准格式完成实验报告。

2. 实验中出现了哪些问题,你是如何解决的?

六、实训思考

1. 酸奶发生凝固的原因是什么？
2. 控制酸奶质量应注意哪些方面？

【实验实训五】 无铅涂膜皮蛋的加工

一、目的与要求

通过实验实训，加深对皮蛋加工原理的理解，初步掌握原辅材料的选择、皮蛋的加工工艺及操作要领。

二、材料及用具

1. 材料　鲜鸭蛋或鲜鸡蛋、生石灰、食盐、红茶末、氯化锌、液体石蜡、司盘、吐温、三乙醇胺、水等。
2. 用具　缸、竹篓、锅等。

三、操作工艺

该工艺采用锌盐代替氧化铅，并改用涂膜技术代替泥糠包涂，既消除了铅对人体的危害，又补充了人体必不可少的锌元素。

1. 料液配制　以200枚蛋计：纯碱1.55kg，生石灰4.4kg，食盐0.77kg，红茶末50kg，氯化锌28.4g，水22kg。

先将纯碱、红茶末放入缸底，再将沸水倒入缸中，充分搅拌，然后分次投放生石灰（注意生石灰一次不能投入太多、以防沸水溅出伤人），待自溶后搅拌。取少量上层溶液于研钵中，加入氯化锌，并充分研磨使其溶解，然后倒入料液中，3～4h后加入食盐，充分搅拌，而后再放置24～48h，搅拌均匀并捞出残渣。

2. 原料蛋的检验　原料蛋应是大小基本一致、蛋壳完整、颜色相同的新鲜蛋。将挑选好的蛋洗净、晾干后备用。

3. 装缸与灌料　先在缸底加入少量料液，将合格的原料蛋放入缸内，要横放，切忌直立，一层一层摆好，最上层的蛋应离缸口10cm左右，以便封缸。蛋装好后、缸面放竹片压住，以防灌料液时蛋上浮。然后，将晾至20℃以下的料液充分搅拌，边搅边灌入缸内，直至蛋全部被料液淹没为止，盖上缸盖。

4. 浸泡管理　首先要掌握好室内温度，一般为18～25℃。其次要定期检查。一般25～35天即可出缸。

5. 出缸　浸泡成熟的皮蛋需及时出缸，以免"老化"。出缸的皮蛋放入竹篓中，用残料上部的清液（勿用生水）冲洗蛋壳上的污物。

6. 涂膜

（1）涂料配制　配方：液体石蜡30%、斯盘2.6%、吐温3.9%、三乙醇胺3.5%、水60%。

将前三种原料按配方投入锅中，缓缓加热，慢慢搅动，使温度上升到92℃，然后将三乙醇胺快速倒入反应锅中，并加热使温度达到95℃，此时仍需不断搅拌。然后冷却至室温，所得白色乳液即为白油保质涂料。取涂料与水按4∶6的比例倒入容器中，搅匀，即可使用。

（2）涂膜方法　将待涂皮蛋浸入涂液中，立即捞出，沥去多余涂液，装入蛋篓中，即可入库或销售。此法制作的皮蛋可贮存半年不变质。

四、结果分析

1. 按照实验报告的标准格式完成实验报告。
2. 实训中出现了哪些问题？你是如何解决的？

五、实训思考

无铅皮蛋与传统皮蛋比较有什么优点？

第十一章　农产品加工副产物的综合利用

【学习目标】

通过学习，理解农产品加工副产物综合利用的意义和现状，掌握农产品加工副产物综合开发利用常用的生产技术，并学会从农产品加工副产物中提取香精油和果胶物质的方法。

农产品加工副产物是一类重要资源，具有种类多、用途广的特点，主要包括粮油加工副产物、果蔬加工副产物、畜禽加工副产物等。农产品加工副产物的综合利用就是指利用物理的、化学的、生物的方法对农产品加工副产物的各个部分和各种成分加以充分合理的利用。本章主要介绍一些农产品加工副产物综合利用的典型案例。

第一节　概　　述

一、农产品加工副产物综合利用的意义及原则

农产品加工副产物综合利用的意义主要有以下3点。一是对副产品中含有的大量蛋白质、脂肪、淀粉、糖类和纤维素等营养成分加以综合利用，可以为企业增加效益；二是可以防止农产品加工过程中产生大量的污水；三是可以促进加工科学的发展。

农产品加工副产物的综合利用有以下两个原则。一是经济效益和生态效益原则，开展综合利用对企业和社会来说都得到了更多的财富、减少或消除了污染、保护了环境；二是市场需要原则，开展综合利用要根据市场需要生产适销对路的产品。

二、农产品加工副产物综合利用的现状及发展方向

我国农产品加工副产物综合利用存在一些关键技术薄弱、综合利用率低的现象，主要表现在有效成分提取技术薄弱、环保加工处理技术缺乏。随着食品质量安全管理体系的变化以及可持续发展的需要，用新技术、新方法探寻其在食品、生化制药、农作物种植业等领域中的应用，生产高品质、高附加值的产品、减少环境污染、已成为农副产品综合利用发展的重点。

第二节　粮油加工副产物的综合利用

在粮食和植物油的生产过程中，除了获得成品粮食和油脂产品外，还会得到多种副产品，如麦麸、稻壳、米糠、胚芽、皮壳、油脚、饼粕等都含有丰富的营养成分。过去这些副产品一般都未能得到充分合理的利用，如大量的糠麸、胚、饼粕都用作饲料或肥料，各种油脂的油脚一般都用作制皂原料，有的作为废物浪费掉。随着我国工农业生产和科学技术的发展，粮油加工副产物的综合利用得到了较好的发展、应用范围涉及医药、化工、食品、化妆品等多个领域。

下面举典型案例加以说明。

一、米糠的综合利用

1. 米糠的综合利用途径

米糠的综合利用可按图 11-1 所示进行。

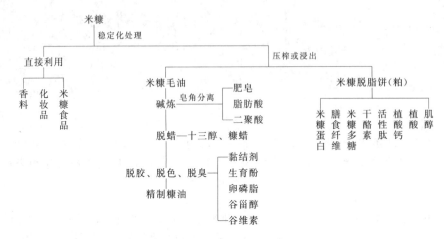

图 11-1　米糠综合利用途径

2. 操作要点

（1）稳定化处理　米糠在加工、贮藏过程中容易发生酸败。如果不经过处理，在碾米数小时后，米糠的酸价就会急剧上升、产生霉味。

米糠稳定化处理的目的一是灭酶、灭微生物和除虫，二是保存米糠中有价值的成分，包括蛋白质、脂质、维生素和其他营养素。米糠稳定化的方法有很多种，如冷藏法、微波法、辐射法、介电加热法、化学法（抗氧化剂、酸及酶处理）、热处理法（干热、湿热）、挤压法等。

（2）米糠制油　米糠中的粗脂肪可采用压榨法或溶剂浸出法从米糠中得到毛糠油和脱脂米糠饼（粕）。较新的几种浸油技术逐渐受到重视，如超临界二氧化碳浸出法、室温快速平衡浸出法及酶催化浸出法等。毛糠油经脱胶、脱色、脱臭等工序精炼后即得米糠精油。精炼过程中的副产物如皂角、蜡糊、脱臭浮沫油等可以作为油脂化工基本原料加以综合利用。

米糠油在食品工业中可作为油炸食品用油，还可用于制造人造奶油、人造黄油、起酥油和色拉油等。米糠油还是一种用途广泛的油脂化工原料，可生产表面活性剂、化妆品、香料、食品添加剂和皮革等多种化工产品。

（3）米糠精炼皂角的利用　米糠毛油的酸价一般都比较高，约为 $15 \sim 20 \mathrm{mg/g}$（以 KOH 计），需要通过碱炼脱酸将酸价降到 $1 \mathrm{mg/g}$（以 KOH 计）以下才能食用。通常用氢氧化钠稀溶液进行化学脱酸，米糠油碱炼后的皂角主要由脂肪酸钠、中性油、水分及少量类脂组成。以下分别介绍米糠精炼皂角的利用。

① 糠油皂角制肥皂。糠油皂角中含有 40％以上脂肪酸钠，还有中性油，这些都是制取肥皂的原料。糠油皂角中含有叶绿素和叶红素，会使肥皂的颜色发暗，需先将皂角进行漂洗，然后加入适量的香精和填充料。

② 制取游离脂肪酸。糠油中的游离脂肪酸被碱中和产生的皂角，经补充皂化、酸分解、水洗、干燥和蒸馏，分离后能得到糠油脂肪酸、谷维素和不皂化物馏分。

③ 脂肪酸衍生物。脂肪酸经成盐或酯化可得到一系列衍生物，如环氧十八酸丁酯、亚油酸乙酯、硬脂酸锌、硬脂酸钡、皂化油等。硬脂酸锌可用作化妆品的粉底原料、塑料稳定剂和苯乙烯树脂的脱模剂等。

④ 制取二酸。米糠油皂角脂肪酸中含 70％～85％油酸和亚油酸，经臭氧、热分解后可得壬二酸等产品，可用于生产增塑剂、聚酯树脂和人造纤维等。

（4）不皂化物的利用　不皂化物是植物油脂的重要副产物，它包括甾醇、三萜醇和三萜烯醇、脂肪醇、生育酚、烃类和色素等。不皂化物常用来提取谷维素、谷甾醇和维生素 E。

（5）脱蜡副产物的利用

① 糠蜡。糠油含糠蜡约 3％～5％，它是由长碳链的脂肪酸和脂肪醇结合而成的一种酯，当温度降低接近于 20℃时，糠蜡析出。普通糠蜡可作照明蜡烛，精蜡可作绝缘材料、制造蜡纸、蜡笔、地板蜡、车用上光油、水果保鲜剂等，精蜡也可作为食品表面防潮剂和面包脱模剂。

② 三十烷醇。三十烷醇通常是由糠蜡水解后得到，有促进农作物生长、提高农作物产量的效果，是一种低浓度、高效、无毒的植物生长促进剂。

（6）米糠饼（粕）的利用　米糠提油后，除脂肪外几种主要成分没有受到损失，且解脂酶活性被抑制，其质量稳定便于贮藏。对富含营养成分的脱脂糠饼（粕）可以进行如下的加工利用。

① 米糠蛋白。传统提取米糠蛋白的方法是采用碱法提取，提取时要注意避免碱液浓度过高。酶法提取米糠蛋白的反应条件温和，对蛋白质的破坏作用小，能更多的保留其营养价值。

② 米糠纤维。可以采用挤压法和酶解法从米糠饼（粕）中提取米糠纤维。

③ 米糠多糖。米糠中的非淀粉多糖按照溶解性的不同可以分为水溶性多糖和水不溶多糖，其中水不溶多糖可进一步用碱提取，所得到的碱提取液调 pH 至中性后，可溶解部分米糠半纤维素 B 或称碱溶性米糠多糖，沉淀部分称为米糠半纤维素 A 或碱不溶性米糠多糖。

④ 干酪素。干酪素是重要的化工原料，优质的干酪素可作糖尿病人食品和食品添加剂，增强其营养价值、保水性、乳化力等。由于糠制干酪素杂质组成较奶制干酪素的复杂得多，光泽度、溶解性较差，蛋白质和含磷量均较低，使得糠制干酪素质量不及奶制干酪素。

⑤ 活性肽。近年来，以米糠蛋白为原料进行多功能活性肽的开发研究较为活跃。有用酶解法从米糠蛋白的酶解物中获得了具有增强免疫功能的活性肽，也有用碱法提取米糠蛋白，然后用生物技术生产降血压肽的方法。

⑥ 植酸钙。植酸钙能促进人体的新陈代谢和骨质组织的生长发育、恢复体内磷的平衡，用于神经衰弱、佝偻病等的辅助疗效，还可解除铅中毒。工业生产上，植酸钙多数采用稀酸萃取，加碱中和沉淀法制取。即用稀的无机酸或有机酸浸泡原料，然后用氢氧化钙、氢氧化铵、氢氧化钠等碱性溶液中和沉淀，得到水膏状的植酸钙产品。

⑦ 植酸。植酸的学名为肌醇六磷酸，常以植酸钙为原料，用离子交换法去除复盐中的 Ca^{2+}、Mg^{2+} 等阳离子和混杂的阴离子，经活性炭脱色精制真空浓缩即可。

⑧ 肌醇。米糠是我国目前制取肌醇的主要原料，从饼（粕）中提取的植酸钙含有 20％左右的肌醇。肌醇一般用植酸钙高压水解制得。

（7）米糠的直接利用

① 香料。用 1kg 新鲜米糠经脱胶后作基料，加入 6g 耐热 α-淀粉，将其放入 5L 水中制成悬浊液。悬浊液先 90℃水浴 1h，再在高压锅内煮沸 30min，便得到一种流体；将流体冷却到 55℃，加入 1g 葡萄糖淀粉酶、0.5g 脂肪酶及 10g 纤维素酶，置于 55℃下保温反应 12h 后过滤。将滤液浓缩到原体积的 1/2，再加入浓缩滤液量 3％的活性炭，在 80℃下脱色 30min，过滤除去活性炭，滤液（约 2kg）即是能增加食品滋味的液体香料。

② 化妆品。取米糠 1kg 用 0.4L 清水洗涤、过滤，在常压下将米糠蒸 14h，冷却到 40℃，用曲霉接种，于 30℃保温 20h，再缓慢升至 40℃后降温至 30℃，在此温度下保持 44h，取出，用 40℃热风干燥制成粉末。取上述米糠粉 50 份、可溶性淀粉 20 份、硬脂酸 6 份、胆固醇 1 份、三乙醇胺 2.5 份、香料 0.2 份，用蒸馏水调成糊状，即得护肤品。

③ 米糠食品。新鲜米糠经干热处理（防止米糠酸败）后，用球磨机加工成微粉末与其他食品原料直接混合制成风味营养食品，如米糠面包、米糠馒头、米糠饼干、米糠煎饼等。

二、大豆油脚的综合利用

大豆油脚一般是指毛油经水化后及油长期静置后的沉淀物，其主要有以下两方面的利用：一是提取浓缩磷脂并精制磷脂；二是利用油脚水解生产脂肪酸。

1. 磷脂的提取方法

（1）溶剂法 原理是利用卵磷脂、脑磷脂和杂质在溶剂中的溶解度差异。最常用的溶剂是丙酮和乙醇，丙酮能溶解油脂和游离脂肪酸。

（2）超滤膜 对超滤膜分离磷脂有指导意义的理论是在非水介质中磷脂和大豆油在亲水和亲油的表面形成胶束和吸附的机理。虽然膜技术没有使用化学试剂，而且节能，但由于渗透量和膜的寿命等问题没有得到更好的解决，制约了膜分离的工业化发展。

（3）超临界流体萃取法 其原理是用一种超临界流体（通常为 CO_2）在高于临界温度和压力下，从目标物中萃取有效成分；当恢复到常压常温时，溶解在流体中的成分立即溶于吸收液，并以液体状态与流体分开。它的最大优点是不会造成化学溶剂的消耗和残留、无污染，且萃取条件温和，从而避免了活性物质在高温下发生氧化降解。该法萃取装置昂贵、生产成本偏高、萃取效率比溶剂低。

（4）其他方法 包括高压液相法、柱层析法等，以无机盐复合沉淀法为例，其原理是利用无机盐和卵磷脂可生成沉淀的性质，把卵磷脂从有机溶剂中分离出来。

2. 常用脂肪酸的生产方法

根据生产条件不同，油脂水解有以下 5 种方法。

（1）皂化酸化法 此法适用于植物油皂角和含羟基酸的蓖麻油。该方法是将皂角加水稀释后，加热加碱进行补充皂化、酸化，水洗制取高得率脂肪酸的一种较好方法。

（2）常压触媒水解法 最初采用油酸与硫酸反应制成的试剂作为催化剂，其后改用邻二甲苯与油酸、硫酸反应制成硬脂酸二甲苯磺酸，作为分解油脂专利试剂，现在使油脂和水在常压的敞口设备中用蒸汽煮沸以分解成脂肪酸的方法。该方法尽管存在着脂肪酸色泽深，甘油水处理困难等不足，但因设备投资少，操作方便，故目前工业上仍有应用。

（3）低压间歇水解法 此法是在蒸汽压力 0.8～1.3MPa 和温度为 170～190℃ 的条件下，以碱性物质（氧化锌、氧化钙、氧化镁和氢氧化钠）为催化剂的油脂分解方法。这种方法的设备投资为连续高压法的 70%，不用高压蒸汽，操作方便，生产灵活、适于对批量小，品种多的油脂进行水解。

（4）油脂加酶水解法 该法是用脂肪酶做催化剂水解脂肪。此种方法反应条件温和，收率高，产品质量优。

（5）连续高压水解法 在压力为 3.0～5.0MPa 对油脂进行连续水解，不加催化剂，适于规模化工业生产。

第三节 果蔬加工副产物的综合利用

果蔬加工副产物的综合利用是通过一系列的加工工艺，对果蔬的果、皮、汁、肉、种子、根、茎、叶、花和落地果、野生果等进行全面而有效的利用，使变废为宝、变无用为有用、变一用为多用，提高原料的利用率，降低生产成本。下面举典型案例加以说明。

一、果胶的提取

含果胶物质最丰富的果蔬是柑橘类、苹果、山楂等，其次是杏、李、桃等。果胶物质是以原果胶、果胶、果胶酸三种状态存在于果实组织内，一般在接近果皮的组织中含量最多。果胶物质存在的形态不同，会影响果实的食用品质和加工性能，原果胶及果胶酸不溶于水，只有果胶可溶于水。果胶呈溶液状态时，加入酒精或某些盐类（如硫酸铝、氯化铝、硫酸镁）能使其凝结沉淀，使其从溶液中分离出来。生产上就是利用果胶这一特性来提取果胶的。

果胶的结构是多个半乳糖醛酸的长链，其中有部分的半乳糖醛酸的羧基被甲醇酯化而生成甲氧基（—OCH_3），因此果胶是含有甲氧基的多半乳糖醛酸甲酯。甲氧基含量高于 7% 的果胶称为高甲氧基果胶，甲氧基含量越高，其凝冻能力越大。甲氧基含量低于 7％的果胶称为低甲氧基果胶，其凝冻能力虽差，但凝冻性质却因有多价离子的盐类存在而有所改变，在一般低甲氧基果胶溶液中只要加入钙或镁离子仍能凝结成凝胶。

1. 高甲氧基果胶的提取

用压榨法提取香精油的橘皮渣及加工橘子罐头后的橘皮、囊衣，果园里的落果和残次果等都是良好的原料。提取果胶的操作步骤如下。

（1）原料的处理　提取果胶的原料要新鲜，如不能及时加工，原料应迅速进行热处理以钝化果胶酶活性，通常是将原料加热至 95℃以上，保持 5～7min 即可达到要求。

（2）抽提　按原料的质量，加入 4～5 倍的 0.15％盐酸溶液，以原料全部浸没为度，并将 pH 调整至 2～3，加热至 85～90℃，保持 1～1.5h，不断搅拌，后期温度可适当降低。

（3）压滤与脱色　抽提液约含果胶 1％左右，先用压滤机过滤，除去其中的杂质碎屑。再加入活性炭 1％～2％，温度 60～80℃，经 20～30min 后压滤以除去颜色。如果抽提液的黏度高，可加入硅藻土 2％～4％助滤。

（4）浓缩　将滤清的果胶液送入真空浓缩锅中，保持真空度为 88.93kPa 以上，温度 40～50℃，浓缩至总固形物达 7％～9％。如在食品中直接应用果胶浓缩液，则应在抽提时以添加柠檬酸为宜。如需保存可用碳酸钠将其 pH 调至 3.5，然后装瓶密封，在 70℃热水中杀菌 30min，迅速冷却；或将果胶液装入大桶中、加 0.2％亚硫酸氢钠搅匀、密封。也可将果胶浓缩液喷雾干燥成粉末、即得果胶粉。

2. 低甲氧基果胶的提取

一般是利用酸、碱和酶等的作用以促进甲氧基的水解，或与氨作用使酰胺基取代甲氧基。其中以酸化法和碱化法比较容易，操作步骤如下。

（1）酸化法　在果胶溶液中，用盐酸将其 pH 调整为 3.0，然后在 50℃保温约 10h，直至甲氧基减少到所要求的程度为止。接着加入酒精将果胶沉淀，过滤出其中液体，用清水洗涤余留的酸液，并用稀碱液中和溶解，再用酒精沉淀、烘干。

（2）碱化法　将果胶液经真空浓缩至 4％，置于夹层锅中，加入氢氧化铵调节 pH 为 10.5，35℃保温 3h。然后加入等容积的 95°酒精和适量盐酸，使 pH 降至 5.0，搅拌混合物，静置 1h，捞出沉淀果胶，压干酒精，打碎块状果胶，置于 pH 为 5.2 的 50°酒精中，除去氯化铵。最后沥干、压榨、破碎并将其置于 95°酒精中 1h，压干后，在 65℃真空烘箱中烘 20h，过 100 目筛后立即包装。

二、香精油的提取

在果蔬中能提取香精油的原料主要是柑橘类果实，其香精油存在于橘皮、花、叶之中，以橘皮外层（即细胞层）的油胞中含量最高可达 2％～3％。香精油的提取方法有以下 4 种。

1. 蒸馏法

香精油的沸点较低，可随水蒸气挥发，在冷却时与水蒸气同时冷凝下来，由于香精油密度比水轻，因而较易分离而取得。蒸馏所得香精油称热油，一般含水量较高，又经加热氧化，品质较差。用橘皮蒸馏香精油的得率为 2％～3％。

2. 浸提法

采用酒精（或石油醚、乙醚）等有机溶剂，把香精油从组织中浸提出来。先将原料破碎（花瓣则不需破碎），再用有机溶剂在密封容器中浸渍 3～12h。然后放出浸提液，同时轻轻压出原料中所含的浸液，这些浸液可再浸渍新的原料，如此反复进行 3 次，得到较浓的带有原料色素的酒精浸提液，过滤后可作为带酒精的香精油保存。

3. 压榨法

将新鲜的柑橘类果皮以白色皮层朝上晾晒 1 天，使果皮的水分减少到 15％～18％，然后破碎至 3mm 大小再行压榨。为提高出油率，在压榨前将干橘皮浸在饱和的石灰水溶液中 6～8h，使橘皮变脆变硬、细胞易破，以利于压榨。压榨出的油液流入沉淀池，然后用压力泵打入高速离心机中，分离出香精油。

4. 擦皮离心法

利用整个完好的橘果（多半为圆形的甜橙类果实），通过磨油机把果实外果皮擦破，让细胞里的香精油射出，用高压水冲洗，再将油水分离得到香精油。

三、天然色素的提取

食用色素按其性质和来源分为食用合成色素和食用天然色素两大类。随着人们对健康的日益关注，合成色素的安全性越来越引起人们的重视。天然色素越来越受到人们的青睐，其提取方法有如下 6 种：

1. 溶剂提取

根据被提取物中含有的色素成分在溶剂中的溶解性，选用对有效成分溶解度大，对不需要的成分溶解度小的溶剂，将色素成分提取出来。

2. 微波萃取

微波萃取的本质是微波对萃取溶剂和物料的加热作用。微波萃取具有加热均匀、热效率高、加热时间短等优点。

3. 超声提取

超声提取法是利用超声波具有的机械振动和空化作用，对植物细胞进行破坏，植物细胞内的有效成分得以释放，而进入溶剂中与溶剂充分混合。这种方法具有操作简便、无需加热、提取率高、速度快等优点。

4. 超临界流体萃取

研究表明，可用超临界流体萃取技术提取辣椒色素，得到的色素产品可超过国家标准并达到 FAO/WHO 的要求；也可用超临界流体萃取技术得到番茄红素，其溶解性和色价都有很大的提高、且产品无异味、无溶剂残留。

5. 生物技术法

用生物技术选取含有植物色素的细胞，在人工精制的条件下，进行培养、增殖、可在短期内培养出大量的色素细胞，然后再用通常方法提取。这种方法不受原料所处的自然条件的限制，能在短期内生产大量的色素，而且用此法可得到较安全的色素产品。目前已报道的能用植物细胞培养生产出的色素有胡萝卜素、叶黄素、单宁等。

6. 酶解法

利用番茄皮自身所含的果胶酶和纤维素酶，分解番茄果实中所含的果胶和纤维素，从而使得番茄红素的蛋白质复合物从细胞中溶出，此过程中所得的水分散性色素即为番茄红素。

四、有机酸的提取

果实中的有机酸主要有柠檬酸、苹果酸、酒石酸。现将用柑橘残次落果提取柠檬酸及从葡萄皮渣、酒角中提取酒石酸的方法分述如下。

1. 柠檬酸的提取

（1）提取原理　用石灰中和柠檬酸生成柠檬酸钙，然后用硫酸将柠檬酸钙重新分解，硫酸取代柠檬酸生成硫酸钙，将柠檬酸重新析出。其化学反应式如下。

$$2C_6H_8O_7 + 3Ca(OH)_2 \longrightarrow Ca_3(C_6H_5O_7)_2 + 6H_2O$$
$$Ca_3(C_6H_5O_7)_2 + 3H_2SO_4 \longrightarrow 2C_5H_8O_7 + 3CaSO_4 \downarrow$$

由于果汁中的糖类、胶体、无机盐等均有碍于柠檬酸结晶的形成，所以在生产过程中，要用酸解交互进行的方法，将柠檬酸分离出来，获得比较纯净的晶体。

（2）提取过程

① 榨汁。将原料捣碎后榨取橘汁。

② 发酵。将榨出的富含蛋白质、果胶、糖等的果汁发酵，以有利于澄清、过滤、提取柠檬酸。方法是将混浊橘汁加酵母液 1％，经 4～5 天发酵，使溶液变清，再加适量单宁，并加热搅拌均匀，促使胶体物质沉淀，再经过滤得澄清液。

③ 中和。先将澄清橘汁加热煮沸，然后用石灰、氢氧化钙或碳酸钙中和，其用量以质量比计算：柠檬酸 10 份、用石灰 4 份、或用氢氧化钙 5.3 份、或用碳酸钙 7.1 份。检验柠檬酸钙是否完全沉淀，可再加入少许碳酸钙，如不再起泡沫，说明反应完全。将沉淀的柠檬酸钙分离出来，用清水反复洗涤、过滤后再次洗涤。

④ 酸解、晶析。将洗涤后的柠檬酸钙放在有搅拌器及蒸气管的木桶中，加入清水煮沸、同时不断搅拌，再缓缓加入 1.2625kg/L 硫酸，每 50kg 柠檬酸钙干品用硫酸 40～43kg。继续煮沸，搅拌 30min 以加速分解，使之生成硫酸钙沉淀。检验硫酸用量是否恰当的方法是：取溶液 5ml，加 5ml 45％氯化钙液，若仅有很少硫酸钙沉淀，说明加入的硫酸已够。然后用压滤法将硫酸钙沉淀分离、洗涤沉淀、并将洗液加入到溶液中。滤清的柠檬酸溶液用真空浓缩法浓缩至相对密度为 1.26，冷却结晶析出。

⑤ 离心、干燥。将上述柠檬酸结晶用离心机进行脱水，然后在 70℃的条件下干燥至含水量达到 10％以下时为止。最后将成品过筛、分级、包装。

2. 酒石酸的提取

提取酒石酸的原料，在植物中以葡萄中含量最丰富，同时它又是酿造葡萄酒后的下脚料。将葡萄的皮渣、酒脚、桶壁的结垢及白兰地蒸馏后的废水作为提取的粗酒石的原料，然后再从粗酒石中提取纯酒石。

（1）粗酒石的提取

① 从葡萄皮渣中提取粗酒石。将蒸馏白兰地后葡萄皮渣放入热水，水没过皮渣，然后将甑锅密闭，开始放气，煮沸 15～20min。将煮沸的水放入开口的木质结晶槽中。木质槽内应悬吊许多条麻绳。当水冷却以后（24～28h），粗酒石便在桶壁、桶底、绳上结晶。这种粗酒石含 80％～90％纯酒石酸。

② 从葡萄酒酒脚中提取粗酒石。葡萄酒酒脚是葡萄酒发酵后贮藏换桶时桶底的沉淀物。这些沉淀物应先用布袋将酒滤出，用其蒸馏白兰地。每 100kg 酒脚可出 2～3L 纯白兰地、30～40g 水芹醚。酒脚的处理：将酒脚投入甑锅中、每 100kg 酒脚用 200L 水稀释、然后用蒸汽煮沸。将煮沸过的酒脚过滤。滤出水冷却后的沉淀即为粗酒石。每 100kg 酒脚可得粗酒石 15～20kg、含纯酒石 50％左右、干燥后备用。

③ 从桶壁提取粗酒石。在贮藏时、葡萄酒中不稳定的酒石酸盐在冷却的作用下析出沉淀于桶壁与桶底，结晶形成粗酒石。由于葡萄品种不同，粗酒石的色泽不一样，红葡萄酒为红色、白葡萄酒为黄色。它的晶体形状为三角形，在容器的上部大而多、下部小而少。它含纯酒石酸 70％～80％。

（2）从粗酒石中提取纯酒石　纯酒石即酒石酸氢钾，分子式为 $C_4H_5O_6K$，相对分子质量 188，白色晶体，其特点是温度越高，溶解就越多；温度越低溶解就越少。提炼纯酒石就是利用这一特点来进行的。其工艺流程如下。

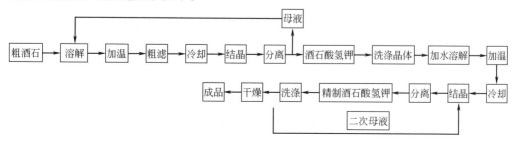

具体操作是：将粗酒石倒入珐琅瓷面盆中或带有蒸汽加热管的大木桶中，1kg 粗酒石加 20L 水。充分浸泡后进行搅拌，去除浮于液面的杂物。加热到 100℃，保温 30～40min，使粗酒石充分溶解。为加速酒石酸氢钾溶解，可在 100L 溶解液中加入盐酸 1～1.5L。当粗酒石充分溶解后，去除液面浮起的一些杂物如葡萄碎核、葡萄皮渣等。静置 24h 后，溶解液已完全冷却，结晶已全部完成。将上面的水抽出，这些水叫做母水，可作第二次结晶时使用。取出的晶体再按照前法加蒸馏水溶解结晶一次，但不再加盐酸。第二次结晶出的晶体用蒸馏水清洗一次，便称为精制的酒石酸氢钾。洗过酒石酸的蒸馏水倒入母水中作再结晶用。精制的酒石酸氢钾经及时烘干便得到成品。

（3）酒石酸的提取　酒石酸又名二羟基丁二酚，分子式是 $[CH(OH)COOH]_2$，相对分子质量是 150，是无色、无味、结晶、透明或白色的粉末。它具有令人爽快的酸味，可溶于水及酒精，不溶于醚。提取过程如下。

① 溶解。取经一次结晶的酒石酸氢钾 100kg，加入 500L 水，加热到 100℃，并保持 30～40min、为使酒石酸氢钾彻底溶解，可于每 100L 溶液中加入 1.5L 盐酸。

② 中和。缓慢加入碳酸钙，或加入能通过 100 目的石灰粉，使溶液达到中性或微酸性，用石蕊试纸测定，pH 等于 7 时为好。中和后静置 24～30h，这时溶液中沉淀的是酒石酸钙，溶液中含有酒石酸钾。

③ 沉淀。将静置后的清液放出，下部沉淀的酒石酸钙仍存于原容器中。放出的清液加入氯化钙，其加入量是按碳酸钙或石灰加入量来计算的。加入的氯化钙必须是含 2 分子结晶水的工业纯，其比例是：碳酸钙：氯化钙＝1：1.1，石灰：氯化钙＝1：2.1。加氯化钙的目的是使存在于溶液中的酒石酸钾成为酒石酸钙沉淀出来。将本次沉淀的酒石酸钙与原存容器中的酒石酸钙合并。

④ 洗涤。将合并后的酒石酸钙用大于体积 4 倍的水加以洗涤，先搅拌 10min，然后静置 20min，待酒石酸钙沉淀后，抽出上层清液，再加大于 4 倍的水进行搅拌洗涤。这样反复洗涤 4 次，最后将酒石酸钙盛在布袋中，将残水压出，迅速烘干备用。

⑤ 酸化。取干燥后的酒石酸钙，按 1kg 酒石酸钙加入 4L 水的比例加入水，并在加水后进行搅拌。这时应加入硫酸，硫酸加入量应按下式计算：

$$应加相对密度 1.8342 硫酸的体积 = \frac{98.10 \times 酒石酸钙质量(g)}{1.8342 \times 188.10}$$

$$应加硫酸的质量(g) = \frac{98.10 \times 酒石酸钙质量(g)}{188.10}$$

加入硫酸后产生的化学反应的反应式为：

$$C_4H_4O_6Ca + H_2SO_4 \longrightarrow C_4H_4O_6H_2 + CaSO_4$$

　　　　　　酒石酸钙　　　　　　　　　　酒石酸

加入硫酸时应注意，可先加入计算量的 4/5，其余的慢慢地加入。硫酸加入量宁可稍少一些，也不要过量，如果加入硫酸过多还要加入酒石酸钙来加以调整。溶液中加入硫酸后即生成白色的硫酸钙，静置 2～3h 后进行过滤，过滤后的沉淀用清水洗涤 2～3 次，并将洗过沉淀的水合并于滤液中。

⑥ 过滤。在滤液中加入 1％的活性炭，并使滤液保持在 80℃的温度下 30～60min，然后趁热过滤，其沉淀用水洗 1～2 次，洗过的沉淀水与滤液合并。洗过后的活性炭可以活化再用。

⑦ 浓缩。滤液最好用真空减压蒸发器来浓缩，也可在常压下直接加热浓缩，温度在保持在 80℃。滤液浓缩到相对密度 1.71～1.94 时，冷却后即可得结晶体。将其在珐琅瓷的容器中再溶解结晶 3～5 次便成为精制品，然后进行干燥、称量、封装、即为成品酒石酸。

第四节　畜禽副产物的综合利用

畜禽副产物的开发利用主要包括对猪、牛、羊、鸡、鸭、鹅等畜禽的血液、骨、内脏、皮毛等的进一步综合加工利用，具有种类多、应用范围广的特点。下面举典型案例加以说明。

一、血的加工

血液中含有多种养分和生物活性物质，如多种蛋白质、多种酶类、氨基酸、维生素、激素、矿物元素、糖类和脂类等。血液分为血浆和血细胞两个部分。血浆约占血液总量的 65%，含 10% 的蛋白质，血浆蛋白对动物的生长具有促进作用，其中免疫球蛋白在血浆蛋白促进动物生长的作用中起主要因素。血细胞约占全血的 35%，含 36% 的蛋白质，主要为血红蛋白。

1. 血浆的分离

血浆（相对密度为 1.024）是血液的液体部分，较有血细胞（相对密度为 1.09）较轻，血液可在高速旋转的离心机中进行分离。血浆是食品中的良好添加剂，如加入到香肠中，能起到乳化作用，使产品保水性强，弹性好，添加到面包中，可使面包增色、不易老化。

2. 血粉的生产方法

随着畜牧业中蛋白质原料缺口的不断提高，血粉在畜牧业中的应用也越来越受到人们的重视。生产血粉的主要方式有以下 5 种。

（1）普通热处理　将鲜血进行热变性处理，再进行汽蒸，最后将湿血块晾晒、烘干，通过粉碎过筛即为产品。

（2）喷雾干燥　将收集到的新鲜血液先经过脱纤维处理，然后通过高压泵进入高压喷粉塔，同时送入热空气进行干燥制成血粉。此方法生产的血粉受热均匀，杀菌效果好，受环境影响较小。

（3）膨化处理　血液的膨化技术是指含有一定水分的血液在进入膨化机的膨化腔之后，在螺杆、螺套和血粉物料之间的摩擦、挤压和剪切的作用下，被挤压螺杆连续的向前推进，使腔内形成足够的压力和温度、同时借助机器的加热系统，使血液逐渐成粘流状并使粘流状的血液蛋白质变性。膨化血粉为深红褐色，带晶状闪光的多微孔粉末，具有烤香味，体外消化率较高。该加工方式也存在氨基酸不平衡和热处理对氨基酸的破坏等问题。

（4）微生物发酵　血液的微生物发酵是将血液和辅料按一定的比例混合，采用特殊的菌种进行发酵，通过一系列的酶促反应，使血液和辅料中的蛋白质转化成氨基酸和短肽，对血液的消化利用率和适口性具有一定的改善作用。不过目前发酵血粉仍存在消化率低和氨基酸平衡性差等问题。

（5）酶解血粉　酶法降解指血液在蛋白酶如胰蛋白水解酶和木瓜蛋白水解酶的作用下，将蛋白质进一步降解为氨基酸和肽等，可能对其消化率有改善作用。此外，由于血液酶解可能会产生苦味肽，因此适口性问题可能比较突出。

3. 提取血红素

血红素可作为铁强化剂和抗贫血药，已取得药理试验的证明。另外，血红素在食品工业上可作为食用色素。

制备工艺流程为：血液中加入 0.8% 的柠檬酸钠，离心分离或沉淀，倾去血浆，将所得血球（去纤维血亦可）加其 6 倍体积的含 3% 盐酸的丙酮于带塞的分液漏斗中，振摇抽提 10min，抽滤，变性蛋白另存。在滤液中含有大量血红素，用 NaOH 溶液调 pH 至 5。该滤液可蒸干，或加醋酸钠，或加单宁酸，即得血红素沉淀。

4. 提取超氧化物歧化酶（SOD）

SOD 为一种有效的自由基清除剂，用于医药及化妆品，可以抗炎、延缓衰老、消除皱纹及老年斑等。其制备工艺流程为：新鲜动物血用 3.8% 的柠檬酸三钠抗凝，3000r/min 离心除去黄色血浆，红血球用 0.9% 的氯化钠溶液洗二次，干净红血球加等量去离子水搅拌溶血 30min，溶血液加热至 70℃，保持 15min，冷却后离心除去血红蛋白，上清液加 1.5 倍丙酮，产生大量絮状沉淀，然后离心，沉淀用少量去离子水溶解即得 SOD 粗提液。将粗提液再一次加热至 65℃，

10min 后冷却离心得上清液，将上清液超滤浓缩后层析，然后用 50mmol/L，pH7.6 磷酸钾溶液洗脱，洗脱液浓缩后冷冻干燥即成 SOD 成品，成品为浅绿色。

二、骨的加工

畜禽鲜骨是肉类加工业中一个非常重要的副产品，约占酮体的 10%～15%，畜禽骨的数量大，利用畜禽骨生产的产品种类多、用途广。骨中含有丰富的胶原蛋白，可以用来提取骨胶、明胶、蛋白胨及鸟氨酸、脯氨酸、精氨酸、甘氨酸、亮氨酸等氨基酸，骨中丰富的磷钙质可用来制备磷酸氢钙片、维丁钙片。四肢骨等还可用来制造骨宁注射液、键肝片等药物。利用畜禽鲜骨生产营养功能十分突出的骨质素、还可开发肉类天然营养香味料。

1. 骨粉、骨胶、骨油的制备

（1）骨粉的制备　骨粉含蛋白质 23%、脂磷酸钙 48%、粗纤维 2%，可作为制作钙质的原料、饲料及肥料。

骨粉的一般加工方法为：先将骨头压碎置于铁锅中煮沸 5～8h，以除去骨上的脂肪。然后沥干水分、晾干，磨成粉状即为成品。

（2）骨胶的制备　骨胶可作为化工原料，其加工方法如下。

① 洗涤。脱脂新鲜畜骨加以适当粉碎，用水洗涤。

② 煮胶。浓缩脱脂后的畜骨，放入锅中加水煮沸，使胶液熔出。

③ 冷却干燥。将浓缩后的胶液倒入缸或盆中，使其冷却形成冻胶，然后切成薄片，置于通风处晾干，即为成品。

（3）骨油的制备　畜骨熬油可作为肥皂等原料，其加工方法如下。

① 砸碎。将畜骨去杂，粉碎。

② 熬油。将碎骨熬煮至沸点，骨头逐渐下沉，加上锅盖焖煮，油即逐渐上浮。

③ 取油。骨头在锅内熬煮出油后，将火封住，等杂质沉淀后，骨油则全部浮上水面。此时可把油撇出来，使其再沉淀，刮去底脚，就成为骨油了。

2. 骨素生产

骨素的生产步骤如下。

（1）原料验收　质检员将畜骨按辅料、原料质量标准检收。

（2）粉碎　按照原料的部位不同合理搭配，投入粉碎机内进行粉碎。

（3）提炼　将装好粉碎后的原料和水一起装入提炼槽内，加热至恒温 130～136℃，压力控制在 294～373kPa，提炼 60～90min。恒温完成后进行压抽、泄压、放汽，使槽内压力降至常压后，再打开提炼槽盖进行汤液的抽取至静置分离。

（4）静置、分离　待静置分离缸内汤液注满后，添加相应的食盐，控制静置分离缸温度在 80℃以上，静置分离 1.5h 以上，使静置分离缸内汤液静置自然分离。

（5）分离、过滤　根据感官检验结果对静置分离好的汤液进行抽取骨素原液处理，无法抽取的用三层分离机分离出骨素原液，抽取和经分离的骨素原液全部经过精加工过滤后抽入浓缩给料罐。

（6）浓缩　将给料罐内的原液抽入浓缩系统进行浓缩，温度控制在 50～75℃、真空度控制在 889.3～1315.9Pa，浓缩液经杀菌后检测其浓度达到 47.5%～48.5% 时停止浓缩机工作。再重复测定一次、确保达到质量要求后进入下道工序。

（7）调和　将浓缩好的半成品抽至调和槽内，按比例计算食盐量，并将其添加至调和槽内并进行搅拌，控制槽内温度在 80～90℃，恒温调和时间控制在 30min 以上，使之调和均匀，感官检验合格后进杀菌、包装等工艺。

3. 酶解法提取骨蛋白

提取骨骼中的蛋白质，将蛋白质水解成多肽，可将不易被人体消化吸收的骨胶原蛋白水解为胶原多肽，提高其营养价值和功能特性，使一些从前难以开发的蛋白质资源以多肽类食品的形式得以利用，具有积极的意义。

（1）酶解主要工艺

其中酶解物破碎程度越大越好；高压蒸煮可起到杀菌及软化骨粒的目的；酶解过程要严格控制反应条件；升温灭酶要及时；一般在生产食品级蛋白粉时，干物质浓缩到 25％是比较适宜的；脱苦常采用活性炭吸附。

（2）蛋白酶解物的应用

① 在调味料和汤料食品中的应用。水解植物蛋白（HVP）、水解动物蛋白（HAP）及酵母抽提物已成为食品工业调味品的支柱。

② 在保健食品中的应用。在口服营养液、速溶氨基酸冲剂等营养品中添加 HAP，可提供优质蛋白源，快速提供能量，促进生物生长发育和新陈代谢，促进伤口愈合，加速血红蛋白的合成。

③ 在饮料食品中应用。蛋白水解物用于果奶饮料，如椰奶汁、花生杏仁露，乳化能力强、产品稳定性好、不易沉淀；蛋白水解物用于运动饮料可提供大量多肽，由于肽的易吸收性，它是运动营养中很好的氮源。

④ 在肉制品和乳品中的应用。在火腿和香肠等肉制品中添加蛋白酶解物，可调整食品结构、增强风味、提高制品营养价值、延长保质期。

三、皮毛的加工

1. 皮的加工

（1）皮的初加工　家畜屠宰后剥下的鲜皮，大部分不能直接送往制革厂进行加工，需要保存一段时间。为了避免腐烂，必须进行初步加工。主要有清理和防腐两个过程。

① 清理。一般用手工割去蹄、耳、唇、尾、骨等，再用削肉机或铲皮刀除去皮上的残肉和油脂，然后用清水洗去粘污在皮上的污泥、粪便等脏物及血液等。

② 防腐。

a. 干燥法。干燥法一般采用自然晾干，但大批干燥时应采用干燥室。

b. 酸盐防腐法。将食盐、氯化铵和钙明矾分别按 85％、7.5％、7.5％的比例配制成混合物，均匀地撒在毛皮的肉面并稍加揉搓，盐量约为皮重的 25％，然后毛面向外折叠成方形，堆积 7天左右即成。此法最适于绵羊皮等原料毛皮的防腐。

（2）皮的深加工　完好的动物皮主要供给制革业，作为制革工业的原材料，最终制作成高附加值的各类皮具。碎皮经水解等工艺处理，可熬制多种胶、氨基酸以及功能肽，产品安全，适用于功能食品、化妆品及其他相关产品。此外，动物的皮毛，如兔、羊、貂等动物的皮毛可以经过深加工后制成皮毛服装。

2. 毛的加工

（1）羽毛　由于家禽羽毛结实耐用、弹性强、保暖性能好，可用来制作羽绒被、羽毛褥、羽绒服装和作为枕芯的填充料，而羽绒的下脚料或残次品，含有多种氨基酸（除赖氨酸较低外），并且其他营养均高于鱼粉，因此可加工成羽毛粉饲养畜禽。

（2）大牲畜绒毛　马、牛、驴等大牲畜身上的绒毛，是高档毛纺织品的原料，可以制成呢绒、地毯、服装等毛绒产品，具有细软、耐用、美观大方等优点。

（3）猪鬃　猪颈部和背部长而硬的鬃毛以及其他部位长度在 5cm 以上的硬毛被称猪鬃。由于猪鬃硬度适中，具有弹性强、耐热、耐磨等特点，因此很适合制作各种民用、军用及工业用刷。另外、在利用猪毛水解液作动物饲料添加剂，猪毛下脚料酸水解后提取胱氨酸、精氨酸和亮氨酸等方面也得到了开发应用，特别是利用猪毛酸解后生成的复合氨基酸，制成高效低毒、促进生长的杀菌剂混合氨基酸铜络合物（商品名双效灵、CCMA），标志着猪毛下脚的综合利用已提高到新的水平。

复习思考题

1. 哪些农产品加工副产物中富含蛋白质？
2. 天然色素有哪些？如何提取？
3. 本地区有哪些农产品加工副产物可作为综合利用开发的资源？如何开发利用？

【实验实训一】 柑橘皮中香精油的提取

一、目的及要求

掌握从橘皮中提取香精油的工艺；训练操作技能。

二、材料及用具

1. 材料 柑橘皮。
2. 用具 粉碎机、水蒸气蒸馏设备（包括蒸馏锅、冷凝器、油水分离器三部分）等。

三、操作工艺

1. 工艺流程

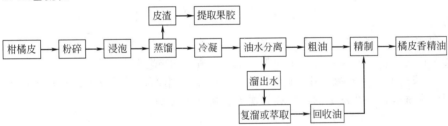

2. 技术要点

（1）粉碎 柑橘皮磨碎成 2～5mm 的碎片后、应立即加工。因为原料粉碎后、贮油结构或油细胞受到破损，部分精油已经暴露在植物组织的表面，容易挥发损失。

（2）浸泡 浸泡分两步进行，先用清水浸泡，使果皮纤维充分吸收水分，然后用过饱和石灰水浸泡。橘皮与石灰水的比例约为 1∶4。石灰水与果胶反应生成不溶于水的果胶酸钙，在此过程中应降低乳胶体生成，有利用分离。

（3）蒸馏 装料体积为蒸馏锅有效容积的 70%～80%。蒸馏初期应缓慢加热，加热阶段一般应维持 0.5～1h，然后逐渐加大热量，使之维持正常的蒸馏速度，以每小时溜出液的数量为蒸锅容积的 5%～10% 为宜。蒸馏 40min，温度保持在 95℃ 以上，使果胶酶完全失去活性。

（4）冷凝 蒸馏开始后，首先从蒸锅，导气管和冷凝器中逸出不凝性空气。驱出速度宜慢，让油水蒸气缓慢地自下而上取代空气。不凝性空气被逐出后，来自蒸锅的水油混合蒸汽应完全被冷凝成馏出液，馏出液在冷却器中继续被冷却。

（5）油水分离 精油和水混合蒸汽经冷凝器转变为馏出液，再根据精油和水的密度不同经油水分离器进行分离。馏出液在油水分离器中的动态分离时间以 30～60min 为宜。

（6）馏出水的处理 馏出水中所含的精油成分，大多是醇、酚、醛、酮等含氧化合物，它们带有极性较强的基团，也能少量溶解于水中。这些以溶解状态存在于馏出水中的油难以用重力沉降法分离，质量较好的香料化合物生产上常用的回收方法有对馏出水进行复馏或萃取两种，或者两法并用。

① 复馏。复馏过程比蒸馏过程要快得多，通常复馏出的馏出液量为加入锅内馏出水量的5％～15％时即可停止蒸馏。

② 萃取。可以用挥发性溶剂，如石油醚、苯、环己烷等对馏出水进行萃取，二次回收其中的少量精油。简易的萃取方法是使馏出水依靠静压力（位能）自动流经2～3个装有溶剂和填料的萃取器进行二级或三级萃取。馏出水也可以采用搅拌方法间歇萃取，从萃取液中回收溶剂后就可以得到浸提粗油。

（7）精制　直接粗油与复馏粗油往往带有少量固体杂质，水分和不良气味，都要分别进行净化精制处理。净化精制过程包括澄清、脱水（用少量脱水剂脱水，如无水硫酸钠）和过滤三个步骤。

四、实训作业

全程详细记录时间和操作要点、对实验进行评价总结。

【实验实训二】　柑橘皮中果胶物质的提取

一、目的及要求

通过实训，在了解果胶用途与果胶生产工艺流程的基础上，掌握从柑橘皮中提取果胶的工艺，提高操作技能。

二、材料及用具

1. 材料　柑橘皮在提取香精油后的皮渣。
2. 用具　压滤机、离心机、真空干燥箱、粉碎机、酒精蒸馏塔等。

三、操作工艺

1. 工艺流程

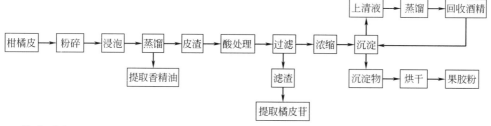

2. 技术要点

柑橘皮在提取香精油后，果胶中的果胶酶已经完全失活，可直接用于果胶的提取。

（1）皮渣酸处理　加入4倍皮渣重的水，用盐酸调整pH为1.8～2.7，在65～70℃下保温搅拌40～45min。如果pH值过低即酸度过高，将会使果胶降解为不溶性的果胶酸和甲醇，使果胶的凝胶度和果胶的提取率大为下降。如果酸度过低，果胶难以溶出，提取率降低。

（2）过滤　浸提液用滚筒式过滤机或压滤机过滤后，在45～50℃减压浓缩，使果胶浓度达3％。

（3）沉淀　在滤液中加入果胶量2/3体积的95％酒精可脱水完全，此时果胶以沉淀状态析出，用80目滤网布过滤可得到脒状沉淀物，再将该沉淀物用少量酒精漂洗1～2次，使沉淀分散成较小的颗粒。

（4）烘干 过滤得到的沉淀物在 45～50℃真空干燥 2h，粉碎后过 60 目筛即得到果胶粉。

（5）回收的酒精 沉淀分离后得到的滤液中含有大量酒精，可用蒸馏法使酒精回收利用。

四、果胶含量的分析

1. 样品的制备

称取干果胶粉 0.4500～0.5000g（精确至小数点后第四位）于 300ml 烧杯中，加水约 150ml，搅拌后在 70～80℃水浴中加热，使其完全溶解。然后移入 250ml 容量瓶中，冷却后用水稀释至刻度，充分振摇均匀。

2. 测定

吸取制备的样品溶液 25ml 于 400ml 烧杯中，加入 0.1mol/L NaOH 溶液 100ml，放置 30min，使果胶皂化，加入 2mol/L 醋酸溶液 50ml，5min 后加入 2mol/L $CaCl_2$ 50ml 搅拌，放置 30min，煮沸约 5min，立即用定性滤纸过滤，以沸水洗涤沉淀，直到滤液对硝酸银不起反应为止。然后将滤纸上的沉淀用沸水冲洗，将水与沉淀一起转移到 300ml 三角瓶中，加入 10% NaOH 溶液 5ml，此时全量约 100ml，盖上玻璃片，用小火加热使果胶酸钙完全溶解，冷却，加入 0.1g 钙指示剂，以 0.02mol/L 乙二胺四乙酸（EDTA）标准液滴定，溶液由紫红色变为蓝色即为终点。

3. 计算

$$果胶（果胶酸）含量 = \frac{V \times c \times 0.04008 \times \left(\frac{92}{8}\right)}{m} \times 100\%$$

式中，V 为 EDTA 的用量，ml；c 为 EDTA 的摩尔浓度，mol/L；m 为样品质量，g；0.04008 为每毫摩尔钙的质量，g/mmol；92/8 为根据果胶钙中钙的含量为 8%，推算出果胶酸含量系数为 $\frac{92}{8}$。

五、实训作业

全程详细记录时间和操作要点，对果胶含量进行测定，并对实验进行评价总结。

参 考 文 献

[1] 李崇光. 农产品营销学. 北京：高等教育出版社，2004.

[2] 刘兴华，陈维信. 果品蔬菜贮藏运销学. 北京：中国农业出版社，2001.

[3] 李里特. 食品原料学. 北京：中国农业出版社，2001.

[4] 张子德. 果蔬贮运学. 北京：中国轻工业出版社，2002.

[5] 周光宏. 畜产品加工学. 北京：中国农业出版社，2004.

[6] 李里特. 粮油贮藏加工. 北京：中国农业出版社，2002.

[7] 赵晨霞. 果蔬贮藏加工技术. 北京：科学出版社，2005.

[8] 秦文，吴卫国. 农产品贮藏与加工学. 北京：中国计量出版社，2007.

[9] 王丽琼. 果蔬贮藏与加工. 北京：中国农业大学出版社，2008.

[10] 赵晨霞. 果蔬贮藏加工. 北京：中国农业出版社，2001.

[11] 赵丽芹. 园艺产品贮藏加工学. 北京：中国轻工业出版社，2001.

[12] 赵晨霞. 农产品贮藏加工. 北京：中国农业出版社，2001.

[13] 胡晋. 种子贮藏加工. 北京：中国农业出版社，2000.

[14] 赵晨霞. 园艺产品贮藏与加工. 北京：中国农业出版社，2005.

[15] 应铁进. 果蔬贮运学. 杭州：浙江大学出版社，2001.

[16] 潘瑞炽. 植物生理学. 第5版. 北京：高等教育出版社，2004.

[17] 李富军. 果蔬采后生理与衰老控制. 北京：中国环境科学出版社，2004.

[18] 叶兴乾等. 果品蔬菜加工工艺学. 北京：中国农业出版社，2002.

[19] 吕劳富等. 果品蔬菜保鲜技术和设备. 北京：中国环境科学出版社，2003.

[20] 赵丽芹. 园艺产品贮藏加工学. 北京：中国轻工业出版社，2001.

[21] 陆兆新. 果蔬贮藏加工及质量管理技术. 北京：中国轻工业出版社，2004.

[22] 徐照师. 果品蔬菜贮藏加工实用技术. 延边：延边人民出版社，2003.

[23] 王文辉等. 果品采后处理及贮运保鲜. 北京：金盾出版社，2003.

[24] 罗云波，蔡同一. 园艺产品贮藏加工学（贮藏篇）. 北京：中国农业大学出版社，2001.

[25] 邓伯勋等. 园艺产品贮藏运销学. 北京：中国农业出版社，2002.

[26] 宋纪蓉. 食品工程技术原理. 北京：化学工业出版社，2005.

[27] 朱蓓薇. 实用食品加工技术. 北京：化学工业出版社，2005.

[28] 殷涌光. 食品机械与设备. 北京：化学工业出版社，2005.

[29] 罗云波，蔡同一. 园艺产品贮藏加工学（加工篇）. 北京：中国农业大学出版社，2001.

[30] 王丽琼. 粮油加工技术. 北京：化学工业出版社，2007.

[31] 李新华. 粮油加工学. 北京：中国农业大学出版社，2002.

[32] 赵晨霞. 果蔬贮运与加工. 北京：高等教育出版社，2005.

[33] 赵晨霞. 果蔬贮藏加工实验实训教程. 北京：高等教育出版社，2006.

[34] 赵良. 罐头食品加工技术. 北京：化学工业出版社，2007.

[35] 何志礼. 现代果蔬食品科学与技术. 成都：四川科学技术出版社，2003.

[36] 刘宝家，李素梅，柳东. 食品加工技术/工艺和配方大全续集（下）. 北京：科学技术文献出版社，1995.

[37] 杨清香，于艳琴. 果蔬加工技术. 北京：化学工业出版社，2001.

[38] 陈功. 盐渍蔬菜生产实用技术. 北京：中国轻工业出版社，2001.

[39] 蒋爱民. 畜产食品工艺学. 北京：中国农业出版社，2000.

[40] 王玉田. 畜产品加工. 北京：中国农业出版社，2005.

[41] 徐幸莲. 肉制品工艺学. 南京：东南大学出版社，2000.

[42] 黄德智，张向生. 新编肉制品生产工艺与配方. 北京：中国轻工业出版社，2000.

[43] 黄德智，肉制品添加物的性能与应用. 北京：中国轻工业出版社，2000.

[44] 吴祖兴等. 现代食品生产. 北京：中国农业大学出版社，2000.

[45] 骆承庠. 乳与乳制品工艺学. 北京：中国农业出版社，1992.

[46] 孔保华. 乳品科学与技术. 北京：科学出版社，2004.

[47] 孔保华. 肉品科学与技术. 北京：中国轻工业出版社，2003.

[48] 杨慧芳. 畜禽水产品加工与保鲜. 北京：中国农业出版社，2002.

[49] 赵丽芹. 果蔬加工工艺学. 北京：中国轻工业出版社，2007.

[50] 孙兰萍，许晖. 挤压法制备米糠膳食纤维的研究. 食品工业科技，2005（4）：98～100.

[51] 张铭，傅承. 新米糠多糖提取工艺的优化. 中国粮油学报，2001（5）：11～13.

[52] 周显青. 稻谷精深加工技术. 北京：化学工业出版社，2006.

[53] 罗金岳，安鑫南. 植物精油和天然色素加工工艺. 北京：化学工业出版社. 2005.

[54] 蔡健. 乳品加工技术. 北京：化学工业出版社，2008.

[55] 祝战斌. 果蔬加工技术. 北京：化学工业出版社，2008.

[56] 孟宏昌. 粮油加工技术. 北京：化学工业出版社，2008.

[57] 浮吟梅. 肉制品加工技术. 北京：化学工业出版社，2008.

[58] 陈月英. 果蔬贮藏技术. 北京：化学工业出版社，2008.

[59] 李慧东. 畜产品加工技术. 北京：化学工业出版社，2008.

[60] 罗红霞. 畜产品加工技术. 北京：化学工业出版社，2007.